科学出版社"十三五"普通高等教育本科规划教材

高 等 数 学
(上册)

谢寿才　唐　孝　李林珂
邓丽洪　尹忠旗　陈　渊　编

科 学 出 版 社
北 京

内 容 简 介

本书根据高等学校理工科本科专业高等数学课程的教学基本要求，结合国家质量工程培养应用型人才的指导思想，借鉴多年的教学实践及近几年的考研大纲编写而成．本书结构严谨、逻辑清晰、概念准确，在内容上力求适用、简明、易懂；在例题的选择上力求具有层次性、全面性和典型性，注重理论知识与实际应用相结合，增加生活和工程技术应用相关的知识以提高学生分析和解决问题的能力．

本书分上、下两册．上册包括一元函数微积分学、无穷级数，下册包括空间解析几何、多元函数微积分学和微分方程．各小节均配有习题，各章配有总习题，习题中包含近几年与本章内容有关的考研真题，书末配有习题提示及参考答案．

本书可作为高等院校理工类专业教材使用，也可作为考研学生的参考书．

图书在版编目(CIP)数据

高等数学.上册/谢寿才等编． —北京：科学出版社，2017.8
科学出版社“十三五”普通高等教育本科规划教材
ISBN 978-7-03-053475-0
Ⅰ. ①高… Ⅱ. ①谢… Ⅲ. 高等数学-高等学校-教材 Ⅳ. ①O13
中国版本图书馆 CIP 数据核字（2017）第 135110 号

责任编辑：王胡权／责任校对：王晓茜
责任印制：师艳茹／封面设计：陈 敬

科学出版社 出版
北京东黄城根北街 16 号
邮政编码：100717
http://www.sciencep.com
河北鹏润印刷有限公司印刷
科学出版社发行 各地新华书店经销
*
2017 年 8 月第 一 版 开本：720 × 1000 1/16
2025 年 7 月第十次印刷 印张：21 1/4
字数：428 000
定价：45.00 元
(如有印装质量问题，我社负责调换)

前　　言

本书根据高等学校理工科本科专业高等数学课程的教学基本要求，结合国家质量工程培养应用型人才的指导思想，借鉴多年的教学实践及近几年的考研大纲编写而成. 本书结构严谨、逻辑清晰、概念准确，在内容上力求适用、简明、易懂；在例题的选择上力求具有层次性、全面性和典型性，注重理论知识与实际应用相结合，增加生活和工程技术应用相关的知识以提高学生分析和解决问题的能力.

本书是为了适应新形势下高等数学教学模式改革过程中要突出应用型人才培养的特点，以提高学生的数学素质，培养学生创造性地解决实际问题的能力为宗旨编写而成的. 全书内容编排新颖，对高等数学教材的内容和编排进行了较大幅度的调整. 在第 1 章中适当精简了初等函数的内容，将集合、映射、函数的定义学生熟知的内容进行了精简；在第 8 章中对向量代数进行了适当精简，适当降低了部分内容的深度和广度，淡化了某些知识点的定理证明和不必要的繁琐，提高了数学思想和数学应用方面的要求. 在内容编排上将无穷级数和微分方程的位置进行了调整，分别调整为上册的第 7 章和下册的第 12 章.

本书分上、下两册. 上册包括一元函数微积分学、无穷级数，下册包括空间解析几何、多元函数微积分学和微分方程. 各小节均配有习题，各章配有总习题，习题中包含近几年与本章内容有关的考研真题，书末配有习题参考答案及提示. 本书由四川师范大学数学与软件科学学院大学数学教研室具有丰富教学经验的一线教师编写完成. 第 1、2、3、7、9、12 章由李林珂执笔，第 4、5、6 章由唐孝执笔，第 8 章由陈渊执笔，第 10、11 章由尹忠旗执笔. 谢寿才、邓丽洪、严峻对各章节的初稿作了详细的修改，最后由谢寿才、唐孝、邓丽洪统一定稿.

本书可供高等学校理工科类各专业学生使用，也可作为广大教师、考研学生及工程技术人员的参考书.

本书在编写过程中得到了四川师范大学数学与软件科学学院领导及大学数学教研室各位老师的大力支持，科学出版社编辑对本书的出版付出了大量心血，在此向他们表示由衷的感谢!

由于编者水平有限，书中难免存在不足与疏漏，敬请读者批评指正.

编　者

2017 年 4 月

目　　录

第 1 章　函数、极限与连续

函数是现代数学的基本概念之一, 是现实世界中量与量之间的依存关系在数学中的反映, 是微积分的主要研究对象, 其研究方法是极限方法. 本章将介绍函数、极限与连续的基本知识及基本方法.

1.1　函　　数

1.1.1　集合、区间、邻域

具有某种特定性质的对象的全体称为**集合**, 构成这个集合的每一个对象称为该集合的**元素**. 集合的表示及其运算在中学已学过了, 这里就不再一一介绍.

常用的数集有：自然数集 $\mathbf{N}$, 整数集 $\mathbf{Z}$, 有理数集 $\mathbf{Q}$, 实数集 $\mathbf{R}$. 各数集之间的关系为 $\mathbf{N} \subset \mathbf{Z} \subset \mathbf{Q} \subset \mathbf{R}$.

下面介绍一类特殊的集合：**区间**

定义 1.1.1　设 $a, b \in \mathbf{R}$, 且 $a < b$, 称数集 $\{x|a < x < b\}$ 为区间, 记为 (a, b), 即

$$(a, b) = \{x|a < x < b\}.$$

称 a,b 为**区间**(a, b)**的端点**, $b - a$ 为**区间**(a, b)**的长度**.

将区间长度为有限的区间称为**有限区间**, 区间长度为无限的区间称为**无限区间**. 有限区间可分为开区间、闭区间和半开区间.

开区间　$(a, b) = \{x|a < x < b\}$;

闭区间　$[a, b] = \{x|a \leqslant x \leqslant b\}$;

半开区间　$[a, b) = \{x|a \leqslant x < b\}$, $(a, b] = \{x|a < x \leqslant b\}$;

无限区间　$[a, +\infty) = \{x|x \geqslant a\}$, $(-\infty, b) = \{x|x < b\}$, $(-\infty, +\infty) = \mathbf{R}$.

定义 1.1.2　设 $a, \delta \in \mathbf{R}$, 且 $\delta > 0$, 称数集 $\{x|\,|x - a| < \delta\}$ 为**点**a**的**δ**邻域**, 记为 $U(a, \delta)$, 即

$$U(a, \delta) = \{x|\,|x - a| < \delta\}$$

称点 a 为**邻域中心**, δ 为**邻域半径**.

由于 $|x - a| < \delta$ 相当于 $a - \delta < x < a + \delta$, 所以

$$U(a, \delta) = (a - \delta, a + \delta),$$

即点 a 的 δ 邻域在数轴上是一个以点 a 为中心, 长度为 2δ 的**开区间**(图 1.1).

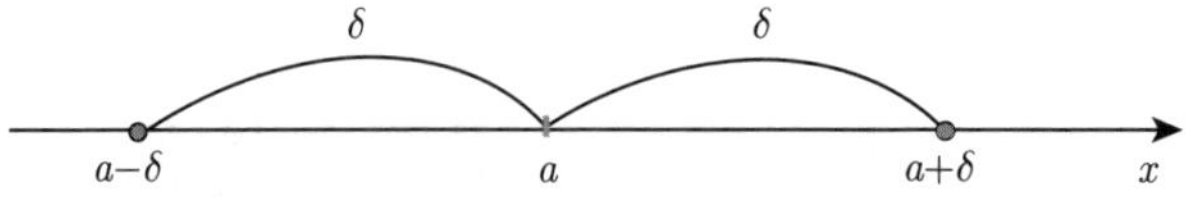

图 1.1

将邻域 $U(a,\delta)$ 的邻域中心 a 去掉, 得到的数集称为**点a的δ去心邻域**, 记为 $\overset{\circ}{U}(a,\delta)$, 即

$$\overset{\circ}{U}(a,\delta)=\{x|0<|x-a|<\delta\}.$$

为了方便, 将开区间 $(a-\delta,a)$ 称为**点a的左δ邻域**, 开区间 $(a,a+\delta)$ 称为**点a的右δ邻域**.

1.1.2　函数的概念

1. 函数的概念

函数是描绘多个变量间相互依赖关系的一种数学模型. 我们先研究两个变量的情形 (多于两个变量的情况将在第 9 章中学习). 例如自由落体运动中, 物体的位移 s 与时间 t 之间的关系为 $s=\frac{1}{2}gt^2$(其中 g 为重力加速度), 这就是一种函数关系.

定义 1.1.3　设 D 是一非空数集, 如果对任意 $x\in D$, 按某一对应法则 f, 总有唯一确定的 y 值与之对应, 则称 y 是 x 的函数, 记为 $y=f(x)$. x 称为**自变量**, y 称为**因变量或函数**, D 称为**定义域**, 记为 D_f. 当 $x_0\in D$ 时, 称 $f(x_0)$ 为函数 $y=f(x)$ 在点 x_0 处的函数值. 所有的函数值所构成的集合称为函数的值域, 记作 R_f, 即

$$R_f=\{y|y=f(x),x\in D\}.$$

平面上的点集 $\{(x,y)|y=f(x),x\in D\}$ 称为函数 $y=f(x)$ 的**图形**. 函数的定义域是使表达式有意义的一切实数的集合. 在实际问题中, 应根据问题的实际意义来确定. 如 $s=\frac{1}{2}gt^2$ 中, 设开始下落时刻为 $t=0$, 落地时刻为 $t=T$, 则它的定义域为 $D=[0,T]$.

例 1.1.1　求函数 $y=\sqrt{16-x^2}+\ln\sin x$ 的定义域.

解　要使函数有意义, 则

$$\begin{cases}16-x^2\geqslant 0,\\ \sin x>0,\end{cases}$$

即

$$\begin{cases} -4 \leqslant x \leqslant 4, \\ 2k\pi < x < (2k+1)\pi, k \in \mathbf{Z} \end{cases} \Rightarrow -4 \leqslant x < -\pi \text{或} 0 < x < \pi.$$

所以, 函数 $y=\sqrt{16-x^2}+\ln\sin x$ 的定义域为 $[-4,-\pi)\cup(0,\pi)$.

2. 函数的表示

函数通常用以下三种方法来表示:

(1) **解析法 (公式法)** 用数学解析式表示自变量 x 与因变量 y 之间关系的方法.

(2) **表格法** 因变量与自变量的关系可用一表格表示.

(3) **图象法** 因变量与自变量的关系由平面直角坐标系中的曲线给出.

3. 分段函数

在实际应用中通常遇到这样的函数: 在定义域的不同范围内, 函数分别用不同的解析表达式来表示, 这类函数称为**分段函数**. 例如, $y=\begin{cases} x-1, & x \geqslant 0, \\ x+1, & x<0. \end{cases}$

下面介绍几个常用的分段函数.

(1) **符号函数**

$$y=\operatorname{sgn} x=\begin{cases} -1, & x<0, \\ 0, & x=0, \\ 1, & x>0, \end{cases}$$

它的定义域 $D_f=(-\infty,+\infty)$, 值域 $R_f=\{1,0,-1\}$(图 1.2).

(2) **取整函数**

$$y=[x],$$

$[x]$ 表示不超过 x 的最大整数. 如 $[-3.12]=-4$, $[3.9]=3$. 它的定义域 $D_f=(-\infty,+\infty)$, 值域 $R_f=\mathbf{Z}$(图 1.3).

(3) **狄利克雷 (Dirichlet) 函数**

$$y=D(x)=\begin{cases} 1, & x \in \mathbf{Q}, \\ 0, & x \notin \mathbf{Q}, \end{cases}$$

它的定义域 $D_f=(-\infty,+\infty)$, 值域 $R_f=\{0,1\}$.

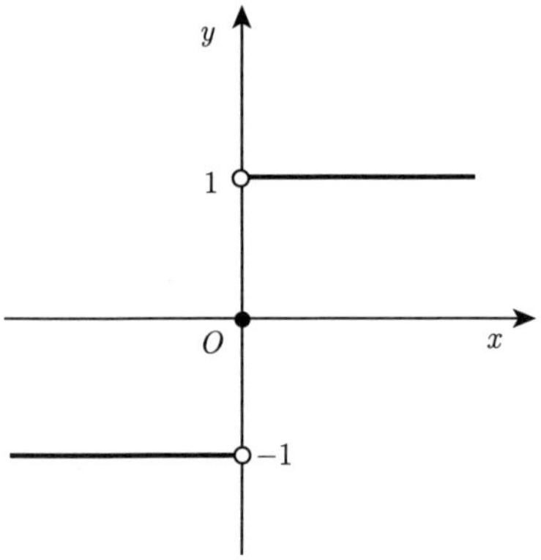

图 1.2

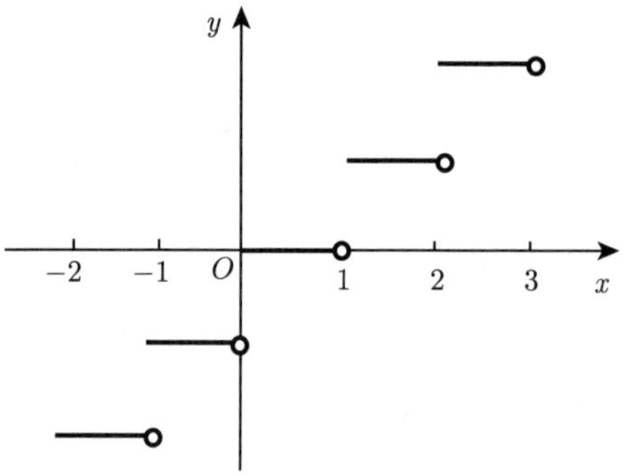

图 1.3

1.1.3　函数的特性

1. 有界性

定义 1.1.4　设函数 $y=f(x)$ 的定义域为 D, 数集 $X\subset D$. 如果存在正实数 M, 使得对任意 $x\in X$, 有 $|f(x)|\leqslant M$, 则称函数 $y=f(x)$ 为 X 上的**有界函数**, 否则称为**无界函数**.

注 1.1.1　有界性与区间有关. 例如函数 $y=\dfrac{1}{x}$ 在区间 $(1,2)$ 内有界, 但在区间 $(0,1)$ 内无界. 事实上, 对于任意 $x\in(1,2)$, 都有 $\left|\dfrac{1}{x}\right|\leqslant 1$, 所以函数 $y=\dfrac{1}{x}$ 在区间 $(1,2)$ 内有界. 而对于任意正实数 M(不妨设 $M>1$), 取 $x_0=\dfrac{1}{2M}\in(0,1)$, 有

$$|f(x_0)|=\left|\frac{1}{x_0}\right|=2M>M.$$

所以, 函数 $y=\dfrac{1}{x}$ 在 $(0,1)$ 内无界.

2. 单调性

定义 1.1.5　设函数 $f(x)$ 在区间 I 上有定义, 对任意的 $x_1,x_2\in I$, 且 $x_1<x_2$, 如果有 $f(x_1)<f(x_2)$(或 $f(x_1)>f(x_2)$), 则称 $f(x)$ 在区间 I 上为**单调增加**(或**单调减少**)**函数**.

单调增加函数、单调减少函数统称为**单调函数**(也称**函数具有单调性**).

在几何上, 单调增加 (或减少) 函数的图形是沿 x 轴的正向渐升的 (或渐降的)(图 1.4、图 1.5).

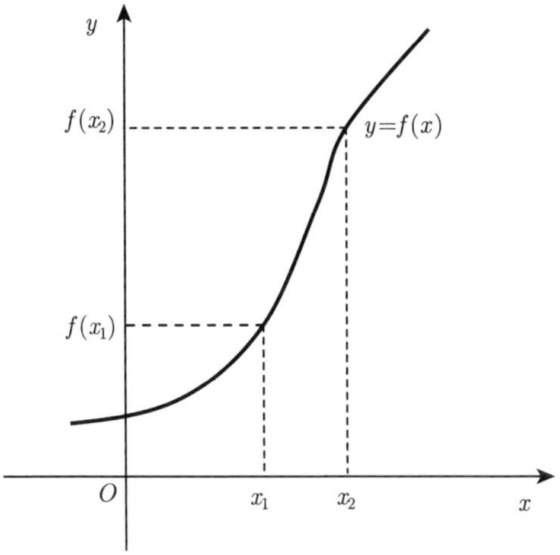

图 1.4

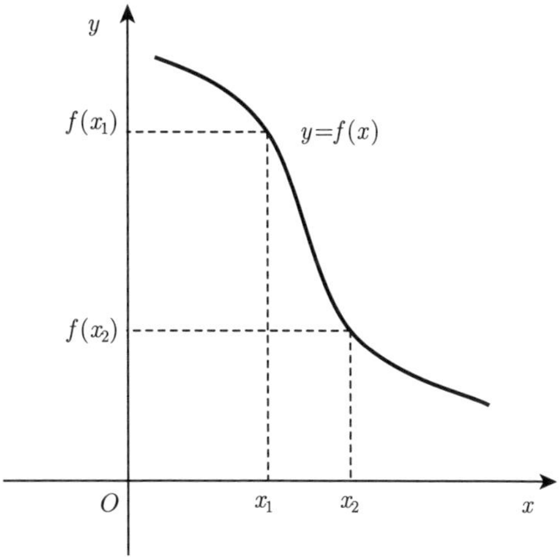

图 1.5

3. 奇偶性

定义 1.1.6 设函数 $y=f(x)$ 的定义域 D 关于原点对称 (若 $x\in D$, 则 $-x\in D$), 如果对任意的 $x\in D$, 有 $f(-x)=f(x)$(或 $f(-x)=-f(x)$), 则称函数 $y=f(x)$ 为**偶函数**(或**奇函数**).

如 $y=\sin x$, $x\in(-\infty,+\infty)$ 为奇函数, $y=\cos x$, $x\in(-\infty,+\infty)$ 为偶函数, $y=\dfrac{\mathrm{e}^{-x}-1}{\mathrm{e}^{-x}+1}$, $x\in(-\infty,+\infty)$ 为奇函数.

奇函数的图形关于原点对称 (图 1.6); 偶函数的图形关于 y 轴对称 (图 1.7).

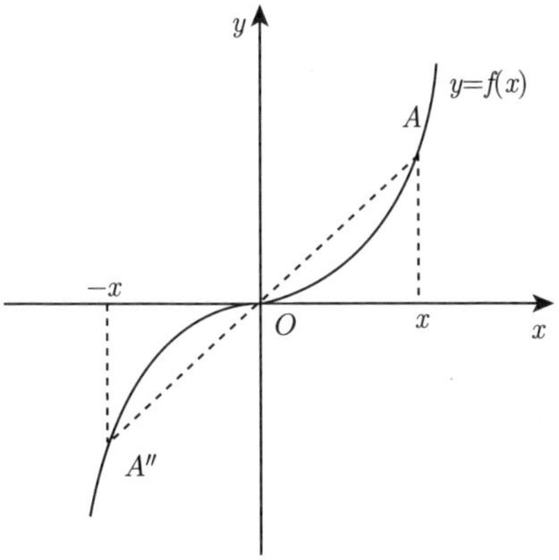

图 1.6

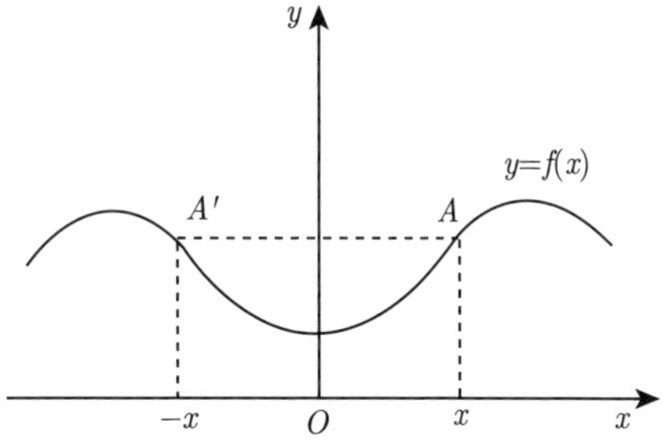

图 1.7

例 1.1.2 判断函数 $y=\ln(x+\sqrt{1+x^2})$ 的奇偶性.

解　函数的定义域 $D_f=(-\infty,+\infty)$. 因为

$$f(-x)+f(x)=\ln[-x+\sqrt{1+(-x)^2}]+\ln(x+\sqrt{1+x^2})=\ln 1=0.$$

所以

$$f(-x)=-f(x),$$

故函数 $y=\ln(x+\sqrt{1+x^2})$ 为奇函数.

4. 周期性

定义 1.1.7　设函数 $y=f(x)$ 的定义域为 D, 若存在一个正数 T, 使得对任一 $x\in D$, 有 $x+T\in D$, 且 $f(x+T)=f(x)$ 恒成立, 则称 $y=f(x)$ 为**周期函数**, T 称为函数的**周期**. 通常所说的周期是指**最小正周期**. 如三角函数 $y=A\sin(\omega x+\varphi)$,$\omega\neq 0$ 的周期 $T=\dfrac{2\pi}{|\omega|}$.

周期函数图形的特点: 周期为 T 的周期函数, 在每个长度为 T 的区间上, 函数图形有相同的形状. 并非每个周期函数都有最小正周期, 例如

$$D(x)=\begin{cases}1, & x\text{ 为有理数},\\ 0, & x\text{ 为无理数},\end{cases}$$

任何正有理数都是它的周期, 但是它没有最小正周期.

习　题　1.1

1. 下列各题中两个函数是否相同? 为什么?

(1) $y=3x-1$, $y=3t-1$;　　(2) $y=\sqrt{1+\cos 2x}$, $y=\sqrt{2}\cos x$;

(3) $y=\ln x^2$, $y=2\ln x$;　　(4) $y=|x|$, $y=\sqrt{x^2}$.

2. 确定下列函数的定义域

(1) $y=\sqrt{x^2-4x+3}$;　　(2) $y=\dfrac{1}{x-3}+\sqrt{x-2}+\lg(5-x)$;

(3) $y=\arccos\dfrac{x-1}{2}$;　　(4) $y=\dfrac{\ln(3-x)}{\sqrt{x^2-1}}+2^x$;

(5) $y=\sqrt{2-x}+\arctan\dfrac{2}{x}$;　　(6) $y=\mathrm{e}^{\frac{1}{x}}+\dfrac{1}{x^2+1}$.

3. 设

$$f(x)=\begin{cases}1/x, & x<0,\\ x-3, & 0\leqslant x\leqslant 1,\\ -2x+1, & x>1.\end{cases}$$

求分段函数的定义域及 $f(-3)$, $f(0)$, $f(5)$, 并画出其图形.

4. 设 $f\left(\frac{1}{x}\right)=\frac{5}{x}+2x^2$, 求 $f(x)$, $f(x^2+1)$.

5. 把半径为 R 的一圆形铁皮, 自中心剪去中心角为 α(单位: 弧度) 的一扇形后做成一无底圆锥. 试将这圆锥的体积表示为 α 的函数.

6. 证明: $f(x)=x\sin x$ 在 $(0,+\infty)$ 上是无界函数.

7. 判断下列函数在指定区间内的单调性

(1) $y=\frac{x}{1-x}$, $x\in(1,+\infty)$; (2) $y=x+\ln x$, $x\in(0,+\infty)$.

8. 下列函数中哪些是周期函数? 对于周期函数, 指出其周期.

(1) $y=\sin 4x$; (2) $y=\cos^2 x$;

(3) $y=x\cos x$; (4) $y=2\cos\frac{x}{2}-3\sin\frac{x}{3}$.

(5) $y=\cos(x-2)$; (6) $y=1+\sin\pi x$.

1.2 初等函数

1.2.1 反函数

设函数 $y=f(x)$ 的定义域为 D, 值域为 R_f. 如果对任意 $y\in R_f$, 有唯一确定的 $x\in D$ 与之对应, 且满足 $f(x)=y$, 这样 x 也是 y 的函数, 称其为函数 $y=f(x)$ 的**反函数**, 记为 $x=f^{-1}(y)$. 习惯上, 将其记为 $y=f^{-1}(x)$. 称 $y=f(x)$ 为**直接函数**.

直接函数 $y=f(x)$ 的图形与它的反函数 $y=f^{-1}(x)$ 的图形关于直线 $y=x$ 对称 (图 1.8).

1.2.2 基本初等函数

1. 常数函数 $y=C, x\in(-\infty,+\infty)$.

2. 幂函数 $y=x^\mu$ (μ 为常数)(图 1.9).

3. 指数函数 $y=a^x$ $(a>0, a\neq 1)$.

定义域为 $(-\infty,+\infty)$, 值域为 $(0,+\infty)$, 图形都过 $(0,1)$ 点. 当 $a>1$ 时单调增加, 当 $0<a<1$ 时单调减少 (图 1.10). 其中最常用的是以 e 为底的指数函数 $y=\mathrm{e}^x$.

4. 对数函数 $y=\log_a x$ $(a>0, a\neq 1)$.

定义域为 $(0,+\infty)$, 值域为 $(-\infty,+\infty)$. 它是指数函数 $y=a^x$ 的反函数, 两类函数的单调性相同 (图 1.11). 其中最常用的是以 e 为底的对数函数 $y=\ln x$, 称其为**自然对数函数**.

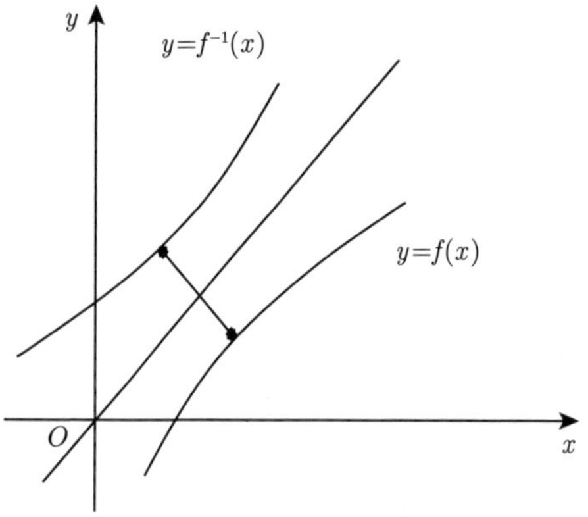

图 1.8

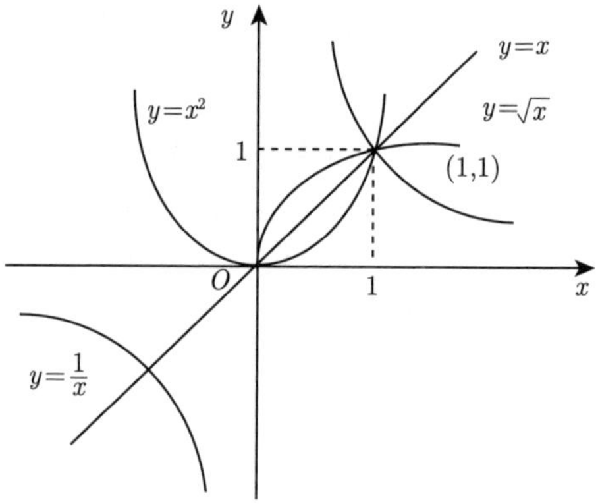

图 1.9

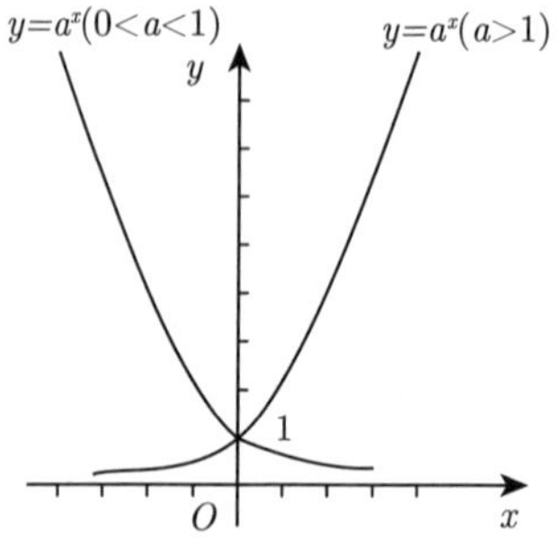

图 1.10

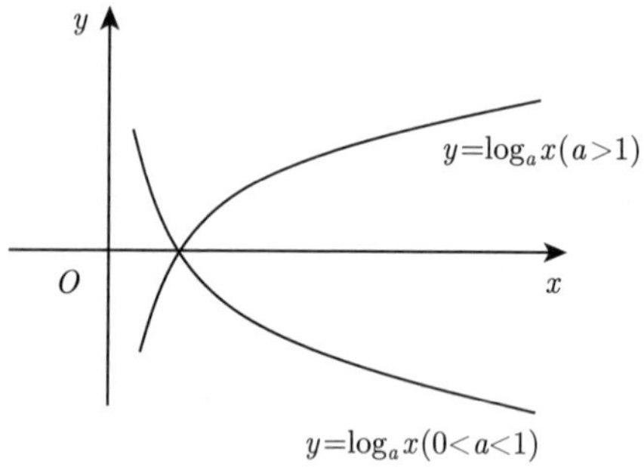

图 1.11

5. 三角函数

(1) **正弦函数** $y=\sin x$, $x\in(-\infty,+\infty)$, 值域为 $[-1,1]$, 周期为 2π 的奇函数;

(2) **余弦函数** $y=\cos x$, $x\in(-\infty,+\infty)$, 值域为 $[-1,1]$, 周期为 2π 的偶函数;

(3) **正切函数** $y=\tan x$, $x\neq k\pi+\dfrac{\pi}{2}$, $k\in\mathbf{Z}$, 值域为 $(-\infty,+\infty)$, 周期为 π 的奇函数;

(4) **余切函数** $y=\cot x$, $x\neq k\pi$, $k\in\mathbf{Z}$, 值域为 $(-\infty,+\infty)$, 周期为 π 的奇函数;

(5) **正割函数** $y=\sec x$, $x\neq k\pi+\dfrac{\pi}{2}$, $k\in\mathbf{Z}$;

(6) **余割函数** $y=\csc x$, $x\neq k\pi$, $k\in\mathbf{Z}$.

6. 反三角函数

(1) 函数 $y=\sin x$, $x\in\left[-\dfrac{\pi}{2},\dfrac{\pi}{2}\right]$ 的反函数称为**反正弦函数**, 记为 $y=\arcsin x$. 定义域: $[-1,1]$, 值域: $\left[-\dfrac{\pi}{2},\dfrac{\pi}{2}\right]$(图 1.12);

(2) 函数 $y=\cos x$, $x\in[0,\pi]$ 的反函数称为**反余弦函数**, 记为 $y=\arccos x$. 定义域: $[-1,1]$, 值域: $[0,\pi]$(图 1.13);

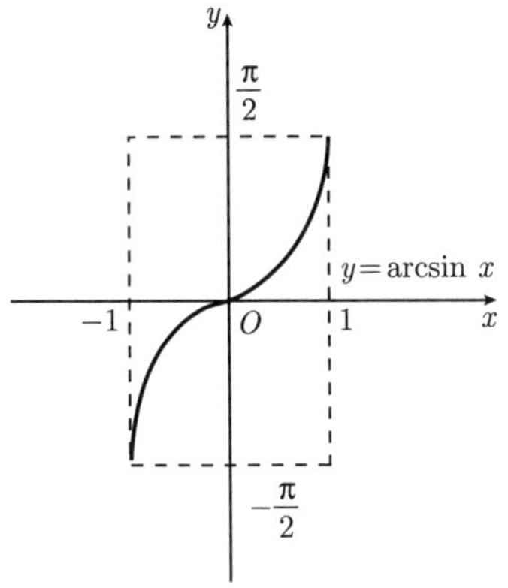

图 1.12

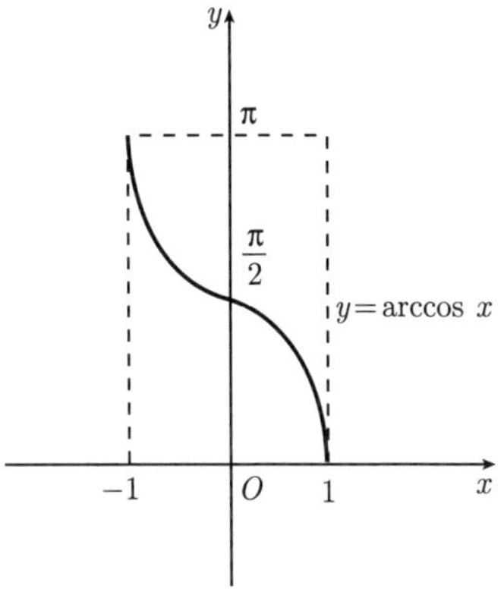

图 1.13

(3) 函数 $y=\tan x$, $x\in\left(-\dfrac{\pi}{2},\dfrac{\pi}{2}\right)$ 的反函数称为**反正切函数**, 记作 $y=\arctan x$, 定义域: $(-\infty,+\infty)$, 值域: $\left(-\dfrac{\pi}{2},\dfrac{\pi}{2}\right)$(图 1.14);

(4) 函数 $y=\cot x$, $x\in(0,\pi)$ 的反函数称为**反余切函数**, 记作 $y=\mathrm{arccot}x$, 定义域: $(-\infty,+\infty)$, 值域: $(0,\pi)$(图 1.15).

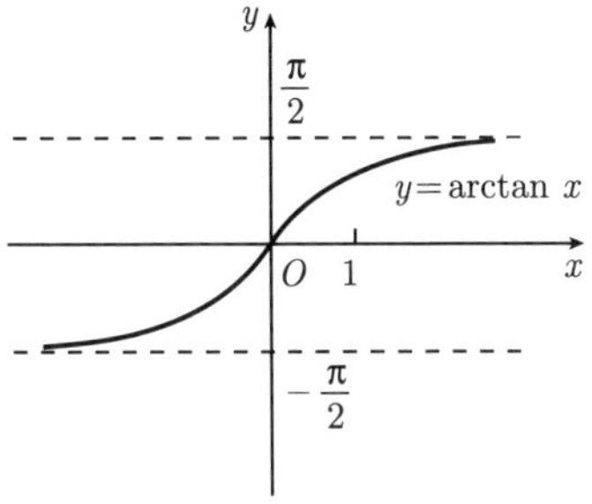

图 1.14

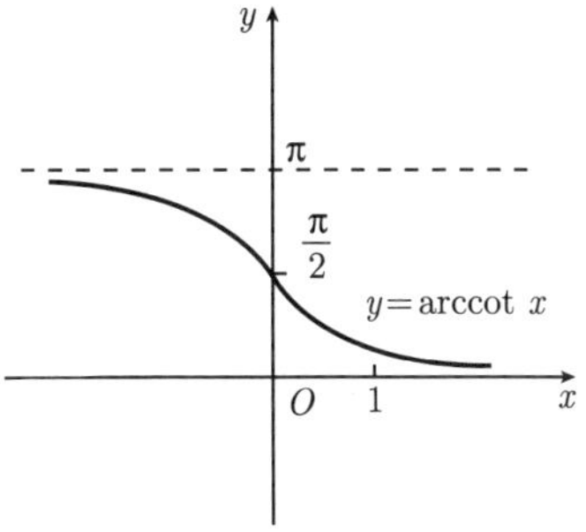

图 1.15

1.2.3 复合函数

定义 1.2.1 设函数 $y=f(u)$ 的定义域为 D_f, $u=\varphi(x)$ 的值域为 R_φ, 如果 $D_f\cap R_\varphi\neq\varnothing$, 则 y 通过 u 的作用是关于 x 的函数, 称 y 为由函数 $y=f(u)$, $u=\varphi(x)$ 复合而成的**复合函数**. 记为 $y=f[\varphi(x)]$, 称 u 为**中间变量**.

注 1.2.1 (1) 并非任意两个函数都可以复合成复合函数, 如 $y=\lg u$ 和 $u=-x^2$ 不能复合成复合函数.

(2) 三个及三个以上的函数也可复合成复合函数, 如函数 $y = \ln u, u = v^2 + 1, v = \sin x$ 复合成函数 $y = \ln(\sin^2 x + 1)$.

1.2.4　初等函数

定义 1.2.2　由基本初等函数经过有限次四则运算和有限次复合步骤, 并能用一个解析式所表示的函数称为**初等函数**. 例如 $y = \sqrt{\tan\dfrac{x}{2}}$, $y = \mathrm{e}^{\sin\frac{1}{x}} + \ln(x-1)$ 等都是初等函数. 分段函数一般不是初等函数, 如符号函数 $y = \mathrm{sgn}x$, 取整函数 $y = [x]$ 等等都不是初等函数.

由函数的四则运算与复合运算可以产生大量的新函数. 下面介绍两类由指数函数经过四则运算得到的新函数 ——**双曲函数**及**反双曲函数**.这两类函数在工程和物理学上很适用.

1.2.5　双曲函数及反双曲函数

1. 双曲函数

(1) **双曲正弦函数**　$y = \mathrm{sh}\ x = \dfrac{\mathrm{e}^x - \mathrm{e}^{-x}}{2}$, 定义域为 $(-\infty, +\infty)$(图 1.16);

(2) **双曲余弦函数**　$y = \mathrm{ch}\ x = \dfrac{\mathrm{e}^x + \mathrm{e}^{-x}}{2}$, 定义域为 $(-\infty, +\infty)$(图 1.16);

(3) **双曲正切函数**　$y = \mathrm{th}\ x = \dfrac{\mathrm{sh}\ x}{\mathrm{ch}\ x} = \dfrac{\mathrm{e}^x - \mathrm{e}^{-x}}{\mathrm{e}^x + \mathrm{e}^{-x}}$, 定义域为 $(-\infty, +\infty)$.

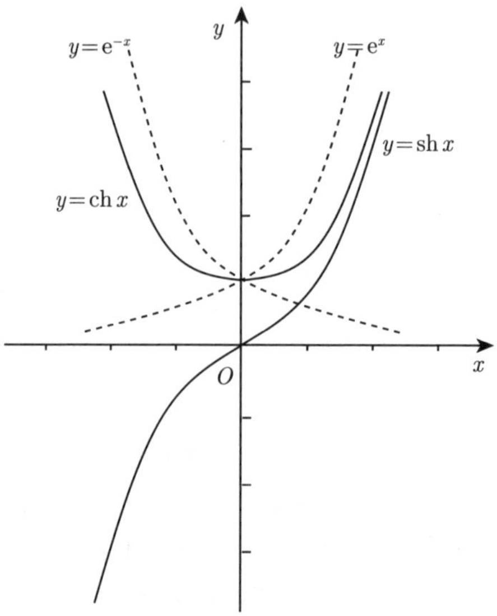

图 1.16

利用双曲函数的定义不难证明以下公式及恒等式

$$\operatorname{sh}(x+y)=\operatorname{sh} x \operatorname{ch} y+\operatorname{ch} x \operatorname{sh} y,$$
$$\operatorname{sh}(x-y)=\operatorname{sh} x \operatorname{ch} y-\operatorname{ch} x \operatorname{sh} y,$$
$$\operatorname{ch}(x+y)=\operatorname{ch} x \operatorname{ch} y+\operatorname{sh} x \operatorname{sh} y,$$
$$\operatorname{ch}(x-y)=\operatorname{ch} x \operatorname{ch} y-\operatorname{sh} x \operatorname{sh} y,$$
$$\operatorname{ch}^2 x-\operatorname{sh}^2 x=1, \quad \operatorname{sh} 2x=2\operatorname{sh} x \operatorname{ch} x, \quad \operatorname{ch} 2x=\operatorname{ch}^2 x+\operatorname{sh}^2 x.$$

2. 反双曲函数

双曲函数的反函数分别为

(1) **反双曲正弦** $y=\operatorname{arsh}x$;

(2) **反双曲余弦** $y=\operatorname{arch}x$;

(3) **反双曲正切** $y=\operatorname{arth}x$.

反双曲函数都可以由双曲函数求得, 仅以双曲正弦和双曲余弦函数为例做介绍. 因为 $y=\operatorname{arsh} x$ 是 $x=\operatorname{sh} y$ 的反函数, 由 $x=\dfrac{\mathrm{e}^y-\mathrm{e}^{-y}}{2}$ 解出 y, 即得 $y=\operatorname{arsh} x$. 令 $t=\mathrm{e}^y$, 由 $x=\dfrac{\mathrm{e}^y-\mathrm{e}^{-y}}{2}$, 得

$$t^2-2xt-1=0.$$

此方程是关于 t 的一元二次方程, 其根为

$$t=x\pm\sqrt{x^2+1}.$$

因为 $t=\mathrm{e}^y>0$, 故

$$t=x+\sqrt{x^2+1}.$$

又 $y=\ln t$, 于是

$$y=\operatorname{arsh} x=\ln(x+\sqrt{x^2+1}).$$

因为 $y=\operatorname{arch} x$ 是 $x=\operatorname{ch} y(y\geqslant 0)$ 的反函数, 由

$$x=\frac{\mathrm{e}^y+\mathrm{e}^{-y}}{2}, \quad y\geqslant 0.$$

解得 $\mathrm{e}^y=x\pm\sqrt{x^2-1}$, 于是

$$y=\ln(x\pm\sqrt{x^2-1}).$$

上式中 x 的取值必须满足条件 $x \geqslant 1$, 而其中平方根前的符号由于 $y \geqslant 0$ 应取正. 故

$$y = \operatorname{arch} x = \ln(x + \sqrt{x^2 - 1}).$$

上述双曲余弦 $y = \operatorname{ch} x (x \geqslant 0)$ 的反函数称为**反双曲余弦的主值**.

类似地, 可求得反双曲正切的表达式为

$$y = \operatorname{arth} x = \frac{1}{2} \ln \frac{1+x}{1-x}.$$

习　题　1.2

1. 求下列函数的反函数及其定义域:

(1) $y = \dfrac{x+3}{x-1}, x \neq 1$;　　(2) $y = \sqrt{25 - x^2}, 0 < x < 5$;

(3) $y = \dfrac{1-x}{1+x}, x \neq -1$;　　(4) $y = \sqrt[3]{x+1}$;

(5) $y = 2\sin 3x, -\dfrac{\pi}{6} \leqslant x \leqslant \dfrac{\pi}{6}$;　　(6) $y = 1 + \ln(x+2)$;

(7) $y = \dfrac{2^x}{2^x + 1}$;　　(8) $y = \begin{cases} x - 1, & x < 0, \\ x^2, & x \geqslant 0. \end{cases}$

2. 设 $f(x) = \begin{cases} -1, & x < 0, \\ 0, & x = 0, \\ 1, & x > 0, \end{cases}$ 求 $f(x-1), f(x^2-1)$.

3. 设 $f(x) = \dfrac{x}{1-x}$, 求 $f(f(x)), f(f(f(x)))$.

4. 下列函数是由哪些基本初等函数复合而成的?

(1) $y = \cos 4x$;　　(2) $y = \sqrt{\arctan \mathrm{e}^{2x}}$;

(3) $y = \ln[\ln(\ln x)]$;　　(4) $y = (1 + \ln^2 x)^3$.

5. 设 $f(x^2 - 1) = \ln \dfrac{x^2}{x^2 - 2}$, 且 $f[\varphi(x)] = \ln x$, 求 $\varphi(x)$.

6. 某运输公司规定每吨货物的运费 m 为: 在 a 公里以内, 每公里 k 元, 超过的部分每公里为 $\dfrac{4}{5}k$ 元, 求运费 m 和里程 s 之间的函数关系.

1.3　数列的极限

极限思想是由求取某些实际问题的精确解而产生的. 在古埃及、古希腊都有无穷逼近的思想. 中国古代数学家刘徽利用圆内接正多边形来推算圆面积的方法 —— 割圆术, 就是极限思想在几何学上的应用.

1.3.1 数列极限的概念

在中学阶段, 已经学习了有关数列的一些知识, 在这里将主要研究无穷数列.

定义 1.3.1 按一定次序排列成的一组有先后次序的数: $x_1, x_2, \cdots, x_n, \cdots$ 称为**数列**, 记为 $\{x_n\}$, 称 x_n 为数列的**通项**或**一般项**.

数列可看作自变量是正整数 n 的函数, 即 $x_n = f(n)$, 其函数图像是无穷多个离散的点.

对于数列, 主要研究随着 n 的增大 x_n 的变化趋势. 特别是当 n 无限增大时, x_n 能否无限接近某一常数? 观察下列数列:

(1) $\left\{\dfrac{1}{n}\right\}$: $1, \dfrac{1}{2}, \dfrac{1}{3}, \cdots, \dfrac{1}{n}, \cdots$

(2) $\left\{\dfrac{2n+1}{n}\right\}$: $3, \dfrac{5}{2}, \dfrac{7}{3}, \cdots, \dfrac{2n+1}{n}, \cdots$

(3) $\left\{\dfrac{1}{2^n}\right\}$: $\dfrac{1}{2}, \dfrac{1}{4}, \dfrac{1}{8}, \cdots, \dfrac{1}{2^n}, \cdots$

(4) $\{(-1)^n\}$: $-1, 1, -1, 1, \cdots, (-1)^n, \cdots$

(5) $\{2^n\}$: $2, 4, 8, \cdots, 2^n, \cdots$

通过观察, 可以看出 (1)~(3) 中的数列 $\{x_n\}$, 当 n 无限增大时, 分别无限接近于常数 0, 2, 0. 而 (4)、(5) 中的数列 $\{x_n\}$, 当 n 无限增大时, x_n 都不能无限接近于某一确定的常数.

定义 1.3.2 设有数列 $\{x_n\}$ 和常数 a, 如果当 n 无限增大时, x_n 无限接近于常数 a. 则称 a 为数列 $\{x_n\}$ 的**极限**, 或称**数列**$\{x_n\}$**收敛于**a. 记为

$$\lim_{n\to\infty} x_n = a, \quad \text{或} \quad x_n \to a\ (n \to \infty).$$

否则, 称数列 $\{x_n\}$**发散**.

例如 $\lim\limits_{n\to\infty} \dfrac{1}{n} = 0$, $\lim\limits_{n\to\infty} \dfrac{2n+1}{n} = 2$, $\lim\limits_{n\to\infty} \left(-\dfrac{1}{2^n}\right) = 0$. 而数列 $\left\{(-1)^{n-1}\right\}$ 和 $\{2^n\}$ 发散.

这种描述性的定义主要是通过观察的方法得到极限, 但是在数学中仅凭直观有时是不可靠的. 如数列 $\left\{\left(1+\dfrac{1}{n}\right)^n\right\}$, $\left\{n\sin\dfrac{1}{n}\right\}$, 很难看出当 n 无限增大时, 它们是否无限接近于某个常数. 所以, 需要用精确的数学语言来描述极限的定义. 为此, 考虑数列:

$$\left\{\frac{n+(-1)^n}{n}\right\} : 0, \frac{3}{2}, \frac{2}{3}, \frac{5}{4}, \frac{4}{5}, \cdots$$

由观察可知: 当 n 无限增大时, $x_n = \dfrac{n+(-1)^n}{n}$ 无限接近于常数 1. 为了描述

两个数的接近程度, 用这两个数之差的绝对值来刻画. 两个数无限接近, 是指这两个数之差的绝对值可以任意小.

$$|x_n-1|=\left|\frac{n+(-1)^n}{n}-1\right|=\frac{1}{n}.$$

要使 $|x_n-1|<\dfrac{1}{10}$, 只需要 $n>10$, 即从第 11 项开始, 后面的所有项都有 $|x_n-1|<\dfrac{1}{10}$; 欲使 $|x_n-1|<\dfrac{1}{100}$, 只需要 $n>100$, 即从第 101 项开始, 以后的各项都有 $|x_n-1|<\dfrac{1}{100}$. 一般情况下, 对任意给定的正数 ε(ε 无论多么小), 总可找到一个正整数 N, 当 $n>N$ 时, 有 $|x_n-1|<\varepsilon$ 成立. 这样便有数列极限的精确定义.

定义 1.3.3　设有数列 $\{x_n\}$ 和常数 a, 如果对任意给定的正数 ε(ε 无论多么小), 总可找到一个正整数 N, 当 $n>N$ 时, 有 $|x_n-a|<\varepsilon$ 成立. 则称 a 为数列 $\{x_n\}$ 的**极限**, 或称**数列**$\{x_n\}$**收敛于**a. 记为

$$\lim_{n\to\infty}x_n=a \quad 或 \quad x_n\to a\ (n\to\infty).$$

否则, 称数列 $\{x_n\}$ 是**发散**的.

因为 $|x_n-a|<\varepsilon$ 等价于 $a-\varepsilon<x_n<a+\varepsilon$, 这说明: 如果 $\lim\limits_{n\to\infty}x_n=a$, 则对 a 点的任意一个 ε 邻域, 都有无穷多项 x_n 落在这个邻域内, 而落在此邻域外最多只有 N 项. 这就是数列极限的几何解释 (图 1.17).

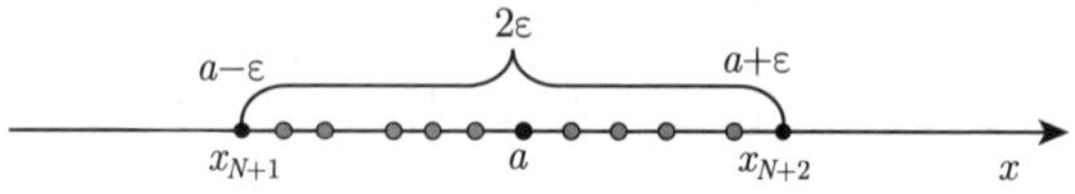

图 1.17

注 1.3.1　(1) 定义中的 ε 刻画 x_n 与 a 的接近程度, N 刻画 n 充分大的程度;

(2) ε 是任意给定的正常数, N 随 ε 变化而变化.

例 1.3.1　用定义证明 $\lim\limits_{n\to\infty}\dfrac{2n+1}{n}=2$.

证明　因为

$$|x_n-2|=\left|\frac{2n+1}{n}-2\right|=\frac{1}{n},$$

对任意给定的正数 ε(ε 无论多小), 要使 $|x_n-2|=\dfrac{1}{n}<\varepsilon$, 只需要 $n>\dfrac{1}{\varepsilon}$. 取 $N=\left[\dfrac{1}{\varepsilon}\right]$, 当 $n>N$ 时, 有 $|x_n-2|<\varepsilon$ 成立. 由数列极限的定义, 有

$$\lim_{n\to\infty}\frac{2n+1}{n}=2.$$

例 1.3.2 用定义证明：$\lim\limits_{n\to\infty} q^n = 0\ (|q|<1)$.

证明 当 $q=0$ 时, 等式显然成立.

当 $0<|q|<1$ 时, 对任意给定的正数 ε(不妨设 $\varepsilon<1$), 要使

$$|x_n - a| = |q^n - 0| = |q|^n < \varepsilon,$$

只需 $n > \dfrac{\ln\varepsilon}{\ln|q|}$. 取 $N = \left[\dfrac{\ln\varepsilon}{\ln|q|}\right]$, 当 $n>N$ 时, 有 $|x_n - a| = |q^n - 0| = |q|^n < \varepsilon$ 成立. 由数列极限的定义, 有

$$\lim_{n\to\infty} q^n = 0\ (|q|<1).$$

这个极限要求记住, 今后可直接作为结论使用.

1.3.2 数列极限的性质

性质 1.3.1 (极限的唯一性) 若数列 $\{x_n\}$ 收敛, 则其极限唯一.

证明 用反证法. 设数列 $\{x_n\}$ 收敛, 但极限不唯一, 即数列 $\{x_n\}$ 同时收敛于 a 和 b, 且 $a\neq b$. 不妨设 $a<b$, 取 $\varepsilon = \dfrac{b-a}{2} > 0$, 根据收敛数列的定义, 由 $\lim\limits_{n\to\infty} x_n = a$ 可知, 存在正整数 N_1, 当 $n>N_1$ 时, 有 $|x_n - a| < \dfrac{b-a}{2}$, 即

$$a - \frac{b-a}{2} < x_n < a + \frac{b-a}{2}.$$

从而有

$$x_n < \frac{a+b}{2}. \tag{1.1}$$

同样, 因 $\lim\limits_{n\to\infty} x_n = b$, 对上述 $\varepsilon = \dfrac{b-a}{2}$, 存在正整数 N_2, 当 $n>N_2$ 时, 有 $|x_n - b| < \dfrac{b-a}{2}$, 即

$$b - \frac{b-a}{2} < x_n < b + \frac{b-a}{2}.$$

从而有

$$x_n > \frac{a+b}{2}. \tag{1.2}$$

取 $N = \max\{N_1, N_2\}$, 当 $n>N$ 时, 式 (1.1) 和 (1.2) 同时成立, 矛盾. 因此, 收敛数列的极限是唯一的.

对数列 $\{x_n\}$, 如果存在正实数 M, 使得对一切 n, 都有 $|x_n| \leqslant M$. 则称**数列$\{x_n\}$有界**. 否则, 称**数列$\{x_n\}$无界**. 如数列 $\left\{\dfrac{2n+1}{n}\right\}$, $\{(-1)^n\}$ 都是有界数列, 而数列 $\{2^n\}$ 是无界数列.

性质 1.3.2 (收敛数列的有界性) 收敛数列一定是有界数列.

证明 设数列 $\{x_n\}$ 收敛, 且 $\lim\limits_{n\to\infty} x_n = a$. 根据收敛数列的定义, 对于 $\varepsilon = 1$, 存在正整数 N, 当 $n > N$ 时, 有

$$|x_n - a| < 1$$

成立. 于是, 当 $n > N$ 时, 有

$$|x_n| = |(x_n - a) + a| \leqslant |x_n - a| + |a| < 1 + |a|.$$

取 $M = \max\{|x_1|, |x_2|, \cdots, |x_N|, 1 + |a|\}$, 则对一切 n, 都有

$$|x_n| \leqslant M.$$

这就证明了数列 $\{x_n\}$ 是有界的.

数列有界是数列收敛的必要非充分条件. 例如: 数列 $\{(-1)^n\}$ 是有界的, 但当 n 无限增大时, $x_n = (-1)^n$ 不能无限接近于某个常数. 因此, 数列 $\{(-1)^n\}$ 发散.

性质 1.3.3 (保号性) 若 $\lim\limits_{n\to\infty} x_n = a$, 且 $a > 0$(或 $a < 0$), 则存在正整数 N, 当 $n > N$ 时, 有 $x_n > 0$(或 $x_n < 0$).

证明 当 $a > 0$ 时, 由数列极限的定义, 取 $\varepsilon = \dfrac{a}{2} > 0$, 存在正整数 N, 当 $n > N$ 时, 有

$$|x_n - a| < \frac{a}{2},$$

即

$$x_n > a - \frac{a}{2} = \frac{a}{2} > 0.$$

同理可证 $a < 0$ 的情形.

推论 1.3.1 若 $\lim\limits_{n\to\infty} x_n = a$, 且存在正整数 N, 当 $n > N$ 时, 有 $x_n \geqslant 0$(或 $x_n \leqslant 0$). 则 $a \geqslant 0$(或 $a \leqslant 0$).

证明 这里仅对 $a \geqslant 0$ 作证明. 设数列 $\{x_n\}$ 从第 $N_1 + 1$ 项起, 即当 $n > N_1$ 时, 有 $x_n \geqslant 0$.

用反证法. 若 $\lim\limits_{n\to\infty} x_n = a < 0$, 则由性质 1.3.3, 存在正整数 N_2, 当 $n > N_2$ 时, 有 $x_n < 0$. 取 $N = \max\{N_1, N_2\}$, 当 $n > N$ 时, 有 $x_n < 0$ 又 $x_n \geqslant 0$, 矛盾. 故必有 $a \geqslant 0$.

此外, 在数列 $\{x_n\}$ 中任意抽取无限多项并保持这些项在原数列 $\{x_n\}$ 中的先后次序, 这样得到的一个数列称为原数列 $\{x_n\}$ 的一个**子数列**(或**子列**).

例如, 设在数列 $\{x_n\}$ 中, 依次取 $x_1, x_3, x_5, \ldots$, 这样取原数列的奇数项, 得到一个数列

$$x_1, \quad x_3, \quad x_5, \quad \ldots, \quad x_{2k-1}, \quad \cdots$$

这个数列 $\{x_{2k-1}\}$ 就是原数列 $\{x_n\}$ 的一个子数列.

注 1.3.2 在子数列 $\{x_{n_k}\}$ 中的一般项 x_{n_k} 是第 k 项, 而 x_{n_k} 在原数列 $\{x_n\}$ 中却是第 n_k 项, 显然 $n_k \geqslant k$.

下面介绍收敛数列与其子数列之间关系的一个定理.

定理 1.3.1 (收敛数列与其子数列的关系) 若数列 $\{x_n\}$ 收敛于 a, 那么其任何一子数列也收敛, 且与原数列极限相同.

证明 设数列 $\{x_{n_k}\}$ 是数列 $\{x_n\}$ 的任一子数列.

因为 $\lim\limits_{n\to\infty} x_n = a$, 由数列极限的定义, 对任意 $\varepsilon > 0$, 存在正整数 N, 当 $n > N$ 时, 有 $|x_n - a| < \varepsilon$ 成立. 现取 $K = N$, 则当 $k > K$ 时, $n_k > n_K = n_N \geqslant N$. 于是 $|x_{n_k} - a| < \varepsilon$, 故由数列极限的定义可知 $\lim\limits_{k\to\infty} x_{n_k} = a$.

由定理 1.3.1 可知, 如果数列 $\{x_n\}$ 存在两个子数列收敛于不同的极限, 那么数列 $\{x_n\}$ 必发散. 例如数列 $x_n = (-1)^n \quad (n = 1, 2, 3, \cdots)$, 因为数列 $\{x_n\}$ 的子数列 $\{x_{2k-1}\}$ 收敛于 -1, 而子数列 $\{x_{2k}\}$ 收敛于 1, 因此数列 $x_n = (-1)^n \quad (n = 1, 2, 3, \cdots)$ 是发散的.

上例同时也说明, **发散的数列也可能有收敛的子数列存在**.

习 题 1.3

1. 观察下列数列 $\{x_n\}$ 的一般项 x_n 的变化趋势, 写出它们的极限:

(1) $x_n = (-1)^{n+1}\dfrac{1}{n}$; (2) $x_n = \dfrac{1}{2^n}$;

(3) $x_n = \dfrac{n-3}{n+3}$; (4) $x_n = n$.

2. 设数列 $\{x_n\}$ 的一般项 $x_n = (-1)^n \dfrac{1}{n+1}$, 试求 $\lim\limits_{n\to\infty} x_n$, 并找一正整数 N, 使得当 $n > N$ 时, x_n 与其极限之差的绝对值小于正数 $\varepsilon = 0.001$.

3. 用数列极限定义证明下列极限:

(1) $\lim\limits_{n\to\infty} \dfrac{n}{n+1} = 1$; (2) $\lim\limits_{n\to\infty} \left(1 - \dfrac{1}{2^n}\right) = 1$;

(3) $\lim\limits_{n\to\infty} \dfrac{1}{n^3} = 0$; (4) $\lim\limits_{n\to\infty} \dfrac{(-1)^n}{(n+1)^2} = 0$.

4. 设数列 $\{x_n\}$, 若 $\lim\limits_{k\to\infty} x_{2k-1} = a$, $\lim\limits_{k\to\infty} x_{2k} = a$, 证明: $\lim\limits_{n\to\infty} x_n = a$.

5. 若 $\lim\limits_{n\to\infty} x_n = a$, 证明 $\lim\limits_{n\to\infty} |x_n| = |a|$. 并举例说明, 当数列 $\{|x_n|\}$ 收敛时, 数列 $\{x_n\}$ 未必收敛.

6. 设数列 $\{x_n\}$ 有界, 又 $\lim\limits_{n\to\infty} y_n = 0$, 证明: $\lim\limits_{n\to\infty} x_n y_n = 0$.

1.4　函数的极限

数列可以视为自变量为正整数 n 的函数 $x_n = f(n)$, 若数列 $\{x_n\}$ 的极限为 a, 即是当自变量 n 取正整数且无限增大 $(n \to \infty)$ 时, 对应的函数值 $f(n)$ 无限接近于 a. 若将数列极限中 n 的特殊性撇开, 则可得到函数极限的一般概念. 即函数 $y = f(x)$ 在自变量 x 的某个变化过程中, 如果对应的函数值 $f(x)$ 无限接近于某个确定的数值 A, 则称 A 为在该变化过程中函数 $f(x)$ 的极限.

此极限与自变量 x 的变化过程是密切相关的. 由于函数 $y = f(x)$ 的自变量 x 的取值范围是实数集或它的子集, 所以自变量 x 的变化趋势要复杂一些, 主要有下面两种情形:

(1) $x \to \infty$ 时, 函数 $f(x)$ 的极限;

(2) $x \to x_0$ 时, 函数 $f(x)$ 的极限.

1.4.1　当 $x \to \infty$ 时, 函数 $f(x)$ 的极限

对于函数 $f(x) = \dfrac{1}{x}$, 当 $|x|$ 无限增大时, $f(x)$ 无限接近于 0. 称函数 $f(x) = \dfrac{1}{x}$ 当 $x \to \infty$ 时的极限为 0. 记为

$$\lim_{x \to \infty} \frac{1}{x} = 0.$$

一般地, 如果当 $|x|$ 无限增大时, 函数 $f(x)$ 无限接近于常数 A, 则称 A 为**函数$f(x)$当$x \to \infty$时的极限**. 记为

$$\lim_{x \to \infty} f(x) = A \text{ 或 } f(x) \to A (x \to \infty).$$

同数列极限一样, 其精确定义如下:

定义 1.4.1　设当 $|x|$ 充分大时, $f(x)$ 有定义. 如果对任意给定的正数 ε(ε 无论多么小), 总存在正实数 X, 使得对于满足不等式 $|x| > X$ 的一切 x, 总有

$$|f(x) - A| < \varepsilon$$

成立, 则称常数 A 为**函数$f(x)$当$x \to \infty$时的极限**, 记为

$$\lim_{x \to \infty} f(x) = A \text{ 或 } f(x) \to A (x \to \infty).$$

$\lim\limits_{x \to \infty} f(x) = A$**的几何意义**: 作两条平行直线 $y = A \pm \varepsilon$, 则总存在一个正实数 X, 使得当 $|x| > X$ 时, 函数 $y = f(x)$ 的图形位于这两条直线 $y = A - \varepsilon, y = A + \varepsilon$ 之间 (图 1.18).

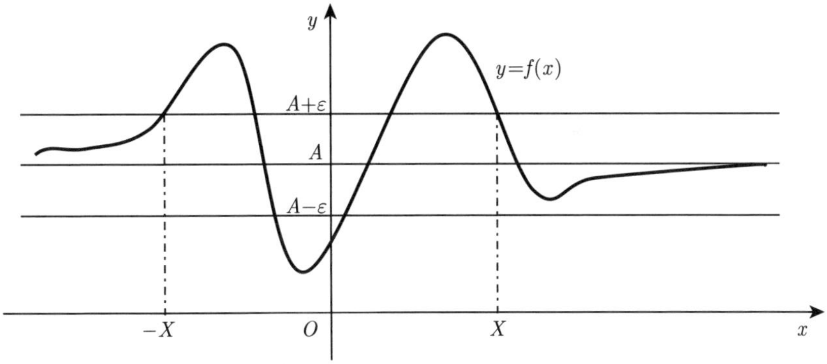

图 1.18

例 1.4.1 证明: $\lim\limits_{x\to\infty}\dfrac{2x+3}{3x}=\dfrac{2}{3}$.

证明 因为

$$|f(x)-A|=\left|\frac{2x+3}{3x}-\frac{2}{3}\right|=\frac{1}{|x|},$$

对任意给定的正数 ε(ε 无论多么小), 取 $X=\dfrac{1}{\varepsilon}$, 当 $|x|\ >X$ 时, 有

$$|f(x)-A|=\left|\frac{2x+3}{3x}-\frac{2}{3}\right|=\frac{1}{|x|}<\varepsilon$$

成立. 由函数极限的定义, 得

$$\lim_{x\to\infty}\frac{2x+3}{3x}=\frac{2}{3}.$$

若 $x>0$ 且无限增大 (记作 $x\to+\infty$) 时, $f(x)$ 无限接近于常数 A. 则称 A 为**函数$f(x)$当$x\to+\infty$时的极限**. 记为

$$\lim_{x\to+\infty}f(x)=A.$$

只需将定义 1.4.1 中 $|x|\ >X$ 改为 $x>X$, 即可得到 $\lim\limits_{x\to+\infty}f(x)=A$ 的精确定义.

同样, 若 $x<0$ 且 $|x|$ 无限增大 (记作 $x\to-\infty$) 时, $f(x)$ 无限接近于常数 A. 则称 A 为**函数$f(x)$当$x\to-\infty$时的极限**. 记为

$$\lim_{x\to-\infty}f(x)=A.$$

只需将定义 1.4.1 中 $|x|\ >X$ 改为 $x<-X$, 即可得到 $\lim\limits_{x\to-\infty}f(x)=A$ 的定义. 如 $\lim\limits_{x\to+\infty}\mathrm{e}^{-x}=0$, $\lim\limits_{x\to+\infty}\left(\dfrac{1}{2}\right)^x=0$, $\lim\limits_{x\to+\infty}\arctan x=\dfrac{\pi}{2}$, $\lim\limits_{x\to-\infty}\arctan x=-\dfrac{\pi}{2}$ 等等.

定理 1.4.1　$\lim\limits_{x\to\infty} f(x) = A$ 的充分必要条件是 $\lim\limits_{x\to-\infty} f(x)$, $\lim\limits_{x\to+\infty} f(x)$ 都存在, 且

$$\lim_{x\to-\infty} f(x) = \lim_{x\to+\infty} f(x) = A.$$

例如, 因为 $\lim\limits_{x\to+\infty} \arctan x = \dfrac{\pi}{2}$, $\lim\limits_{x\to-\infty} \arctan x = -\dfrac{\pi}{2}$, 所以 $\lim\limits_{x\to\infty} \arctan x$ 不存在. 类似地, 因为 $\lim\limits_{x\to+\infty} \operatorname{arccot} x = 0$, $\lim\limits_{x\to-\infty} \operatorname{arccot} x = \pi$, 所以 $\lim\limits_{x\to\infty} \operatorname{arccot} x$ 不存在.

1.4.2　当 $x \to x_0$ 时, 函数 $f(x)$ 的极限

1. 极限的概念

引例　研究函数 $f(x) = \dfrac{4x^2-1}{2x-1}$, 当 $x \to \dfrac{1}{2}\left(x \neq \dfrac{1}{2}\right)$ 时, $f(x)$ 的变化趋势.

由观察可见, 当 $x \to \dfrac{1}{2}\left(x \neq \dfrac{1}{2}\right)$ 时, $f(x) = \dfrac{4x^2-1}{2x-1} = 2x+1 \to 2$. 即 $|f(x)-2|$ 可任意小, 亦即对任意给定的 $\varepsilon > 0$, 欲使 $|f(x)-2| = \left|\dfrac{4x^2-1}{2x-1} - 2\right| = |2x-1| < \varepsilon$, 于是 $2\left|x - \dfrac{1}{2}\right| < \varepsilon$, 亦即 $\left|x - \dfrac{1}{2}\right| < \dfrac{\varepsilon}{2}$, 所以只需取 $\delta = \dfrac{\varepsilon}{2}$ 即可.

这样, 对任意的 $\varepsilon > 0$, 存在 $\delta = \dfrac{\varepsilon}{2}$, 当 $0 < \left|x - \dfrac{1}{2}\right| < \delta$ 时, 有 $|f(x)-2| < \varepsilon$ 恒成立.

定义 1.4.2　设函数 $f(x)$ 在点 x_0 的某一去心邻域 $\mathring{U}(x_0, \delta)$ 内有定义. 如果对任意给定的正数 ε(ε 无论多么小), 总存在正数 δ, 当 $0 < |x - x_0| < \delta$ 时, 有 $|f(x) - A| < \varepsilon$ 成立, 则称常数 A 为**函数**$f(x)$**当**$x \to x_0$**时的极限**. 记为

$$\lim_{x\to x_0} f(x) = A \quad \text{或} \quad f(x) \to A(x \to x_0).$$

注 1.4.1　(1)ε 刻画 $f(x)$ 与 A 接近的程度; δ 刻画 x 与 x_0 接近的程度; ε 是任给的正常数, δ 随 ε 的变化而变化;

(2) 函数极限与 $f(x)$ 在点 x_0 处是否有定义无关.

例 1.4.2　证明: $\lim\limits_{x\to x_0} C = C$(其中 C 为常数).

证明　因为

$$|f(x) - A| = |C - C| = 0,$$

对任意给定的正数 ε(ε 无论多么小), 任意实数 $\delta > 0$, 当 $0 < |x - x_0| < \delta$ 时, 有

$$|f(x) - A| = |C - C| = 0 < \varepsilon$$

成立. 由函数极限的定义, 得

$$\lim_{x\to x_0} C = C.$$

例 1.4.3 证明: $\lim\limits_{x\to x_0} x = x_0$.

证明 因为

$$|f(x)-A| = |x-x_0|,$$

对任意给定的 $\varepsilon>0$, 取 $\delta=\varepsilon$, 当 $0<|x-x_0|<\delta$ 时, 有 $|f(x)-A|=|x-x_0|<\varepsilon$ 成立. 由函数极限的定义, 得

$$\lim_{x\to x_0} x = x_0.$$

例 1.4.4 证明: $\lim\limits_{x\to x_0}\sqrt{x}=\sqrt{x_0}\ (x_0>0)$.

证明 当 $x\geqslant 0$ 时, 有

$$|f(x)-A| = \left|\sqrt{x}-\sqrt{x_0}\right| = \frac{|x-x_0|}{\sqrt{x}+\sqrt{x_0}} \leqslant \frac{|x-x_0|}{\sqrt{x_0}}.$$

对任意给定的 $\varepsilon>0$, 欲使 $|f(x)-A|<\varepsilon$, 只需 $\dfrac{|x-x_0|}{\sqrt{x_0}}<\varepsilon$, 即 $|x-x_0|<\sqrt{x_0}\varepsilon$. 取 $\delta=\min\left\{\sqrt{x_0}\varepsilon, x_0\right\}$, 当 $0<|x-x_0|<\delta$ 时, 有

$$|f(x)-A| = \left|\sqrt{x}-\sqrt{x_0}\right| < \varepsilon$$

成立. 由函数极限的定义, 得

$$\lim_{x\to x_0}\sqrt{x}=\sqrt{x_0}.$$

例 1.4.5 证明: $\lim\limits_{x\to -2}\dfrac{x^2-4}{x+2}=-4$.

证明 因为 $x\to-2, x\neq-2$, 所以

$$|f(x)-A| = \left|\frac{x^2-4}{x+2}+4\right| = |x+2|.$$

对任意给定的 $\varepsilon>0$, 要使 $|f(x)-A|<\varepsilon$, 即 $|x+2|<\varepsilon$, 取 $\delta=\varepsilon$. 当 $0<|x-(-2)|<\delta$ 时, 有 $|f(x)-A|<\varepsilon$ 成立. 由函数极限的定义, 得

$$\lim_{x\to -2}\frac{x^2-4}{x+2}=-4.$$

2. 函数极限的几何解释

$\lim\limits_{x\to x_0} f(x)=A$**的几何解释**：(图 1.19) 对任意两平行直线 $y=A\pm\varepsilon$, 总存在 $\delta>0$, 当 $x\in \mathring{U}(x_0,\delta)$ 时, 曲线 $y=f(x)$ 必在这两条平行直线之间.

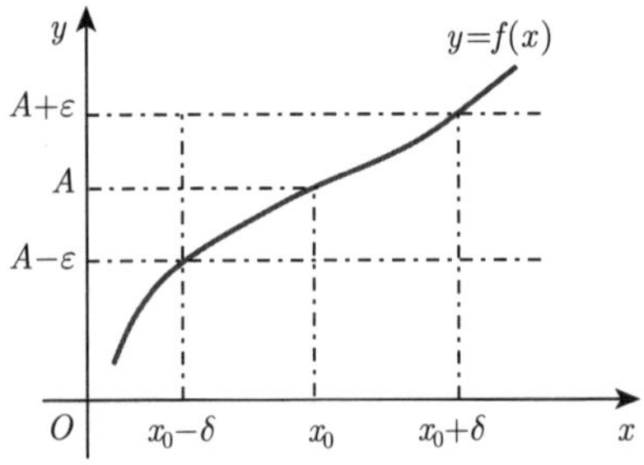

图 1.19

3. 左右极限

$x\to x_0$ 是指 x 从小于 x_0 和大于 x_0 的方向同时趋近于 x_0, 如果仅考虑 x 从小于 x_0(或大于 x_0) 的方向趋近于 x_0 时函数 $f(x)$ 的极限, 这就是**左**、**右极限**(**单侧极限**).

定义 1.4.3　若 x 从 x_0 的左 (或右) 侧, 即 $x<x_0$(或 $x>x_0$) 趋近于 x_0 时, $f(x)$ 以 A 为极限, 即对任意给定的正数 ε(ε 无论多么小), 总存在 $\delta>0$, 当 $x_0-\delta<x<x_0$(或 $x_0<x<x_0+\delta$) 时, 有

$$|f(x)-A|<\varepsilon$$

成立, 则称 A 为**函数**$f(x)$**当**$x\to x_0$**时的左**(**或右**)**极限**. 记为

$$\lim_{x\to x_0^-} f(x)=A\ (\text{或}\ \lim_{x\to x_0^+} f(x)=A),$$

也可记为

$$f(x_0-0)=A\ (\text{或} f(x_0+0)=A).$$

由定义 1.4.2 和定义 1.4.3, 直接可得

定理 1.4.2　$\lim\limits_{x\to x_0} f(x)=A$ 的充分必要条件是 $\lim\limits_{x\to x_0^-} f(x)$, $\lim\limits_{x\to x_0^+} f(x)$ 都存在, 且

$$\lim_{x\to x_0^-} f(x)=\lim_{x\to x_0^+} f(x)=A.$$

例 1.4.6　设函数

$$f(x)=\begin{cases}1, & x<0,\\ x, & x\geqslant 0,\end{cases}$$

求 $\lim\limits_{x\to 0^-} f(x)$, $\lim\limits_{x\to 0^+} f(x)$, $\lim\limits_{x\to 0} f(x)$.

解

$$\lim_{x\to 0^-} f(x)=\lim_{x\to 0^-} 1=1,$$

$$\lim_{x\to 0^+} f(x) = \lim_{x\to 0^+} x = 0.$$

因为 $\lim\limits_{x\to 0^-} f(x) \neq \lim\limits_{x\to 0^+} f(x)$, 所以 $\lim\limits_{x\to 0} f(x)$ 不存在.

1.4.3 函数极限的性质

仅以 $x \to x_0$ 时的函数极限给出下述性质, 对于 $x \to x_0^-$, $x \to x_0^+$, $x \to \infty$, $x \to +\infty$, $x \to -\infty$ 时的函数极限有类似性质.

性质 1.4.1 (极限的唯一性) 若 $\lim\limits_{x\to x_0} f(x)$ 存在, 则其极限唯一.

证明 用反证法, 假设 $\lim\limits_{x\to x_0} f(x)$ 存在, 但极限不唯一, 即 $\lim\limits_{x\to x_0} f(x) = A$, $\lim\limits_{x\to x_0} f(x) = B$ 且 $A \neq B$. 不妨设 $A < B$, 取 $\varepsilon = \dfrac{B-A}{2} > 0$, 根据函数极限的定义, 由 $\lim\limits_{x\to x_0} f(x) = A$ 可知, 存在 $\delta_1 > 0$, 当 $0 < |x - x_0| < \delta_1$ 时, 有 $|f(x) - A| < \dfrac{A-B}{2}$, 即

$$A - \frac{B-A}{2} < f(x) < A + \frac{B-A}{2}.$$

则

$$f(x) < \frac{A+B}{2}. \tag{1.3}$$

同样, 因为 $\lim\limits_{x\to x_0} f(x) = B$, 对上述 $\varepsilon = \dfrac{B-A}{2}$, 存在 $\delta_2 > 0$, 当 $0 < |x - x_0| < \delta_2$ 时, 有 $|f(x) - B| < \dfrac{A-B}{2}$, 即

$$B - \frac{B-A}{2} < f(x) < B + \frac{B-A}{2}.$$

则

$$f(x) > \frac{A+B}{2}. \tag{1.4}$$

取 $\delta = \min\{\delta_1, \delta_2\}$, 当 $0 < |x - x_0| < \delta$ 时, 式 (1.3) 和式 (1.4) 同时成立, 矛盾. 故若 $\lim\limits_{x\to x_0} f(x)$ 存在, 则极限唯一.

性质 1.4.2 (局部有界性) 若 $\lim\limits_{x\to x_0} f(x)$ 存在, 则函数 $f(x)$ 在 x_0 点的某去心邻域 $\mathring{U}(x_0, \delta)$ 内有界.

证明 设 $\lim\limits_{x\to x_0} f(x) = A$. 取 $\varepsilon = 1$, 由函数极限定义, 存在 $\delta > 0$, 当 $0 < |x - x_0| < \delta$ 时, 有

$$|f(x) - A| < 1.$$

从而

$$|f(x)| \leqslant |f(x) - A| + |A| < 1 + |A|,$$

即 $f(x)$ 在 x_0 点的 δ 去心邻域内有界.

性质 1.4.3 (局部保号性)　若 $\lim\limits_{x\to x_0} f(x)=A$, 且 $A>0$(或 $A<0$), 则存在 x_0 点的去心邻域 $\mathring{U}(x_0,\delta)$, 当 $x\in \mathring{U}(x_0,\delta)$ 时, 有 $f(x)>0$(或 $f(x)<0$).

证明　下面仅对 $A>0$ 的情况进行证明.

因 $\lim\limits_{x\to x_0} f(x)=A>0$, 取 $\varepsilon=\dfrac{A}{2}>0$, 则存在 $\delta>0$, 当 $0<|x-x_0|<\delta$ 时, 有

$$|f(x)-A|<\frac{A}{2},$$

即

$$f(x)>A-\frac{A}{2}=\frac{A}{2}>0.$$

同理可证 $A<0$ 的情形.

由性质 1.4.3 可得下述推论.

推论 1.4.1　若 $\lim\limits_{x\to x_0} f(x)=A$, 且在 x_0 点的某去心邻域 $\mathring{U}(x_0,\delta)$ 内, 有 $f(x)\geqslant 0$(或 $f(x)\leqslant 0$), 则 $A\geqslant 0$(或 $A\leqslant 0$).

习　题　1.4

1. 当 $x\to\infty$ 时, $y=\dfrac{x^2-2}{x^2+1}\to 1$. 问 X 等于多少, 当 $|x|>X$ 时, 可使 $|y-1|<0.1$?

2. 当 $x\to 1$ 时, $y=x^2\to 1$. 问 δ 等于多少, 当 $|x-1|<\delta$ 时, 可使 $|y-1|<0.001$?

3. 用函数极限的定义证明下列极限:

(1) $\lim\limits_{x\to 2}(2x-2)=2$;　　(2) $\lim\limits_{x\to 3}(4x+2)=14$;

(3) $\lim\limits_{x\to 2}\dfrac{x^2-4}{x-2}=4$;　　(4) $\lim\limits_{x\to -1}\dfrac{x^3+1}{x+1}=3$;

(5) $\lim\limits_{x\to \infty}\dfrac{x^2+1}{2x^2}=\dfrac{1}{2}$;　　(6) $\lim\limits_{x\to +\infty}\dfrac{\sin x}{\sqrt{x}}=0$.

4. 证明: 函数 $f(x)=|x|$, 当 $x\to 0$ 时极限为零.

5. 用极限的定义证明: 函数 $f(x)$ 当 $x\to x_0$ 时极限存在的充分必要条件是左极限、右极限都存在并且相等.

6. 已知

$$f(x)=\begin{cases} x-1, & x<0,\\ 0, & x=0,\\ x+1, & x>0,\end{cases}$$

证明: 当 $x\to 0$ 时, $f(x)$ 的极限不存在.

1.5 无穷大与无穷小

1.5.1 无穷小量

1. 无穷小量的概念

极限为零的量称为**无穷小量**, 也称**无穷小**.

例如, $\lim\limits_{n\to\infty}\dfrac{1}{2^n}=0$, 则称 $\dfrac{1}{2^n}$ 为 $n\to\infty$ 时的无穷小量. 因 $\lim\limits_{x\to 1}(x^2-1)=0$, 则称 x^2-1 为 $x\to 1$ 时的无穷小量.

定义 1.5.1 设函数 $f(x)$ 在 x_0 点的某去心邻域 $\mathring{U}(x_0,\delta)$ 内有定义. 如果对任意给定的 $\varepsilon>0$, 存在 $\delta>0$, 当 $0<|x-x_0|<\delta$ 时, 有

$$|f(x)|<\varepsilon$$

成立, 则称函数 $f(x)$ 是当 $x\to x_0$ 时的**无穷小**.

读者可类似定义 $x\to x_0^+$, $x\to x_0^-$, $x\to\infty$, $x\to+\infty$, $x\to-\infty$ 时的无穷小.

注 1.5.1 (1) 无穷小量并非很小的数, 但零是可作为无穷小量的唯一常数.

(2) 无穷小量是相对于自变量的变化过程而言的.

下面定理中, 用记号 "lim" 表示 6 种极限形式 ($x\to x_0$, $x\to x_0^+$, $x\to x_0^-$, $x\to\infty$, $x\to+\infty$, $x\to-\infty$) 中的某一种, 通常称这个记号为 "**变量的极限**", 以后出现这个记号就表示对所有 6 种形式的极限都成立.

定理 1.5.1 (函数极限与无穷小量的关系) 在自变量的同一变化过程中, 函数 $f(x)$ 以 A 为极限的充分必要条件是 $f(x)$ 可表示成极限 A 和一个无穷小量 α 之和, 即

$$\lim f(x)=A\Leftrightarrow f(x)=A+\alpha,$$

其中 $\lim\alpha=0$.

这里仅对 $x\to x_0$ 的情形加以证明, 同理可证 $x\to\infty$ 等其他 5 种情况.

证明 必要性 设 $\lim\limits_{x\to x_0}f(x)=A$, 由函数极限的定义, 对任意给定的正数 ε(ε 无论多么小), 存在 $\delta>0$, 当 $0<|x-x_0|<\delta$ 时, 有

$$|f(x)-A|<\varepsilon.$$

令 $\alpha=f(x)-A$, 则 α 为当 $x\to x_0$ 时的无穷小量, 且

$$f(x)=A+\alpha.$$

充分性　设 $f(x)=A+\alpha$, 其中 A 为常数, α 为当 $x\to x_0$ 时的无穷小量. 因 α 为当 $x\to x_0$ 时的无穷小量, 由无穷小量的定义, 对任意给定的正数 ε(ε 无论多么小), 存在 $\delta>0$, 当 $0<|x-x_0|<\delta$ 时, 有 $|\alpha|<\varepsilon$. 从而有

$$|f(x)-A|=|\alpha|<\varepsilon,$$

由函数极限的定义, 有

$$\lim_{x\to x_0} f(x)=A.$$

定理 1.5.1 说明了无穷小量与函数极限的关系, 在后面的理论推导和证明中有着重要的应用. 例如, 因 $\dfrac{6x+5}{x}=6+\dfrac{5}{x}$, 且 $\lim\limits_{x\to\infty}\dfrac{5}{x}=0$, 所以 $\lim\limits_{x\to\infty}\dfrac{6x+5}{x}=6$.

2. 无穷小量的性质

这里关于无穷小量的性质仅对 $x\to x_0$ 的情形加以证明, 读者可类似证明 $x\to\infty$ 等情形.

性质 1.5.1　有限个无穷小量的代数和仍是无穷小量.

这里仅就两个无穷小量的情形加以证明.

证明　设 α 与 β 都是当 $x\to x_0$ 时的无穷小量, 对任意给定的正数 ε(ε 无论多么小), 因为 α 是当 $x\to x_0$ 时的无穷小量, 由无穷小量的定义, 对 $\dfrac{\varepsilon}{2}>0$, 存在 $\delta_1>0$, 当 $0<|x-x_0|<\delta_1$ 时, 有

$$|\alpha|<\frac{\varepsilon}{2}.$$

另一方面, β 也是当 $x\to x_0$ 时的无穷小量, 对上面同样的 $\dfrac{\varepsilon}{2}>0$, 存在 $\delta_2>0$, 当 $0<|x-x_0|<\delta_2$ 时, 有

$$|\beta|<\frac{\varepsilon}{2}.$$

取 $\delta=\min\{\delta_1,\delta_2\}$, 则当 $0<|x-x_0|<\delta$ 时, 有

$$|\alpha\pm\beta|\leqslant|\alpha|+|\beta|<\frac{\varepsilon}{2}+\frac{\varepsilon}{2}=\varepsilon.$$

由无穷小量的定义, $\lim\limits_{x\to x_0}(\alpha\pm\beta)=0$, 即 $\alpha\pm\beta$ 是当 $x\to x_0$ 时的无穷小量.

注 1.5.2　无限多个无穷小量的代数和不一定是无穷小量. 例如, 当 $n\to\infty$ 时, $\dfrac{1}{n}$ 是无穷小量, 但 $\lim\limits_{n\to\infty}\underbrace{\left(\dfrac{1}{n}+\dfrac{1}{n}+\cdots+\dfrac{1}{n}\right)}_{n个}=1$, 即当 $n\to\infty$ 时, $\underbrace{\dfrac{1}{n}+\dfrac{1}{n}+\cdots+\dfrac{1}{n}}_{n个}$ 不是无穷小.

性质 1.5.2　有界函数与无穷小量之积是无穷小量.

证明 设函数 $g(x)$ 在 x_0 点的某去心邻域 $\mathring{U}(x_0,\delta_1)$ 内有界, 即存在 $M>0$, 使得当 $0<|x-x_0|<\delta_1$ 时, 恒有 $|g(x)|\leqslant M$.

另设 α 是当 $x\to x_0$ 时的无穷小量, 即对任意给定的正数 ε(ε 无论多么小), 存在 $\delta_2>0$, 当 $0<|x-x_0|<\delta_2$ 时, 有

$$|\alpha|<\frac{\varepsilon}{M}.$$

取 $\delta=\min\{\delta_1,\delta_2\}$, 则当 $0<|x-x_0|<\delta$ 时, 有

$$|g(x)\cdot\alpha|=|g(x)|\cdot|\alpha|<M\cdot\frac{\varepsilon}{M}=\varepsilon,$$

即当 $x\to x_0$ 时, $g(x)\cdot\alpha$ 是无穷小量.

推论 1.5.1 常数与无穷小量之积是无穷小量.

推论 1.5.2 有限个无穷小量之积仍是无穷小量.

例 1.5.1 求 $\lim\limits_{x\to 0}x\sin\dfrac{1}{x}$.

解 因为 $x\neq 0$ 时, $\left|\sin\dfrac{1}{x}\right|\leqslant 1$, 且 $\lim\limits_{x\to 0}x=0$. 由性质 1.5.2, 有

$$\lim_{x\to 0}x\sin\frac{1}{x}=0.$$

同理有, $\lim\limits_{x\to\infty}\dfrac{1}{x}\sin x=0$, $\lim\limits_{x\to\infty}\dfrac{1}{x}\arctan x=0$ 等等.

1.5.2 无穷大量

对函数 $f(x)=\dfrac{1}{x-1}$, 当 $x\to 1$ 时, $|f(x)|=\left|\dfrac{1}{x-1}\right|$ 无限增大. 我们称 $f(x)=\dfrac{1}{x-1}$ 是当 $x\to 1$ 时的无穷大量.

定义 1.5.2 在自变量的某一变化过程中, 如果函数 $f(x)$ 的绝对值无限增大, 则称 $f(x)$ 为**无穷大量**, 也称**无穷大**. 记为

$$\lim f(x)=\infty \quad 或 \quad f(x)\to\infty.$$

例如, 当 $x\to 0^+$ 时, $|\ln x|$ 无限增大, 即 $\ln x$ 是当 $x\to 0^+$ 时的无穷大量. 当 $x\to\dfrac{\pi}{2}$ 时, $|\tan x|$ 无限增大, 即 $\tan x$ 是当 $x\to\dfrac{\pi}{2}$ 时的无穷大量.

$f(x)=\dfrac{1}{x-1}$ 是当 $x\to 1$ 时的无穷大量,是指当 $x\to 1$ 时, $\left|\dfrac{1}{x-1}\right|$ 无限增大 (大于任意给定的无论多大的正数). 即

对任意 $M>0$(M 无论多大), 要 $\left|\dfrac{1}{x-1}\right|>M$, 只需要 $|x-1|<\dfrac{1}{M}$. 因此, 取

$\delta = \dfrac{1}{M}$, 当 $0 < |x-1| < \delta$ 时, 有 $\left|\dfrac{1}{x-1}\right| > M$ 成立.

定义 1.5.3　设函数 $f(x)$ 在 x_0 点的某去心邻域 $\mathring{U}(x_0, \delta)$ 内有定义, 如果对任意 $M > 0$(M 无论多大), 存在正实数 δ, 当 $0 < |x - x_0| < \delta$ 时, 有 $|f(x)| > M$ 成立. 则称 $f(x)$ 是当 $x \to x_0$ 时的**无穷大量**, 记为

$$\lim_{x \to x_0} f(x) = \infty, \ \text{或}\ f(x) \to \infty\ (x \to x_0).$$

类似地, 可以定义 $x \to \infty$ 等其他 5 种自变量变化过程时的无穷大量.

在自变量的某一变化过程中, 如果函数 $f(x)$ 大于 0 且无限增大 (或小于 0 而绝对值无限增大), 则称函数 $f(x)$ 是**正无穷大量 (或负无穷大量)**, 记为

$$\lim f(x) = +\infty (\text{或} \lim f(x) = -\infty).$$

例如, $\lim\limits_{x \to 0^+} \ln x = -\infty$, $\lim\limits_{x \to \frac{\pi}{2}^-} \tan x = +\infty$.

注 1.5.3　(1) 无穷大量不能与一个很大的数混淆;

(2) 无穷大量是相对于自变量的变化过程而言的.

例如, 函数 $f(x) = \dfrac{1}{\sin x}$, 当 $x \to k\pi\ \ (k = 0, \pm 1, \pm 2, \cdots)$ 时, $f(x) \to \infty$. 即 $f(x) = \dfrac{1}{\sin x}$ 是当 $x \to k\pi\ (k = 0, \pm 1, \pm 2, \cdots)$ 时的无穷大量.

例 1.5.2　函数 $f(x) = x\cos x$ 在 $(-\infty, +\infty)$ 内是否有界? 又当 $x \to +\infty$ 时, 此函数是否为无穷大? 为什么?

解　对任意 $M > 0$(不妨设 $M > 1$), 取 $x_0 = 2[M]\pi$, 有 $|f(x_0)| = 2[M]\pi > M$. 因此, 函数 $f(x) = x\cos x$ 在 $(-\infty, +\infty)$ 内是无界的.

取 $x_n = 2n\pi + \dfrac{\pi}{2}$, 当 $x_n \to +\infty$ 时, 总有 $f(x_n) = 0$. 所以, 当 $x \to +\infty$ 时, 函数 $f(x) = x\cos x$ 不是无穷大量.

1.5.3　无穷大量与无穷小量的关系

定理 1.5.2　在自变量的同一变化过程中, 无穷大量的倒数是无穷小量; 不为零的无穷小量的倒数是无穷大量.

这里仅就 $x \to x_0$ 时的情形加以证明, 同理可证 $x \to \infty$ 等情形.

证明　设 $\lim\limits_{x \to x_0} f(x) = \infty$.

由无穷大量的定义, 对任意给定的 $M = \dfrac{1}{\varepsilon} > 0$($\varepsilon$ 无论多小), 存在 $\delta > 0$, 使得当 $0 < |x - x_0| < \delta$ 时, 有 $|f(x)| > M = \dfrac{1}{\varepsilon}$, 即 $\left|\dfrac{1}{f(x)}\right| < \varepsilon$.

因此, 当 $x \to x_0$ 时, $\dfrac{1}{f(x)}$ 是无穷小量.

反之, 不妨设 $\lim\limits_{x \to x_0} f(x) = 0$, 且 $f(x) \neq 0$.

由无穷小量的定义, 对任意给定的 $\varepsilon = \dfrac{1}{M} > 0$($M$ 无论多大), 存在 $\delta > 0$, 当 $0 < |x - x_0| < \delta$ 时, 有 $|f(x)| < \varepsilon = \dfrac{1}{M}$, 即 $\left|\dfrac{1}{f(x)}\right| > M$.

因此, 当 $x \to x_0$ 时, $\dfrac{1}{f(x)}$ 是无穷大.

例如, $\lim\limits_{x \to +\infty} \mathrm{e}^x = +\infty$, 由定理 1.5.2, $\lim\limits_{x \to +\infty} \dfrac{1}{\mathrm{e}^x} = 0$.

习 题 1.5

1. 判断下列命题是否正确, 若不正确请说明理由.

(1) 非常小的数是无穷小量;

(2) $\dfrac{1}{x}$ 是无穷小量;

(3) 两个无穷小量的商是无穷小量;

(4) 有限个无穷大量的代数和为无穷大量;

(5) 有限个无穷大量的乘积为无穷大量;

(6) 无穷大量与极限存在且不为 0 的量的乘积为无穷大量.

2. 下列数列, 当 $n \to \infty$ 时是否是无穷小量?

(1) $x_n = \dfrac{1 + (-1)^{n-1}}{\sqrt{n}}$; (2) $x_n = \sqrt[n]{n}$.

3. 指出下列哪些是无穷小量, 哪些是无穷大量?

(1) $\lim\limits_{x \to 0} \dfrac{\sin x}{1 + \cos x}$; (2) $\lim\limits_{x \to 0} \dfrac{1}{10^{100} x^2}$;

(3) $\lim\limits_{x \to \infty} \dfrac{1}{x} \sin x$; (4) $\lim\limits_{x \to \infty} \dfrac{3x^2}{4x + 1}$.

4. 判断 $\lim\limits_{x \to 0} \mathrm{e}^{\frac{1}{x}}$ 是否存在? 若不存在请说明理由.

5. 设在自变量的某一变化过程中, $g(x)$ 为有界变量, $f(x)$ 是无穷大量, 证明 $f(x) \pm g(x)$ 为无穷大量.

1.6 极限的运算法则

本节主要介绍函数极限的四则运算法则. 下面定理中, 所论述的变量的极限是在同一自变量的变化过程中且极限都存在.

定理 1.6.1　如果极限 $\lim f(x)$, $\lim g(x)$ 都存在, 则极限 $\lim[f(x)\pm g(x)]$ 和 $\lim[f(x)g(x)]$ 也存在, 且

$$\lim[f(x)\pm g(x)]=\lim f(x)\pm\lim g(x),$$

$$\lim[f(x)\cdot g(x)]=\lim f(x)\cdot\lim g(x).$$

证明　设 $\lim f(x)=A$, $\lim g(x)=B$, 由定理 1.5.1有

$$f(x)=A+\alpha,\quad g(x)=B+\beta,$$

其中 α,β 都是无穷小量. 于是有

$$f(x)\pm g(x)=(A\pm B)+(\alpha\pm\beta),$$

$$f(x)\cdot g(x)=A\cdot B+(A\beta+B\alpha+\alpha\beta).$$

由无穷小量的性质, $\alpha\pm\beta$ 和 $A\beta+B\alpha+\alpha\beta$ 都是无穷小量. 因此, 由定理 1.5.1 得

$$\lim[f(x)\pm g(x)]=A\pm B=\lim f(x)\pm\lim g(x),$$

$$\lim[f(x)g(x)]=AB=\lim f(x)\cdot\lim g(x).$$

上述运算法则可推广到有限个函数的和、差、积的情形.

推论 1.6.1　若极限 $\lim f(x)$ 存在, c 为常数, 则 $\lim[cf(x)]$ 也存在, 且

$$\lim[cf(x)]=c\lim f(x).$$

推论 1.6.2　若极限 $\lim f(x)$ 存在, n 为正整数, 则

$$\lim[f(x)]^n=[\lim f(x)]^n.$$

定理 1.6.2　如果极限 $\lim f(x)$, $\lim g(x)$ 都存在, 且 $\lim g(x)\neq 0$, 则极限 $\lim\dfrac{f(x)}{g(x)}$ 也存在, 且

$$\lim\frac{f(x)}{g(x)}=\frac{\lim f(x)}{\lim g(x)}.$$

证明　设 $\lim f(x)=A$, $\lim g(x)=B\neq 0$, 由定理 1.5.1 有

$$f(x)=A+\alpha,\quad g(x)=B+\beta,$$

其中 α,β 都是无穷小量. 于是有

$$\frac{f(x)}{g(x)}=\frac{A+\alpha}{B+\beta}=\frac{A}{B}+\left(\frac{A+\alpha}{B+\beta}-\frac{A}{B}\right)$$

$$= \frac{A}{B} + \frac{B\alpha - A\beta}{B(B+\beta)}.$$

由无穷小量的性质, $B\alpha - A\beta$ 是无穷小量. 又因 β 是无穷小量, 由无穷小量的定义, 对 $\varepsilon = \frac{|B|}{2} > 0$, 存在 $\delta > 0$(或 $X > 0$), 使得当 $0 < |x - x_0| < \delta$(或 $|x| > X$) 时, 有 $|\beta| < \frac{|B|}{2}$. 此时, 有

$$\left|\frac{1}{B(B+\beta)}\right| \leqslant \frac{2}{B^2},$$

即 $\frac{1}{B(B+\beta)}$ 为有界变量, 由性质 1.5.2, $\frac{B\alpha - A\beta}{B(B+\beta)}$ 是无穷小量. 因此, 由定理 1.5.1 得

$$\lim \frac{f(x)}{g(x)} = \frac{A}{B} = \frac{\lim f(x)}{\lim g(x)}.$$

例 1.6.1 求 $\lim\limits_{x\to 1}(3x^2 - 2x + 1)$.

解 $\lim\limits_{x\to 1}(3x^2 - 2x + 1) = 3\lim\limits_{x\to 1} x^2 - 2\lim\limits_{x\to 1} x + 1 = 3 \times 1^2 - 2 \times 1 + 1 = 2.$

一般地, 设 $P_n(x) = a_0x^n + a_1x^{n-1} + \cdots + a_n$,
其中 $a_0, a_1, \cdots, a_n$ 都为常数. 则

$$\lim_{x\to x_0} P_n(x) = P_n(x_0).$$

例 1.6.2 求 $\lim\limits_{x\to 2}\frac{2x^2 + x - 5}{3x + 1}$.

解 $\lim\limits_{x\to 2}\frac{2x^2 + x - 5}{3x + 1} = \frac{\lim\limits_{x\to 2}(2x^2 + x - 5)}{\lim\limits_{x\to 2}(3x + 1)} = \frac{5}{7}.$

一般地, 设

$$f(x) = \frac{P_n(x)}{Q_m(x)} = \frac{a_0x^n + a_1x^{n-1} + \cdots + a_n}{b_0x^m + b_1x^{m-1} + \cdots + b_m},$$

且 $Q_m(x_0) \neq 0$. 则

$$\lim_{x\to x_0} f(x) = \lim_{x\to x_0}\frac{P_n(x)}{Q_m(x)} = \frac{\lim\limits_{x\to x_0} P_n(x)}{\lim\limits_{x\to x_0} Q_m(x)} = \frac{P_n(x_0)}{Q_m(x_0)} = f(x_0).$$

例 1.6.3 求 $\lim\limits_{x\to 2}\frac{5x}{x^2 - 4}$.

解 因为 $\lim\limits_{x\to 2}\frac{x^2 - 4}{5x} = 0$, 由无穷小量与无穷大量之间的关系, 得

$$\lim_{x\to 2}\frac{5x}{x^2 - 4} = \infty.$$

例 1.6.4 求 $\lim\limits_{x\to 3}\dfrac{x-3}{x^2-9}$.

解 因为 $\lim\limits_{x\to 3}(x^2-9)=0$, 不能用商的极限运算法则. 因 $x\to 3$, 但 $x\neq 3$. 因此

$$\lim_{x\to 3}\frac{x-3}{x^2-9}=\lim_{x\to 3}\frac{x-3}{(x-3)(x+3)}=\lim_{x\to 3}\frac{1}{x+3}=\frac{1}{6}.$$

例 1.6.5 求 $\lim\limits_{x\to\infty}\dfrac{4x^3+2x^2-1}{3x^4+1}$.

解 $$\lim_{x\to\infty}\frac{4x^3+2x^2-1}{3x^4+1}=\lim_{x\to\infty}\frac{\dfrac{4}{x}+\dfrac{2}{x^2}-\dfrac{1}{x^4}}{3+\dfrac{1}{x^4}}=\frac{0}{3}=0.$$

例 1.6.6 求 $\lim\limits_{x\to\infty}\dfrac{2x^3-x+5}{8x^3+7x^2-x+3}$.

解 $$\lim_{x\to\infty}\frac{2x^3-x+5}{8x^3+7x^2-x+3}=\lim_{x\to\infty}\frac{2-\dfrac{1}{x^2}+\dfrac{5}{x^3}}{8+\dfrac{7}{x}-\dfrac{1}{x^2}+\dfrac{3}{x^3}}=\frac{1}{4}.$$

一般地,

$$\lim_{x\to\infty}\frac{a_0x^n+a_1x^{n-1}+\cdots+a_{n-1}x+a_n}{b_0x^m+b_1x^{m-1}+\cdots+b_{m-1}x+b_m}=\begin{cases}0, & n<m,\\ \dfrac{a_0}{b_0}, & n=m,\\ \infty, & n>m,\end{cases}$$

其中 $a_0\neq 0$, $b_0\neq 0$.

例 1.6.7 已知函数

$$f(x)=\begin{cases}x-1, & x<0,\\ \dfrac{x^2+3x-1}{x^3+1}, & x\geqslant 0.\end{cases}$$

求 $\lim\limits_{x\to 0}f(x)$, $\lim\limits_{x\to+\infty}f(x)$, $\lim\limits_{x\to-\infty}f(x)$.

解 因为

$$\lim_{x\to 0^-}f(x)=\lim_{x\to 0^-}(x-1)=-1,\quad \lim_{x\to 0^+}f(x)=\lim_{x\to 0^+}\frac{x^2+3x-1}{x^3+1}=-1,$$

所以

$$\lim_{x\to 0}f(x)=-1;$$

$$\lim_{x\to+\infty}f(x)=\lim_{x\to+\infty}\frac{x^2+3x-1}{x^3+1}=0;$$

$$\lim_{x\to-\infty} f(x) = \lim_{x\to-\infty}(x-1) = -\infty.$$

例 1.6.8 求 $\lim\limits_{x\to+\infty} x(\sqrt{x^2+1}-x)$.

解 $\lim\limits_{x\to+\infty} x(\sqrt{x^2+1}-x) = \lim\limits_{x\to+\infty} \dfrac{x}{\sqrt{x^2+1}+x} = \lim\limits_{x\to+\infty} \dfrac{1}{\sqrt{1+\dfrac{1}{x^2}}+1} = \dfrac{1}{2}.$

例 1.6.9 求 $\lim\limits_{x\to\infty}(\sqrt{x^2+1}-\sqrt{x^2-1})$.

解
$$\begin{aligned}\lim_{x\to\infty}(\sqrt{x^2+1}-\sqrt{x^2-1}) &= \lim_{x\to\infty}\frac{x^2+1-(x^2-1)}{\sqrt{x^2+1}+\sqrt{x^2-1}}\\ &= \lim_{x\to\infty}\frac{2}{\sqrt{x^2+1}+\sqrt{x^2-1}}\\ &= \lim_{x\to\infty}\frac{\dfrac{2}{x}}{\sqrt{1+\dfrac{1}{x^2}}+\sqrt{1-\dfrac{1}{x^2}}} = 0.\end{aligned}$$

习 题 1.6

1. 求下列数列的极限:

(1) $\lim\limits_{n\to\infty}\dfrac{3^n+4^n}{3^{n+1}+4^{n+1}}$; (2) $\lim\limits_{n\to\infty}\dfrac{n^3-2}{n^4+5}$;

(3) $\lim\limits_{n\to\infty}\dfrac{(n+1)(n+2)(2n-1)}{n^3}$; (4) $\lim\limits_{n\to\infty}\sqrt{n}(\sqrt{n+1}-\sqrt{n-1})$;

(5) $\lim\limits_{n\to\infty}\dfrac{1+\dfrac{1}{2}+\dfrac{1}{2^2}+\cdots+\dfrac{1}{2^n}}{1+\dfrac{1}{4}+\dfrac{1}{4^2}+\cdots+\dfrac{1}{4^n}}$; (6) $\lim\limits_{n\to\infty}\left(\dfrac{1}{1\cdot 2}+\dfrac{1}{2\cdot 3}+\cdots+\dfrac{1}{n\cdot(n-1)}\right)$.

2. 求下列函数的极限:

(1) $\lim\limits_{x\to 0}\dfrac{x^2-3}{2x^2+x-6}$; (2) $\lim\limits_{x\to 1}\dfrac{x-1}{x^3-1}$;

(3) $\lim\limits_{x\to 2}\dfrac{x+1}{x^2-4}$; (4) $\lim\limits_{x\to 2}\left(\dfrac{1}{2-x}-\dfrac{4}{4-x^2}\right)$;

(5) $\lim\limits_{x\to+\infty}\dfrac{1+\sqrt{x}}{1-\sqrt{x}}$; (6) $\lim\limits_{x\to+\infty}\dfrac{\sqrt[3]{8x^3+6x^2+5x+1}}{3x-2}$.

3. 设 $f(x)=\begin{cases}\dfrac{x^2-x+1}{x^2+1}, & x<0,\\ 2(1+x)^2, & x\geqslant 0.\end{cases}$ 求 $\lim\limits_{x\to 0^+}f(x)$, $\lim\limits_{x\to 0^-}f(x)$, $\lim\limits_{x\to 0}f(x)$.

4. 若 $\lim\limits_{x\to\infty}\left(\dfrac{x^2+2}{x-2}-ax-b\right)=0$, 求 a, b 的值.

1.7　极限存在准则及两个重要极限

从 1.6 节中看到, 利用极限的运算法则可以求出许多函数的极限. 但是, 还有一些函数的极限难以求出, 如 $\lim\limits_{x\to 0}\dfrac{\sin x}{x}$, $\lim\limits_{x\to\infty}\left(1+\dfrac{1}{x}\right)^x$ 等等. 只要求出这两个极限, 就可以解决两大类相关的极限问题, 所以这是两个重要的极限. 为了求出这两个极限, 先介绍极限存在准则.

1.7.1　极限存在准则

准则 I (夹逼定理)　如果数列 $\{x_n\}$, $\{y_n\}$ 及 $\{z_n\}$ 满足下列条件:

(1) $y_n \leqslant x_n \leqslant z_n \quad (n=1,2,3,\cdots)$;

(2) $\lim\limits_{n\to\infty} y_n = a$, $\lim\limits_{n\to\infty} z_n = a$.

则 $\lim\limits_{n\to\infty} x_n$ 存在, 且 $\lim\limits_{n\to\infty} x_n = a$.

证明　对任意给定的 $\varepsilon>0$(ε 无论多小), 因 $\lim\limits_{n\to\infty} y_n = a$, $\lim\limits_{n\to\infty} z_n = a$, 由数列极限的定义, 存在正整数 N_1, N_2, 当 $n>N_1$ 时, 有 $|y_n-a|<\varepsilon$ 成立; 当 $n>N_2$ 时, 有 $|z_n-a|<\varepsilon$ 成立. 取 $N=\max\{N_1,N_2\}$, 当 $n>N$ 时, 同时有

$$|y_n-a|<\varepsilon,\quad |z_n-a|<\varepsilon,$$

即

$$a-\varepsilon<y_n<a+\varepsilon,\quad a-\varepsilon<z_n<a+\varepsilon$$

成立. 从而当 $n>N$ 时, 有

$$a-\varepsilon<y_n\leqslant x_n\leqslant z_n<a+\varepsilon,$$

即

$$|x_n-a|<\varepsilon.$$

由数列极限的定义, 得

$$\lim_{n\to\infty} x_n = a.$$

与数列极限的夹逼定理类似, 函数极限也有类似的夹逼定理.

准则 I′　若函数 $f(x)$, $g(x)$, $h(x)$ 满足:

(1) 当 $x\in \mathring{U}(x_0,\delta)$(或 $|x|>X$) 时, 有

$$g(x)\leqslant f(x)\leqslant h(x);$$

(2) $\lim\limits_{\substack{x\to x_0\\(x\to\infty)}} g(x) = \lim\limits_{\substack{x\to x_0\\(x\to\infty)}} h(x) = A$.

则 $\lim\limits_{\substack{x\to x_0\\(x\to\infty)}} f(x) = A$.

例 1.7.1 求 $\lim\limits_{n\to\infty}\left(\dfrac{1}{\sqrt{n^2+1}}+\dfrac{1}{\sqrt{n^2+2}}+\cdots+\dfrac{1}{\sqrt{n^2+n}}\right)$.

解 因为

$$\frac{n}{\sqrt{n^2+n}} \leqslant \frac{1}{\sqrt{n^2+1}}+\frac{1}{\sqrt{n^2+2}}+\cdots+\frac{1}{\sqrt{n^2+n}} \leqslant \frac{n}{\sqrt{n^2+1}},$$

且

$$\lim_{n\to\infty}\frac{n}{\sqrt{n^2+n}} = \lim_{n\to\infty}\frac{1}{\sqrt{1+\dfrac{1}{n}}} = 1,$$

$$\lim_{n\to\infty}\frac{n}{\sqrt{n^2+1}} = \lim_{n\to\infty}\frac{1}{\sqrt{1+\dfrac{1}{n^2}}} = 1.$$

由夹逼定理, 得

$$\lim_{n\to\infty}\left(\frac{1}{\sqrt{n^2+1}}+\frac{1}{\sqrt{n^2+2}}+\cdots+\frac{1}{\sqrt{n^2+n}}\right) = 1.$$

下面介绍极限存在准则 II, 为了介绍准则 II, 先介绍一下单调数列的定义.

定义 1.7.1 设数列 $\{x_n\}$, 如果

$$x_1 \leqslant x_2 \leqslant \cdots \leqslant x_n \leqslant x_{n+1} \leqslant \cdots (x_1 \geqslant x_2 \geqslant \cdots \geqslant x_n \geqslant x_{n+1} \geqslant \cdots)$$

则称数列 $\{x_n\}$ 是**单调增加(减少)数列**. 单调增加数列和单调减少数列统称为**单调数列**.

准则 II 单调有界数列必有极限.

对单调增加数列 $\{x_n\}$, 其对应数轴上的点只有两种变化趋势. 一种情况是, 沿着数轴无限分布下去, 即当 $n\to\infty$ 时, $x_n\to\infty$. 另一种情况, 如图 1.20, 对应数轴上的点无限接近某个确定的点 a, 即当 $n\to\infty$ 时, $x_n\to a$. 当数列 $\{x_n\}$ 有界时, 数列 $\{x_n\}$ 对应数轴上的点应落在某一个闭区间 $[-M, M]$ 上. 因此, 不会出现第一种情况, 这说明当 $n\to\infty$ 时, 数列 $\{x_n\}$ 的极限存在.

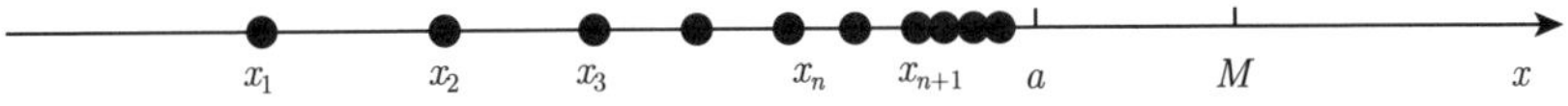

图 1.20

由性质 1.3.2 知, 收敛数列必定有界. 但有界数列不一定收敛. 准则Ⅱ表明, 如果一数列不仅有界, 而且单调, 则该数列一定收敛.

例 1.7.2　证明数列 $\sqrt{3}$, $\sqrt{3+\sqrt{3}}$, $\sqrt{3+\sqrt{3+\sqrt{3}}}$, $\cdots$ 的极限存在, 并求此极限.

证明　显然 $x_{n+1} > x_n$, 即数列 $\{x_n\}$ 是单调增加的.

又 $x_1 = \sqrt{3} < 3$, 假定 $x_k < 3$, 则

$$x_{k+1} = \sqrt{3 + x_k} < \sqrt{3+3} < 3.$$

所以, 数列 $\{x_n\}$ 是有界的.

由准则Ⅱ知, 数列 $\{x_n\}$ 的极限存在, 不妨设 $\lim\limits_{n\to\infty} x_n = a$.

因 $x_{n+1} = \sqrt{3+x_n}$, 即 $x_{n+1}^2 = 3 + x_n$, 当 $n \to \infty$ 时, 有

$$a^2 = 3 + a,$$

由此解得 $a = \dfrac{1 \pm \sqrt{13}}{2}$.

又因对一切的 n, 有 $x_n > 0$. 所以

$$\lim_{n\to\infty} x_n = \frac{1+\sqrt{13}}{2}.$$

$*$ **准则Ⅲ**(柯西准则)　数列 $\{x_n\}$ 收敛的充分必要条件是对任意给定的 $\varepsilon > 0$(ε 无论多小), 必存在正整数 N, 使得当 $n > N$ 时, 对于一切的 $p > 0$, 有

$$|x_{n+p} - x_n| < \varepsilon.$$

柯西准则的意义在于: 数列 $\{x_n\}$ 是否有极限可以根据 $\{x_n\}$ 本身的特性得出, 而不必借助于极限值 a.

1.7.2　两个重要极限

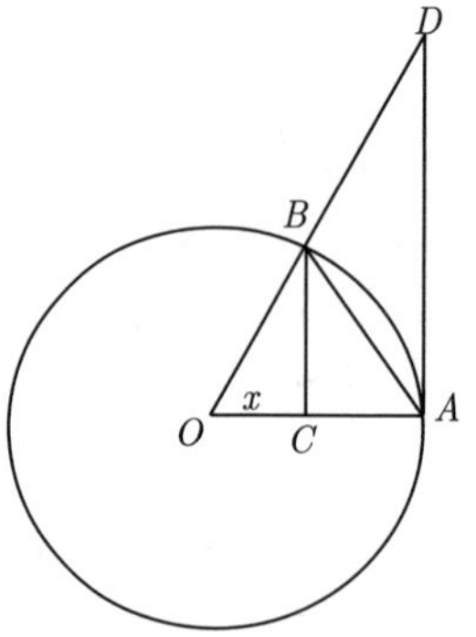

图 1.21

1. $\lim\limits_{x\to 0} \dfrac{\sin x}{x} = 1$

证明　作一单位圆 (图 1.21)

当 $0 < x < \dfrac{\pi}{2}$ 时, 由 $S_{\Delta AOB} < S_{扇形AOB} < S_{\Delta AOD}$, 得

$$\frac{1}{2}\sin x < \frac{1}{2}x < \frac{1}{2}\tan x$$

即

$$1 < \frac{x}{\sin x} < \frac{1}{\cos x}.$$

故当 $0 < x < \dfrac{\pi}{2}$ 时, 有

$$\cos x < \frac{\sin x}{x} < 1.$$

当 $-\dfrac{\pi}{2} < x < 0$ 时, 以 $-x$ 换上式的 x, 不等式不变. 因此, 当 $0 < |x| < \dfrac{\pi}{2}$ 时, 有

$$\cos x < \frac{\sin x}{x} < 1$$

成立.

又因为$1-\cos x = 2\sin^2\dfrac{x}{2} \leqslant 2\left(\dfrac{x}{2}\right)^2 = \dfrac{x^2}{2} \to 0\,(x\to 0)$, 即 $\lim\limits_{x\to 0}\cos x = 1$. 由准则 I 可得

$$\lim_{x\to 0}\frac{\sin x}{x} = 1.$$

例 1.7.3 求 $\lim\limits_{x\to 0}\dfrac{\tan x}{x}$.

解 $\lim\limits_{x\to 0}\dfrac{\tan x}{x} = \lim\limits_{x\to 0}\left(\dfrac{\sin x}{x}\dfrac{1}{\cos x}\right) = \lim\limits_{x\to 0}\dfrac{\sin x}{x}\cdot\lim\limits_{x\to 0}\dfrac{1}{\cos x} = 1.$

例 1.7.4 求 $\lim\limits_{x\to 0}\dfrac{\sin kx}{x}\ (k\neq 0)$.

解 $\lim\limits_{x\to 0}\dfrac{\sin kx}{x} = k\lim\limits_{x\to 0}\dfrac{\sin kx}{kx} \overset{令t=kx}{=} k\lim\limits_{t\to 0}\dfrac{\sin t}{t} = k.$

例 1.7.5 求 $\lim\limits_{x\to 0}\dfrac{1-\cos x}{x^2}$.

解 $\lim\limits_{x\to 0}\dfrac{1-\cos x}{x^2} = \lim\limits_{x\to 0}\dfrac{2\sin^2\dfrac{x}{2}}{x^2} = \dfrac{1}{2}\lim\limits_{x\to 0}\left(\dfrac{\sin\dfrac{x}{2}}{\dfrac{x}{2}}\right)^2 = \dfrac{1}{2}.$

例 1.7.6 求 $\lim\limits_{x\to\pi}\dfrac{\sin x}{x-\pi}$.

解 令 $t = x-\pi$, 当 $x\to\pi$ 时, $t\to 0$. 因此,

$$\lim_{x\to\pi}\frac{\sin x}{x-\pi} = \lim_{t\to 0}\frac{\sin(t+\pi)}{t} = \lim_{t\to 0}\frac{-\sin t}{t} = -1.$$

2. $\lim\limits_{x\to\infty}\left(1+\dfrac{1}{x}\right)^x = \mathrm{e}$

证明 下面先证: $\lim\limits_{n\to\infty}\left(1+\dfrac{1}{n}\right)^n = \mathrm{e}$. 设 $x_n = \left(1+\dfrac{1}{n}\right)^n$,

(1) $x_n=\left(1+\dfrac{1}{n}\right)^n=1+n\cdot\dfrac{1}{n}+\dfrac{n(n-1)}{2!}\cdot\dfrac{1}{n^2}+\cdots+\dfrac{n(n-1)\cdots(n-n+1)}{n!}\cdot\dfrac{1}{n^n}$

$$=1+1+\frac{1}{2!}\left(1-\frac{1}{n}\right)+\cdots+\frac{1}{n!}\left(1-\frac{1}{n}\right)\left(1-\frac{2}{n}\right)\cdots\left(1-\frac{n-1}{n}\right),$$

类似地, 有

$$x_{n+1}=1+1+\frac{1}{2!}\left(1-\frac{1}{n+1}\right)+\cdots+\frac{1}{n!}\left(1-\frac{1}{n+1}\right)\left(1-\frac{2}{n+1}\right)\cdots\left(1-\frac{n-1}{n+1}\right)$$
$$+\frac{1}{(n+1)!}\left(1-\frac{1}{n+1}\right)\left(1-\frac{2}{n+2}\right)\cdots\left(1-\frac{n}{n+1}\right),$$

显然 $x_{n+1}>x_n$, 所以 $\{x_n\}$ 是单调增加数列;

(2) $x_n<1+1+\dfrac{1}{2!}+\cdots+\dfrac{1}{n!}<1+1+\dfrac{1}{2}+\cdots+\dfrac{1}{2^{n-1}}=3-\dfrac{1}{2^{n-1}}<3$, 即 $\{x_n\}$ 是有界的. 由准则 II 知, $\lim\limits_{n\to\infty}\left(1+\dfrac{1}{n}\right)^n$ 存在, 记

$$\lim_{n\to\infty}\left(1+\frac{1}{n}\right)^n=\mathrm{e},$$

其中 $\mathrm{e}=2.718281828459045\cdots$ 是一无理数.

其次证明：$\lim\limits_{x\to+\infty}\left(1+\dfrac{1}{x}\right)^x=\mathrm{e}$. 以 $[x]$ 表示不超过 x 的最大整数, 则对任意的实数 $x\geqslant 1$, 有 $[x]\leqslant x<[x]+1$, 所以

$$\left(1+\frac{1}{[x]+1}\right)^{[x]}\leqslant\left(1+\frac{1}{x}\right)^x\leqslant\left(1+\frac{1}{[x]}\right)^{[x]+1}.$$

当 $x\to+\infty$ 时, $[x]$ 和 $[x]+1$ 均以整数变量趋于 $+\infty$, 令 $[x]=n$, 则

$$\lim_{n\to+\infty}\left(1+\frac{1}{n+1}\right)^n=\mathrm{e},\quad \lim_{n\to+\infty}\left(1+\frac{1}{n}\right)^{n+1}=\mathrm{e}.$$

由准则 I 知,

$$\lim_{x\to+\infty}\left(1+\frac{1}{x}\right)^x=\mathrm{e}.$$

最后证明：$\lim\limits_{x\to-\infty}\left(1+\dfrac{1}{x}\right)^x=\mathrm{e}$. 令 $t=-x$, 当 $x\to-\infty$ 时, $t\to+\infty$.

$$\lim_{x\to-\infty}\left(1+\frac{1}{x}\right)^x=\lim_{t\to+\infty}\left(1+\frac{1}{-t}\right)^{-t}=\lim_{t\to+\infty}\left(\frac{t}{t-1}\right)^t$$

$$= \lim_{t\to+\infty}\left(1+\frac{1}{t-1}\right)^{t-1+1} \quad (令t-1=s, 当t\to+\infty时, s\to+\infty)$$

$$= \lim_{s\to+\infty}\left(1+\frac{1}{s}\right)^{s}\cdot\lim_{s\to+\infty}\left(1+\frac{1}{s}\right)=\mathrm{e}.$$

综上所述 $\lim\limits_{x\to\infty}\left(1+\frac{1}{x}\right)^{x}=\mathrm{e}$.

若令 $x=\frac{1}{t}$, 当 $x\to\infty$ 时, $t\to 0$, 所以

$$\lim_{t\to 0}(1+t)^{\frac{1}{t}}=\mathrm{e}.$$

例 1.7.7 求 $\lim\limits_{x\to\infty}\left(1+\frac{k}{x}\right)^{x}$(其中 k 为常数).

解 $\lim\limits_{x\to\infty}\left(1+\frac{k}{x}\right)^{x}=\lim\limits_{x\to\infty}\left[\left(1+\frac{k}{x}\right)^{\frac{x}{k}}\right]^{k}=\left[\lim\limits_{x\to\infty}\left(1+\frac{k}{x}\right)^{\frac{x}{k}}\right]^{k}=\mathrm{e}^{k}.$

例 1.7.8 求 $\lim\limits_{x\to\infty}\left(\frac{x}{1+x}\right)^{2x}$.

解 $\lim\limits_{x\to\infty}\left(\frac{x}{1+x}\right)^{2x}=\lim\limits_{x\to\infty}\frac{1}{\left(1+\frac{1}{x}\right)^{2x}}=\frac{1}{\left[\lim\limits_{x\to\infty}\left(1+\frac{1}{x}\right)^{x}\right]^{2}}=\frac{1}{\mathrm{e}^{2}}.$

例 1.7.9 求 $\lim\limits_{x\to\infty}\left(\frac{x^2}{x^2-1}\right)^{x}$.

解 $\lim\limits_{x\to\infty}\left(\frac{x^2}{x^2-1}\right)^{x}=\lim\limits_{x\to\infty}\frac{1}{\left(1-\frac{1}{x^2}\right)^{x}}=\lim\limits_{x\to\infty}\frac{1}{\left(1-\frac{1}{x}\right)^{x}}\cdot\frac{1}{\left(1+\frac{1}{x}\right)^{x}}$

$$=\frac{1}{\mathrm{e}^{-1}}\cdot\frac{1}{\mathrm{e}}=1.$$

注 1.7.1 重要极限 $\lim\limits_{x\to 0}\frac{\sin x}{x}=1\left(或 \lim\limits_{x\to\infty}\left(1+\frac{1}{x}\right)^{x}=\mathrm{e}\right)$ 在应用中可以用某个函数 $t(x)$ 来替代 x, 只需要 $t(x)\to 0$(或 $t(x)\to\infty$) 即可 (参见例 1.7.5 和例 1.7.7 等).

习 题 1.7

1. 证明函数极限的夹逼准则 I′: 设函数 $f(x), g(x), h(x)$ 满足: 当 $x\in\mathring{U}(x_0,\delta)$ 时, 有 $g(x)\leqslant f(x)\leqslant h(x)$; $\lim\limits_{x\to x_0}g(x)=\lim\limits_{x\to x_0}h(x)=A$, 则 $\lim\limits_{x\to x_0}f(x)=A$.

2. 利用极限夹逼准则证明:

$$\lim_{n\to\infty} n\left(\frac{1}{n^2+\pi}+\frac{1}{n^2+2\pi}+\cdots+\frac{1}{n^2+n\pi}\right)=1.$$

3. 设 $x_1=2$, $x_{n+1}=\dfrac{1}{2}\left(x_n+\dfrac{1}{x_n}\right)$ $(n=1,2,\cdots)$, 证明数列 $\{x_n\}$ 收敛, 并求其极限.

4. 计算下列极限:

(1) $\lim\limits_{x\to 0}\dfrac{\sin 3x}{\tan 4x}$;　　(2) $\lim\limits_{x\to 0}\dfrac{\sin x^2}{\sin^2 x}$;

(3) $\lim\limits_{x\to \frac{\pi}{2}}\dfrac{\cos x}{x-\dfrac{\pi}{2}}$;　　(4) $\lim\limits_{x\to 3}\dfrac{\sin(x^2-9)}{x-3}$;

(5) $\lim\limits_{n\to\infty}\left(1+\dfrac{5}{n}\right)^{2n}$;　　(6) $\lim\limits_{n\to\infty}\left(\dfrac{3n+2}{3n-1}\right)^{2n-1}$;

(7) $\lim\limits_{x\to\infty}\left(\dfrac{x+1}{x-1}\right)^{x}$;　　(8) $\lim\limits_{x\to 0}\left(\dfrac{1+x}{1-x}\right)^{x}$.

5. 设 $f(x)=\begin{cases}\dfrac{\tan\alpha x}{x}, & x>0,\\ 3(1+x)^2, & x\leqslant 0,\end{cases}$ 且 $\lim\limits_{x\to 0}f(x)$ 存在, 求 $f\left(\dfrac{\pi}{9}\right)$.

6. 设 $\lim\limits_{x\to\infty}\left(\dfrac{x-k}{x}\right)^{x}=5$, 求常数 k.

1.8　无穷小量阶的比较

当 $x\to 0$ 时, $2x\to 0$, $x^2\to 0$. 即 $2x$, x^2 都是当 $x\to 0$ 时的无穷小量, 但 $2x$, x^2 趋近于 0 的速度有快有慢, 从表 1.1 中可看出 x^2 趋近于 0 的速度比 $2x$ 趋近于 0 的速度快得多.

表 1.1

x	0.1	0.01	0.001	$\cdots$
$2x$	0.2	0.02	0.002	$\cdots$
x^2	0.01	0.0001	0.000001	$\cdots$

考虑无穷小量趋近于 0 的快慢速度问题, 这就是无穷小量阶的比较.

定义 1.8.1　在自变量的同一变化过程中, 设 α,β 都是无穷小量,

(1) 如果 $\lim\dfrac{\beta}{\alpha}=0$, 则称 β 是比 α**高阶的无穷小量**, 记作 $\beta=o(\alpha)$;

(2) 如果 $\lim\dfrac{\beta}{\alpha}=\infty$, 则称 β 是比 α**低阶的无穷小量**;

(3) 如果 $\lim \dfrac{\beta}{\alpha} = c(c \neq 0)$, 则称 β 与 α 为**同阶无穷小量**.
特别地, 当 $c=1$ 时, 称 α 与 β 是**等价无穷小量**, 记为 $\alpha \sim \beta$.

(4) 如果 $\lim \dfrac{\beta}{\alpha^k} = c(c \neq 0, k > 0)$, 则称 β 是 α 的 k**阶无穷小量**.

例如, 因 $\lim\limits_{x \to 0} \dfrac{x}{2x} = \dfrac{1}{2}$, 说明当 $x \to 0$ 时, x 与 $2x$ 是同阶无穷小量, 即 x 和 $2x$ 趋近于 0 的速度差不多. $\lim\limits_{x \to 0} \dfrac{x^2}{2x} = 0$, 说明当 $x \to 0$ 时, x^2 比 $2x$ 高阶的无穷小量, 即 x^2 趋近于 0 的速度比 $2x$ 趋近于 0 的速度快得多.

定理 1.8.1 设 α, α', β, β' 都是自变量的同一变化过程中的无穷小量, 且 $\alpha \sim \alpha'$, $\beta \sim \beta'$. 如果 $\lim \dfrac{\beta'}{\alpha'}$ 存在, 则 $\lim \dfrac{\beta}{\alpha}$ 存在, 且

$$\lim \frac{\beta}{\alpha} = \lim \frac{\beta'}{\alpha'}.$$

定理 1.8.1 表明, 在求两个无穷小量之比的极限时, 分子分母都可以用它们的等价无穷小量替换, 这样可能会简化极限的计算.

由第一个重要极限及相应例题, 当 $x \to 0$ 时, 有

$$\sin x \sim x, \quad \tan x \sim x, \quad 1 - \cos x \sim \frac{1}{2}x^2.$$

同时, 读者可以证明, 当 $x \to 0$ 时, 有

$$\arcsin x \sim x, \quad \arctan x \sim x.$$

例 1.8.1 求极限 $\lim\limits_{x \to 0} \dfrac{\tan 3x}{\sin 4x}$.

解 当 $x \to 0$ 时, $\tan 3x \sim 3x$,$\sin 4x \sim 4x$, 所以

$$\lim_{x \to 0} \frac{\tan 3x}{\sin 4x} = \lim_{x \to 0} \frac{3x}{4x} = \frac{3}{4}.$$

例 1.8.2 求极限 $\lim\limits_{x \to 0} \dfrac{\sin^m x}{\sin x^n}$($m$, n 都为正整数).

解 当 $x \to 0$ 时, $\sin x \sim x$, 所以

$$\lim_{x \to 0} \frac{\sin^m x}{\sin x^n} = \lim_{x \to 0} \frac{x^m}{x^n} = \lim_{x \to 0} x^{m-n} = \begin{cases} \infty, & m < n, \\ 1, & m = n, \\ 0, & m > n. \end{cases}$$

习　题　1.8

1. 试比较 $\alpha(x)$ 和 $\beta(x)$ 的阶：

(1) $\alpha(x)=x^3+x$, $\beta(x)=x^2$ (当 $x\to 0$ 时);

(2) $\alpha(x)=(1-\cos x)^2$, $\beta(x)=x^2$ (当 $x\to 0$ 时);

(3) $\alpha(x)=\left(\sin x+x^2\cos\dfrac{1}{x}\right)$, $\beta(x)=x$ (当 $x\to 0$ 时);

(4) $\alpha(x)=\dfrac{1}{1-\sqrt{x}}$, $\beta(x)=\dfrac{1+\sqrt{x}}{2(1-x)}$ (当 $x\to 1$ 时).

2. 利用等价无穷小求下列极限:

(1) $\lim\limits_{x\to 0}\dfrac{\tan x-\sin x}{(\sin 2x)^2}$;

(2) $\lim\limits_{x\to 0}\dfrac{\sin 3x+x^3}{\tan 2x}$;

(3) $\lim\limits_{x\to 0}\dfrac{\sin x-\tan x}{\arctan 3x^3}$;

(4) $\lim\limits_{x\to 0}\dfrac{(\arcsin x)^2}{\cos x-1}$;

(5) $\lim\limits_{x\to 0}\dfrac{x^2\sin\dfrac{1}{x}}{\sin 5x}$;

(6) $\lim\limits_{x\to 0}\dfrac{x^2\sin^3 2x}{\arctan x(1-\cos x)^2}$.

3. 设 α 和 β 是某个极限过程中的无穷小量, 试证明: α 和 β 为等价无穷小的充要条件是 $\beta=\alpha+o(\alpha)$.

1.9　函数的连续性与间断点

客观世界的许多现象, 如温度的变化、植物的生长、物种的变化等都是连续变化的. 连续函数就是刻划变量的连续变化的模型.

1.9.1　函数的连续性

为便于讨论, 先引入变量的改变量的概念. 设变量 u 由初值 u_1 变到终值 u_2, 称 u_2-u_1 为变量 u 的**改变量**(或**增量**). 记为 Δu, 即

$$\Delta u=u_2-u_1.$$

改变量 Δu 可以是正, 可以是负, 也可以为零.

定义 1.9.1　设函数 $y=f(x)$ 在 x_0 点的某邻域 $U(x_0,\delta)$ 内有定义, 当自变量 x 在 x_0 点取得增量 Δx 时, 相应地有函数值的增量

$$\Delta y=f(x_0+\Delta x)-f(x_0).$$

如果 $\lim\limits_{\Delta x\to 0}\Delta y=0$, 则称函数 $y=f(x)$**在点**x_0**处连续**(图 1.22).

例 1.9.1 证明: 函数 $y=x^2$ 在点 $x_0=1$ 处连续.

证明 当 x 在 $x_0=1$ 点处取得增量 Δx 时, 相应地有函数值的增量

$$\Delta y=f(1+\Delta x)-f(1)=(1+\Delta x)^2-1^2$$
$$=2\Delta x+(\Delta x)^2.$$

因为

$$\lim_{\Delta x\to 0}\Delta y=\lim_{\Delta x\to 0}[2\Delta x+(\Delta x)^2]=0,$$

由定义 1.9.1 知, 函数 $y=x^2$ 在点 $x_0=1$ 处连续.

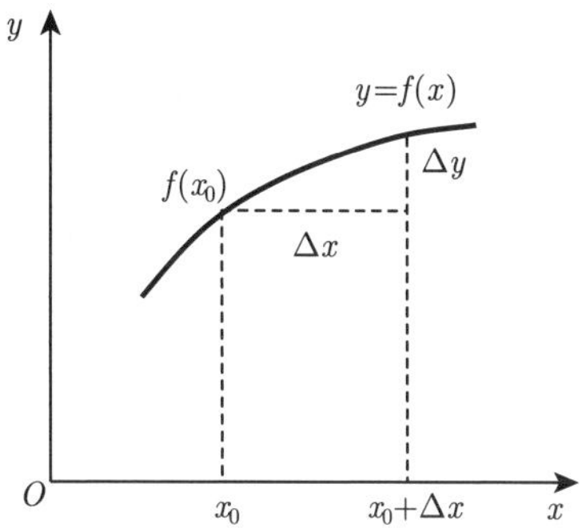

图 1.22

设 $x=x_0+\Delta x$, 则当 $\Delta x\to 0$ 时, $x\to x_0$, 因此

$$\lim_{\Delta x\to 0}\Delta y=0\Leftrightarrow\lim_{x\to x_0}[f(x)-f(x_0)]=0\Leftrightarrow\lim_{x\to x_0}f(x)=f(x_0).$$

这样便有函数在点 x_0 处连续的等价定义.

定义 1.9.2 设函数 $y=f(x)$ 在 x_0 点的某邻域 $U(x_0,\delta)$ 内有定义, 如果

$$\lim_{x\to x_0}f(x)=f(x_0),$$

则称**函数**$y=f(x)$**在点**x_0**处连续**.

如果 $\lim\limits_{x\to x_0^-}f(x)=f(x_0)$, 则称**函数**$y=f(x)$**在**$x=x_0$**点处左连续**.

如果 $\lim\limits_{x\to x_0^+}f(x)=f(x_0)$, 则称**函数**$y=f(x)$**在**$x=x_0$**点处右连续**.

由定理 1.4.2, 有以下定理

定理 1.9.1 函数 $y=f(x)$ 在 $x=x_0$ 点处连续的充分必要条件是函数 $y=f(x)$ 在 $x=x_0$ 点处既左连续又右连续.

例 1.9.2 设函数

$$f(x)=\begin{cases}x^2\sin\dfrac{1}{x}, & x\neq 0,\\ a, & x=0.\end{cases}$$

在 $x=0$ 点处连续, 求 a.

解 因为函数 $f(x)$ 在 $x=0$ 点处连续, 则 $\lim\limits_{x\to 0}f(x)=f(0)$. 而

$$\lim_{x\to 0}f(x)=\lim_{x\to 0}x^2\sin\frac{1}{x}=0,$$

所以, $a=0$.

例 1.9.3　设函数

$$f(x)=\begin{cases} x+1, & x \leqslant 0, \\ 1-x^2, & x>0. \end{cases}$$

证明: 函数 $f(x)$ 在 $x=0$ 点处连续.

证明　因为

$$f(0)=0+1=1,$$

$$\lim_{x \to 0^-} f(x)=\lim_{x \to 0^-}(x+1)=1,$$

$$\lim_{x \to 0^+} f(x)=\lim_{x \to 0^+}(1-x^2)=1,$$

$\lim\limits_{x \to 0^-} f(x)=\lim\limits_{x \to 0^+} f(x)=f(0)=1$, 即 $\lim\limits_{x \to 0} f(x)=f(0)$. 由定义 1.9.2 可知, 函数 $f(x)$ 在 $x=0$ 点处连续.

如果函数 $f(x)$ 在开区间 (a,b) 内每一点都连续, 则称函数 $f(x)$ 在**开区间**(a,b)**内连续**; 如果函数 $f(x)$ 在开区间 (a,b) 内连续, 且在左端点 $x=a$ 处右连续, 右端点 $x=b$ 处左连续, 则称函数 $f(x)$ 在**闭区间**$[a,b]$**上连续**.

例 1.9.4　证明: 函数 $y=\sin x$ 在区间 $(-\infty,+\infty)$ 内连续.

证明　任取 $x_0 \in (-\infty,+\infty)$, 当 x 在 x_0 点处取得增量 Δx 时, 相应地有函数值的增量

$$\Delta y=\sin(x_0+\Delta x)-\sin x_0=2\sin\frac{\Delta x}{2}\cos\left(x_0+\frac{\Delta x}{2}\right).$$

因为当 $\Delta x \to 0$ 时, Δy 是无穷小量与有界函数的乘积, 所以 $\lim\limits_{\Delta x \to 0} \Delta y=0$. 这说明函数 $y=\sin x$ 在 $x=x_0$ 点处连续, 由 x_0 的任意性, 函数 $y=\sin x$ 在区间 $(-\infty,+\infty)$ 内连续.

同理可证函数 $y=\cos x$ 在区间 $(-\infty,+\infty)$ 内连续.

1.9.2　函数的间断点

由函数在点 x_0 处的连续性的定义可知, 函数 $f(x)$ 在 $x=x_0$ 点处连续必须满足以下三个条件:

(1) $f(x)$ 在 $x=x_0$ 点处有定义;

(2) $\lim\limits_{x \to x_0} f(x)$ 存在;

(3) $\lim\limits_{x \to x_0} f(x)=f(x_0)$.

对以上三个条件任中之一不满足的点称为函数 $f(x)$ 的**间断点**.

例 1.9.5 设函数

$$f(x)=\begin{cases}2\sqrt{x}, & 0\leqslant x<1,\\ 1, & x=1,\\ 1+x, & x>1.\end{cases}$$

讨论函数 $f(x)$ 在 $x=1$ 点处的连续性.

解 因为

$$\lim_{x\to 1^-}f(x)=\lim_{x\to 1^-}2\sqrt{x}=2,$$

$$\lim_{x\to 1^+}f(x)=\lim_{x\to 1^+}(1+x)=2,$$

故

$$\lim_{x\to 1}f(x)=2.$$

但 $\lim\limits_{x\to 1}f(x)\neq f(1)$, 所以点 $x=1$ 是函数 $f(x)$ 的间断点 (图 1.23). 如果改变函数 $f(x)$ 在 $x=1$ 点处的定义: 令 $f(1)=2$, 则函数 $f(x)$ 在 $x=1$ 点处就连续, 称点 $x=1$ 为函数 $f(x)$ 的**可去间断点**.

例 1.9.6 设函数 $f(x)=\dfrac{x^2-1}{x-1}$, 讨论 $f(x)$ 在点 $x=1$ 处的连续性.

解 因函数 $f(x)$ 在 $x=1$ 处无定义, 则 $x=1$ 为 $f(x)$ 的间断点.

因 $\lim\limits_{x\to 1}f(x)=\lim\limits_{x\to 1}\dfrac{x^2-1}{x-1}=2$, 若补充定义 $f(1)=2$, 则函数 $f(x)$ 在 $x=1$ 点处连续, $x=1$ 为函数 $f(x)$ 的可去间断点.

例 1.9.7 设函数

$$f(x)=\begin{cases}-x, & x\leqslant 0,\\ 1+x, & x>0.\end{cases}$$

讨论 $f(x)$ 在点 $x=0$ 处的连续性.

解 因为

$$\lim_{x\to 0^-}f(x)=\lim_{x\to 0^-}(-x)=0,$$

$$\lim_{x\to 0^+}f(x)=\lim_{x\to 0^+}(x+1)=1.$$

即

$$\lim_{x\to 0^-}f(x)\neq\lim_{x\to 0^+}f(x),$$

所以, 点 $x=0$ 是函数 $f(x)$ 的间断点. 因函数 $f(x)$ 的图形在点 $x=0$ 处产生跳跃现象, 称点 $x=0$ 为函数 $f(x)$ 的**跳跃间断点**(图 1.24).

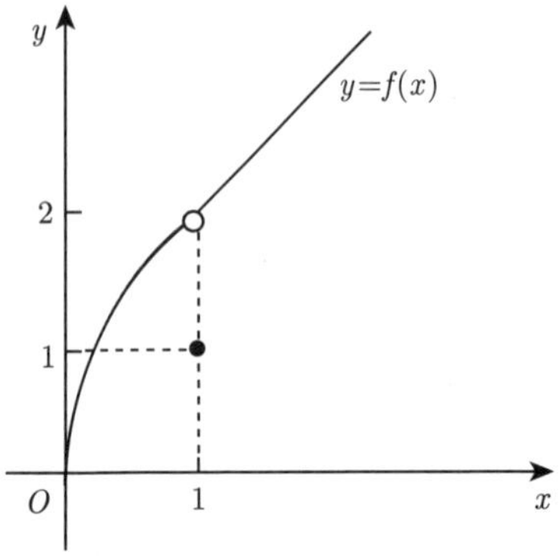

图 1.23

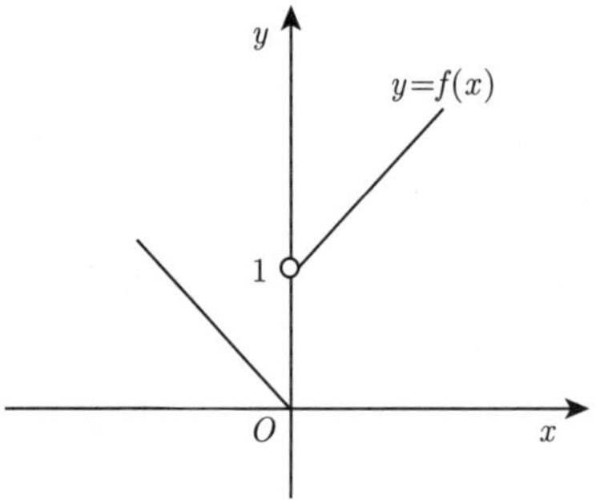

图 1.24

例 1.9.8 函数 $f(x)=\sin\dfrac{1}{x}$ 在点 $x=0$ 处没有定义, 所以点 $x=0$ 是函数 $f(x)$ 的间断点. 当 $x\to 0$ 时, 函数值在 -1 与 1 之间振荡. 所以, 称点 $x=0$ 为函数 $f(x)=\sin\dfrac{1}{x}$ 的**振荡间断点**(图 1.25).

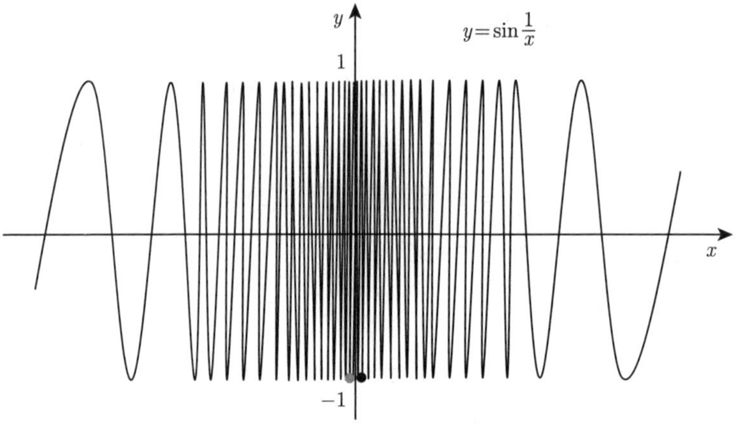

图 1.25

例 1.9.9 函数 $f(x)=\dfrac{1}{x-1}$ 在点 $x=1$ 处没有定义, 所以点 $x=1$ 是函数 $f(x)$ 的间断点. 又因为 $\lim\limits_{x\to 1}f(x)=\lim\limits_{x\to 1}\dfrac{1}{x-1}=\infty$, 故称点 $x=1$ 为函数 $f(x)=\dfrac{1}{x-1}$ 的**无穷间断点**.

通常把间断点分成两类: 左极限 $f(x_0-0)$、右极限 $f(x_0+0)$ 都存在的间断点 $x=x_0$, 称为函数 $f(x)$ 的**第一类间断点**. 在第一类间断点中, 若 $f(x_0-0)=f(x_0+0)$, 则称点 $x=x_0$ 为函数 $f(x)$ 的**可去间断点**; 若 $f(x_0-0)\neq f(x_0+0)$, 则称点 $x=x_0$

为函数 $f(x)$ 的**跳跃间断点**. 左极限 $f(x_0-0)$ 或右极限 $f(x_0+0)$ 不存在的间断点, 称为**第二类间断点**(如**振荡间断点**, **无穷间断点**).

习 题 1.9

1. 讨论下列函数在指定点处的连续性:

(1) $f(x)=|x|$, $x=0$;

(2) $f(x)=\mathrm{e}^{-\frac{1}{x}}$, $x=0$;

(3) $f(x)=\begin{cases}\mathrm{e}^x, & x\leqslant 0,\\ \dfrac{\sin x}{x}, & x>0,\end{cases}$ $x=0$;

(4) $f(x)=\dfrac{x^2-4}{x-2}$, $x=2$.

2. 设函数 $f(x)=\arctan\dfrac{1}{x}$, 能否补充定义 $f(0)$ 的值, 使得该函数在点 $x=0$ 处连续.

3. 指出下列函数的间断点并说明其类型, 若是可去型间断点, 请补充函数在该点的定义使函数在该点连续:

(1) $f(x)=\operatorname{sgn} x$;

(2) $f(x)=\cos^2\dfrac{1}{x}$;

(3) $f(x)=\dfrac{1-\cos x}{x^2}$;

(4) $f(x)=\sin x\cdot\sin\dfrac{1}{x}$;

(5) $f(x)=\dfrac{x^2-4}{x^2-3x+2}$;

(6) $f(x)=\begin{cases}1/x, & x<0,\\ \dfrac{x^2-1}{x-1}, & 0<|x-1|\leqslant 1,\\ x+1, & x>2;\end{cases}$

(7) $f(x)=\begin{cases}2+x^2, & x<0,\\ \dfrac{\sin 2x}{x}, & x>0;\end{cases}$

(8)$f(x)=\begin{cases}\dfrac{\sin 3x}{|x|}, & x\neq 0,\\ 3, & x=0.\end{cases}$

4. 设下列函数是定义域内的连续函数, 求其中参数 a 的取值:

(1) $f(x)=\begin{cases}\dfrac{\tan ax}{3x}, & x\neq 0,\\ 2, & x=0;\end{cases}$

(2) $f(x)=\begin{cases}(1+x)^{\frac{1}{ax}}, & x\neq 0,\\ 3, & x=0;\end{cases}$

(3) $f(x)=\begin{cases}\dfrac{\sin x}{x}, & x<0,\\ 3x^2-2x+a, & x\geqslant 0;\end{cases}$

(4) $f(x)=\begin{cases}\mathrm{e}^x, & x<0,\\ a+2x, & x\geqslant 0.\end{cases}$

5. 证明下列函数在 $(-\infty,+\infty)$ 内连续:

(1) $f(x)=\begin{cases}\dfrac{\sin x}{x}, & x<0,\\ 1, & x=0,\\ \dfrac{2(\sqrt{1+x}-1)}{x}, & x>0;\end{cases}$

(2) $f(x)=\begin{cases}0, & x<0,\\ x, & 0\leqslant x<1,\\ -x^2+4x-2, & 1\leqslant x<3,\\ 4-x, & x\geqslant 3.\end{cases}$

1.10　连续函数的运算及闭区间上连续函数的性质

1.10.1　连续函数的四则运算

定理 1.10.1　设函数 $f(x), g(x)$ 在点 $x=x_0$ 处都连续, 则函数

$$f(x)\pm g(x),\quad f(x)\cdot g(x),\quad \frac{f(x)}{g(x)}(g(x_0)\neq 0)$$

在点 $x=x_0$ 处也连续.

证明　仅就 $f(x)\pm g(x)$ 在点 $x=x_0$ 处的连续性作证明.

因为 $f(x), g(x)$ 在点 $x=x_0$ 处都连续, 则

$$\lim_{x\to x_0} f(x)=f(x_0),\quad \lim_{x\to x_0} g(x)=g(x_0).$$

由极限运算法则, 有

$$\lim_{x\to x_0}[f(x)\pm g(x)]=\lim_{x\to x_0} f(x)\pm\lim_{x\to x_0} g(x)=f(x_0)\pm g(x_0).$$

根据连续性的定义, $f(x)\pm g(x)$ 在点 $x=x_0$ 处连续.

例 1.10.1　因 $\sin x$ 和 $\cos x$ 都在区间 $(-\infty,+\infty)$ 内连续, 由定理 1.10.1, $\tan x=\dfrac{\sin x}{\cos x}$, $\cot x=\dfrac{\cos x}{\sin x}$, $\sec x=\dfrac{1}{\cos x}$, $\csc x=\dfrac{1}{\sin x}$ 在其定义域内都是连续的.

1.10.2　反函数与复合函数的连续性

定理 1.10.2　如果函数 $y=f(x)$ 在区间 I_x 上单调增加 (或单调减少) 且连续, 那么它的反函数 $x=f^{-1}(y)$ 在对应的区间 $I_y=\{y|y=f(x),x\in I_x\}$ 上也单调增加 (或单调减少) 且连续.

例 1.10.2　因 $y=\sin x$ 在区间 $\left[-\dfrac{\pi}{2},\dfrac{\pi}{2}\right]$ 上单调增加且连续, 则其反函数 $y=\arcsin x$ 在区间 $[-1,1]$ 上也单调增加且连续.

同样, $y=\arccos x$ 在区间 $[-1,1]$ 上单调减少且连续; $y=\arctan x$ 在区间 $(-\infty,+\infty)$ 内单调增加且连续; $y=\operatorname{arc\,cot} x$ 在区间 $(-\infty,+\infty)$ 内单调减少且连续.

总之, 反三角函数 $\arcsin x$, $\arccos x$, $\arctan x$, $\operatorname{arc\,cot} x$ 在其定义域内都是连续的.

定理 1.10.3　若 $\lim\limits_{x\to x_0}\varphi(x)=a$, 而函数 $y=f(u)$ 在点 $u=a$ 处连续, 则

$$\lim_{x\to x_0} f[\varphi(x)]=f(a).$$

证明 因为 $y=f(u)$ 在点 $u=a$ 处连续, 由连续性的定义, 对任意给定的 $\varepsilon>0$(ε 无论多么小), 存在 $\eta>0$, 当 $|u-a|<\eta$ 时, 有

$$|f(u)-f(a)|<\varepsilon$$

成立.

又因为 $\lim\limits_{x\to x_0}\varphi(x)=a$, 由函数极限的定义, 对前面的 $\eta>0$, 存在 $\delta>0$, 当 $0<|x-x_0|<\delta$ 时, 有 $|\varphi(x)-a|<\eta$. 这样就有

$$|f[\varphi(x)]-f(a)|<\varepsilon$$

成立. 由函数极限的定义, 得

$$\lim_{x\to x_0}f[\varphi(x)]=f(a).$$

定理 1.10.3 的结论也可写成

$$\lim_{x\to x_0}f[\varphi(x)]=f(a)=f\left(\lim_{x\to x_0}\varphi(x)\right).$$

这说明求复合函数 $f[\varphi(x)]$ 的极限时, 连续函数的函数符号 f 与极限符号可以交换次序.

把定理 1.10.3 中的 $x\to x_0$ 换成 $x\to\infty$, 可得类似的定理.

在定理 1.10.3 的条件下, 假设 $u=\varphi(x)$ 在点 $x=x_0$ 处连续, 即

$$\lim_{x\to x_0}\varphi(x)=\varphi(x_0),$$

则可得以下结论:

推论 1.10.1 设函数 $y=f(u)$ 在点 u_0 处连续, $u=\varphi(x)$ 在点 x_0 处连续, 且 $u_0=\varphi(x_0)$, 则复合函数 $y=f[\varphi(x)]$ 在点 $x=x_0$ 处也连续.

例如, 函数 $y=\cos\dfrac{1}{x}$, 由于 $u=\dfrac{1}{x}$ 在 $(-\infty,0)\cup(0,+\infty)$ 内连续, $y=\cos u$ 在 $(-\infty,+\infty)$ 内连续, 则 $y=\cos\dfrac{1}{x}$ 在 $(-\infty,0)\cup(0,+\infty)$ 内连续.

1.10.3 初等函数的连续性

可以证明: **基本初等函数在其定义域内都是连续的**.

因初等函数是由基本初等函数经过有限次四则运算和复合运算所构成的, 由连续函数的四则运算及复合运算, 有以下结论:

初等函数在其定义区间内都是连续的.

所谓定义区间, 就是包含在定义域内的区间.

如果 $f(x)$ 是初等函数, 且 x_0 是 $f(x)$ 的定义区间内的点, 由初等函数的连续性, 有

$$\lim_{x\to x_0} f(x)=f(x_0).$$

这样, 利用函数的连续性求函数的极限非常方便.

例如, 因点 $x_0=\dfrac{\pi}{2}$ 是初等函数 $f(x)=\ln\sin x$ 的定义区间 $(0,\pi)$ 内的一点, 所以

$$\lim_{x\to\frac{\pi}{2}}\ln\sin x=\ln\sin\frac{\pi}{2}=0.$$

例 1.10.3　求 $\lim\limits_{x\to 0}\ln\dfrac{\sin x}{x}$.

解　因 $\lim\limits_{x\to 0}\dfrac{\sin x}{x}=1$, 又函数 $y=\ln u$ 在点 $u=1$ 处连续, 所以

$$\lim_{x\to 0}\ln\frac{\sin x}{x}=\ln\left(\lim_{x\to 0}\frac{\sin x}{x}\right)=\ln 1=0.$$

例 1.10.4　求下列函数的极限:

(1) $\lim\limits_{x\to 0}\dfrac{\ln(1+x)}{x}$;　(2) $\lim\limits_{x\to 0}\dfrac{\mathrm{e}^x-1}{x}$;　(3) $\lim\limits_{x\to 0}\dfrac{(1+x)^\alpha-1}{x}$($\alpha\neq 0$ 且为常数).

解　(1) 因连续函数的函数符号 f 与极限符号可以交换次序, 所以

$$\lim_{x\to 0}\frac{\ln(1+x)}{x}=\lim_{x\to 0}\ln(1+x)^{\frac{1}{x}}=\ln[\lim_{x\to 0}(1+x)^{\frac{1}{x}}]=\ln\mathrm{e}=1,$$

即当 $x\to 0$ 时, $\ln(1+x)\sim x$.

(2) 令 $t=\mathrm{e}^x-1$, 则 $x=\ln(1+t)$, 当 $x\to 0$ 时, $t\to 0$. 所以

$$\lim_{x\to 0}\frac{\mathrm{e}^x-1}{x}=\lim_{t\to 0}\frac{t}{\ln(1+t)}=\lim_{t\to 0}\frac{1}{\ln(1+t)^{\frac{1}{t}}}=1,$$

即当 $x\to 0$ 时, $\mathrm{e}^x-1\sim x$.

(3) 因当 $x\to 0$ 时, $\mathrm{e}^x-1\sim x$, 所以

$$\lim_{x\to 0}\frac{(1+x)^\alpha-1}{\alpha x}=\lim_{x\to 0}\frac{\mathrm{e}^{\alpha\ln(1+x)}-1}{\alpha x}=\lim_{x\to 0}\frac{\alpha\ln(1+x)}{\alpha x}=1,$$

即当 $x\to 0$ 时, $(1+x)^\alpha-1\sim\alpha x$.

这样, 当 $x\to 0$ 时, 有以下一些常用的等价无穷小:

$$\sin x\sim x,\quad \tan x\sim x,\quad 1-\cos x\sim\frac{1}{2}x^2,\quad \arcsin x\sim x,\quad \arctan x\sim x,\quad \ln(1+x)\sim x,$$

$e^x-1\sim x,(1+x)^\alpha-1\sim\alpha x(\alpha\neq0$ 且为常数).

此外, 将上述等价无穷小中的变量 x 替换为函数 $\alpha(x)$, 关系式仍然成立.

例 1.10.5 设当 $x\to0$ 时, $(1-\cos x)\ln(1+x^2)$ 是比 $x\sin x^n$ 高阶的无穷小量, 而 $x\sin x^n$ 是比 $e^{x^2}-1$ 高阶的无穷小量, 求正整数 n 的值.

解 因 $(1-\cos x)\ln(1+x^2)$ 是比 $x\sin x^n$ 高阶的无穷小量, 由定义得

$$\lim_{x\to0}\frac{(1-\cos x)\ln(1+x^2)}{x\sin x^n}=\lim_{x\to0}\frac{\dfrac{x^2}{2}x^2}{x^{n+1}}=\frac{1}{2}\lim_{x\to0}x^{3-n}=0.$$

所以 $3-n>0$, 即 $n<3$.

又因 $x\sin x^n$ 是比 $e^{x^2}-1$ 高阶的无穷小量, 由定义得

$$\lim_{x\to0}\frac{x\sin x^n}{e^{x^2}-1}=\lim_{x\to0}\frac{x^{n+1}}{x^2}=\lim_{x\to0}x^{n-1}=0,$$

所以 $n-1>0$, 即 $n>1$.

又因为 $1<n<3$, 得 $n=2$.

例 1.10.6 求 $\displaystyle\lim_{x\to0}\frac{\sqrt{1+\sin x}-\sqrt{1-\sin x}}{x}$.

解

$$\begin{aligned}&\lim_{x\to0}\frac{\sqrt{1+\sin x}-\sqrt{1-\sin x}}{x}\\&=\lim_{x\to0}\frac{(\sqrt{1+\sin x}-\sqrt{1-\sin x})(\sqrt{1+\sin x}+\sqrt{1-\sin x})}{x(\sqrt{1+\sin x}+\sqrt{1-\sin x})}\\&=2\lim_{x\to0}\left(\frac{\sin x}{x}\cdot\frac{1}{\sqrt{1+\sin x}+\sqrt{1-\sin x}}\right)\\&=1.\end{aligned}$$

1.10.4 闭区间上连续函数的性质

1. 最大值与最小值

定义 1.10.1 设函数 $f(x)$ 在区间 I 上有定义, 如果存在 $x_0\in I$, 使得对任意 $x\in I$, 都有

$$f(x)\leqslant f(x_0)(f(x)\geqslant f(x_0)),$$

则称 $f(x_0)$ 是函数 $f(x)$ 在区间 I 上的**最大值**(**最小值**).

例如, 函数 $f(x)=1+\sin x$ 在区间 $[0,2\pi]$ 上有最大值 2 和最小值 0. 又如, 函数 $f(x)=\operatorname{sgn}x$ 在区间 $(-\infty,+\infty)$ 内有最大值 1 和最小值 -1. 但函数 $f(x)=x$ 在开区间 $(1,2)$ 内既无最大值又无最小值.

定理 1.10.4 (最大值和最小值定理) 闭区间上的连续函数一定能取到最大值和最小值.

定理 1.10.4 说明, 如果函数 $f(x)$ 在闭区间 $[a,b]$ 上连续, 那么至少存在一点 $x_1 \in [a,b]$, 使 $f(x_1)$ 是函数 $f(x)$ 在 $[a,b]$ 上的最小值, 也至少存在一点 $x_2 \in [a,b]$, 使 $f(x_2)$ 是函数 $f(x)$ 在 $[a,b]$ 上的最大值 (图 1.26).

注 1.10.1　如果函数在开区间内连续, 或函数在闭区间上有间断点, 那么函数在该区间上就不一定有最大值或最小值.

推论 1.10.2 (有界性定理)　闭区间上的连续函数一定有界.

2. 介值定理

如果点 x_0 使 $f(x_0)=0$, 则称点 x_0 为函数 $f(x)$ 的**零点**.

定理 1.10.5 (零点存在定理)　设函数 $f(x)$ 在闭区间 $[a,b]$ 上连续, 且 $f(a)$ 与 $f(b)$ 异号, 则在开区间 (a,b) 内至少有一点 ξ, 使 $f(\xi)=0$.

如图 1.27 所示, 闭区间 $[a,b]$ 上的连续曲线弧 $y=f(x)$, $f(a)<0$, $f(b)>0$. 则曲线 $y=f(x)$ 与 x 轴至少有一个交点.

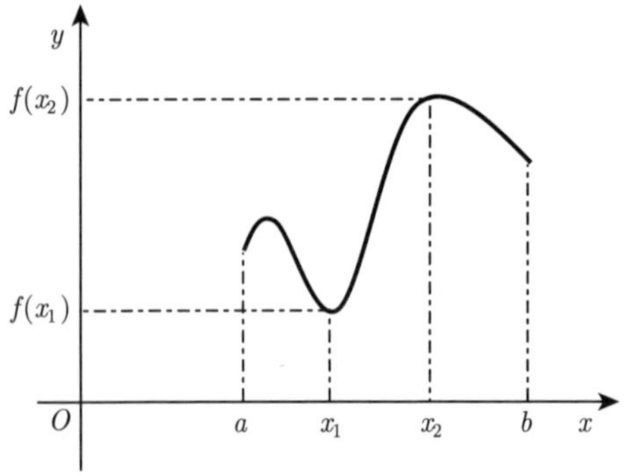

图 1.26

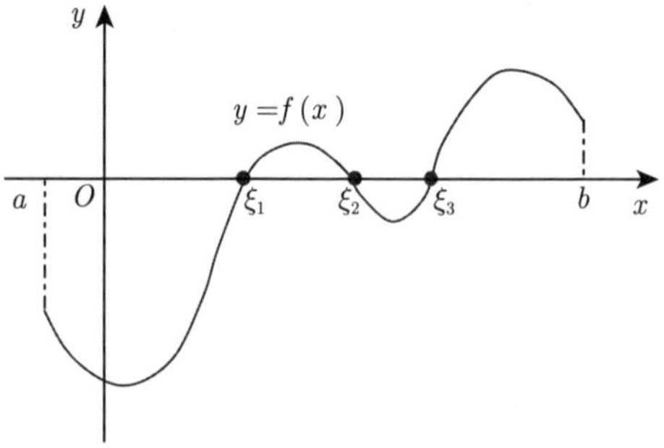

图 1.27

定理 1.10.6 (介值定理)　设函数 $f(x)$ 在闭区间 $[a,b]$ 上连续, 且 $f(a)\neq f(b)$, 则对于介于 $f(a)$ 与 $f(b)$ 之间的任意一个数 C, 在开区间 (a,b) 内至少存在一点 ξ, 使得

$$f(\xi)=C.$$

定理 1.10.6 的几何意义：闭区间 $[a,b]$ 上的连续曲线弧 $y=f(x)$ 与水平直线 $y=C$ 至少交于一点 (ξ,C)(图 1.28).

推论 1.10.3　闭区间上的连续函数一定能取到最小值 m 到最大值 M 之间的一切值.

例 1.10.7　证明方程 $x^3-3x+1=0$ 在区间 $(0,1)$ 内至少有一个实根.

证明 令 $f(x)=x^3-3x+1$, 则 $f(x)$ 在闭区间 $[0,1]$ 上连续, 又

$$f(0)=1>0, \quad f(1)=-1<0.$$

由零点存在定理, 在 $(0,1)$ 内至少存在一点 ξ, 使 $f(\xi)=0$, 即

$$\xi^3-3\xi+1=0.$$

所以, 方程 $x^3-3x+1=0$ 在区间 $(0,1)$ 内至少有一个实根.

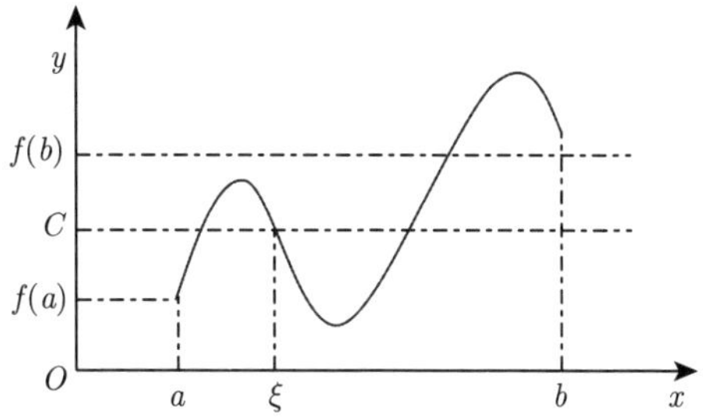

图 1.28

*1.10.5 函数的一致连续性

函数 $y=f(x)$ 在点 $x=x_0$ 处连续是指: $\lim\limits_{\Delta x\to 0}\Delta y=0$. 由于函数在不同点处的函数值增量 Δy 不同, 因此自然会提出这样的问题: 当 $\Delta x\to 0$ 时, Δy 趋于 0 的速度是否会不一样? 是否会像无穷小量一样有不同的阶呢? 为此, 引入 "**一致连续**" 的概念.

定义 1.10.2 设函数 $y=f(x)$ 在区间 I 上有定义, 如果对任意给定的 $\varepsilon>0$(ε 无论多么小), 存在 $\delta>0$, 对任意两点 $x_1,x_2\in I$, 只要 $|x_1-x_2|<\delta$, 必有

$$|f(x_1)-f(x_2)|<\varepsilon,$$

则称**函数$f(x)$在区间I上是一致连续的.**

"**一致连续**" 的实质是在区间 I 上任何一点 x_0 的函数值的增量 Δy 随 Δx 趋于 0 的速度没有本质的差别, 即是 "**同阶**"; 反之, 若 "**不一致连续**"就是当 Δx 趋于 0 时 Δy 趋于 0 的速度在不同点之间有着本质的差别, 即是 "**不同阶**".

例 1.10.8 证明: 函数 $f(x)=x^2$ 在区间 $[0,1]$ 上是一致连续的.

证明 对任意两点 $x_1,x_2\in[0,1]$, 有

$$|f(x_1)-f(x_2)|=\left|x_1^2-x_2^2\right|=|x_1-x_2|\cdot|x_1+x_2|\leqslant 2\,|x_1-x_2|\,.$$

对任意给定的 $\varepsilon>0$, 取 $\delta=\dfrac{\varepsilon}{2}$, 当 $|x_1-x_2|<\delta$ 时, 恒有

$$|f(x_1)-f(x_2)|\leqslant 2\,|x_1-x_2|<\varepsilon.$$

所以函数 $f(x)=x^2$ 在区间 $[0,1]$ 上是一致连续的.

例 1.10.9 证明: 函数 $f(x)=\dfrac{1}{x}$ 在区间 $[a,1]$(其中 $0<a<1$) 上是一致连续的.

证明　对任意两点 $x_1,x_2\in[a,1]$, 有

$$|f(x_1)-f(x_2)|=\left|\frac{1}{x_1}-\frac{1}{x_2}\right|=\frac{|x_1-x_2|}{x_1x_2}\leqslant\frac{1}{a^2}|x_1-x_2|.$$

对任意给定的 $\varepsilon>0$, 取 $\delta=a^2\varepsilon$, 当 $|x_1-x_2|<\delta$ 时, 恒有

$$|f(x_1)-f(x_2)|\leqslant\frac{1}{a^2}|x_1-x_2|<\varepsilon.$$

所以函数 $f(x)=\dfrac{1}{x}$ 在区间 $[a,1]$ 上是一致连续的.

如果函数 $f(x)$ 在区间 I 上一致连续, 则函数 $f(x)$ 在区间 I 上也是连续的. 反之不成立. 例如, 函数 $f(x)=\dfrac{1}{x}$ 在区间 $(0,1]$ 上是连续的, 但不一致连续的, 用反证法来证明.

假定 $f(x)=\dfrac{1}{x}$ 在区间 $(0,1]$ 上是一致连续的, 由一致连续的定义, 对任意给定的 $\varepsilon>0$, 存在 $\delta>0$, 使得对任意两点 $x_1,x_2\in(0,1]$, 当 $|x_1-x_2|<\delta$ 时, 恒有 $|f(x_1)-f(x_2)|<\varepsilon$.

取 $x_1=\dfrac{1}{n}$, $x_2=\dfrac{1}{n+1}$(其中 n 为正整数), $x_1,x_2\in(0,1]$. 对 $\varepsilon=\dfrac{1}{2}$, 无论 δ 取多么小的正数, 当 $|x_1-x_2|=\left|\dfrac{1}{n}-\dfrac{1}{n+1}\right|=\left|\dfrac{1}{n(n+1)}\right|<\dfrac{1}{n^2}<\delta$ 时, 始终有

$$|f(x_1)-f(x_2)|=\left|\frac{1}{\frac{1}{n}}-\frac{1}{\frac{1}{n+1}}\right|=|n-(n+1)|=1>\frac{1}{2}=\varepsilon.$$

这与一致连续的定义相矛盾, 所以函数 $f(x)=\dfrac{1}{x}$ 在区间 $(0,1]$ 上不是一致连续的.

定理 1.10.7 (一致连续性定理)　如果函数 $f(x)$ 在闭区间 $[a,b]$ 上连续, 则函数 $f(x)$ 在闭区间 $[a,b]$ 上是一致连续的.

习　题　1.10

1. 求下列函数的连续区间:

(1) $f(x)=\dfrac{x^3+3x^2-x-3}{x^2+x-6}$;　　(2) $f(x)=\dfrac{1}{1-\ln x^2}$;

(3) $f(x)=\begin{cases}x^2, & x\leqslant 0,\\ x\sin\dfrac{1}{x}, & x>0;\end{cases}$　　(4) $f(x)=\begin{cases}\mathrm{e}^{x-2}, & x\leqslant 2,\\ \dfrac{\sin(x-2)}{x-2}, & x>2.\end{cases}$

2. 求下列极限:

(1) $\lim\limits_{x\to e}\dfrac{\arctan\sqrt{\ln x}}{\sin\dfrac{\pi x}{2e}}$;　　(2) $\lim\limits_{x\to\frac{\pi}{2}}\dfrac{e^{\frac{x}{2}}-\ln(2-\sin x)}{\sin x}$;

(3) $\lim\limits_{x\to 0}\arccos(\sqrt{x^2-x}-x)$;　　(4) $\lim\limits_{x\to 0}\sqrt{x^2-x+10}$;

(5) $\lim\limits_{x\to 0}\dfrac{\ln(1+x^2)}{\sin(1+x^2)}$;　　(6) $\lim\limits_{x\to e}\dfrac{\ln x-1}{x-e}$;

(7) $\lim\limits_{x\to 0}\dfrac{\sqrt{1+x}-\sqrt{1-x}}{x}$;　　(8) $\lim\limits_{x\to+\infty}\arcsin(\sqrt{x^2+x}-x)$;

(9) $\lim\limits_{x\to 0}\dfrac{e^{3x}-1}{\arctan x}$;　　(10) $\lim\limits_{x\to 0}\dfrac{\sqrt{1+\tan x}-\sqrt{1-\tan x}}{\sqrt{1+4x}-1}$.

3. 证明：方程 $\sin x+x+1=0$ 在 $\left(-\dfrac{\pi}{2},\dfrac{\pi}{2}\right)$ 内至少有一个实根.

4. 证明：方程 $x^2\cos x-\sin x=0$ 必有一实根介于 π 和 $\dfrac{3}{2}\pi$ 之间.

5. 证明：若函数 $f(x)$ 在 $[a,b]$ 上连续, $a<x_1<x_2<\cdots<x_n<b$, 则必存在 $\xi\in(a,b)$ 使得

$$f(\xi)=\frac{f(x_1)+f(x_2)+\cdots+f(x_n)}{n}.$$

6. 证明：若函数 $f(x)$ 在 $(-\infty,+\infty)$ 内连续, 且 $\lim\limits_{x\to\infty}f(x)=A$, 则 $f(x)$ 在 $(-\infty,+\infty)$ 内有界.

总 习 题 1

1. 设函数 $f(x)$ 的定义域为 $[0,1]$, 求下列函数的定义域：

(1) $f(x^2)$;　　(2) $f(x+a)\ (a>0)$;

(3) $f(\sin x)$;　　(4) $f(x+a)+f(x-a)\ (a>0)$.

2. 设 $f(x)$ 为定义在 $(-l,l)$ 内的奇函数, 若 $f(x)$ 在 $(0,l)$ 内单调增加, 证明 $f(x)$ 在 $(-l,0)$ 内也单调增加.

3. 设 $f(x)=\begin{cases}0, & x\leqslant 0,\\ x, & x>0,\end{cases}$ $g(x)=\begin{cases}0, & x\leqslant 0,\\ -x^2, & x>0.\end{cases}$

求 $f[f(x)]$, $g[g(x)]$, $f[g(x)]$, $g[f(x)]$.

4. 用函数极限的定义证明：$\lim\limits_{x\to x_0}x^2=x_0^2$.

5. 证明：函数 $y=\dfrac{1}{x}\sin\dfrac{1}{x}$ 在区间 $(0,1]$ 上无界, 但不是 $x\to 0^+$ 时的无穷大量.

6. 利用极限准则求下列各极限：

(1) $\lim\limits_{n\to\infty}\sqrt[n]{a^n+b^n}$;

(2) $\lim\limits_{n\to\infty}\left(\dfrac{1}{n^2+n+1}+\dfrac{2}{n^2+n+2}+\cdots+\dfrac{n}{n^2+n+n}\right)$;

(3) $\lim\limits_{n\to\infty}\left(\dfrac{1}{1+2}+\dfrac{1}{1+2+3}+\cdots+\dfrac{1}{1+2+\cdots+n}\right)$;

7. 设 $0 < x_1 < 3$, $x_{n+1} = \sqrt{x_n(3 - x_n)}$, $(n = 1, 2, \cdots)$, 证明数列 $\{x_n\}$ 的极限存在, 并求此极限.

8. 求下列函数极限:

(1) $\lim\limits_{h\to 0} \dfrac{(x+h)^3 - x^3}{h}$;　　(2) $\lim\limits_{x\to\infty} \dfrac{(2x-1)^{30}(3x-2)^{20}}{(2x+1)^{50}}$;

(3) $\lim\limits_{x\to\infty} (2 - \cos x)\dfrac{1+x^2}{x+x^3}$;　　(4) $\lim\limits_{x\to 0} (\cos x)^{\frac{1}{x^2}}$;

(5) $\lim\limits_{x\to 0} \left(\dfrac{a^x + b^x + c^x + d^x + e^x}{5}\right)^{\frac{1}{x}}$, (其中 a, b, c, d, e 是不等于 1 的正数);

(6) $\lim\limits_{n\to\infty} [(1+x)(1+x^2)\cdots(1+x^{2^n})]$, (其中 $|x| < 1$);

(7) $\lim\limits_{x\to 0} \left(\dfrac{1+\tan x}{1+\sin x}\right)^{\frac{1}{x^3}}$;　　(8) $\lim\limits_{x\to 0} \dfrac{\sin x - \tan x}{(\sqrt[3]{1+x^2} - 1)(\sqrt{1+\sin x} - 1)}$

9. 若当 $x \to 0$ 时, $(1 - ax^2)^{\frac{1}{4}} - 1$ 与 $x\sin x$ 是等价无穷小, 问 a 应为何值?

10. 设 $f(x)$ 是多项式, 且 $\lim\limits_{x\to\infty} \dfrac{f(x) - x^3}{x^2} = 2$, $\lim\limits_{x\to 0} \dfrac{f(x)}{x} = 1$, 求 $f(x)$.

11. 设 $\lim\limits_{n\to\infty} \dfrac{n^\alpha}{n^\beta - (n-1)^\beta} = 2015$, 试求 α 和 β 的值.

12. 讨论函数 $f(x) = \lim\limits_{n\to\infty} \dfrac{1 - x^{2n}}{1 + x^{2n}} x$ 的连续性, 若存在间断点, 判断其类型.

13. 设函数 $f(x) = \lim\limits_{n\to\infty} \dfrac{x^{2n-1} + ax^2 + bx}{x^{2n} + 1}$ 在 $(-\infty, +\infty)$ 内连续, 试求 a 和 b 的值.

14. 设 $f(x)$ 在闭区间 $[0, 2a]$ 上连续, 且 $f(0) = f(2a)$, 证明: 在闭区间 $[0, a]$ 上至少存在一点 ξ, 使得 $f(\xi) = f(\xi + a)$.

15. 设 $f(x)$ 在闭区间 $[a, b]$ 上连续, 且 $a < c < d < b$, 证明: 在闭区间 $[a, b]$ 上必存在一点 ξ, 使得

$$sf(c) + tf(d) = (s+t)f(\xi) \text{ (其中 } s, t > 0).$$

第 2 章　导数与微分

微积分是高等数学最基础也是最重要的组成部分, 是现代数学和自然学科的基础, 它是人类认识世界, 探索宇宙奥秘的典型数学模型之一.

微积分学包括微分学和积分学两个主要部分, 微分学又包括一元函数微分学和多元函数微分学两部分. 本章及第 3 章将介绍一元函数微分学及其应用.

2.1　导数的概念

牛顿在研究变速直线运动的瞬时速度和曲线的切线时发现了导数. 这两个问题的实质就是研究自变量 x 的增量 Δx 与相应的函数 $y = f(x)$的增量 Δy 之间的关系, 即研究当 $\Delta x \to 0$ 时, $\dfrac{\Delta y}{\Delta x}$ 的极限是什么? 即是说, 研究一个变量相对另一变量变化的快慢程度, 也就是变化率问题. 下面将通过两个经典例子进行探究.

2.1.1　引例

1. 变速直线运动物体的瞬时速度

设一物体作变速直线运动, 其运动规律为

$$s = s(t)(0 \leqslant t \leqslant T),$$

其中 $s(0) = 0$, 它表示物体行驶的路程 s 与所经过的时间 t 之间的函数关系 (图 2.1).

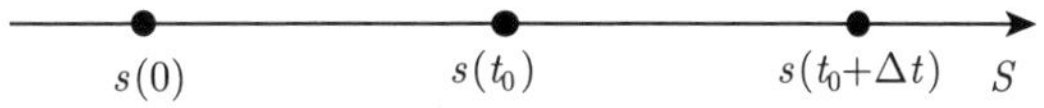

图 2.1

设 $t_0, t_0 + \Delta t \in [0, T]$, 则在时间段 $[t_0, t_0 + \Delta t](\Delta t > 0)$ 内物体行驶的路程为

$$\Delta s = s(t_0 + \Delta t) - s(t_0).$$

在这段时间内物体的平均速度为

$$\overline{v} = \frac{\Delta s}{\Delta t} = \frac{s(t_0 + \Delta t) - s(t_0)}{\Delta t}.$$

如果物体作匀速直线运动, 则其平均速度 $\overline{v}$ 是一个常数, 与 t_0 和 Δt 无关, 这是最简单的直线运动. 在日常生活中, 所遇到的直线运动大多不是匀速直线运动, 例如自由落体, 下落的时间越长, 在单位时间内下落的距离越大, 即它是一个变速直线运动. 此时平均速度不能精确地刻画物体的运动状况, 为此提出了瞬时速度的概念.

当时间间隔 Δt 越短, 平均速度 $\overline{v}$ 就越接近于物体在时刻 t_0 的速度. 当 $\Delta t \to 0$ 时, 如果极限 $\lim\limits_{\Delta t\to 0}\dfrac{\Delta s}{\Delta t}$ 存在, 则称此极限值为物体在时刻 t_0 的**瞬时速度**, 简称为**速度**, 记为 $v(t_0)$, 即

$$v(t_0)=\lim_{\Delta t\to 0}\frac{\Delta s}{\Delta t}=\lim_{\Delta t\to 0}\frac{s(t_0+\Delta t)-s(t_0)}{\Delta t}.$$

2. 平面曲线的切线

设有平面曲线 C 及 C 上的一点 M, 在曲线 C 上另取一异于点 M 的点 N, 作割线 MN. 当点 N 沿曲线 C 趋于点 M 时, 如果割线 MN 绕 M 点旋转而趋于极限位置 MT, 则称直线 MT 为曲线 C 在点 M 处的**切线**(图 2.2).

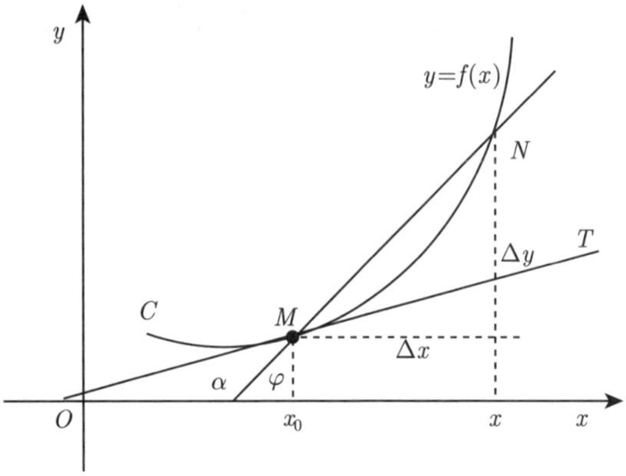

图 2.2

设曲线 C 的方程为 $y=f(x)$. 要确定曲线在点 $M(x_0,y_0)$ 处的切线, 只需要确定曲线在点 $M(x_0,y_0)$ 处切线的斜率.

为此, 在 C 上取异于 M 点的一点 $N(x,y)$, 于是割线 MN 的斜率为

$$\tan\varphi=\frac{y-y_0}{x-x_0}=\frac{f(x)-f(x_0)}{x-x_0},$$

其中 φ 为割线 MN 的倾斜角.

当点 N 沿曲线 C 趋于点 M 时, 即当 $x\to x_0$ 时, 上式的极限存在, 且设为 k,

即

$$k=\lim_{x\to x_0}\frac{f(x)-f(x_0)}{x-x_0}$$

存在, 则此极限值 k 是割线斜率的极限, 也就是**切线的斜率**.

若令 $\Delta x=x-x_0$, 当 $x\to x_0$ 时, $\Delta x\to 0$, 便有

$$k=\lim_{\Delta x\to 0}\frac{f(x_0+\Delta x)-f(x_0)}{\Delta x}.$$

尽管以上两个问题的实际意义不同, 但其实质都是求函数值的增量与自变量的增量之比, 当自变量的增量趋于零时的极限. 在自然科学和工程技术领域内, 还有许多概念, 例如角速度、线密度、电流强度、化学反应速度等, 都与上面两类问题具有相同的实质. 于是, 撇开这些问题的实际意义, 抽象的考虑其数量关系上的共性, 这便是下面要介绍的函数的导数.

2.1.2 导数的定义

定义 2.1.1 设函数 $y=f(x)$ 在 x_0 点的某邻域 $U(x_0,\delta)$ 内有定义, 当自变量 x 在 x_0 点处取得增量 $\Delta x(x_0+\Delta x\in U(x_0,\delta))$ 时, 相应地函数 y 取得增量

$$\Delta y=f(x_0+\Delta x)-f(x_0).$$

如果极限 $\lim\limits_{\Delta x\to 0}\dfrac{\Delta y}{\Delta x}$ 存在, 则称此极限值为函数 $y=f(x)$ 在**点x_0处的导数**. 记为 $f'(x_0)$, 或 $y'|_{x=x_0}$, $\left.\dfrac{\mathrm{d}y}{\mathrm{d}x}\right|_{x=x_0}$, $\left.\dfrac{\mathrm{d}f(x)}{\mathrm{d}x}\right|_{x=x_0}$, 即

$$f'(x_0)=\lim_{\Delta x\to 0}\frac{\Delta y}{\Delta x}=\lim_{\Delta x\to 0}\frac{f(x_0+\Delta x)-f(x_0)}{\Delta x}.$$

此时, 也称**函数$y=f(x)$在点x_0处可导.**函数 $y=f(x)$ 在点 x_0 处可导有时也说成**函数$y=f(x)$在点x_0处具有导数或导数存在.** 如果极限 $\lim\limits_{\Delta x\to 0}\dfrac{\Delta y}{\Delta x}$ 不存在, 则称**函数$y=f(x)$在点x_0处不可导或导数不存在**. 如果极限 $\lim\limits_{\Delta x\to 0}\dfrac{\Delta y}{\Delta x}$ 不存在但为无穷大, 也称**函数$y=f(x)$在点x_0处有无穷导数**.

导数定义式也可取不同的形式, 常见的有

$$f'(x_0)=\lim_{h\to 0}\frac{f(x_0+h)-f(x_0)}{h},$$

$$f'(x_0)=\lim_{x\to x_0}\frac{f(x)-f(x_0)}{x-x_0}.$$

特别地, 当 $x_0=0$ 时

$$f'(0)=\lim_{x\to 0}\frac{f(x)-f(0)}{x}.$$

由定义 2.1.1, 变速直线运动物体在时刻 t_0 的瞬时速度 $v(t_0) = s'(t_0)$, 曲线 $y = f(x)$ 在点 $M(x_0, y_0)$ 处切线的斜率 $\tan\alpha = f'(x_0)$.

在实际问题中, 需要讨论各种具有不同意义的变量的变化"快慢"问题, 在数学上就是所谓**函数的变化率**问题. 导数的概念就是函数变化率这一概念的精确描述, 即 $f'(x_0)$ 反映了函数 $y = f(x)$ 在点 x_0 处函数 y 相对于自变量 x 的变化快慢程度.

因 $\Delta x \to 0$ 是指从小于零和大于零的方向同时趋于零, 如果只从小于零 (或大于零) 的方向趋于零, 这便是下面要介绍的左 (或右) 导数.

如果极限 $\lim\limits_{\Delta x \to 0^-} \dfrac{\Delta y}{\Delta x}$ 存在, 则称此极限值为函数 $y = f(x)$ 在点 x_0 处的**左导数**, 记为 $f'_-(x_0)$, 即

$$f'_-(x_0) = \lim_{\Delta x \to 0^-} \frac{\Delta y}{\Delta x} = \lim_{\Delta x \to 0^-} \frac{f(x_0 + \Delta x) - f(x_0)}{\Delta x}$$

类似地, 函数 $y = f(x)$ 在点 x_0 处的**右导数**, 记为 $f'_+(x_0)$, 即

$$f'_+(x_0) = \lim_{\Delta x \to 0^+} \frac{\Delta y}{\Delta x} = \lim_{\Delta x \to 0^+} \frac{f(x_0 + \Delta x) - f(x_0)}{\Delta x}.$$

利用定理 1.4.2, 有

定理 2.1.1　函数 $y = f(x)$ 在点 x_0 处可导的充分必要条件是函数 $y = f(x)$ 在点 x_0 处左、右导数都存在且相等.

例 2.1.1　设函数

$$f(x) = \begin{cases} x^2 \sin \dfrac{1}{x}, & x \neq 0, \\ 0, & x = 0. \end{cases}$$

求函数 $f(x)$ 在 $x = 0$ 点处的导数.

解　设自变量 x 在 $x = 0$ 点处取得增量 Δx, 则函数在该点处的增量为

$$\begin{aligned} \Delta y &= f(0 + \Delta x) - f(0) \\ &= (0 + \Delta x)^2 \sin \frac{1}{0 + \Delta x} - 0 \\ &= (\Delta x)^2 \sin \frac{1}{\Delta x}. \end{aligned}$$

于是

$$f'(0) = \lim_{\Delta x \to 0} \frac{\Delta y}{\Delta x} = \lim_{\Delta x \to 0} \frac{1}{\Delta x} \cdot (\Delta x)^2 \sin \frac{1}{\Delta x} = \lim_{\Delta x \to 0} \Delta x \sin \frac{1}{\Delta x} = 0.$$

例 2.1.2　设函数

$$f(x) = \begin{cases} \sin x, & x > 0, \\ x, & x \leqslant 0. \end{cases}$$

求函数 $f(x)$ 在 $x=0$ 点处的导数.

解 由左、右导数的定义, 有

$$f'_-(0)=\lim_{x\to0^-}\frac{f(x)-f(0)}{x}=\lim_{x\to0^-}\frac{x-0}{x}=1,$$
$$f'_+(0)=\lim_{x\to0^+}\frac{f(x)-f(0)}{x}=\lim_{x\to0^+}\frac{\sin x-0}{x}=1.$$

由于 $f'_-(0)=f'_+(0)=1$, 根据定理 2.1.1, $f'(0)=1$.

例 2.1.3 设函数

$$f(x)=\begin{cases}\ln(1+x^2)^{\frac{1}{x}}, & x\neq0,\\ 0, & x=0,\end{cases}$$

求函数 $f(x)$ 在 $x=0$ 点处的导数.

解 因为

$$\lim_{x\to0}\frac{f(x)-f(0)}{x}=\lim_{x\to0}\frac{\ln(1+x^2)^{\frac{1}{x}}-0}{x}=\lim_{x\to0}\frac{\ln(1+x^2)}{x^2}=\lim_{x\to0}\frac{x^2}{x^2}=1,$$

故 $f'(0)=1$.

如果函数 $y=f(x)$ 在开区间 (a,b) 内的每一点都可导, 则称**函数$f(x)$在开区间(a,b)内可导**. 这时, 对于任一 $x\in(a,b)$, 都对应着 $f(x)$ 的一个确定的导数值, 这样就构成了一个新的函数, 这个函数叫做函数 $y=f(x)$ 的**导函数**, 记作 y', $f'(x)$, $\dfrac{\mathrm{d}y}{\mathrm{d}x}$ 或 $\dfrac{\mathrm{d}f(x)}{\mathrm{d}x}$.

将定义 2.1.1 中的 x_0 换成 x, 得到导函数的定义式

$$f'(x)=\lim_{\Delta x\to0}\frac{f(x+\Delta x)-f(x)}{\Delta x},$$

或

$$f'(x)=\lim_{h\to0}\frac{f(x+h)-f(x)}{h}.$$

函数 $f(x)$ 在点 x_0 处的导数 $f'(x_0)$ 就是导函数 $f'(x)$ 在点 $x=x_0$ 处的函数值, 即

$$f'(x_0)=f'(x)\left.\right|_{x=x_0}.$$

导函数 $f'(x)$ 简称**导数**, 而 $f'(x_0)$ 是 $f(x)$ 在点 x_0 处的导数或导数 $f'(x)$ 在点 $x=x_0$ 的函数值.

2.1.3　求导数举例

例 2.1.4　求函数 $f(x)=C$(C 为常数) 的导数.

解　由导数的定义, 有

$$f'(x)=\lim_{h\to 0}\frac{f(x+h)-f(x)}{h}=\lim_{h\to 0}\frac{C-C}{h}=0.$$

即

$$C'=0.$$

例 2.1.5　求函数 $f(x)=x^n$(n 为正整数) 的导数.

解　由导数的定义, 有

$$\begin{aligned}f'(x)&=\lim_{h\to 0}\frac{f(x+h)-f(x)}{h}\\&=\lim_{h\to 0}\frac{(x+h)^n-x^n}{h}\\&=\lim_{h\to 0}\left(nx^{n-1}+\frac{n(n-1)}{2!}x^{n-2}h+\cdots+h^{n-1}\right)\\&=nx^{n-1},\end{aligned}$$

即

$$(x^n)'=nx^{n-1}.$$

一般地, $(x^\mu)'=\mu x^{\mu-1}$(μ 为实数). 如 $(\sqrt{x})'=(x^{\frac{1}{2}})'=\dfrac{1}{2\sqrt{x}}$, $\left(\dfrac{1}{x}\right)'=(x^{-1})'=-\dfrac{1}{x^2}$ 等.

例 2.1.6　求函数 $f(x)=\sin x$ 的导数.

解　由导数的定义, 有

$$\begin{aligned}f'(x)&=\lim_{h\to 0}\frac{f(x+h)-f(x)}{h}\\&=\lim_{h\to 0}\frac{\sin(x+h)-\sin x}{h}\\&=\lim_{h\to 0}\frac{1}{h}\cdot 2\cos\left(x+\frac{h}{2}\right)\sin\frac{h}{2}\\&=\lim_{h\to 0}\cos\left(x+\frac{h}{2}\right)\cdot\frac{\sin\dfrac{h}{2}}{\dfrac{h}{2}}\\&=\cos x,\end{aligned}$$

即

$$(\sin x)' = \cos x.$$

同理可得, $(\cos x)' = -\sin x$.

例 2.1.7 求函数 $f(x) = \ln x$ 的导数.

解 由导数的定义, 有

$$\begin{aligned} f'(x) &= \lim_{h\to 0} \frac{f(x+h)-f(x)}{h} \\ &= \lim_{h\to 0} \frac{\ln(x+h)-\ln x}{h} \\ &= \lim_{h\to 0} \frac{1}{h} \ln\left(1+\frac{h}{x}\right) \\ &= \frac{1}{x} \lim_{h\to 0} \ln\left(1+\frac{h}{x}\right)^{\frac{x}{h}} \\ &= \frac{1}{x}\ln \mathrm{e} = \frac{1}{x}, \end{aligned}$$

即

$$(\ln x)' = \frac{1}{x}.$$

2.1.4 导数的几何、物理、化学意义

由 2.1.1 小节第二个引例 (平面曲线的切线), 函数 $f(x)$ 在点 x_0 处的导数 $f'(x_0)$ 在几何上表示曲线 $y = f(x)$ 在点 $M(x_0, y_0)$ 处切线的斜率, 即

$$f'(x_0) = \tan\alpha,$$

其中 α 是切线的倾角 (图 2.3).

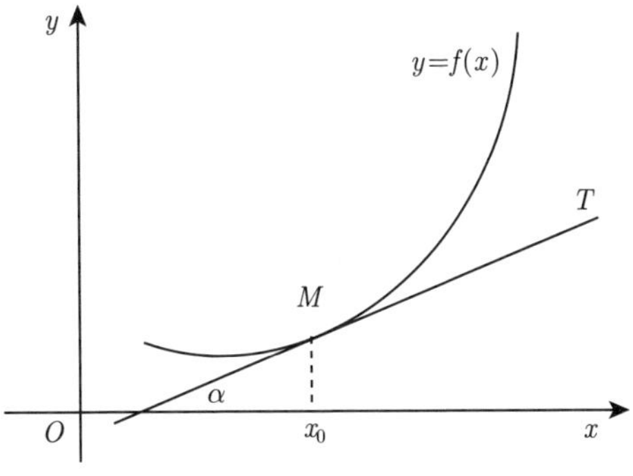

图 2.3

由直线的点斜式方程可知, 曲线 $y=f(x)$ 在点 $M(x_0,y_0)$ 处的切线方程为

$$y-y_0=f'(x_0)(x-x_0).$$

过点 $M(x_0,y_0)$ 且与切线垂直的直线叫做曲线 $y=f(x)$ 在点 M 处的**法线**, 如果 $f'(x_0)\neq 0$, 则法线的斜率为 $-\dfrac{1}{f'(x_0)}$, 从而法线方程为

$$y-y_0=-\frac{1}{f'(x_0)}(x-x_0).$$

如果函数 $y=f(x)$ 在点 x_0 处的导数为无穷大, 这时曲线 $y=f(x)$ 的切线以垂直于 x 轴的直线 $x=x_0$ 为极限位置, 即曲线 $y=f(x)$ 在点 $M(x_0,y_0)$ 处具有垂直于 x 轴的切线

$$x=x_0.$$

在物理方面, 导数除瞬时速度问题外, 还有其他很多与瞬时变化率有关的问题. 例如, 设 $Q(t)$ 为从 0 到 t 这段时间内通过导线截面的电量, 则在时刻 t_0 与 $t_0+\Delta t$ 这段时间间隔内的平均电流强度为

$$\frac{Q(t_0+\Delta t)-Q(t_0)}{\Delta t}.$$

所以, 在 t_0 时刻通过该导线截面的瞬时电流强度 $i(t_0)$ 为

$$i(t_0)=\lim_{\Delta t\to 0}\frac{Q(t_0+\Delta t)-Q(t_0)}{\Delta t}=Q'(t_0).$$

又如, 设有一质量分布不均匀的金属丝, 从 0 到 x 这段金属丝的质量为 $M(x)$, 则该金属丝在点 x 的线密度 $\rho(x)$ 为

$$\rho(x)=\lim_{\Delta x\to 0}\frac{M(x+\Delta x)-M(x)}{\Delta x}=M'(x).$$

在化学方面, 例如, 某一化学反应, 其反应物的浓度 C 是关于时间 t 的函数 $C=C(t)$. 当时间变量在时刻 t 有一增量 Δt 时, 反应物的浓度也有一相应的增 $\Delta C=C(t+\Delta t)-C(t)$, 此时反应物的浓度从 t 到 $t+\Delta t$ 这段时间间隔内的平均变化率为

$$\frac{C(t+\Delta t)-C(t)}{\Delta t}.$$

当 $\Delta t\to 0$ 时, 若平均变化率的极限存在, 则其极限

$$v(t)=\lim_{\Delta t\to 0}\frac{C(t+\Delta t)-C(t)}{\Delta t}=C'(t),$$

即是反应物浓度在 t 时刻的瞬时变化率, 也称为**在 t 时刻的化学反应速度**.

例 2.1.8 求等轴双曲线$y=\dfrac{1}{x}$ 在点 $\left(\dfrac{1}{2},2\right)$ 处切线的斜率, 并写出曲线在该点处的切线方程和法线方程.

解 因 $y'=-\dfrac{1}{x^2}$, 则曲线 $y=\dfrac{1}{x}$ 在点 $\left(\dfrac{1}{2},2\right)$ 处切线及法线的斜率分别为

$$k_1=\left(-\frac{1}{x^2}\right)\bigg|_{x=\frac{1}{2}}=-4,\quad k_2=-\frac{1}{k_1}=\frac{1}{4}.$$

所求切线方程为

$$y-2=-4\left(x-\frac{1}{2}\right),$$

即

$$4x+y-4=0.$$

所求法线方程为

$$y-2=\frac{1}{4}\left(x-\frac{1}{2}\right),$$

即

$$2x-8y+15=0.$$

2.1.5 函数的可导性与连续性的关系

如果函数 $y=f(x)$ 在点 x_0 处可导, 即 $\lim\limits_{\Delta x\to 0}\dfrac{\Delta y}{\Delta x}=f'(x_0)$, 则

$$\lim_{\Delta x\to 0}\Delta y=\lim_{\Delta x\to 0}\frac{\Delta y}{\Delta x}\cdot\Delta x=\lim_{\Delta x\to 0}\frac{\Delta y}{\Delta x}\cdot\lim_{\Delta x\to 0}\Delta x=f'(x_0)\cdot 0=0.$$

因此, **函数**$y=f(x)$**在点**x_0**处连续**. 即**如果函数**$y=f(x)$**在点**x_0**处可导, 则函数**$y=f(x)$**在该点必连续**. 反之, 不成立.

例 2.1.9 函数 $f(x)=|x|$ 在点 $x=0$ 处连续, 但在该点处不可导. 事实上

$$\begin{aligned}f'_-(0)&=\lim_{\Delta x\to 0^-}\frac{f(0+\Delta x)-f(0)}{\Delta x}\\&=\lim_{\Delta x\to 0^-}\frac{|\Delta x|}{\Delta x}=\lim_{\Delta x\to 0^-}\frac{-\Delta x}{\Delta x}=-1,\\f'_+(0)&=\lim_{\Delta x\to 0^+}\frac{f(0+\Delta x)-f(0)}{\Delta x}\\&=\lim_{\Delta x\to 0^+}\frac{|\Delta x|}{\Delta x}=\lim_{\Delta x\to 0^+}\frac{\Delta x}{\Delta x}=1.\end{aligned}$$

因 $f'_-(0)\neq f'_+(0)$, 故 $f'(0)$ 不存在, 即 $f(x)=|x|$ 在点 $x=0$ 处不可导 (图 2.4).

例 2.1.10　函数 $f(x)=\sqrt[3]{x}$ 在点 $x=0$ 处连续, 但在该点处不可导 (图 2.5). 事实上

$$\begin{aligned} f'(0) &= \lim_{x\to 0}\frac{f(x)-f(0)}{x} \\ &= \lim_{x\to 0}\frac{x^{\frac{1}{3}}-0}{x} \\ &= \lim_{x\to 0}\frac{1}{x^{2/3}}=\infty. \end{aligned}$$

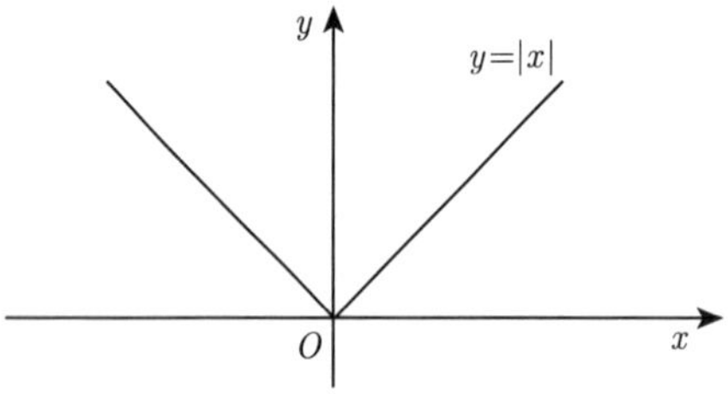

图 2.4

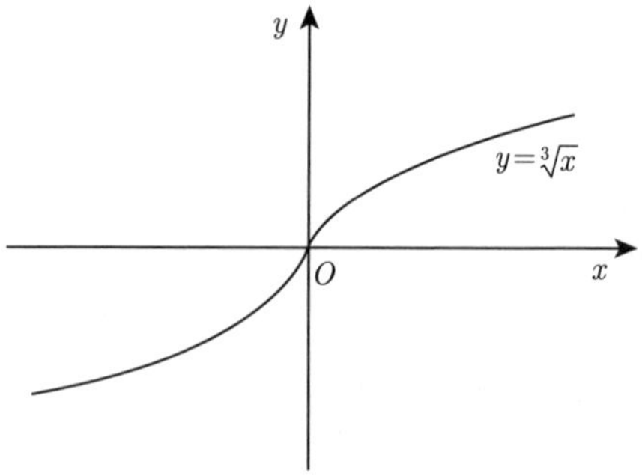

图 2.5

习　题　2.1

1. 利用导数的定义求函数 $y=x^3$ 在点 $x=1$ 处的导数.

2. 假定 $f'(x_0)$ 存在, 求下列极限:

(1) $\lim\limits_{h\to 0}\dfrac{f(x_0)-f(x_0-h)}{h}$;　　(2) $\lim\limits_{h\to 0}\dfrac{f(x_0+h)-f(x_0-h)}{h}$;

(3) $\lim\limits_{\Delta x\to 0}\dfrac{f(x_0+5\Delta x)-f(x_0-3\Delta x)}{2\Delta x}$;　　(4) $\lim\limits_{n\to\infty} n\left(f\left(x_0+\dfrac{1}{n}\right)-f(x_0)\right)$.

3. 利用导数的定义证明：$(a^x)'=a^x\ln a$.

4. 求等轴双曲线 $y=\dfrac{1}{x}$ 在点 $(1,1)$ 处的切线方程和法线方程.

5. 已知物体的运动规律为 $s=t^4$(米), 求该物体在 $t=3$(秒) 时的瞬时速度.

6. 设物体绕定轴旋转, 在时间间隔 $[0,t]$ 内转过角度 θ, 从而转角 θ 是 t 的函数: $\theta=\theta(t)$. 若等速旋转的角速度 $\omega=\dfrac{\theta}{t}$, 试给出变速旋转运动 $\theta=\theta(t)$ 的瞬时角速度的定义.

7. 若一铁轴的热膨胀是均匀的, 则当温度升高 1°C 时其单位长的增量称为该铁轴的线膨胀系数, 但在一般情况下, 铁轴的热膨胀是不均匀的. 若已知轴长 L 是关于温度 t 的函数, 即 $L=L(t)$, 试给出该铁轴在温度 t 处的线膨胀系数的定义.

8. 若物体所吸收的热量随温度均匀变化, 则比热容就是单位质量的物体当温度升高 1°C 时所吸收的热量. 已知单位质量的物体的温度从 0°C 到 T°C 所吸收的热量为 $Q=Q(T)$, 求

此物体的比热容.

9. 设细菌的总数 N 是关于时间 t 的函数, 即 $N=N(t)$, 且每时每刻都在增长, 求在 t_0 时刻时的细菌增长速度.

10. 设 $f(x)$ 可导, 求 $\lim\limits_{\Delta x\to 0}\dfrac{[f(x+\Delta x)]^2-[f(x)]^2}{\Delta x}$.

11. 设函数 $\varphi(x)$ 在 $x=a$ 处连续, $f(x)=(x-a)\varphi(x)$, 求 $f'(a)$.

12. 函数 $f(x)=\begin{cases} x^2+1, & 0\leqslant x<1, \\ 3x-1, & x\geqslant 1 \end{cases}$ 在点 $x=1$ 处是否可导? 为什么?

13. 讨论函数 $f(x)=\begin{cases} x^k\sin\dfrac{1}{x}, & x\neq 0, \\ 0, & x=0 \end{cases}$ (其中 $k>1$) 在 $x=0$ 处的连续性和可导性.

2.2 函数的求导法则

在 2.1.3 节中用导数的定义求出了几个基本初等函数的导数. 实际上, 由定义求导往往比较繁琐, 有时甚至难以求出, 下面介绍导数的运算法则.

2.2.1 导数的四则运算法则

定理 2.2.1 设函数 $u(x)$ 和 $v(x)$ 都可导, 则

(1) $[u(x)\pm v(x)]'=u'(x)\pm v'(x)$;

(2) $[u(x)v(x)]'=u'(x)v(x)+u(x)v'(x)$;

(3) $\left(\dfrac{u(x)}{v(x)}\right)'=\dfrac{u'(x)v(x)-u(x)v'(x)}{v^2(x)}$, $(v(x)\neq 0)$.

证明 此处仅对加法及乘法运算法则进行证明.

(1) 令 $y=u(x)+v(x)$, 当 x 取得增量 Δx 时, 相应地有

$$\begin{aligned}\Delta y&=[u(x+\Delta x)+v(x+\Delta x)]-[u(x)+v(x)]\\&=[u(x+\Delta x)-u(x)]+[v(x+\Delta x)-v(x)]\\&=\Delta u+\Delta v.\end{aligned}$$

$$\frac{\Delta y}{\Delta x}=\frac{\Delta u+\Delta v}{\Delta x}=\frac{\Delta u}{\Delta x}+\frac{\Delta v}{\Delta x},$$

所以

$$\lim_{\Delta x\to 0}\frac{\Delta y}{\Delta x}=\lim_{\Delta x\to 0}\frac{\Delta u}{\Delta x}+\lim_{\Delta x\to 0}\frac{\Delta v}{\Delta x}=u'(x)+v'(x).$$

即

$$[u(x)+v(x)]'=u'(x)+v'(x).$$

(2) 令 $y=u(x)v(x)$, 当 x 取得增量 Δx 时, 相应地有

$$\begin{aligned}\Delta y&=u(x+\Delta x)v(x+\Delta x)-u(x)v(x)\\&=u(x+\Delta x)v(x+\Delta x)-u(x+\Delta x)v(x)+u(x+\Delta x)v(x)-u(x)v(x)\\&=u(x+\Delta x)[v(x+\Delta x)-v(x)]+v(x)[u(x+\Delta x)-u(x)]\\&=u(x+\Delta x)\Delta v+v(x)\Delta u,\end{aligned}$$

$$\frac{\Delta y}{\Delta x}=u(x+\Delta x)\frac{\Delta v}{\Delta x}+v(x)\frac{\Delta u}{\Delta x},$$

所以

$$\begin{aligned}\lim_{\Delta x\to 0}\frac{\Delta y}{\Delta x}&=\lim_{\Delta x\to 0}[u(x+\Delta x)\frac{\Delta v}{\Delta x}+v(x)\frac{\Delta u}{\Delta x}]\\&=\lim_{\Delta x\to 0}u(x+\Delta x)\lim_{\Delta x\to 0}\frac{\Delta v}{\Delta x}+v(x)\lim_{\Delta x\to 0}\frac{\Delta u}{\Delta x}.\end{aligned}$$

因 $u(x),v(x)$ 都可导, 所以 $\lim\limits_{\Delta x\to 0}\frac{\Delta u}{\Delta x}=u'(x)$, $\lim\limits_{\Delta x\to 0}\frac{\Delta v}{\Delta x}=v'(x)$. 又因为 $u(x)$ 连续, 从而 $\lim\limits_{\Delta x\to 0}u(x+\Delta x)=u(x)$. 因此,

$$[u(x)v(x)]'=u'(x)v(x)+u(x)v'(x).$$

此外, 和、差及乘积的导数运算法则可以推广到有限个的情形.

对乘积的导数, 设 $u=u(x)$, $v=v(x)$, $\omega=\omega(x)$ 都是可导函数, 则

$$\begin{aligned}(uv\omega)'&=(uv)'\omega+(uv)\omega'=(u'v+uv')\omega+uv\omega'\\&=u'v\omega+uv'\omega+uv\omega'.\end{aligned}$$

推论 2.2.1　若 $u(x)$ 可导, 则 $[Cu(x)]'=Cu'(x)$, 其中 C 为常数.

例如, 因 $\log_a x=\frac{\ln x}{\ln a}$, 所以

$$(\log_a x)'=\left(\frac{\ln x}{\ln a}\right)'=\frac{1}{\ln a}(\ln x)'=\frac{1}{x\ln a}.$$

即

$$(\log_a x)'=\frac{1}{x\ln a}.$$

例 2.2.1　求下列函数的导数:

(1) $y=x^4-\frac{1}{x}+3$;　　(2) $y=\sqrt{x}\cos x$;

(3) $y=x\ln x\sin x$;　　(4) $y=\frac{x}{\sin x}$.

解 (1)$y' = \left(x^4 - \dfrac{1}{x} + 3\right)' = (x^4)' - \left(\dfrac{1}{x}\right)' + (3)' = 4x^3 + \dfrac{1}{x^2}.$

(2) $y' = (\sqrt{x}\cos x)' = (\sqrt{x})'\cos x + \sqrt{x}(\cos x)' = \dfrac{1}{2\sqrt{x}}\cos x - \sqrt{x}\sin x.$

(3) $$\begin{aligned} y' &= (x\ln x\sin x)' \\ &= (x)'\ln x\sin x + x(\ln x)'\sin x + x\ln x(\sin x)' \\ &= \ln x\sin x + \sin x + x\ln x\cos x. \end{aligned}$$

(4) $y' = \left(\dfrac{x}{\sin x}\right)' = \dfrac{x'\sin x - x(\sin x)'}{\sin^2 x} = \dfrac{\sin x - x\cos x}{\sin^2 x}.$

例 2.2.2 求下列函数的导数:

(1) $y = \tan x$; (2) $y = \sec x$.

解 (1) $$\begin{aligned} y' &= (\tan x)' = \left(\frac{\sin x}{\cos x}\right)' \\ &= \frac{(\sin x)'\cos x - \sin x(\cos x)'}{\cos^2 x} \\ &= \frac{\cos^2 x + \sin^2 x}{\cos^2 x} = \frac{1}{\cos^2 x} = \sec^2 x, \end{aligned}$$

即

$$(\tan x)' = \sec^2 x.$$

同理可得

$$(\cot x)' = -\csc^2 x.$$

(2) $$\begin{aligned} y' &= (\sec x)' = \left(\frac{1}{\cos x}\right)' = \frac{(1)'\cos x - 1\times(\cos x)'}{\cos^2 x} \\ &= \frac{\sin x}{\cos^2 x} = \sec x\tan x, \end{aligned}$$

即

$$(\sec x)' = \sec x\tan x.$$

同理可得

$$(\csc x)' = -\csc x\cot x.$$

2.2.2 反函数的导数

在基本初等函数中, 还有反三角函数的导数公式没有导出, 这就需要先来研究反函数的求导法则.

定理 2.2.2　设函数 $x=\varphi(y)$ 在某个区间 I_y 内单调、可导且 $\varphi'(y)\neq 0$, 则其反函数 $y=f(x)$ 在对应区间 I_x 内也单调、可导, 且

$$f'(x)=\frac{1}{\varphi'(y)}\text{或}\frac{\mathrm{d}y}{\mathrm{d}x}=\frac{1}{\dfrac{\mathrm{d}x}{\mathrm{d}y}}.$$

即**反函数的导数等于直接函数导数的倒数**.

证明　因 $x=\varphi(y)$ 在 I_y 内单调、可导且 $\varphi'(y)\neq 0$, 则其反函数 $y=f(x)$ 存在, 且也是单调的连续函数.

任取一 $x\in I_x$, 当 x 取得增量 $\Delta x\neq 0(x+\Delta x\in I_x)$ 时, 由 $y=f(x)$ 的单调性可知

$$\Delta y=f(x+\Delta x)-f(x)\neq 0,$$

则

$$\frac{\Delta y}{\Delta x}=\frac{1}{\dfrac{\Delta x}{\Delta y}}.$$

由 $y=f(x)$ 的连续性, 当 $\Delta x\to 0$ 时, $\Delta y\to 0$. 因此

$$f'(x)=\lim_{\Delta x\to 0}\frac{\Delta y}{\Delta x}=\lim_{\Delta y\to 0}\frac{1}{\dfrac{\Delta x}{\Delta y}}=\frac{1}{\varphi'(y)}.$$

例 2.2.3　求函数 $y=\arcsin x$ 的导数.

解　因函数 $x=\sin y$ 在区间 $\left(-\dfrac{\pi}{2},\dfrac{\pi}{2}\right)$ 内单调增加、可导, 且

$$x'_y=(\sin y)'=\cos y>0.$$

由定理 2.2.2, 函数 $y=\arcsin x$ 在对应区间 $(-1,1)$ 内也可导, 且

$$\frac{\mathrm{d}y}{\mathrm{d}x}=\frac{1}{\dfrac{\mathrm{d}x}{\mathrm{d}y}}=\frac{1}{\cos y}=\frac{1}{\sqrt{1-\sin^2 y}}=\frac{1}{\sqrt{1-x^2}}.$$

即

$$(\arcsin x)'=\frac{1}{\sqrt{1-x^2}}.$$

同理可得

$$(\arccos x)'=-\frac{1}{\sqrt{1-x^2}},\quad (\arctan x)'=\frac{1}{1+x^2},\quad (\operatorname{arc\,cot} x)'=-\frac{1}{1+x^2}.$$

例 2.2.4 求函数 $y=a^x$ 的导数.

解 因函数 $x=\log_a y$ 在区间 $(0,+\infty)$ 内单调、可导, 且

$$x'_y=(\log_a y)'=\frac{1}{y\ln a}\neq 0.$$

由定理 2.2.2, 函数 $y=a^x$ 在对应区间 $(-\infty,+\infty)$ 内也可导, 且

$$\frac{\mathrm{d}y}{\mathrm{d}x}=\frac{1}{\dfrac{\mathrm{d}x}{\mathrm{d}y}}=y\ln a=a^x\ln a.$$

即

$$(a^x)'=a^x\ln a.$$

特别地, 当 $a=\mathrm{e}$ 时, 有 $(\mathrm{e}^x)'=\mathrm{e}^x$.

2.2.3 复合函数的求导法则

定理 2.2.3 若函数 $u=\varphi(x)$ 在点 x 处可导, $y=f(u)$ 在对应点 $u=\varphi(x)$ 处可导, 则复合函数 $y=f[\varphi(x)]$ 在点 x 处也可导, 且

$$\frac{\mathrm{d}y}{\mathrm{d}x}=\frac{\mathrm{d}y}{\mathrm{d}u}\cdot\frac{\mathrm{d}u}{\mathrm{d}x}\text{或}y'_x=f'(u)\varphi'(x).$$

证明 因 $y=f(u)$ 在点 u 处可导, 所以

$$\lim_{\Delta u\to 0}\frac{\Delta y}{\Delta u}=f'(u).$$

由极限与无穷小量的关系, 有

$$\frac{\Delta y}{\Delta u}=f'(u)+\alpha.$$

其中 α 是当 $\Delta u\to 0$ 时的无穷小量, 即 $\lim\limits_{\Delta u\to 0}\alpha=0$.

当 $\Delta u\neq 0$ 时, 有

$$\Delta y=f'(u)\Delta u+\alpha\Delta u. \tag{2.1}$$

当 $\Delta u=0$ 时, $\Delta y=f(u+\Delta u)-f(u)=0$, 式 (2.1) 也成立.

在式 (2.1) 两边同时除以 $\Delta x(\Delta x\neq 0)$, 得

$$\frac{\Delta y}{\Delta x}=f'(u)\frac{\Delta u}{\Delta x}+\alpha\frac{\Delta u}{\Delta x}.$$

取 $\Delta x\to 0$ 时的极限, 有

$$\frac{\mathrm{d}y}{\mathrm{d}x}=\lim_{\Delta x\to 0}\frac{\Delta y}{\Delta x}=f'(u)\lim_{\Delta x\to 0}\frac{\Delta u}{\Delta x}+\lim_{\Delta x\to 0}\left(\alpha\frac{\Delta u}{\Delta x}\right)$$

$$= f'(u) \lim_{\Delta x \to 0} \frac{\Delta u}{\Delta x} + \lim_{\Delta x \to 0} \alpha \lim_{\Delta x \to 0} \frac{\Delta u}{\Delta x}.$$

因为 $\varphi(x)$ 在点 x 处可导, $\varphi(x)$ 在点 x 处连续, 从而当 $\Delta x \to 0$ 时, $\Delta u \to 0$. 这样

$$\lim_{\Delta x \to 0} \alpha = \lim_{\Delta u \to 0} \alpha = 0,$$

因此

$$\frac{\mathrm{d}y}{\mathrm{d}x} = f'(u)\varphi'(x).$$

复合函数的求导法则也称为"**链式法则**".

注 2.2.1 在复合函数的求导运算中, 为了明确表示是对中间变量求导, 还是对最终的自变量求导, 可在函数的右下角注明. 如 y'_x 表示对 x 求导, y'_u 表示对 u 求导. 因此, 复合函数的求导法可记作

$$y'_x = y'_u \cdot u'_x.$$

定理 2.2.3 可推广到多个中间变量的情形.

推论 2.2.2 设 $y = f(u), u = \varphi(v), v = \psi(x)$ 都可导, 则复合函数 $y = f\{\varphi[\psi(x)]\}$ 也可导, 且

$$y'_x = y'_u \cdot u'_v \cdot v'_x.$$

例 2.2.5 求函数 $y = (x^2 - 4)^3$ 的导数.

解 设 $y = u^3, u = x^2 - 4$, 则

$$y'_x = y'_u \cdot u'_x = (u^3)' \cdot (x^2 - 4)' = 3u^2 \cdot 2x = 6x(x^2 - 4)^2.$$

例 2.2.6 求函数 $y = \ln \sin x$ 的导数.

解 设 $y = \ln u, u = \sin x$, 则

$$y'_x = y'_u \cdot u'_x = (\ln u)' \cdot (\sin x)' = \frac{1}{u} \cdot \cos x = \frac{\cos x}{\sin x} = \cot x.$$

例 2.2.7 求函数 $y = \mathrm{e}^{\sin \frac{1}{x}}$ 的导数.

解 设 $y = \mathrm{e}^u$, $u = \sin v$, $v = \dfrac{1}{x}$, 则

$$y'_x = (\mathrm{e}^u)' \cdot (\sin v)' \cdot \left(\frac{1}{x}\right)' = \mathrm{e}^u \cos v \cdot \left(-\frac{1}{x^2}\right) = -\frac{1}{x^2}\mathrm{e}^{\sin \frac{1}{x}} \cdot \cos \frac{1}{x}.$$

例 2.2.8 求函数 $y = \sqrt{x^2 - 1} \cdot \sin 2x$ 的导数.

解 $y' = (\sqrt{x^2 - 1} \cdot \sin 2x)'$

$$= (\sqrt{x^2 - 1})' \sin 2x + \sqrt{x^2 - 1} \cdot (\sin 2x)'$$

$$= \frac{1}{2\sqrt{x^2-1}} \cdot (x^2-1)' \sin 2x + \sqrt{x^2-1} \cdot \cos 2x \cdot (2x)'$$

$$= \frac{1}{2\sqrt{x^2-1}} \cdot 2x \sin 2x + \sqrt{x^2-1} \cdot \cos 2x \cdot 2$$

$$= \frac{x}{\sqrt{x^2-1}} \sin 2x + 2\sqrt{x^2-1} \cdot \cos 2x.$$

下面应用复合函数的求导法则来证明幂函数的导数公式 $(x^\mu)' = \mu x^{\mu-1}$(μ 为任意实数).

当 $x > 0$ 时, 因 $x^\mu = \mathrm{e}^{\mu \ln x}$, 故

$$(x^\mu)' = (\mathrm{e}^{\mu \ln x})' = \mathrm{e}^{\mu \ln x}(\mu \ln x)' = \mu x^{\mu-1}.$$

例 2.2.9 设函数 $f(x)$ 可导, 求下列函数的导数 $\dfrac{\mathrm{d}y}{\mathrm{d}x}$.

(1) $y = f(2x+1)$;　　(2) $y = f(\mathrm{e}^x) \cdot 3^{f(x)}$.

解 (1) $y' = [f(2x+1)]' = f'(2x+1) \cdot (2x+1)' = 2f'(2x+1)$.

(2) $y' = [f(\mathrm{e}^x) \cdot 3^{f(x)}]' = [f(\mathrm{e}^x)]' \cdot 3^{f(x)} + f(\mathrm{e}^x) \cdot [3^{f(x)}]'$

$$= f'(\mathrm{e}^x) \cdot (\mathrm{e}^x)' \cdot 3^{f(x)} + f(\mathrm{e}^x) \cdot 3^{f(x)} \cdot \ln 3 \cdot f'(x)$$

$$= 3^{f(x)}[\mathrm{e}^x f'(\mathrm{e}^x) + f(\mathrm{e}^x) f'(x) \ln 3].$$

为了方便, 这里将基本初等函数的导数公式及导数的运算法则归纳如下:

1. 基本初等函数的导数公式

$(C)' = 0$　　$(x^\mu)' = \mu x^{\mu-1}$

$(a^x)' = a^x \ln a$, 特别地 $(\mathrm{e}^x)' = \mathrm{e}^x$　　$(\log_a x)' = \dfrac{1}{x \ln a}$, 特别地 $(\ln x)' = \dfrac{1}{x}$

$(\sin x)' = \cos x$　　$(\cos x)' = -\sin x$

$(\tan x)' = \sec^2 x$　　$(\cot x)' = -\csc^2 x$

$(\sec x)' = \sec x \tan x$　　$(\csc x)' = -\csc x \cot x$

$(\arcsin x)' = \dfrac{1}{\sqrt{1-x^2}}$　　$(\arccos x)' = -\dfrac{1}{\sqrt{1-x^2}}$

$(\arctan x)' = \dfrac{1}{1+x^2}$　　$(\mathrm{arccot} x)' = -\dfrac{1}{1+x^2}$

2. 导数的运算法则

1) 四则运算法则

若函数 $u(x)$ 和 $v(x)$ 都可导, 则

(1) $[u(x)\pm v(x)]'=u'(x)\pm v'(x)$;

(2) $[u(x)v(x)]'=u'(x)v(x)+u(x)v'(x)$;

(3) $\left(\dfrac{u(x)}{v(x)}\right)'=\dfrac{u'(x)v(x)-u(x)v'(x)}{v^2(x)}$, $v(x)\neq 0$.

2) 反函数的求导法则

若函数 $x=\varphi(y)$ 在某个区间 I_y 内单调、可导且 $\varphi'(y)\neq 0$, 则其反函数 $y=f(x)$ 在对应区间 I_x 内也单调、可导, 且

$$f'(x)=\frac{1}{\varphi'(y)} \quad 或 \quad \frac{\mathrm{d}y}{\mathrm{d}x}=\frac{1}{\dfrac{\mathrm{d}x}{\mathrm{d}y}}.$$

3) 复合函数的求导法则

如果 $y=f(u)$, $u=\varphi(x)$ 都可导, 则复合函数 $y=f[\varphi(x)]$ 也可导, 且

$$y'_x=y'_u\cdot u'_x=f'(u)\cdot\varphi'(x).$$

再来介绍一下双曲函数和反双曲函数的导数.

因为 $\operatorname{sh} x=\dfrac{\mathrm{e}^x-\mathrm{e}^{-x}}{2}$, $\operatorname{ch} x=\dfrac{\mathrm{e}^x+\mathrm{e}^{-x}}{2}$. 所以

$$(\operatorname{sh} x)'=\left(\frac{\mathrm{e}^x-\mathrm{e}^{-x}}{2}\right)'=\frac{\mathrm{e}^x+\mathrm{e}^{-x}}{2}=\operatorname{ch} x.$$

$$(\operatorname{ch} x)'=\left(\frac{\mathrm{e}^x+\mathrm{e}^{-x}}{2}\right)'=\frac{\mathrm{e}^x-\mathrm{e}^{-x}}{2}=\operatorname{sh} x.$$

$$(\operatorname{th} x)'=\left(\frac{\operatorname{sh} x}{\operatorname{ch} x}\right)'=\frac{(\operatorname{sh} x)'\operatorname{ch} x-\operatorname{sh} x(\operatorname{ch} x)'}{\operatorname{ch}^2 x}=\frac{\operatorname{ch}^2 x-\operatorname{sh}^2 x}{\operatorname{ch}^2 x}=\frac{1}{\operatorname{ch}^2 x}.$$

因为 $\operatorname{arsh} x=\ln(x+\sqrt{1+x^2})$, 由复合函数的求导法, 有

$$\begin{aligned}(\operatorname{arsh} x)'&=\left(\ln(x+\sqrt{1+x^2})\right)'\\&=\frac{1}{x+\sqrt{1+x^2}}(x+\sqrt{1+x^2})'\\&=\frac{1}{x+\sqrt{1+x^2}}\left(1+\frac{x}{\sqrt{1+x^2}}\right)\\&=\frac{1}{\sqrt{1+x^2}}.\end{aligned}$$

因为 $\operatorname{arch} x = \ln(x + \sqrt{x^2 - 1})$, 所以

$$
\begin{aligned}
(\operatorname{arch} x)' &= \left(\ln(x + \sqrt{x^2 - 1})\right)' \\
&= \frac{1}{x + \sqrt{x^2 - 1}}(x + \sqrt{x^2 - 1})' \\
&= \frac{1}{x + \sqrt{x^2 - 1}}\left(1 + \frac{x}{\sqrt{x^2 - 1}}\right) \\
&= \frac{1}{\sqrt{x^2 - 1}}, \quad x \in (1, +\infty).
\end{aligned}
$$

由 $\operatorname{arth} x = \dfrac{1}{2}\ln\dfrac{1+x}{1-x}$, 有

$$
\begin{aligned}
(\operatorname{arth} x)' &= \left(\frac{1}{2}\ln\frac{1+x}{1-x}\right)' \\
&= \frac{1}{2}\cdot\frac{1-x}{1+x}\cdot\left(\frac{1+x}{1-x}\right)' \\
&= \frac{1}{2}\cdot\frac{1-x}{1+x}\cdot\frac{(1+x)'(1-x)-(1+x)(1-x)'}{(1-x)^2} \\
&= \frac{1}{1-x^2}, \quad x \in (-1, 1).
\end{aligned}
$$

综上所述, 双曲函数和反双曲函数的导数公式如下:

$$
(\operatorname{sh} x)' = \operatorname{ch} x, \quad (\operatorname{ch} x)' = \operatorname{sh} x, \quad (\operatorname{th} x)' = \frac{1}{\operatorname{ch}^2 x},
$$

$$
(\operatorname{arsh} x)' = \frac{1}{\sqrt{1+x^2}}, \quad (\operatorname{arch} x)' = \frac{1}{\sqrt{x^2-1}}, \quad (\operatorname{arth} x)' = \frac{1}{1-x^2}.
$$

习 题 2.2

1. 求下列函数的导数:

(1) $y = 3x + 5\sqrt{x}$;

(2) $y = 5x^3 - 2^x + 3\mathrm{e}^x$;

(3) $y = \sqrt{x\sqrt{x\sqrt{x}}}$;

(4) $y = (3x+7)(4x+1)$;

(5) $y = \sin x \cdot \cos x$;

(6) $y = \dfrac{\ln x}{x}$;

(7) $y = x^n \log_a x \cdot \tan x$;

(8) $y = 3^{-x}x^2$;

(9) $y = (1+x^2)\arctan x \cdot \operatorname{arc\,cot} x$;

(10) $y = \sqrt[3]{x}\sin x + a^x\mathrm{e}^x$.

2. 求下列分段函数的导数:

(1) $f(x) = \begin{cases} \sin x + 1, & x < 0, \\ \mathrm{e}^x, & x \geqslant 0; \end{cases}$

(2) $f(x) = \begin{cases} \dfrac{\mathrm{e}^{x^2} - 1}{x}, & x \neq 0, \\ 0, & x = 0. \end{cases}$

3. 以速度 v_0 竖直上抛的物体, 其上升高度 h 与时间 t 的函数关系为: $h = v_0t - \dfrac{1}{2}gt^2$. 求:

(1) 该物体的速度 $v(t)$;

(2) 该物体达到最高点的时刻.

4. 证明: 双曲线 $xy = a^2$ 上任意一点的切线与 x 轴, y 轴所围成的三角形面积为一常数.

5. 设函数

$$f(x) = \begin{cases} \ln(x^2 + a^2), & x > 1, \\ \sin b(x-1), & x \leqslant 1, \end{cases}$$

在点 $x = 1$ 处可导, 求 a, b.

6. 求下列函数的导数:

(1) $y = \cos(4-3x)$;

(2) $y = \tan(x^2)$;

(3) $y = \arccos\dfrac{1}{x}$;

(4) $y = \mathrm{e}^{-\frac{x}{2}}\cos x$;

(5) $y = \ln\ln x$;

(6) $y = \sqrt{1+\ln^2 x}$;

(7) $y = 10^{x\tan 2x}$;

(8) $y = (3x+1)^4(5x+3)^7$;

(9) $y = \sin^n x \cdot \cos nx$;

(10) $y = x\sqrt{x^2+a^2} + a^2\ln(x+\sqrt{x^2+a^2})$;

(11) $y = \ln\dfrac{\sqrt{1+x}-\sqrt{1-x}}{\sqrt{1+x}+\sqrt{1-x}}$;

(12) $y = \arcsin\sqrt{\dfrac{1-x}{1+x}}$;

(13) $y = \sec^2\dfrac{x}{a} + \csc^2\dfrac{x}{a}$;

(14) $y = \arctan\sqrt{x^2-1}$;

(15) $y = \log_a \sin \mathrm{e}^{a^{-x^2}}$;

(16) $y = \ln(\sec x + \tan x)$.

7. 设 $f(x)$, $g(x)$ 均可导, 求下列函数的导数:

(1) $y = f(\mathrm{e}^x)\mathrm{e}^{f(x)}$;

(2) $y = f(\sin^2 x) + f(\cos^2 x)$;

(3) $y = f\left(\arcsin\dfrac{1}{x}\right)$;

(4) $y = \arctan\dfrac{f(x)}{g(x)}$;

8. 已知 $f\left(\dfrac{1}{x}\right) = \dfrac{x}{1+x}$, 求 $f'(x)$.

9. 求下列函数的导数:

(1) $y = \mathrm{ch}(\mathrm{sh}\ x)$;

(2) $y = \mathrm{th}(\ln x)$;

(3) $y = \mathrm{ch}\ x \cdot \mathrm{e}^{\mathrm{sh}\ x}$;

(4) $y = \mathrm{ch}^2\ x + \mathrm{sh}^3\ x$;

(5) $y = \mathrm{arsh}\ (4x^2+1)$;

(6)$y = \mathrm{ch}^2\left(\dfrac{x-1}{x+1}\right)$.

2.3 高阶导数

变速直线运动中, t 时刻物体的瞬时速度是路程 s 相对于时间 t 的变化率, 即 $v(t) = \dfrac{\mathrm{d}s}{\mathrm{d}t}$, 而加速度 a 则是速度相对于时间的变化率 $a = \dfrac{\mathrm{d}v}{\mathrm{d}t}$. 可见, 加速度是路程

对时间 t 的导数的导数, 称之为 s 对 t 的二阶导数, 记作 $a = s''(t) = \dfrac{\mathrm{d}^2 s}{\mathrm{d}t^2}$.

一般地, 若函数 $y = f(x)$ 的导数 $y' = f'(x)$ 在点 x 处可导, 即 $\lim\limits_{\Delta x \to 0} \dfrac{f'(x+\Delta x) - f'(x)}{\Delta x}$ 存在, 则称此极限值为**函数**$y = f(x)$**在点**x**处的二阶导数**, 记为

$$y'', \quad f''(x) \text{ 或 } \frac{\mathrm{d}^2 y}{\mathrm{d}x^2}.$$

若二阶导数仍可导, 称二阶导数的导数为**函数**$y = f(x)$**的三阶导数**, 记为

$$y''', f'''(x) \text{ 或 } \frac{\mathrm{d}^3 y}{\mathrm{d}x^3}.$$

依次类推, 若 $y = f(x)$ 的 $n-1$ 阶导数仍可导, 称 $y = f(x)$ 的 $n-1$ 阶导数的导数为**函数**$y = f(x)$**的**n**阶导数**, 记为

$$y^{(n)}, f^{(n)}(x) \text{ 或 } \frac{\mathrm{d}^n y}{\mathrm{d}x^n}.$$

二阶及二阶以上的导数统称为**高阶导数**. 习惯上, 称 $y' = f'(x)$ 为函数 $y = f(x)$ 的**一阶导数**. 有时也把函数 $y = f(x)$ 称为 $y = f(x)$ 的**零阶导数**. 由定义可知, 求高阶导数就是多次接连地求导数.

例 2.3.1 已知 $y = 2x^3 - x^2 + x - 3$, 求 $y^{(4)}$.

解 $y' = 6x^2 - 2x + 1$, $y'' = 12x - 2$, $y''' = 12$, $y^{(4)} = 0$.

例 2.3.2 已知 $y = x^n$, 求 y 的各阶导数.

解 $y' = nx^{n-1}$, $y'' = n(n-1)x^{n-2}$, $y''' = n(n-1)(n-2)x^{n-3}$, $\ldots$,

$$y^{(n)} = n(n-1)(n-2)\cdots 3 \cdot 2 \cdot 1 = n!, \quad y^{(n+1)} = y^{(n+2)} = \cdots = 0.$$

例 2.3.3 已知 $y = \mathrm{e}^x$, 求 $y^{(n)}$.

解 $y' = \mathrm{e}^x$, $y'' = \mathrm{e}^x$, $\ldots$, $y^{(n)} = \mathrm{e}^x$,

即

$$(\mathrm{e}^x)^{(n)} = \mathrm{e}^x, \quad n = 0, 1, 2, \cdots.$$

一般地,

$$(\mathrm{e}^{ax+b})^{(n)} = a^n \mathrm{e}^{ax+b}.$$

例 2.3.4 已知 $y = \sin x$, 求 $y^{(n)}$.

解 $y' = \cos x = \sin\left(x + \dfrac{\pi}{2}\right)$,

$$y'' = \cos\left(x + \frac{\pi}{2}\right) = \sin\left(x + 2 \cdot \frac{\pi}{2}\right),$$

$$\cdots\cdots$$

$$y^{(n)}=\sin\left(x+n\cdot\frac{\pi}{2}\right).$$

即

$$(\sin x)^{(n)}=\sin\left(x+n\cdot\frac{\pi}{2}\right),\quad n=0,1,2,\cdots.$$

同理可得

$$(\cos x)^{(n)}=\cos\left(x+n\cdot\frac{\pi}{2}\right),\quad n=0,1,2,\cdots.$$

例 2.3.5　已知 $y=\dfrac{1}{ax+b}$, 求 $y^{(n)}$.

解　$y'=\left(\dfrac{1}{ax+b}\right)'=[(ax+b)^{-1}]'=-(ax+b)^{-2}\cdot(ax+b)'=-a(ax+b)^{-2}=\dfrac{-a}{(ax+b)^2}$,

$$y''=(y')'=\left[\frac{-a}{(ax+b)^2}\right]'=\frac{2a^2}{(ax+b)^3},$$

$$y'''=\left[\frac{2a^2}{(ax+b)^3}\right]'=\frac{-6a^3}{(ax+b)^4},\quad\cdots,$$

$$y^{(n)}=\frac{(-1)^n n!a^n}{(ax+b)^{n+1}}.$$

特别地, 当 $a=-1$, $b=1$ 时, 有

$$\left(\frac{1}{1-x}\right)^{(n)}=\frac{n!}{(1-x)^{n+1}},\quad n=0,1,2,\cdots.$$

如果函数 $u=u(x)$, $v=v(x)$ 在 x 处都具有 n 阶导数, 则有

(1) $[u(x)\pm v(x)]^{(n)}=[u(x)]^{(n)}\pm[v(x)]^{(n)}$;

(2) $[Cu(x)]^{(n)}=C[u(x)]^{(n)}$(其中 C 为常数);

(3) $[u(x)v(x)]^{(n)}=\displaystyle\sum_{i=0}^{n}C_n^i[u(x)]^{(i)}[v(x)]^{(n-i)}$.

上式 (3) 称为**莱布尼茨公式**, 可用数学归纳法进行证明.

例 2.3.6　已知 $y=x^3e^{3x}$, 求 $y^{(30)}$.

解　设 $u=x^3$, $v=e^{3x}$, 则

$$u'=3x^2,\quad u''=6x,\quad u'''=6,\quad u^{(k)}=0(k=4,5,\cdots,30),$$

$$v^{(k)}=3^k e^{3x}(k=1,2,\cdots,30).$$

由莱布尼茨公式, 有

$$
\begin{aligned}
y^{(30)} &= (x^3\mathrm{e}^{3x})^{(30)} \\
&= 3^{30}\mathrm{e}^{3x}\cdot x^3 + 30\cdot 3^{29}\mathrm{e}^{3x}\cdot 3x^2 + \frac{30\cdot 29}{2!}3^{28}\mathrm{e}^{3x}\cdot 6x + \frac{30\cdot 29\cdot 28}{3!}3^{27}\mathrm{e}^{3x}\cdot 6 \\
&= 3^{30}\mathrm{e}^{3x}\left(x^3 + 30x^2 + 290x + \frac{8120}{9}\right).
\end{aligned}
$$

例 2.3.7 已知 $y = f(x^2+1)$, 其中 $f(u)$ 二阶可导, 求 y''.

解 $y' = f'(x^2+1)\cdot(x^2+1)' = 2x\cdot f'(x^2+1)$,

$$
y'' = (2x)'f'(x^2+1) + 2x\cdot[f'(x^2+1)]' = 2f'(x^2+1) + 4x^2\cdot f''(x^2+1).
$$

习 题 2.3

1. 求下列函数的二阶导数:

(1) $y = \ln(1+x^2)$;　　(2) $y = \mathrm{e}^{-x}\sin x$;

(3) $y = \dfrac{1}{1+x^2}$;　　(4) $y = x^6 + 3x^4 + 2x^2$;

(5) $y = \arctan\dfrac{1}{x} + x\ln\sqrt{x}$;　　(6) $y = \ln(x+\sqrt{1+x^2})$.

2. 设函数 $f(x)$ 在 $(-\infty,+\infty)$ 上满足 $2f(1+x)+f(1-x)=\mathrm{e}^x$, 求 $f''(x)$.

3. 设函数 $f(x) = x[\sin(\ln x)+\cos(\ln x)]$, 求 $f'''(1)$.

4. 验证函数 $y = C_1\mathrm{e}^{2\lambda x} + C_2\mathrm{e}^{\lambda x}$(其中 C_1, C_2, λ 都为常数) 满足方程

$$
y'' - 3\lambda y' + 2\lambda^2 y = 0.
$$

5. 求下列函数的 n 阶导数:

(1) $y = \sin^2 x$;　　(2) $y = \ln(1+x)$;

(3) $y = \dfrac{x}{x^2-3x+2}$;　　(4) $y = \dfrac{1-x}{1+x}$;

(5) $y = x\ln x$;　　(6) $y = x\mathrm{e}^{-x}$.

2.4 隐函数的导数及由参数方程所确定的函数的导数

2.4.1 隐函数的导数

对二元方程 $y^3+2y-x=0$, 当 x 取定一个值时, 由方程 $y^3+2y-x=0$ 可确定一个 y 值与之对应, 比如 $x=0$, 由该方程可得 $y=0$. 于是由该方程确定了 y 是 x 的函数, 称此函数为由方程 $y^3+2y-x=0$ 所确定的**隐函数**. 一般地, 由二元方

程 $F(x,y)=0$ 可确定一个隐函数 $y=y(x)$. 为了区别, 将前面遇到的等号左端是因变量, 而右端是含有自变量的式子的函数称为**显函数**.

一般情况下, 要将方程 $F(x,y)=0$ 中的 y 解出来 (这个过程称为隐函数的显化) 往往比较困难. 所以隐函数的求导问题要直接从方程 $F(x,y)=0$ 出发来解决.

设 $y=y(x)$ 是由方程 $F(x,y)=0$ 所确定的隐函数. 要求隐函数的导数, 在方程 $F(x,y)=0$ 两边同时对 x 求导, 因 y 是 x 的函数, 是隐含在方程中的隐函数, 求导时凡遇到 y 将 y 看成 x 的函数利用复合函数的求导法求导, 得到关于 y'_x 的方程, 最后解出 y'_x.

例 2.4.1　设 $y=y(x)$ 由方程 $y^3+2y-x=0$ 所确定, 求 $\left.\dfrac{\mathrm{d}y}{\mathrm{d}x}\right|_{x=0}$.

解　方程 $y^3+2y-x=0$ 两边同时对 x 求导,

$$\frac{\mathrm{d}}{\mathrm{d}x}(y^3+2y-x)=0,$$

$$3y^2\cdot\frac{\mathrm{d}y}{\mathrm{d}x}+2\cdot\frac{\mathrm{d}y}{\mathrm{d}x}-1=0,$$

由此解得

$$\frac{\mathrm{d}y}{\mathrm{d}x}=\frac{1}{3y^2+2}.$$

当 $x=0$ 时, 由方程 $y^3+2y-x=0$ 得, $y=0$. 因此,

$$\left.\frac{\mathrm{d}y}{\mathrm{d}x}\right|_{x=0}=\left.\frac{1}{3y^2+2}\right|_{y=0}=\frac{1}{2}.$$

例 2.4.2　设 $y=y(x)$ 由方程 $\mathrm{e}^{x+y}=xy$ 所确定, 求 $\dfrac{\mathrm{d}y}{\mathrm{d}x}$.

解　方程 $\mathrm{e}^{x+y}=xy$ 两边同时对 x 求导,

$$\frac{\mathrm{d}}{\mathrm{d}x}(\mathrm{e}^{x+y})=\frac{\mathrm{d}}{\mathrm{d}x}(xy),$$

$$\mathrm{e}^{x+y}\left(1+\frac{\mathrm{d}y}{\mathrm{d}x}\right)=y+x\frac{\mathrm{d}y}{\mathrm{d}x},$$

由此解得

$$\frac{\mathrm{d}y}{\mathrm{d}x}=\frac{y-\mathrm{e}^{x+y}}{\mathrm{e}^{x+y}-x}=\frac{y-xy}{xy-x}.$$

例 2.4.3　设 $y=y(x)$ 由方程 $x-y+\dfrac{1}{2}\sin y=0$ 所确定, 求 $\dfrac{\mathrm{d}^2y}{\mathrm{d}x^2}$.

解　方程 $x-y+\dfrac{1}{2}\sin y=0$ 两边同时对 x 求导, 得

$$1-\frac{\mathrm{d}y}{\mathrm{d}x}+\frac{1}{2}\cos y\cdot\frac{\mathrm{d}y}{\mathrm{d}x}=0,$$

$$\frac{\mathrm{d}y}{\mathrm{d}x}=\frac{2}{2-\cos y}.$$

将上式两端再对 x 求导, 得

$$\frac{\mathrm{d}^2y}{\mathrm{d}x^2}=\frac{-2\sin y\cdot\dfrac{\mathrm{d}y}{\mathrm{d}x}}{(2-\cos y)^2}=\frac{-2\sin y\cdot\dfrac{2}{2-\cos y}}{(2-\cos y)^2}=\frac{-4\sin y}{(2-\cos y)^3}.$$

2.4.2 对数求导法

利用导数的四则运算法则, 求多个函数乘、除、乘方的导数运算很繁杂, 计算容易出错. 可以利用对数的性质将多个函数乘、除的求导运算转化为加、减的求导运算来处理, 也就是转化为隐函数的导数来处理.

例 2.4.4 已知 $y=2^x\sqrt{x^2+1}\sin x$, 求 y'.

解 两边取对数, 得

$$\ln y=x\ln 2+\frac{1}{2}\ln(x^2+1)+\ln\sin x,$$

上式两边同时对 x 求导, 得

$$\frac{1}{y}y'=\ln 2+\frac{2x}{2(x^2+1)}+\frac{\cos x}{\sin x}.$$

因此

$$y'=2^x\sqrt{x^2+1}\sin x\cdot\left(\ln 2+\frac{x}{x^2+1}+\cot x\right).$$

例 2.4.5 已知 $y=\dfrac{\mathrm{e}^x(a+2x)^3}{\sqrt[3]{x-1}}$, 求 y'.

解 两边取对数, 得

$$\ln y=x+3\ln(a+2x)-\frac{1}{3}\ln(x-1).$$

两边同时对 x 求导, 有

$$\frac{1}{y}y'=1+\frac{6}{a+2x}-\frac{1}{3(x-1)},$$

因此

$$y'=\frac{\mathrm{e}^x(a+2x)^3}{\sqrt[3]{x-1}}\cdot\left(1+\frac{6}{a+2x}-\frac{1}{3(x-1)}\right).$$

例 2.4.6 已知 $y=(x+1)^x$, 求 y'.

分析 此函数底数和指数都有自变量 x, 称之为**幂指函数**. 对这类函数求导可利用对数的性质, 将幂运算转化为乘法运算, 然后求导.

解 (法一)　两边取对数, 有

$$\ln y = x\ln(x+1).$$

两边同时对 x 求导, 得

$$\frac{1}{y}y' = \ln(x+1) + \frac{x}{x+1},$$

因此

$$y' = (x+1)^x\left(\ln(x+1) + \frac{x}{x+1}\right).$$

(法二)　因 $y = \mathrm{e}^{\ln(x+1)^x} = \mathrm{e}^{x\ln(x+1)}$, 利用复合函数求导法则, 有

$$\begin{aligned} y' &= \mathrm{e}^{x\ln(x+1)}\cdot[x\ln(x+1)]' \\ &= \mathrm{e}^{x\ln(x+1)}\cdot\left(\ln(x+1) + \frac{x}{x+1}\right) \\ &= (x+1)^x\left(\ln(x+1) + \frac{x}{x+1}\right). \end{aligned}$$

一般地, 设 $u = u(x)$, $v = v(x)$ 都是可导函数, 求函数 $y = [u(x)]^{v(x)}(u(x) > 0$ 且 $u(x) \neq 1)$ 的导数, 可通过对数求导法来解决.

两边取对数, 得

$$\ln y = v\ln u.$$

两边同时对 x 求导, 得

$$\frac{1}{y}\cdot y' = v'\ln u + v\cdot\frac{1}{u}\cdot u'.$$

因此

$$y' = y\left(v'\ln u + \frac{v}{u}u'\right) = u^v\left(v'\ln u + \frac{v}{u}u'\right).$$

2.4.3　由参数方程所确定的函数的导数

在研究物体运动的轨迹时, 常常会遇到参数方程. 例如, 研究导弹轨迹的问题时, 如果空气阻力忽略不计, 则导弹的轨迹方程为

$$\begin{cases} x = v_1 t, \\ y = v_2 t - \dfrac{1}{2}gt^2, \end{cases} \tag{2.2}$$

其中 v_1, v_2 分别为导弹初速度的水平、铅直分量, g 是重力加速度, t 是导弹飞行时间.

可见, 在式 (2.2) 中 x 和 y 都是关于参数 t 的函数, 如果把对应于同一个 t 值的 x 和 y 看作是对应的, 这样就可以得到 y 与 x 之间的函数关系. 如果从参数方程 (2.2) 中消去变量 t, 即得

$$y=\frac{v_2}{v_1}x-\frac{g}{2v_1^2}x^2.$$

这就是参数方程 (2.2) 所确定的函数的显式表示.

一般地, 由参数方程

$$\begin{cases} x=\varphi(t), \\ y=\psi(t), \end{cases} \quad (\text{其中 } t \text{ 为参数})$$

可确定 y 是 x 的函数, 称此函数为**由参数方程所确定的函数.**

在实际问题中, 有时需要求由参数方程所确定的函数的导数. 但由参数方程消去参数有时会比较困难, 所以要寻找一种方法直接由参数方程来求它所确定的函数的导数.

为此, 设函数 $x=\varphi(t)$, $y=\psi(t)$ 都可导, 且 $\varphi'(t)\neq 0$. 函数 $x=\varphi(t)$ 具有单调连续的反函数 $t=\varphi^{-1}(x)$, 那么由参数方程所确定的函数就可以看作是由 $y=\psi(t)$ 和 $t=\varphi^{-1}(x)$ 复合而成的复合函数

$$y=\psi[\varphi^{-1}(x)].$$

由复合函数的求导法则和反函数求导法则, 有

$$\frac{\mathrm{d}y}{\mathrm{d}x}=\frac{\mathrm{d}y}{\mathrm{d}t}\cdot\frac{\mathrm{d}t}{\mathrm{d}x}=\frac{\mathrm{d}y}{\mathrm{d}t}\cdot\frac{1}{\frac{\mathrm{d}x}{\mathrm{d}t}}=\frac{\psi'(t)}{\varphi'(t)},$$

即

$$\frac{\mathrm{d}y}{\mathrm{d}x}=\frac{\psi'(t)}{\varphi'(t)}. \tag{2.3}$$

式 (2.3) 就是由参数方程 $\begin{cases} x=\varphi(t) \\ y=\psi(t) \end{cases}$ 所确定的函数的求导公式.

如果函数 $x=\varphi(t)$, $y=\psi(t)$ 都二阶可导, 则可进一步求出函数的二阶导数

$$\begin{aligned}\frac{\mathrm{d}^2y}{\mathrm{d}x^2}&=\frac{\mathrm{d}}{\mathrm{d}x}\left(\frac{\mathrm{d}y}{\mathrm{d}x}\right)=\frac{\mathrm{d}}{\mathrm{d}x}\left(\frac{\psi'(t)}{\varphi'(t)}\right)=\frac{\mathrm{d}}{\mathrm{d}t}\left(\frac{\psi'(t)}{\varphi'(t)}\right)\frac{\mathrm{d}t}{\mathrm{d}x}\\&=\frac{\psi''(t)\varphi'(t)-\psi'(t)\varphi''(t)}{\varphi'^2(t)}\cdot\frac{1}{\varphi'(t)},\end{aligned}$$

即

$$\frac{\mathrm{d}^2y}{\mathrm{d}x^2}=\frac{\psi''(t)\varphi'(t)-\psi'(t)\varphi''(t)}{\varphi'^3(t)}. \tag{2.4}$$

在求二阶导数时, 一般都不直接代公式 (2.4), 而是把 t 作为中间变量, 利用复合函数的求导法则求导.

例 2.4.7 如果空气阻力忽略不计, 则导弹轨迹方程为

$$\begin{cases} x = v_1 t, \\ y = v_2 t - \dfrac{1}{2} g t^2, \end{cases}$$

其中 v_1, v_2 分别为导弹初速度的水平、铅直分量, g 是重力加速度, t 是导弹飞行时间 (图 2.6). 求导弹在时刻 t 的运动速度的大小和方向.

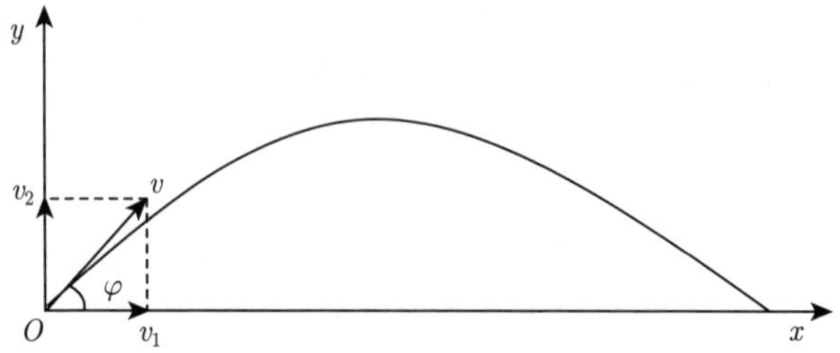

图 2.6

解 因为导弹速度的水平分量和铅直分量分别为

$$\frac{\mathrm{d}x}{\mathrm{d}t} = v_1, \quad \frac{\mathrm{d}y}{\mathrm{d}t} = v_2 - gt.$$

故导弹的运动速度的大小为

$$v = \sqrt{\left(\frac{\mathrm{d}x}{\mathrm{d}t}\right)^2 + \left(\frac{\mathrm{d}y}{\mathrm{d}t}\right)^2} = \sqrt{v_1^2 + (v_2 - gt)^2}.$$

速度的方向就是导弹飞行轨迹的切线方向. 若 θ 是切线与 x 轴正向的夹角, 则由导数的几何意义, 有

$$\tan\theta = \frac{\mathrm{d}y}{\mathrm{d}x} = \frac{y'_t}{x'_t} = \frac{v_2 - gt}{v_1} \text{或} \theta = \arctan\frac{v_2 - gt}{v_1}.$$

例 2.4.8 求由摆线的参数方程 $\begin{cases} x = a(t - \sin t), \\ y = a(1 - \cos t) \end{cases}$ 所确定的函数的二阶导数 $\dfrac{\mathrm{d}^2 y}{\mathrm{d}x^2}$, 其中 a 是不为零的常数 (图 2.7).

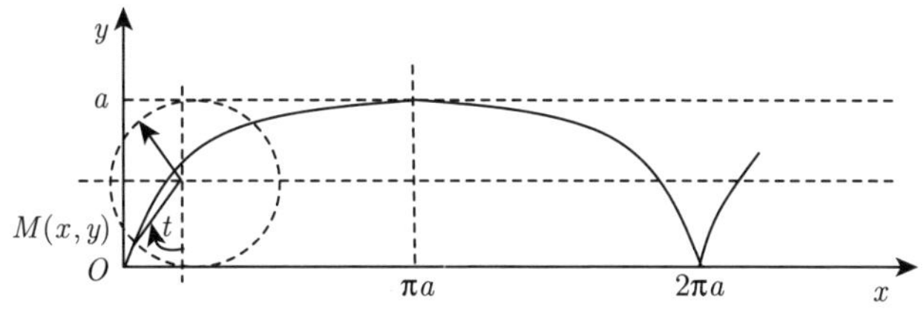

图 2.7

解 $\dfrac{\mathrm{d}y}{\mathrm{d}x}=\dfrac{\dfrac{\mathrm{d}y}{\mathrm{d}t}}{\dfrac{\mathrm{d}x}{\mathrm{d}t}}=\dfrac{a\sin t}{a(1-\cos t)}=\dfrac{\sin t}{1-\cos t},\ (t\neq 2k\pi,\ k\in\mathbf{Z}).$

$$\frac{\mathrm{d}^2y}{\mathrm{d}x^2}=\frac{\mathrm{d}}{\mathrm{d}x}\left(\frac{\sin t}{1-\cos t}\right)=\frac{\mathrm{d}}{\mathrm{d}t}\left(\frac{\sin t}{1-\cos t}\right)\cdot\frac{\mathrm{d}t}{\mathrm{d}x}=\frac{\cos t(1-\cos t)-\sin^2 t}{(1-\cos t)^2}\cdot\frac{1}{\dfrac{\mathrm{d}x}{\mathrm{d}t}}$$

$$=-\frac{1}{a(1-\cos t)^2}(t\neq 2k\pi, k\in\mathbf{Z}).$$

2.4.4 相关变化率

设 $x=x(t)$ 及 $y=y(t)$ 都是可导函数, 且变量 x 与 y 之间存在某种关系, 从而变化率 $\dfrac{\mathrm{d}x}{\mathrm{d}t}$ 与 $\dfrac{\mathrm{d}y}{\mathrm{d}t}$间也存在一定的关系. 这两个相互依赖的变化率称为**相关变化率**. 研究这两个变化率之间的关系, 从其中一个变化率求出另一个变化率.

例 2.4.9 将水注入一圆锥形容器中, 其速率为 $4\mathrm{m}^3/\min$. 设锥形容器的高为 8m, 顶面直径为 6m, 求当水深为 5m 时, 水面上升的速率.

分析 在注水过程中, 水深 h 和水的体积 V 都是时间 t 的函数, 即 $h=h(t)$, $V=V(t)$. 水面上升的速率就是水深 h 关于时间 t 的变化率. 要直接写出 $h(t)$ 的表达式很困难, 但可以先求出 h 与 V 之间的关系, 然后利用关系式对时间 t 求导, 得到用 $V'(t)$ 表示的 $h'(t)$, 最后计算出 $h'(t)$.

解 由锥形体积公式可知

$$V=\frac{1}{3}\pi r^2 h,$$

其中 $r=r(t)$ 为水面半径.

由相似三角形, 得

$$\frac{r}{3}=\frac{h}{8},$$

即

$$r=\frac{3}{8}h.$$

则

$$V = \frac{9}{64}\pi h^3.$$

等式两边同时对 t 求导, 得

$$\frac{\mathrm{d}V}{\mathrm{d}t} = \frac{3}{64}\pi \cdot 3h^2 \cdot \frac{\mathrm{d}h}{\mathrm{d}t}. \tag{2.5}$$

由题可知, 已知注水速率为 $4\mathrm{m}^3/\min$, 即 $\frac{\mathrm{d}V}{\mathrm{d}t} = 4$. 将 $h = 5$, $\frac{\mathrm{d}V}{\mathrm{d}t} = 4$ 代入式 (2.5), 得水面上升速率 $h'(t) = \frac{4 \cdot 64}{9\pi \cdot 5^2} = \frac{256}{225\pi} \approx 0.3623(\mathrm{m}/\min)$.

由此可见, 例 2.4.9 中的变量 V 就是变量 h 的**相关变量**, 称方程 $V = \frac{9}{64}\pi h^3$ 为**相关方程**.

例 2.4.10　一气球从离开观察员 500m 处离地面铅直上升, 其速率为 140m/ min. 当气球高度为 500m 时, 观察员视线的仰角增加率是多少?

解　设气球上升 t(秒) 后, 其高度为 h, 观察员视线的仰角为 α, 则

$$\tan\alpha = \frac{h}{500},$$

其中 α 及 h 都与 t 存在函数关系.

上式两边同时对 t 求导, 则

$$\sec^2\alpha \cdot \frac{\mathrm{d}\alpha}{\mathrm{d}t} = \frac{1}{500} \cdot \frac{\mathrm{d}h}{\mathrm{d}t}.$$

已知 $\frac{\mathrm{d}h}{\mathrm{d}t} = 140\mathrm{m}/\min$, 则当 $h = 500\mathrm{m}$, $\tan\alpha = 1$, $\sec^2\alpha = 2$ 时, 代入上式

$$2 \cdot \frac{\mathrm{d}\alpha}{\mathrm{d}t} = \frac{1}{500} \cdot 140,$$

即

$$\frac{\mathrm{d}\alpha}{\mathrm{d}t} = 0.14(\mathrm{rad}/\min),$$

观察员视线的仰角增加率是 0.14rad/ min.

习　题　2.4

1. 求由下列方程所确定的隐函数的导数:

(1) $\mathrm{e}^{x+y} + xy - \mathrm{e} = 0$;　　(2) $\ln\sqrt{x^2+y^2} = \arctan\frac{y}{x}$;

(3) $y\sin x - \cos(x-y) = 0$;　　(4) $xy - \sin(\pi xy^2) = 0$.

2. 求曲线 $x^2 + y^2 + xy = 4$ 在点 $(2, -2)$ 处的切线方程.

3. 求曲线 $x^{\frac{2}{3}}+y^{\frac{2}{3}}=a^{\frac{2}{3}}$ 在点 $\left(\dfrac{\sqrt{2}}{4}a,\dfrac{\sqrt{2}}{4}a\right)$ 处的切线方程和法线方程.

4. 求下列函数的导数:

(1) $y=x\cdot\sqrt{\dfrac{1-x}{1+x}}$;　　(2) $y=\dfrac{x^2}{1-x}\cdot\sqrt[3]{\dfrac{3-x}{(3+x)^2}}$;

(3) $y=(\ln x)^x$;　　(4) $y=(1+x)^{\frac{1}{x}}$.

5. 求下列方程所确定的隐函数 $y=y(x)$ 的二阶导数 y'':

(1) $y=\sin(x+y)$;　　(2) $xy=\mathrm{e}^{x+y}$;

(3) $\sin y=\ln(x+y)$;　　(4) $y=\tan(x+y)$.

6. 求下列参数方程所确定的函数的导数:

(1) $\begin{cases}x=at^2,\\ y=bt^3,\end{cases}$ 求 $\dfrac{\mathrm{d}y}{\mathrm{d}x}$;　　(2) $\begin{cases}x=\mathrm{e}^t\sin t,\\ y=\mathrm{e}^t\cos t,\end{cases}$ 求 $\dfrac{\mathrm{d}y}{\mathrm{d}x}$;

(3) $\begin{cases}x=1-t^2,\\ y=t-t^3,\end{cases}$ 求 $\dfrac{\mathrm{d}^2y}{\mathrm{d}x^2}$;　　(4) $\begin{cases}x=\ln(1+t^2),\\ y=t-\arctan t,\end{cases}$ 求 $\dfrac{\mathrm{d}^2y}{\mathrm{d}x^2}$.

7. 求曲线 $\begin{cases}x=\ln(1+t^2),\\ y=\arctan t\end{cases}$ 在 $t=1$ 的对应点处的切线方程和法线方程.

8. 一长为 5m 的梯子斜靠在墙上. 如果梯子下端以 0.5m/s 的速率滑离墙壁, 试求梯子下端离墙 3m 时, 梯子上端向下滑落的速率.

9. 河水以 $8\mathrm{m}^3/\mathrm{s}$ 的体流量流入水库中, 水库形状是长为 4000m, 顶角为 120° 的 V 形水槽, 试问水深 20m 时, 水面每小时上升几米?

10. 正在追逐一辆超速行驶汽车的巡警车由正北向正南驶向一个垂直的十字路口, 超速汽车已经拐过路口向正东方向驶去, 当他离路口东向 1.2km 时, 巡警车离路口北向 1.6km, 此时警察用雷达确定两车间的距离正以 40km/h 的速率增长. 若此时巡警车的车速为 100km/h, 试问此刻超速车辆的速度是多少?

11. 现以 18 升/分钟速度往一圆锥形水箱注水, 水箱尖点朝下, 底面半径为 0.5 米, 高为 1 米. 求注水高度为 0.3 米时水位上升的速度?

2.5 函数的微分

对线性函数 $y=ax+b$, 有 $\Delta y=a\cdot\Delta x$, 即 Δy 与 Δx 有线性关系; 对非线性函数, Δy 与 Δx 的关系可能就很复杂, 且难以用 Δx 的线性函数来表示 Δy. 那么, 能否用 Δx 的线性函数来近似地表示 Δy? 这就涉及到函数的微分.

2.5.1 微分的定义

先看一个实例, 一边长为 x 的正方形, 当边长发生改变量 Δx 时, 其面积 s 的

改变量

$$\Delta s=(x+\Delta x)^2-x^2=2x\Delta x+(\Delta x)^2.$$

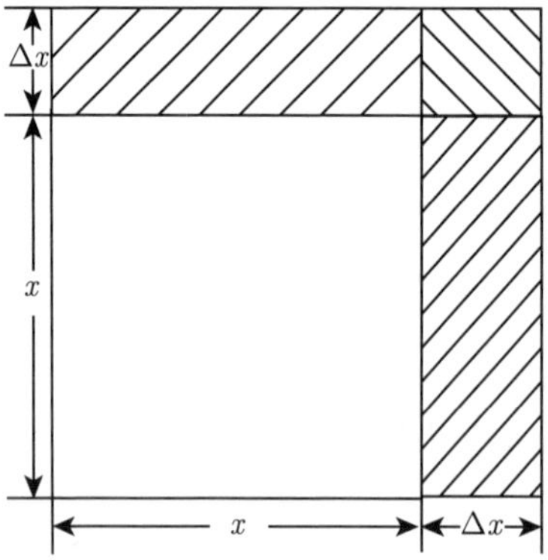

图 2.8

从上式可以看出 Δs 是由 $2x\Delta x$ 和 $(\Delta x)^2$ 两部分构成, 即图 2.8 中阴影处的两个矩形的面积 $2x\Delta x$ 和小正方形的面积 $(\Delta x)^2$. 当 $|\Delta x|$ 很小时, 相对于 Δs 而言, $(\Delta x)^2$ 也很小; 当 $\Delta x\to 0$ 时, 可以认为 $\Delta s\approx 2x\Delta x$, 而把 $(\Delta x)^2$ 省略掉.

因此, 由边长的改变量 Δx 引起的面积的改变量 Δs 可由 $2x\Delta x$ 来代替, 与精确值仅仅相差一个以 Δx 为边长的正方形的面积, 且当 $\Delta x\to 0$ 时, 误差 $(\Delta x)^2$ 是比 Δx 高阶的无穷小量.

定义 2.5.1 设函数 $y=f(x)$ 在 x_0 点的某邻域 $U(x_0,\delta)$ 内有定义, 当 x 在 x_0 点处取得增量 Δx 时, 相应地, 有

$$\Delta y=f(x_0+\Delta x)-f(x_0).$$

如果 Δy 能表示成

$$\Delta y=A\Delta x+o(\Delta x),$$

其中 A 是与 Δx 无关的常数, $o(\Delta x)$ 是比 Δx 高阶的无穷小. 则称函数 $y=f(x)$ 在**点x_0处可微**, 并称 $A\Delta x$ 为函数 $y=f(x)$**在x_0点处的微分**, 记为 $\mathrm{d}y|_{x=x_0}$ 或 $\mathrm{d}f(x)|_{x=x_0}$, 即 $\mathrm{d}y|_{x=x_0}=A\Delta x$.

可见, 若 $\Delta y=A\Delta x+o(\Delta x)$, 则当 $|\Delta x|$ 相当小时, $A\Delta x$ 对 Δy 的值起主要作用, 且 $A\Delta x$ 是 Δx 线性函数. 因此, 称 $A\Delta x$ 为 Δy 的**线性主要部分**(简称**线性主部**), 即微分 $\mathrm{d}y|_{x=x_0}$**是Δy的线性主部.** 当 $|\Delta x|$ 相当小时, 有

$$\Delta y\approx \mathrm{d}y|_{x=x_0}=A\Delta x.$$

定理 2.5.1 函数 $y=f(x)$ 在点 x_0 处可微的充分必要条件是函数 $y=f(x)$ 在点 x_0 处可导. 且 $A=f'(x_0)$, 即

$$\mathrm{d}y|_{x=x_0}=f'(x_0)\Delta x.$$

证明 *必要性* 设函数 $y=f(x)$ 在 x_0 点处可微, 则

$$\Delta y=A\Delta x+o(\Delta x).$$

从而

$$\frac{\Delta y}{\Delta x}=A+\frac{o(\Delta x)}{\Delta x}.$$

等式两边取 $\Delta x\to 0$ 时的极限, 有

$$\lim_{\Delta x\to 0}\frac{\Delta y}{\Delta x}=A+\lim_{\Delta x\to 0}\frac{o(\Delta x)}{\Delta x}=A.$$

由导数的定义, 函数 $y=f(x)$ 在点 x_0 处可导. 且 $A=f'(x_0)$, 即

$$\mathrm{d}y|_{x=x_0}=f'(x_0)\cdot\Delta x.$$

充分性 若函数 $y=f(x)$ 在点 x_0 处可导, 则

$$\lim_{\Delta x\to 0}\frac{\Delta y}{\Delta x}=f'(x_0).$$

由极限与无穷小量的关系, 有

$$\frac{\Delta y}{\Delta x}=f'(x_0)+\alpha,$$

其中 $\lim\limits_{\Delta x\to 0}\alpha=0$. 从而

$$\Delta y=f'(x_0)\Delta x+\alpha\Delta x.$$

因 $\lim\limits_{\Delta x\to 0}\dfrac{\alpha\cdot\Delta x}{\Delta x}=\lim\limits_{\Delta x\to 0}\alpha=0$, 即 $\alpha\Delta x=o(\Delta x)$. 因此, 函数 $y=f(x)$ 在 x_0 点处可微.

若函数 $y=f(x)$ 在区间 (a,b) 内每一点都可微, 则称**函数**$y=f(x)$**在区间**(a,b)**内可微**, 其微分记为 $\mathrm{d}y$ 或 $\mathrm{d}f(x)$.

自变量的增量也称为**自变量的微分**, 即 $\Delta x=\mathrm{d}x$. 因此, 若函数 $y=f(x)$ 可微时, 其微分 $\mathrm{d}y=f'(x)\mathrm{d}x$. 由此得

$$\frac{\mathrm{d}y}{\mathrm{d}x}=f'(x),$$

即函数的导数为函数的微分与自变量的微分之商, 故也称导数为**微商**.

2.5.2 微分的几何意义

如图 2.9 所示, 当 Δy 是曲线 $y=f(x)$ 的纵坐标的增量时, $\mathrm{d}y$ 就是切线上对应点的纵坐标增量. 当 $|\Delta x|$ 很小时, 在点 M 的附近, 可用切线段 MP 近似代替曲线段 MN.

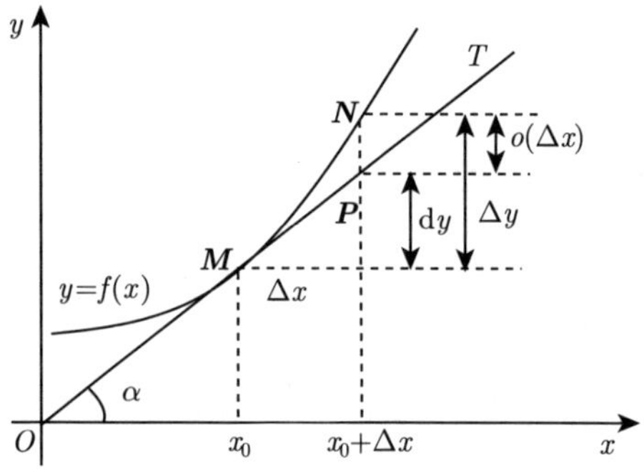

图 2.9

2.5.3　基本初等函数的微分公式和微分的运算法则

由微分的计算公式 $\mathrm{d}y = f'(x)\mathrm{d}x$ 及基本初等函数的导数公式、导数的四则运算法则可得基本初等函数的微分公式和微分的四则运算法则.

1. 基本初等函数的微分公式

$\mathrm{d}(C) = 0$　　$\mathrm{d}(x^\mu) = \mu x^{\mu-1}\mathrm{d}x$

$\mathrm{d}(a^x) = a^x \ln a\mathrm{d}x$, 特别地 $\mathrm{d}(\mathrm{e}^x) = \mathrm{e}^x\mathrm{d}x$

$\mathrm{d}(\log_a x) = \dfrac{1}{x\ln a}\mathrm{d}x$, 特别地 $\mathrm{d}(\ln x) = \dfrac{1}{x}\mathrm{d}x$

$\mathrm{d}(\sin x) = \cos x\mathrm{d}x$　　$\mathrm{d}(\cos x) = -\sin x\mathrm{d}x$

$\mathrm{d}(\tan x) = \sec^2 x\mathrm{d}x$　　$\mathrm{d}(\cot x) = -\csc^2 x\mathrm{d}x$

$\mathrm{d}(\sec x) = \sec x\tan x\mathrm{d}x$　　$\mathrm{d}(\csc x) = -\csc x\cot x\mathrm{d}x$

$\mathrm{d}(\arcsin x) = \dfrac{1}{\sqrt{1-x^2}}\mathrm{d}x$　　$\mathrm{d}(\arccos x) = -\dfrac{1}{\sqrt{1-x^2}}\mathrm{d}x$

$\mathrm{d}(\arctan x) = \dfrac{1}{1+x^2}\mathrm{d}x$　　$\mathrm{d}(\mathrm{arc}\cot x) = -\dfrac{1}{1+x^2}\mathrm{d}x$

2. 微分的四则运算法则

若函数 $u = u(x)$ 和 $v = v(x)$ 都可导, 则

(1) $\mathrm{d}(u \pm v) = \mathrm{d}u \pm \mathrm{d}v$;

(2) $\mathrm{d}(uv) = v\mathrm{d}u + u\mathrm{d}v$;

(3) $\mathrm{d}(Cu) = C\mathrm{d}u$, C 为常数;

(4) $\mathrm{d}\left(\dfrac{u}{v}\right) = \dfrac{v\mathrm{d}u - u\mathrm{d}v}{v^2}$, $v \neq 0$.

3. 复合函数的微分

如果 $y=f(u)$, $u=\varphi(x)$ 都可微, 则复合函数 $y=f[\varphi(x)]$ 也可微, 且

$$\mathrm{d}y=y'_x\mathrm{d}x=y'_u\cdot u'_x\mathrm{d}x=f'(u)\cdot\varphi'(x)\mathrm{d}x=f'(u)\mathrm{d}u.$$

上式表明无论 u 是中间变量还是自变量, 微分形式保持不变, 称这一性质为**微分形式不变性**.

例 2.5.1 已知 $y=\mathrm{e}^{1-3x}\cos x$, 求 $\mathrm{d}y$.

解 (法一) 因

$$\begin{aligned}y'&=(\mathrm{e}^{1-3x}\cos x)'=(\mathrm{e}^{1-3x})'\cos x+\mathrm{e}^{1-3x}(\cos x)'\\&=-3\mathrm{e}^{1-3x}\cos x-\mathrm{e}^{1-3x}\sin x=-\mathrm{e}^{1-3x}(3\cos x+\sin x).\end{aligned}$$

故

$$\mathrm{d}y=y'\mathrm{d}x=-\mathrm{e}^{1-3x}(3\cos x+\sin x)\mathrm{d}x.$$

(法二)

$$\begin{aligned}\mathrm{d}y&=\mathrm{d}(\mathrm{e}^{1-3x}\cos x)\\&=\mathrm{d}(\mathrm{e}^{1-3x})\cos x+\mathrm{e}^{1-3x}\mathrm{d}(\cos x)\\&=\mathrm{e}^{1-3x}\mathrm{d}(1-3x)\cos x-\mathrm{e}^{1-3x}\sin x\mathrm{d}x\\&=-\mathrm{e}^{1-3x}(3\cos x+\sin x)\mathrm{d}x.\end{aligned}$$

例 2.5.2 已知 $y=\arcsin(1-2x)$, 求 $\mathrm{d}y$.

解 $\mathrm{d}y=\mathrm{d}(\arcsin(1-2x))=\dfrac{1}{\sqrt{1-(1-2x)^2}}\mathrm{d}(1-2x)=\dfrac{-2}{\sqrt{1-(1-2x)^2}}\mathrm{d}x.$

例 2.5.3 求由方程 $x\mathrm{e}^y+y-4=0$ 所确定的函数 $y=y(x)$ 的微分 $\mathrm{d}y$.

解 方程两边分别求微分, 有

$$\mathrm{d}(x\mathrm{e}^y)+\mathrm{d}y=0,$$

$$\mathrm{e}^y\mathrm{d}x+x\mathrm{d}(\mathrm{e}^y)+\mathrm{d}y=0,$$

$$\mathrm{e}^y\mathrm{d}x+x\mathrm{e}^y\mathrm{d}y+\mathrm{d}y=0,$$

解出 $\mathrm{d}y$, 得

$$\mathrm{d}y=\frac{-\mathrm{e}^y}{1+x\mathrm{e}^y}\mathrm{d}x.$$

2.5.4 微分在近似计算中的应用

1. 函数的近似计算

设 $y=f(x)$ 在 x_0 点处可导, 当 $|\Delta x|$ 相当小时, 可用 $\mathrm{d}y|_{x=x_0}$ 来近似代替 Δy, 即

$$\Delta y \approx \mathrm{d}y|_{x=x_0}=f'(x_0)\Delta x. \tag{2.6}$$

因 $\Delta y=f(x_0+\Delta x)-f(x_0)$, 所以

$$f(x_0+\Delta x)\approx f(x_0)+f'(x_0)\Delta x.$$

令 $x=x_0+\Delta x$, 便有

$$f(x)\approx f(x_0)+f'(x_0)(x-x_0). \tag{2.7}$$

特别地, 令 $x_0=0$, 当 $|x|$ 相当小时, 有

$$f(x)\approx f(0)+f'(0)x. \tag{2.8}$$

例 2.5.4 求 $\sqrt[3]{65}$ 的近似值.

解 因 $\sqrt[3]{65}=\sqrt[3]{64+1}=4\cdot\sqrt[3]{1+\dfrac{1}{64}}$.

令 $f(x)=\sqrt[3]{1+x}$, $f(0)=1$, $f'(0)=\dfrac{1}{3}(1+x)^{-\frac{2}{3}}\Big|_{x=0}=\dfrac{1}{3}$.

取 $x=\dfrac{1}{64}$, 由式 (2.8) 得

$$\sqrt[3]{1+\frac{1}{64}}\approx 1+\frac{1}{3}\cdot\frac{1}{64}\approx 1.0052.$$

因此

$$\sqrt[3]{65}=4\cdot\sqrt[3]{1+\frac{1}{64}}\approx 4.0208.$$

2. 误差估计

在生产实践中, 经常要测量各种数据. 由于测量仪器的精度、测量的条件和测量的方法等各种因素的影响, 测得的数据往往带有误差, 而根据带有误差的数据计算所得的结果也会有误差, 将这种误差称为**间接测量误差**. 如何利用微分来估计这种间接测量误差, 下面做个简单的讨论.

若某个量的精确值为 A, 其近似值为 a, 则称 $|A-a|$ 为 A 的**绝对误差**. 而称 $\dfrac{|A-a|}{|a|}$ 为 A 的**相对误差**.

但在实际工作中, 某个量的精确值往往是无法知道的. 于是绝对误差与相对误差也就无法精确的求得. 但是根据测量仪器的精度等因素, 有时能够将误差限制在某个范围.

如果某个量的精确值是 A, 测得其近似值为 a, 又知道它的误差不超过 δ_A, 即

$$|A-a| \leqslant \delta_A,$$

称 δ_A 为量 A 的**绝对误差限**, $\dfrac{\delta_A}{|a|}$ 为量 A 的**相对误差限.**

一般地, 设测量出 x 的近似值为 x_0, 绝对误差限为 δ_x, 即 $|\Delta x| \leqslant \delta_x$. 而量 y 可以通过可微函数 $y=f(x)$ 求出, 由于 δ_x 很小, 所以 y 的绝对误差近似为

$$|\Delta y| \approx |f'(x_0)\Delta x| \leqslant |f'(x_0)|\,\delta_x.$$

故量 y 的绝对误差限为

$$|f'(x_0)|\,\delta_x.$$

相对误差限为

$$\frac{|f'(x_0)|\,\delta_x}{|f(x_0)|}.$$

通常把绝对误差限与相对误差限简称为**绝对误差**与**相对误差**.

例 2.5.5 正方形边长为 2.41 ± 0.005m, 求它的面积, 并估计绝对误差与相对误差.

解 设正方形边长为 x, 面积为 y, 则 $y=x^2$.

当 $x=2.41$ 时,

$$y=(2.41)^2=5.8081(\mathrm{m}^2),$$

$$y'\big|_{x=2.41}=2x\big|_{x=2.41}=4.82.$$

因为正方形边长的绝对误差为 $\delta_x=0.005$, 则估计的面积的绝对误差为

$$\delta_y=y'\big|_{x=2.41}\times\delta_x=4.82\times0.005=0.0241(\mathrm{m}^2);$$

估计的面积的相对误差为

$$\frac{\delta_y}{|y|}=\frac{0.0241}{5.8081}\approx0.004.$$

例 2.5.6 某铸币厂铸造硬币的标准规定：硬币的重量误差必须控制在理想重量的 1/1000 以内, 试问：此硬币半径容许的相对误差为多少 (假设铸造的硬币质地均匀, 且厚度符合标准)?

解　假设理想硬币的半径为 a, 生产的时候半径可能产生一个误差 Δa, 又设硬币的厚度为 h, 密度为 ρ, 故理想硬币的标准重量 $m=\rho\pi a^2 h$, 根据微分性质进行近似计算, 半径误差为 Δa, 导致的重量变化 Δm 为

$$\begin{aligned}\Delta m &= \rho\pi(a+\Delta a)^2 h-\rho\pi a^2 h\\ &\approx \frac{\mathrm{d}m}{\mathrm{d}a}\Delta a=2\rho\pi a h\Delta a.\end{aligned}$$

因此, 重量的相对误差为

$$\left|\frac{\Delta m}{m}\right|\approx\left|\frac{2\rho\pi a h\Delta a}{\rho\pi a^2 h}\right|=\left|\frac{2\Delta a}{a}\right|\leqslant\frac{1}{1000}.$$

解得

$$\left|\frac{\Delta a}{a}\right|\leqslant\frac{5}{10000},$$

即硬币半径容许的相对误差为 0.05%.

习　题　2.5

1. 求出函数 $f(x)=x^2-3x+1$ 在 $x=2$, Δx 依次等于 0.1, 0.01, 0.001 时的改变量与微分的差, 并比较所得结果.

2. 将适当的函数填入下列括号内, 使等式成立:

(1) $5x\mathrm{d}x=\mathrm{d}(\quad)$;　　(2) $\sin ax\mathrm{d}x=\mathrm{d}(\quad)$;

(3) $\dfrac{1}{\sqrt{x}}\mathrm{d}x=\mathrm{d}(\quad)$;　　(4) $\mathrm{e}^{-bx}\mathrm{d}x=\mathrm{d}(\quad)$;

(5) $\dfrac{1}{4+x}\mathrm{d}x=\mathrm{d}(\quad)$;　　(6) $\dfrac{1}{\sqrt{1-x^2}}\mathrm{d}x=\mathrm{d}(\quad)$.

3. 求下列函数的微分:

(1) $y=\ln x+2\sqrt{x}$;　　(2) $y=\mathrm{e}^x\cos^2 3x$;

(3) $y=(\mathrm{e}^{2x}+\mathrm{e}^{-2x})^3$;　　(4) $y=\ln\sqrt{1+x^3}$;

(5) $y=\sqrt{x-\sqrt{x}}$;　　(6) $y=\arctan\dfrac{1-x^2}{1+x^2}$;

(7) $y=\tan^2(1+2x^2)$;　　(8) $y=\ln(x+\sqrt{x^2\pm a^2})$.

4. 求下列方程所确定的隐函数 $y=y(x)$ 的微分 $\mathrm{d}y$:

(1) $2y-x=(x-y)\ln(x-y)$;　　(2) $\dfrac{x}{y}=\ln\dfrac{y}{x}$;

(3) $\cos(xy)=x^3y^5$;　　(4) $\mathrm{e}^{xy}-\mathrm{e}^y-\cos xy=0$.

5. 利用微分计算下列各式的近似值:

(1) $\sqrt[5]{0.98}$;　　(2) $\ln 1.01$;

(3) $\cos 60°45'$; (4) $\arctan 1.03$.

6. 有一机械挂钟, 钟摆的周期为 1 s. 在冬季, 摆长缩短了 0.01 cm, 这只钟每天大约快多少? (提示: 单摆的摆长 l 与单摆的周期 T 之间的关系为: $T=2\pi\sqrt{\dfrac{l}{g}}$, 其中 l 的单位为 cm, g 是重力加速度 980cm/s^2)

7. 扩音器插头为圆柱形, 截面半径 r 为 0.15 cm, 长度为 l 为 4 cm, 为了提高其电导性能, 要在该圆柱的侧面镀上一层厚为 0.001 cm 的纯铜, 问每个插头约需要多少克纯铜? (提示: 铜的比重为 8.9g/cm^3)

8. 某工厂生产一扇形板, 半径 $R=200$ mm, 要求中心角 α 为 55°, 产品检验时, 一般用测量弦长 L 的办法来间接测量中心角 α, 若测量弦长 L 时的误差 $\delta_L=0.1$ mm, 问由此而引起的中心角测量误差 δ_α 是多少?

总 习 题 2

1. 设 $f(x)=x(x-1)(x-2)\cdots(x-1000)$, 求 $f'(0)$.

2. 设函数 $f(x)$ 对任何实数 x_1, x_2 有 $f(x_1+x_2)=f(x_1)+f(x_2)$, 且 $f'(0)=1$. 试证: 函数 $f(x)$ 可导, 且 $f'(x)=1$.

3. 求解下列问题:

(1) 求函数 $y=\sin x+\arcsin x$ 的反函数 $x=x(y)$ 的导数;

(2) 设 $y=f(x)$ 为 $x=\varphi(y)$ 的反函数, 且 $f(3)=6, f'(3)=4$, 求 $\varphi'(6)$.

4. 求与直线 $x+9y-1=0$ 垂直的曲线 $y=x^3-3x^2$ 的切线方程.

5. 讨论函数 $y=x|x|$ 在点 $x=0$ 的可导性.

6. 设 $\begin{cases} x=2t+|t| \\ y=5t^2+4t|t| \end{cases}$, 求 $\left.\dfrac{\mathrm{d}y}{\mathrm{d}x}\right|_{t=0}$.

7. 求下列函数的导数:

(1) $y=\dfrac{\ln x}{x^n}$; (2) $y=x^a+a^x+a^{a^x}$;

(3) $y=\ln(\mathrm{e}^x+\sqrt{1+\mathrm{e}^{2x}})$; (4) $y=\arctan(\tan x)$;

(5) $y=\sqrt{x\sin x\sqrt{1-\mathrm{e}^x}}$; (6) $y=(\tan x)^{\sin x}+x^x$.

8. 已知函数 $y=\dfrac{1}{2}\arctan\sqrt{1+x^2}+\dfrac{1}{4}\ln\dfrac{\sqrt{1+x^2}+1}{\sqrt{1+x^2}-1}$, 求 y'.

9. 已知 $y=f\left(\dfrac{2x-1}{2x+1}\right)$, 且 $f'(x)=\arctan(x^2)$, 求 $\left.\dfrac{\mathrm{d}y}{\mathrm{d}x}\right|_{x=0}$.

10. 试由 $\dfrac{\mathrm{d}x}{\mathrm{d}y}=\dfrac{1}{y'}$ 导出:

(1) $\dfrac{\mathrm{d}^2x}{\mathrm{d}y^2}=-\dfrac{y''}{(y')^3}$; (2) $\dfrac{\mathrm{d}^3x}{\mathrm{d}y^3}=\dfrac{3(y'')^2-y'y''}{(y')^5}$.

11. 求下列函数所指定阶的导数:

(1) 设 $y=\dfrac{1}{x^2-6x+8}$, 求 $y^{(n)}$;

(2) 设 $y=\dfrac{4x^2-1}{x^2-1}$, 求 $y^{(n)}$;

(3) 设 $y=x^2\sin 2x$, 求 $y^{(50)}$;

(4) 设 $f(x)=\arctan x$, 求 $f^{(n)}(0)$.

12. 设 $y=y(x)$ 由方程 $x\mathrm{e}^{f(y)}=\mathrm{e}^y$ 所确定, $f(u)$ 二阶可导且 $f'(u)\neq 1$, 求 $\dfrac{\mathrm{d}^2y}{\mathrm{d}x^2}$.

13. 设函数 $y=f(x)$ 由方程 $\sqrt[x]{y}=\sqrt[y]{x}(x>0,\ y>0)$ 所确定, 求 $\dfrac{\mathrm{d}^2y}{\mathrm{d}x^2}$.

14. 设一质点的运动方程为$\begin{cases} x=2\sin\omega t-4\cos\omega t, \\ y=4\sin\omega t+3\cos\omega t \end{cases}$ 求该质点在 $t=0$ 时的运动速度及加速度的大小 (ω 为大于 0 的常数).

15. 求函数 $y=f(\ln x)\mathrm{e}^{f(x)}$ 的微分 (其中 f 可微).

16. 已知 $y=\sin x^2$, 求 $\dfrac{\mathrm{d}y}{\mathrm{d}x}, \dfrac{\mathrm{d}y}{\mathrm{d}x^2}, \dfrac{\mathrm{d}y}{\mathrm{d}x^3}, \dfrac{\mathrm{d}^2y}{\mathrm{d}x^2}$.

17. 假设飞机在起飞前沿跑道滑行的距离由公式$s=\dfrac{10}{9}t^2$ 给出, 其中 s 是从起点算起的以米计的距离, 而 t 是从刹闸放开算起以秒计的时间, 已知当飞机速度达到 200 公里/小时, 飞机就离开升空, 试问要使飞机处于起飞状态需要多长时间, 并计算这个过程中飞机滑行的距离.

第 3 章　中值定理与导数的应用

3.1　中 值 定 理

中值定理揭示了函数在某区间上的整体性质与函数在该区间内某一点处的导数之间的关系. 中值定理既是用微分学知识解决应用问题的理论基础, 又是解决微分学自身发展的一种理论性模型, 因而称为**微分中值定理**.

3.1.1　罗尔 (Rolle) 定理

观察图 3.1 可知, 函数 $y=f(x)$ 在区间 $[a,b]$ 上的图像是一条连续曲线弧, 除端点外处处具有不垂直于 x 轴的切线, 且区间 $[a,b]$ 的两个端点处的函数值相等, 即 $f(a)=f(b)$, 则可以发现在曲线弧上的最高点或最低点处, 曲线有水平切线, 即有 $f'(\xi)=0$, 如果用数学语言把这种几何特征描述出来, 就是下面要介绍的**罗尔 (Rolle) 定理**.

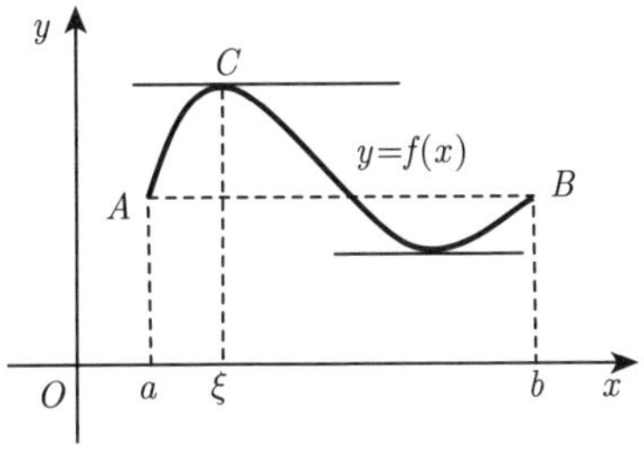

图 3.1

定理 3.1.1(罗尔定理)　如果函数 $y=f(x)$ 满足:

(1) 在闭区间 $[a,b]$ 上连续;

(2) 在开区间 (a,b) 内可导;

(3) 在区间端点的函数值相等, 即 $f(a)=f(b)$, 则在 (a,b) 内至少存在一点 ξ, 使得

$$f'(\xi)=0.$$

证明　由于 $f(x)$ 在闭区间 $[a,b]$ 上连续, 根据闭区间上连续函数的最值定理, $f(x)$ 在 $[a,b]$ 上必有最大值 M 和最小值 m. 下面分两种情况来讨论.

若 $M=m$, 则对任一 $x\in(a,b)$, 都有 $f(x)=m$(或 M). 这时, 对任意的 $\xi\in(a,b)$ 都有 $f'(\xi)=0$.

若 $M>m$, 由条件 (3) 知, M 和 m 中至少有一个不等于端点的函数值. 不妨设 $M\neq f(a)$, 则在开区间 (a,b) 内至少存在一点 ξ, 使得 $f(\xi)=M$. 下面来证明 $f'(\xi)=0$.

由条件 (2) 可知, $f'(\xi)$ 存在. 由于 $f(\xi)$ 为最大值, 所以不论 Δx 为正或为负, 只要 $\xi+\Delta x\in[a,b]$, 总有

$$f(\xi+\Delta x)-f(\xi)\leqslant 0.$$

当 $\Delta x>0$ 时, 有

$$\frac{f(\xi+\Delta x)-f(\xi)}{\Delta x}\leqslant 0,$$

根据函数极限的保号性, 得

$$f'_+(\xi)=\lim_{\Delta x\to 0^+}\frac{f(\xi+\Delta x)-f(\xi)}{\Delta x}\leqslant 0.$$

同样, 当 $\Delta x<0$ 时, 有

$$\frac{f(\xi+\Delta x)-f(\xi)}{\Delta x}\geqslant 0,$$

所以

$$f'_-(\xi)=\lim_{\Delta x\to 0^-}\frac{f(\xi+\Delta x)-f(\xi)}{\Delta x}\geqslant 0.$$

因为 $f'(\xi)=f'_+(\xi)=f'_-(\xi)$, 所以

$$f'(\xi)=0.$$

例 3.1.1　不求导函数, 判断函数 $f(x)=(x-1)(x-2)(x-3)$ 的导数有几个零点及这些零点所在的范围.

解　因为 $f(1)=f(2)=f(3)=0$, 所以 $f(x)$ 在闭区间 $[1,2]$、$[2,3]$ 上满足罗尔定理的三个条件. 由罗尔定理, 在 $(1,2)$ 内至少存在一点 ξ_1, 使 $f'(\xi_1)=0$, 即 ξ_1 是 $f'(x)$ 的一个零点; 在 $(2,3)$ 内至少存在一点 ξ_2, 使 $f'(\xi_2)=0$, 即 ξ_2 也是 $f'(x)$ 的一个零点.

又因 $f'(x)$ 为二次多项式, 最多只有两个零点. 故 $f'(x)$ 恰好有两个零点, 分别在区间 $(1,2)$ 和 $(2,3)$ 内.

例 3.1.2　证明方程 $x^5-5x+1=0$ 有且仅有一个小于 1 的正实根.

证明　设 $f(x)=x^5-5x+1$, 则 $f(x)$ 在 $[0,1]$ 上连续, 且 $f(0)=1, f(1)=-3$. 由零点存在定理, 至少存在一点 $x_0\in(0,1)$, 使 $f(x_0)=0$, 即 x_0 是方程 $x^5-5x+1=0$ 的一个小于 1 的正实根.

其次证明根的唯一性. 用反证法, 假设另有 $x_1\in(0,1)$, $x_1\neq x_0$, 使 $f(x_1)=0$. 易见函数 $f(x)$ 在以 x_0, x_1 为端点的区间上满足罗尔定理的条件, 由罗尔定理, 至少存在一点 ξ(ξ 介于 x_0, x_1 之间), 使得 $f'(\xi)=0$. 这与

$$f'(x)=5(x^4-1)<0,\quad x\in(0,1)$$

矛盾. 因此, 方程 $x^5-5x+1=0$ 有且仅有一个小于 1 的正实根.

注 3.1.1 (1) 罗尔定理的三个条件缺一不可, 缺少任何一个条件定理中的 ξ 不一定存在. 例如,

$$f_1(x)=\begin{cases}-x+1, & 0\leqslant x<1,\\ 1, & x=1,\\ -x+3, & 1<x\leqslant 2;\end{cases}\quad f_2(x)=|x|,\quad x\in[-1,1];\quad f_3(x)=x,\quad x\in[0,1].$$

函数 $f_1(x), f_2(x), f_3(x)$ 在相应的闭区间上分别不满足罗尔定理的条件 (1), (2), (3), 则这三个函数在其开区间内都不存在导数等于零的点.

(2) 罗尔定理的三个条件只是充分条件不是必要条件. 例如, 函数 $f(x)=|\sin x|$ 在闭区间 $[-\pi,\pi]$ 上尽管不满足罗尔定理的条件 ($f(x)$ 在 $x=0$ 点不可导), 但在开区间 $(-\pi,\pi)$ 仍然有导数为零的点. 事实上, $f'\left(\dfrac{\pi}{2}\right)=f'\left(-\dfrac{\pi}{2}\right)=0$.

3.1.2 拉格朗日 (Lagrange) 中值定理

在罗尔定理中, $f(a)=f(b)$ 这个条件是相当特殊的, 它使罗尔定理的应用受到了限制. 拉格朗日在罗尔定理的基础上作了进一步研究, 取消了罗尔定理中这个条件的限制, 但仍保留了其余两个条件, 得到了在微分学中具有重要地位的**拉格朗日 (Lagrange) 中值定理**.

定理 3.1.2 (拉格朗日中值定理) 如果函数 $y=f(x)$ 满足:

(1) 在闭区间 $[a,b]$ 上连续;

(2) 在开区间 (a,b) 内可导,

则在 (a,b) 内至少存在一点 ξ, 使

$$f(b)-f(a)=f'(\xi)(b-a). \tag{3.1}$$

在证明定理之前, 先来看一下其几何意义, 式 (3.1) 可改写为

$$\frac{f(b)-f(a)}{b-a}=f'(\xi). \tag{3.2}$$

由图 3.2 可见, $\dfrac{f(b)-f(a)}{b-a}$ 为弦 AB 的斜率, 而 $f'(\xi)$ 为曲线 $y=f(x)$ 在点 C 处切线的斜率. 拉格朗日中值定理表明: 在满足定理条件的情况下, 曲线 $y=f(x)$ 上至少有一点 C, 使曲线在点 C 处的切线平行于弦 AB.

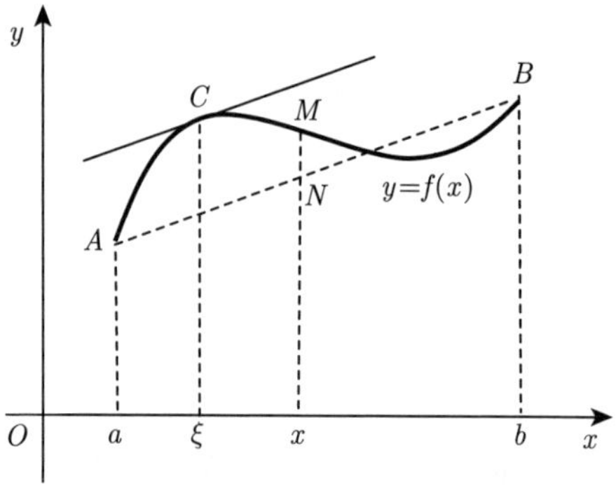

图 3.2

罗尔定理是拉格朗日中值定理在 $f(a)=f(b)$ 时的特殊情形. 由这种特殊关系, 还可进一步联想到利用罗尔定理来证明拉格朗日中值定理. 事实上, 因为弦 AB 方程为

$$y=f(a)+\frac{f(b)-f(a)}{b-a}(x-a),$$

而曲线 $y=f(x)$ 与弦 AB 在端点 A, B 处相交. 故若用曲线 $y=f(x)$ 上点的纵坐标与弦 AB 上相应点处的纵坐标之差做成一个新的函数, 则这个函数在端点 a, b 处的函数值相等. 由此, 可证明拉格朗中值定理.

证明　构造辅助函数

$$F(x)=f(x)-\left[f(a)+\frac{f(b)-f(a)}{b-a}(x-a)\right],$$

容易验证 $F(x)$ 在 $[a,b]$ 上满足罗尔定理的条件. 由罗尔定理, 在 (a,b) 内至少存在一点 ξ, 使得 $F'(\xi)=0$, 即

$$f'(\xi)-\frac{f(b)-f(a)}{b-a}=0$$

或

$$f(b)-f(a)=f'(\xi)(b-a).$$

注 3.1.2　式 (3.1) 或式 (3.2)称为**拉格朗日中值公式**. 式 (3.2) 的左端 $\frac{f(b)-f(a)}{b-a}$表示函数 $f(x)$ 在闭区间 $[a,b]$ 上整体变化的平均变化率, 右端 $f'(\xi)$ 表示在开区间 (a,b) 内某点 ξ 处的局部变化率. 于是, 拉格朗日中值公式反映了可导函数在 $[a,b]$ 上的整体平均变化率与区间 (a,b) 内某点 ξ 处函数的局部变化率之间的关系. 因此, 拉格朗日中值定理是联结局部与整体的纽带.

设 $x, x+\Delta x \in (a,b)$, 在以 $x, x+\Delta x$ 为端点的区间上应用式 (3.1), 有

$$f(x+\Delta x)-f(x)=f'(x+\theta\cdot\Delta x)\Delta x \quad (0<\theta<1)$$

或

$$\Delta y=f'(x+\theta\cdot\Delta x)\Delta x \quad (0<\theta<1) \tag{3.3}$$

式 (3.3) 精确地表达了函数在一个区间上的增量与函数在该区间内某点处的导数之间的关系, 这个公式又称为**有限增量公式**. 因此, 拉格朗日中值定理也称为**有限增量定理**. 拉格朗日中值定理在微分学中占有重要地位, 有时也称这个定理为**微分中值定理**. 在某些问题中, 当自变量 x 取得有限增量 Δx 而需要函数增量的准确表达式时, 拉格朗日中值定理就突显出其重要价值.

拉格朗日中值定理的几何意义 (图 3.3): 如果连续曲线弧 AB 上除两个端点外处处具有不垂直于 x 轴的切线, 则在曲线弧上至少存在一点 C, 使得曲线在该点处的切线平行于弦 AB.

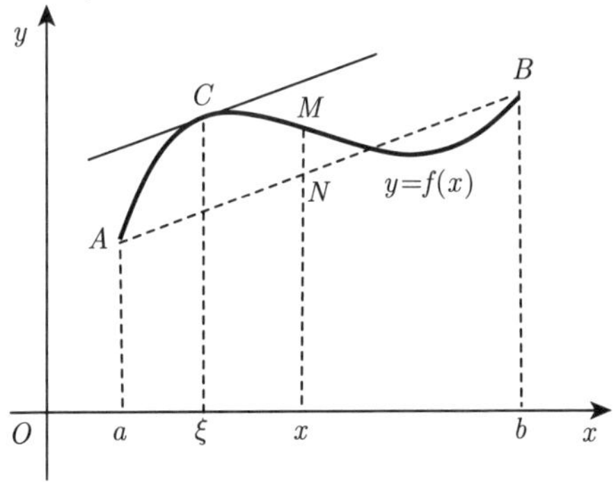

图 3.3

拉格朗日中值定理有以下两个重要的推论.

推论 3.1.1 如果函数 $f(x)$ 在区间 I 上可导, 且 $f'(x)\equiv 0$, 则 $f(x)$ 在区间 I 上是一个常数.

证明 对区间 I 上的任取两点 x_1, x_2, 且 $x_1<x_2$, 在区间 $[x_1,x_2]$ 上利用拉格朗日中值定理, 有

$$f(x_2)-f(x_1)=f'(\xi)(x_2-x_1), \quad x_1<\xi<x_2.$$

由假设 $f'(\xi)=0$, 于是

$$f(x_1)=f(x_2).$$

再由 x_1, x_2 的任意性知, $f(x)$ 在区间 I 上任意两点处的函数值都相等. 因此, $f(x)$ 在区间 I 上是一个常数.

注 3.1.3　推论 3.1.1 表明**导数为零的函数就是常数函数**. 这一结论以后在积分学中将会用到.

由推论 3.1.1 即可得下面的推论.

推论 3.1.2　如果函数 $f(x)$ 与 $g(x)$ 在区间 I 上都可导, 且 $f'(x) \equiv g'(x)$, 则在区间 I 上

$$f(x) = g(x) + C,$$

其中 C 为常数.

例 3.1.3　证明: 当 $x > 0$ 时, $\frac{x}{1+x} < \ln(1+x) < x$.

分析　要证 $\frac{x}{1+x} < \ln(1+x) < x$, 只需证 $\frac{1}{1+x} < \frac{\ln(1+x)}{x} < 1$.

证明　设 $f(x) = \ln(1+x)$, $f(x)$ 在 $[0,x]$ 上满足拉格朗日中值定理的条件, 由拉格朗日中值定理, 有

$$\frac{f(x)-f(0)}{x} = f'(\xi), \quad 0 < \xi < x.$$

即

$$\frac{\ln(1+x)}{x} = \frac{1}{1+\xi}, \quad 0 < \xi < x.$$

由 $0 < \xi < x$, 得

$$\frac{1}{1+x} < \frac{1}{1+\xi} < 1.$$

因此

$$\frac{1}{1+x} < \frac{\ln(1+x)}{x} < 1,$$

即

$$\frac{x}{1+x} < \ln(1+x) < x.$$

例 3.1.4　证明: 不等式 $\arctan x_2 - \arctan x_1 \leqslant x_2 - x_1$(其中 $x_1 < x_2$).

证明　设 $f(x) = \arctan x$, $f(x)$ 在 $[x_1, x_2]$ 上满足拉格朗日中值定理的条件, 由拉格朗日中值定理, 有

$$f(x_2) - f(x_1) = f'(\xi)(x_2 - x_1), \quad x_1 < \xi < x_2.$$

即

$$\arctan x_2 - \arctan x_1 = \frac{1}{1+\xi^2}(x_2 - x_1), \quad x_1 < \xi < x_2.$$

因为 $\frac{1}{1+\xi^2} \leqslant 1$, 所以

$$\arctan x_2 - \arctan x_1 \leqslant x_2 - x_1.$$

3.1.3 柯西 (Cauchy) 中值定理

定理 3.1.3(柯西中值定理) 如果函数 $f(x)$ 及 $F(x)$ 满足:

(1) 在闭区间 $[a,b]$ 上连续;

(2) 在开区间 (a,b) 内可导, 且对任意一点 $x\in(a,b)$, $F'(x)\neq 0$, 则在 (a,b) 内至少存在一点 ξ, 使得

$$\frac{f(b)-f(a)}{F(b)-F(a)}=\frac{f'(\xi)}{F'(\xi)}.$$

证明 因 $F(x)$ 在 $[a,b]$ 上满足拉格朗日中值定理的条件, 由拉格朗日中值定理, 有

$$F(b)-F(a)=F'(\eta)(b-a),\quad a<\eta<b.$$

由于对任意一点 $x\in(a,b)$, $F'(x)\neq 0$, 从而, $F(b)-F(a)=F'(\eta)(b-a)\neq 0$.

构造辅助函数

$$\varphi(x)=f(x)-f(a)-\frac{f(b)-f(a)}{F(b)-F(a)}\left[F(x)-F(a)\right],$$

易知 $\varphi(x)$ 在区间 $[a,b]$ 上满足罗尔定理的条件. 由罗尔定理, 在 (a,b) 内至少存在一点 ξ, 使得, $\varphi'(\xi)=0$, 即

$$f'(\xi)-\frac{f(b)-f(a)}{F(b)-F(a)}F'(\xi)=0,$$

即

$$\frac{f(b)-f(a)}{F(b)-F(a)}=\frac{f'(\xi)}{F'(\xi)}.$$

注 3.1.4 (1) 公式 $\dfrac{f(b)-f(a)}{F(b)-F(a)}=\dfrac{f'(\xi)}{F'(\xi)}$, $\xi\in(a,b)$ 不能由下面两式

$$f(b)-f(a)=f'(\xi)(b-a),\quad \xi\in(a,b)$$
$$F(b)-F(a)=F'(\xi)(b-a),\quad \xi\in(a,\ b)$$

的商来得到. 因为这两式中的 ξ 不一定相同.

(2) 在拉格朗日中值定理和柯西中值定理的证明中, 都采用了构造辅助函数的方法. 这种方法是微积分中证明数学命题的一种常用方法, 是根据命题的特征与需要, 经过推敲与不断修正而构造出来的, 并且不是唯一的.

显然, 当 $F(x)=x$ 时, $F(b)-F(a)=b-a$, $F'(x)=1$. 从而, 柯西中值定理就变成了拉格朗日中值定理 (微分中值定理). 所以柯西中值定理又称为**广义中值定理**.

例 3.1.5 设函数 $f(x)$ 在 $[0,1]$ 上连续, 在 $(0,1)$ 内可导, 证明: 至少存在一点 $\xi \in (0,1)$, 使 $f'(\xi) = 2\xi[f(1)-f(0)]$.

分析 欲证 $f'(\xi) = 2\xi[f(1)-f(0)]$, 只须证

$$\frac{f(1)-f(0)}{1-0} = \frac{f'(\xi)}{2\xi} = \frac{f'(x)|_{x=\xi}}{(x^2)'|_{x=\xi}}.$$

证明 设 $F(x) = x^2$, 由已知条件可知, $f(x)$、$F(x)$ 在 $[0,1]$ 上连续, 在 $(0,1)$ 内可导, 且 $F'(x) = 2x \neq 0$, $x \in (0,1)$. 即 $f(x)$、$F(x)$ 在 $[0,1]$ 上满足柯西中值定理条件, 由柯西中值定理, 在 $(0,1)$ 内至少存在一个点 ξ, 使

$$\frac{f(1)-f(0)}{1-0} = \frac{f'(\xi)}{2\xi},$$

即

$$f'(\xi) = 2\xi[f(1)-f(0)].$$

习 题 3.1

1. 验证罗尔定理对函数 $f(x) = \mathrm{e}^{x^2} - 1$ 在区间 $[-1,1]$ 上的正确性.

2. 验证拉格朗日中值定理对函数 $f(x) = x^2 - 5x + 2$ 在区间 $[-1,0]$ 上的正确性. 并求出拉格朗日中值定理中的 ξ.

3. 验证柯西中值定理对函数 $f(x) = x^3 + 1$, $g(x) = x^2$ 在区间 $[2,3]$ 上的正确性.

4. 不用求出函数 $f(x) = (x-1)(x-2)(x-3)(x-4)$ 的导数, 说明方程 $f'(x) = 0$ 有几个实根, 并指出它们所在的区间.

5. 若四次方程 $a_0x^4 + a_1x^3 + a_2x^2 + a_3x = 0$ 有一个正实根 $x = x_0$, 证明方程 $4a_0x^3 + 3a_1x^2 + 2a_2x + a_3 = 0$ 必有一个小于 x_0 的正根.

6. 若 $f(x)$ 在 $[a,b]$ 上连续, 在 (a,b) 内可导, 且 $f(a) = f(b) = 0$. 证明: 存在 $\xi \in (a,b)$, 使得 $f'(\xi) = f(\xi)$ 成立.

7. 证明: 函数 $f(x) = x^3 - 3x + 7a$ 在 $[0,1]$ 上不可能有两个零点.

8. 用拉格朗日中值定理证明: 若 $\lim\limits_{x\to 0^+} f(x) = f(0) = 0$, 且当 $x > 0$ 时 $f'(x) > 0$, 则当 $x > 0$ 时, $f(x) > 0$.

9. 证明: 不等式 $|\sin x_2 - \sin x_1| \leqslant |x_2 - x_1|$.

10. 证明: 不等式 $nb^{n-1}(a-b) < a^n - b^n < na^{n-1}(a-b)$, $n > 1$, $a > b > 0$.

11. 证明: 等式 $\arcsin x + \arccos x = \dfrac{\pi}{2}$, $(-1 \leqslant x \leqslant 1)$.

12. 设 $f(x)$ 在闭区间 $[a,b] \subset (0,+\infty)$ 上连续, 在开区间 (a,b) 内可导, 求证: 至少存在一点 $\xi \in (a,b)$, 使 $f(b) - f(a) = \dfrac{f'(\xi)}{2\xi}(b^2 - a^2)$.

3.2 洛必达 (L'Hospital) 法则

在第 1 章中讨论过两个无穷小量商的极限问题, 它们有的存在, 有的不存在. 例如当 $x \to 0$ 时, $\dfrac{\sin x}{x} \to 1$, 而 $\dfrac{\sin x}{x^2} \to \infty$. 类似地, 两个无穷大量商的极限问题也有类似的情况. 对这类极限, 即使它存在也不能用商的极限的运算法则来解决. 通常把这类极限称为 $\dfrac{0}{0}$, $\dfrac{\infty}{\infty}$ 未定式, 简称为 $\dfrac{0}{0}$, $\dfrac{\infty}{\infty}$ 型. 本节将利用柯西中值定理来建立求这类未定式的极限的一种方法 ——**洛必达 (L'Hospital) 法则**.

定理 3.2.1 设函数 $f(x)$, $F(x)$ 满足:

(1) 当 $x \to a$ 时, $f(x) \to 0$, $F(x) \to 0$;

(2) 在点 a 的某去心邻域 $\mathring{U}(a,\delta)$ 内, $f'(x)$, $F'(x)$ 都存在且 $F'(x) \neq 0$;

(3) $\lim\limits_{x\to a} \dfrac{f'(x)}{F'(x)}$ 存在 (或无穷大),

则

$$\lim_{x\to a} \frac{f(x)}{F(x)} = \lim_{x\to a} \frac{f'(x)}{F'(x)}.$$

即当 $\lim\limits_{x\to a} \dfrac{f'(x)}{F'(x)}$ 存在时, $\lim\limits_{x\to a} \dfrac{f(x)}{F(x)}$ 也存在且等于 $\lim\limits_{x\to a} \dfrac{f'(x)}{F'(x)}$; 当 $\lim\limits_{x\to a} \dfrac{f'(x)}{F'(x)}$ 不存在为无穷大时, $\lim\limits_{x\to a} \dfrac{f(x)}{F(x)}$ 也不存在为无穷大. 这种在一定条件下通过分子分母分别求导来求未定式的极限的方法称为**洛必达法则**.

证明 因极限 $\lim\limits_{x\to a} \dfrac{f(x)}{F(x)}$ 是否存在与函数值 $f(a)$、$F(a)$ 无关, 那么不妨设 $f(a) = F(a) = 0$, 这不会影响极限 $\lim\limits_{x\to a} \dfrac{f(x)}{F(x)}$. 由这一假设及条件 (1), (2) 知, $f(x)$ 与 $F(x)$ 在点 a 的某个邻域内是连续的. 设 x 是这邻域内的一点, 那么在以 x, a 为端点的区间上, $f(x)$、$F(x)$ 满足柯西中值定理条件. 因此有

$$\frac{f(x)}{F(x)} = \frac{f(x) - f(a)}{F(x) - F(a)} = \frac{f'(\xi)}{F'(\xi)} \quad (\xi\text{介于 } x \text{ 与 } a \text{ 之间})$$

当 $x \to a$ 时, $\xi \to a$. 因此

$$\lim_{x\to a} \frac{f(x)}{F(x)} = \lim_{\xi\to a} \frac{f'(\xi)}{F'(\xi)} = \lim_{x\to a} \frac{f'(x)}{F'(x)}.$$

如果极限 $\lim\limits_{x\to a} \dfrac{f'(x)}{F'(x)}$ 仍属于 $\dfrac{0}{0}$ 型, 且 $f'(x)$、$F'(x)$ 又满足定理中的条件, 则可

以再次使用洛必达法则. 即

$$\lim_{x\to a}\frac{f(x)}{F(x)}=\lim_{x\to a}\frac{f'(x)}{F'(x)}=\lim_{x\to a}\frac{f''(x)}{F''(x)}.$$

例 3.2.1　求下列极限:

(1) $\lim\limits_{x\to 0}\dfrac{\mathrm{e}^x-1}{x}$;　(2) $\lim\limits_{x\to 0}\dfrac{\cos x-1}{x^2}$;　(3) $\lim\limits_{x\to 1}\dfrac{x^3-3x+2}{x^3-x^2-x+1}$.

解　(1) $\lim\limits_{x\to 0}\dfrac{\mathrm{e}^x-1}{x}=\lim\limits_{x\to 0}\dfrac{\mathrm{e}^x}{1}=1$.

(2) $\lim\limits_{x\to 0}\dfrac{\cos x-1}{x^2}=\lim\limits_{x\to 0}\dfrac{-\sin x}{2x}=-\dfrac{1}{2}$.

(3) $\lim\limits_{x\to 1}\dfrac{x^3-3x+2}{x^3-x^2-x+1}=\lim\limits_{x\to 1}\dfrac{3x^2-3}{3x^2-2x-1}=\lim\limits_{x\to 1}\dfrac{6x}{6x-2}=\dfrac{3}{2}$.

注 3.2.1　上式中 $\lim\limits_{x\to 1}\dfrac{6x}{6x-2}$ 已不是未定式, 不能再对其使用洛必达法则, 否则会出错.

对于 $x\to\infty$ 时的 $\dfrac{0}{0}$ 型未定式, 也有相应定理.

定理 3.2.2　设函数 $f(x)$, $F(x)$ 满足:

(1) 当 $x\to\infty$ 时, $f(x)\to 0$, $F(x)\to 0$;

(2) 对充分大的正数 X, 当 $|x|>X$ 时, $f'(x)$, $F'(x)$ 存在且 $F'(x)\neq 0$;

(3) $\lim\limits_{x\to\infty}\dfrac{f'(x)}{F'(x)}$ 存在 (或无穷大),

则

$$\lim_{x\to\infty}\frac{f(x)}{F(x)}=\lim_{x\to\infty}\frac{f'(x)}{F'(x)}.$$

例 3.2.2　求下列极限:

(1) $\lim\limits_{x\to+\infty}\dfrac{\dfrac{\pi}{2}-\arctan x}{\dfrac{1}{x}}$;　(2) $\lim\limits_{x\to+\infty}\dfrac{\ln\left(1+\dfrac{1}{x}\right)}{\operatorname{arccot} x}$.

解　(1) $\lim\limits_{x\to+\infty}\dfrac{\dfrac{\pi}{2}-\arctan x}{\dfrac{1}{x}}=\lim\limits_{x\to+\infty}\dfrac{-\dfrac{1}{1+x^2}}{-\dfrac{1}{x^2}}=\lim\limits_{x\to+\infty}\dfrac{x^2}{1+x^2}=1$.

(2) $\lim\limits_{x\to+\infty}\dfrac{\ln\left(1+\dfrac{1}{x}\right)}{\operatorname{arccot} x}=\lim\limits_{x\to+\infty}\dfrac{\dfrac{1}{1+\dfrac{1}{x}}\cdot\left(-\dfrac{1}{x^2}\right)}{-\dfrac{1}{1+x^2}}=\lim\limits_{x\to+\infty}\dfrac{1+x^2}{x+x^2}=1$.

对于 $x\to a$(或 $x\to\infty$) 时的 $\dfrac{\infty}{\infty}$ 型未定式, 也有相应的定理.

定理 3.2.3 设函数 $f(x)$, $F(x)$ 满足:

(1) 当 $x\to a$(或 $x\to\infty$) 时, $f(x)\to\infty$, $F(x)\to\infty$;

(2) 在 a 点的某去心邻域内 (或当 $|x|>X$ 时), $f'(x)$, $F'(x)$ 存在且 $F'(x)\neq 0$;

(3) $\lim\limits_{\substack{x\to a\\(x\to\infty)}}\dfrac{f'(x)}{F'(x)}$ 存在 (或无穷大),

则

$$\lim_{\substack{x\to a\\(x\to\infty)}}\frac{f(x)}{F(x)}=\lim_{\substack{x\to a\\(x\to\infty)}}\frac{f'(x)}{F'(x)}.$$

例 3.2.3 求下列极限:

(1) $\lim\limits_{x\to+\infty}\dfrac{\ln x}{x^n}\quad(n>0)$; (2) $\lim\limits_{x\to+\infty}\dfrac{x^n}{\mathrm{e}^{\lambda x}}$ (n 为正整数, $\lambda>0$).

解 (1) $\lim\limits_{x\to+\infty}\dfrac{\ln x}{x^n}=\lim\limits_{x\to+\infty}\dfrac{\frac{1}{x}}{nx^{n-1}}=\lim\limits_{x\to+\infty}\dfrac{1}{nx^n}=0.$

(2) 反复应用洛必达法则 n 次, 得

$$\lim_{x\to+\infty}\frac{x^n}{\mathrm{e}^{\lambda x}}=\lim_{x\to+\infty}\frac{nx^{n-1}}{\lambda\mathrm{e}^{\lambda x}}=\lim_{x\to+\infty}\frac{n(n-1)x^{n-2}}{\lambda^2\mathrm{e}^{\lambda x}}=\cdots=\lim_{x\to+\infty}\frac{n!}{\lambda^n\mathrm{e}^{\lambda x}}=0.$$

当 $x\to+\infty$ 时, 对数函数 $\ln x$, 幂函数 x^n, 指数函数 $\mathrm{e}^{\lambda x}$ $(\lambda>0)$ 都为无穷大, 但它们趋于 ∞ 的快慢速度不一样. 由例 3.2.3 可知, 幂函数趋于 ∞ 的速度比对数函数快, 而指数函数趋于 ∞ 的速度又比幂函数快.

除 $\dfrac{0}{0}$, $\dfrac{\infty}{\infty}$ 未定式外, 还有一些其它形式的未定式: $0\cdot\infty$, $\infty-\infty$, 0^0, 1^∞, ∞^0. 对这些类型的未定式均可化为 $\dfrac{0}{0}$ 或 $\dfrac{\infty}{\infty}$ 型的未定式来计算.

例 3.2.4 求 $\lim\limits_{x\to0^+}x^\alpha\ln x\quad(\alpha>0)$.

解 该极限是 $0\cdot\infty$ 型.

$$\lim_{x\to0^+}x^\alpha\ln x=\lim_{x\to0^+}\frac{\ln x}{\dfrac{1}{x^\alpha}},$$

这就转化成了 $\dfrac{\infty}{\infty}$ 型, 应用洛必达法则, 有

$$\lim_{x\to0^+}x^\alpha\ln x=\lim_{x\to0^+}\frac{\ln x}{\dfrac{1}{x^\alpha}}=\lim_{x\to0^+}\frac{\dfrac{1}{x}}{-\alpha x^{-\alpha-1}}=-\frac{1}{\alpha}\lim_{x\to0^+}x^\alpha=0.$$

例 3.2.5　求 $\lim\limits_{x\to0}\left(\dfrac{1}{\sin x}-\dfrac{1}{x}\right)$.

解　该极限是 $\infty-\infty$ 型, 通分后应用洛必达法则, 有

$$\begin{aligned}\lim_{x\to0}\left(\frac{1}{\sin x}-\frac{1}{x}\right)&=\lim_{x\to0}\frac{x-\sin x}{x\sin x}\\&=\lim_{x\to0}\frac{1-\cos x}{\sin x+x\cdot\cos x}\\&=\lim_{x\to0}\frac{\sin x}{2\cos x-x\cdot\sin x}=0.\end{aligned}$$

对三种指数未定式 0^0, 1^∞, ∞^0, 均可采用取对数的方法来解决.

例 3.2.6　求 $\lim\limits_{x\to0^+}x^x$.

解　该极限是 0^0 型, 令 $y=x^x$, 取对数得

$$\ln y=x\ln x.$$

因为

$$\lim_{x\to0^+}\ln y=\lim_{x\to0^+}x\ln x=\lim_{x\to0^+}\frac{\ln x}{\dfrac{1}{x}}=\lim_{x\to0^+}\frac{\dfrac{1}{x}}{-\dfrac{1}{x^2}}=-\lim_{x\to0^+}x=0,$$

所以

$$\lim_{x\to0^+}y=\lim_{x\to0^+}\mathrm{e}^{\ln y}=\mathrm{e}^{\lim\limits_{x\to0^+}\ln y}=\mathrm{e}^0=1.$$

例 3.2.7　求 $\lim\limits_{x\to0^+}\left(\dfrac{1}{x}\right)^{\tan x}$.

解　该极限是 ∞^0 型, 令 $y=\left(\dfrac{1}{x}\right)^{\tan x}$, 取对数得

$$\ln y=\tan x\ln\frac{1}{x}=-\tan x\ln x.$$

因为

$$\lim_{x\to0^+}\ln y=-\lim_{x\to0^+}\tan x\ln x$$

$$= -\lim_{x\to 0^+}\frac{\ln x}{\dfrac{1}{\tan x}} = -\lim_{x\to 0^+}\frac{\ln x}{\cot x} = \lim_{x\to 0^+}\frac{1}{x\csc^2 x}$$

$$= \lim_{x\to 0^+}\frac{\sin^2 x}{x} = 0,$$

所以

$$\lim_{x\to 0^+} y = \lim_{x\to 0^+} e^{\ln y} = e^{\lim\limits_{x\to 0^+}\ln y} = e^0 = 1.$$

最后, 值得指出的是, 以上各定理给出的是求未定式的一种方法. 当定理的条件满足时, 所求的极限存在 (或为 ∞), 但当定理条件不满足时, 所求极限却不一定不存在. 即如果 $\lim\limits_{x\to a}\dfrac{f'(x)}{F'(x)}$ 不存在又不为 ∞ 时, 不能断定 $\lim\limits_{x\to a}\dfrac{f(x)}{F(x)}$ 不存在,只能说明该极限不适合用洛必达法则来求. 例如, 极限 $\lim\limits_{x\to 0}\dfrac{x^2\sin\dfrac{1}{x}}{x} = \lim\limits_{x\to 0} x\sin\dfrac{1}{x} = 0$, 如果使用洛必达法则, 有 $\lim\limits_{x\to 0}\dfrac{x^2\sin\dfrac{1}{x}}{x} = \lim\limits_{x\to 0}\left(2x\sin\dfrac{1}{x} - \cos\dfrac{1}{x}\right)$ 不存在.

习 题 3.2

1. 利用洛必达法则求下列极限:

(1) $\lim\limits_{x\to 0}\dfrac{e^x - e^{-x}}{x}$;

(2) $\lim\limits_{x\to 1}\dfrac{\ln x}{x-1}$;

(3) $\lim\limits_{x\to 1}\dfrac{x - x^x}{1 - x + \ln x}$;

(4) $\lim\limits_{x\to (\frac{\pi}{2})^+}\dfrac{\ln\left(x - \dfrac{\pi}{2}\right)}{\tan x}$;

(5) $\lim\limits_{x\to 0^+}\dfrac{\ln\sin 4x}{\ln\tan 3x}$;

(6) $\lim\limits_{x\to 0}\dfrac{\ln(1+x^2)}{\sec x - \cos x}$;

(7) $\lim\limits_{x\to 0}\dfrac{6x - \sin 6x}{(1-\cos x)\ln(1+4x)}$;

(8) $\lim\limits_{x\to \frac{\pi}{2}}(\sec x - \tan x)$;

(9) $\lim\limits_{x\to 0}\left(\dfrac{1}{x} - \dfrac{1}{e^x - 1}\right)$;

(10) $\lim\limits_{x\to 1}\left(\dfrac{x}{x-1} - \dfrac{1}{\ln x}\right)$;

(11) $\lim\limits_{x\to 0^+} x^{\sin x}$;

(12) $\lim\limits_{x\to 0} x^2 e^{\frac{1}{x^2}}$;

(13) $\lim\limits_{x\to 0}(1+\sin x)^{\frac{1}{x}}$;

(14) $\lim\limits_{n\to +\infty}\left(n\tan\dfrac{1}{n}\right)^{n^2}$;

(15) $\lim\limits_{x\to 0}\dfrac{e^x + \ln(1-x) - 1}{x - \arctan x}$;

(16) $\lim\limits_{x\to \infty}\left[(2+x)e^{\frac{1}{x}} - x\right]$.

2. 讨论函数

$$f(x)=\begin{cases}\left(\dfrac{(1+x)^{\frac{1}{x}}}{\mathrm{e}}\right)^{\frac{1}{x}}, & x>0,\\ \mathrm{e}^{-\frac{1}{2}}, & x\leqslant 0\end{cases}$$

在点 $x=0$ 处的连续性.

3. 验证极限 $\lim\limits_{x\to 0}\dfrac{x^2\sin\dfrac{1}{x}}{\sin x}$ 存在, 但不能用洛必达法则求得.

4. 试确定 a 和 b 的值, 使得 $\lim\limits_{x\to 0}\left(\dfrac{\sin x}{x^3}+\dfrac{3a}{x^2}+b\right)=0$ 成立.

3.3 泰勒公式

不论在近似计算或理论分析中, 常常希望能用一个简单的函数来近似表示一个比较复杂的函数, 这将会带来很大方便. 一般来说, 最简单的函数是多项式函数. 从而, 多项式函数经常被用来近似表达函数, 这种近似表达在数学上常被称为**逼近**.

在微分的应用中已经知道, 当 $|x|$ 很小时, 有近似公式

$$f(x)\approx f(0)+f'(0)x.$$

如 $\mathrm{e}^x\approx 1+x$, $\ln(1+x)\approx x$ 等, 这些都是用一次多项式来近似表达函数的例子. 但这种近似表达式存在明显的不足. 首先是精度不高, 因为这些近似式所产生的误差仅仅是关于 x 的高阶无穷小; 其次是用它来作近似计算时, 不能具体估算出误差的大小, 因此当精度要求较高且需要估计误差的时候, 就必须要用高次多项式来近似表达函数, 同时给出误差估计式. 为此, 怎样从一个函数本身得出所需要的多项式呢? 这就是本节要讨论的主要问题.

3.3.1 泰勒 (Taylor) 公式

下面先考虑这样一种情形: 设函数 $f(x)$ 在 x_0 点的某邻域 $U(x_0,\delta)$ 内具有直到 $n+1$ 阶导数.

由微分的应用可知,

$$f(x)\approx f(x_0)+f'(x_0)(x-x_0).\tag{3.4}$$

记 $P_1(x)=f(x_0)+f'(x_0)(x-x_0)$, 要求 $P_1(x)$ 与函数 $f(x)$ 在 $x=x_0$ 点不仅函数值相等且一阶导数值也相等. 此时称 $P_1(x)$ 为函数 $f(x)$**在**$x=x_0$**处的一阶近似**.

如果要提高近似的精度, 可用二次多项式

$$P_2(x)=a_0+a_1(x-x_0)+a_2(x-x_0)^2,$$

来近似代替 $f(x)$, 且满足 $P_2(x_0)=f(x_0)$, $P_2'(x_0)=f'(x_0)$, $P_2''(x_0)=f''(x_0)$, 此时称 $P_2(x)$ 是函数 $f(x)$**在$x=x_0$处的二阶近似.**

这里, 为了确定系数 a_0, a_1, a_2, 需对 $P_2(x)=a_0+a_1(x-x_0)+a_2(x-x_0)^2$ 分别求一阶导数、二阶导数, 则有 $P_2'(x)=a_1+2a_2(x-x_0)$, $P_2''(x)=2a_2$, 用 $x=x_0$ 代入得

$$P_2'(x_0)=a_1=f'(x_0),\quad P_2''(x_0)=2a_2=f''(x_0),$$

因此

$$a_0=f(x_0),\quad a_1=\frac{f'(x_0)}{1!},\quad a_2=\frac{f''(x_0)}{2!}.$$

从而得到二阶近似式

$$f(x)\approx f(x_0)+f'(x_0)(x-x_0)+\frac{f''(x_0)}{2!}(x-x_0)^2, \tag{3.5}$$

可见, 式 (3.5) 比一阶近似式 (3.4) 更精确一些.

若把上述步骤继续下去, 可得更高阶的近似. 例如有以下的 n 阶近似式

$$f(x)\approx f(x_0)+f'(x_0)(x-x_0)+\frac{f''(x_0)}{2!}(x-x_0)^2+\cdots+\frac{f^{(n)}(x_0)}{n!}(x-x_0)^n, \tag{3.6}$$

记

$$P_n(x)=f(x_0)+f'(x_0)(x-x_0)+\frac{f''(x_0)}{2!}(x-x_0)^2+\cdots+\frac{f^{(n)}(x_0)}{n!}(x-x_0)^n, \tag{3.7}$$

称 $P_n(x)$ 为 $f(x)$**在$x=x_0$处的n阶近似**.

上面导出了用多项式表示函数的近似公式, 并且指出近似式的阶数越高, 近似程度也越好. 此时, 自然要问近似程度究竟是多少呢? 换句话, 如用 n 阶近似式表示函数 $f(x)$, 那么其误差是多少呢? 下面的定理给出了回答.

定理 3.3.1 (泰勒中值定理) 若函数 $f(x)$ 在 x_0 点的某邻域 $U(x_0,\delta)$ 内具有直到 $n+1$ 阶导数, 则对任一 $x\in U(x_0,\delta)$, 有

$$f(x)=f(x_0)+f'(x_0)(x-x_0)+\cdots+\frac{f^{(n)}(x_0)}{n!}(x-x_0)^n+R_n(x). \tag{3.8}$$

其中

$$R_n(x)=\frac{f^{(n+1)}(\xi)}{(n+1)!}(x-x_0)^{n+1}, \tag{3.9}$$

ξ 介于 x_0 与 x 之间.

证明 作辅助函数

$$\varphi(t)=f(t)-f(x_0)-f'(x_0)(t-x_0)-\frac{f''(x_0)}{2!}(t-x_0)^2-\cdots-\frac{f^{(n)}(x_0)}{n!}(t-x_0)^n.$$

由假设可知 $\varphi(t)$ 在以 x_0, x 为端点的区间 ((x, x_0) 或 (x_0, x)) 内具有直到 $n+1$ 阶的导数, 且 $\varphi(x_0)=\varphi'(x_0)=\cdots=\varphi^{(n)}(x_0)=0$.

再作辅助函数

$$\psi(t)=(t-x_0)^{n+1},$$

对函数 $\varphi(t)$ 和 $\psi(t)$ 在以 x_0, x 为端点的闭区间上利用柯西中值定理, 可得

$$\frac{\varphi(x)-\varphi(x_0)}{\psi(x)-\psi(x_0)}=\frac{\varphi'(\xi_1)}{\psi'(\xi_1)},$$

因此

$$\begin{aligned}\frac{\varphi(x)}{(x-x_0)^{n+1}}&=\frac{\varphi(x)-\varphi(x_0)}{(x-x_0)^{n+1}-0}=\frac{\varphi'(\xi_1)}{(n+1)(\xi_1-x_0)^n}\quad(\text{其中}\xi_1\in(x_0,x))\\&=\frac{\varphi'(\xi_1)-\varphi'(x_0)}{(n+1)(\xi_1-x_0)^n-0}\\&=\frac{\varphi''(\xi_2)}{(n+1)n(\xi_2-x_0)^{n-1}}\quad(\text{其中}\xi_2\in(x_0,\xi_1)\subset(x_0,x))\\&=\cdots\cdots\cdots\cdots\\&=\frac{\varphi^{(n+1)}(\xi)}{(n+1)!}\quad(\text{其中}\xi\in(x_0,x)).\end{aligned}$$

又因为 $\varphi^{(n+1)}(t)=f^{(n+1)}(t)$, 故

$$\varphi(x)=\frac{f^{(n+1)}(\xi)}{(n+1)!}(x-x_0)^{n+1}\quad(\text{其中}\xi\in(x_0,x)).$$

则有

$$\begin{aligned}f(x)=&f(x_0)+f'(x_0)(x-x_0)+\cdots+\frac{f^{(n)}(x_0)}{n!}(x-x_0)^n\\&+\frac{f^{(n+1)}(\xi)}{(n+1)!}(x-x_0)^{n+1}\quad(\text{其中}\xi\in(x_0,x)).\end{aligned}$$

因此

$$R_n(x)=\frac{f^{(n+1)}(\xi)}{(n+1)!}(x-x_0)^{n+1},$$

其中 ξ 介于 x_0 与 x 之间.

这里, 将多项式 (3.7) 称为函数 $f(x)$**按**$(x-x_0)$**幂展开的**n**次近似多项式**, 式 (3.8) 称为 $f(x)$ 按 $(x-x_0)$ 幂展开的**带有拉格朗日型余项的**n**阶泰勒公式**, 而 $R_n(x)$ 的表达式 (3.9) 称为**拉格朗日型余项**.

当 $n=0$ 时, 泰勒公式变成拉格朗日中值公式

$$f(x)=f(x_0)+f'(\xi)(x-x_0)\quad(\xi\text{在}x_0\text{与}x\text{之间})$$

因此, 泰勒中值定理是拉格朗日中值定理的推广.

由定理 3.3.1 可知, 以多项式 $P_n(x)$ 近似表达函数 $f(x)$ 时, 其误差为 $|R_n(x)|$. 如果对于某个固定的 n, 当 $x \in U(x_0,\delta)$ 时, $\left|f^{(n+1)}(x)\right| \leqslant M$, 则有估计式

$$|R_n(x)| = \left|\frac{f^{(n+1)}(\xi)}{(n+1)!}(x-x_0)^{n+1}\right| \leqslant \frac{M}{(n+1)!}\left|x-x_0\right|^{n+1}, \tag{3.10}$$

及

$$\lim_{x\to x_0}\frac{R_n(x)}{(x-x_0)^n} = 0.$$

由此可见, 当 $x \to x_0$ 时, 误差 $|R_n(x)|$ 是比 $(x-x_0)^n$ 高阶的无穷小, 即

$$R_n(x) = o[(x-x_0)^n]. \tag{3.11}$$

这样, 在不需要余项的精确表达式时, n 阶泰勒公式也可写成

$$f(x) = f(x_0) + f'(x_0)(x-x_0) + \cdots + \frac{f^{(n)}(x_0)}{n!}(x-x_0)^n + o((x-x_0)^n). \tag{3.12}$$

余项 $R_n(x)$ 的表达式 (3.11) 称为**皮亚诺 (Peano) 型余项**, 式 (3.12) 称为 $f(x)$ 按 $(x-x_0)$ 幂展开的**带有皮亚诺型余项的n阶泰勒公式**.

在泰勒公式 (3.8) 中, 如果取 $x_0 = 0$, 则 ξ 介于 0 与 x 之间. 因此, 可令 $\xi = \theta x(0<\theta<1)$, 从而泰勒公式变成较简单的形式

$$f(x) = f(0) + f'(0)x + \cdots + \frac{f^{(n)}(0)}{n!}x^n + \frac{f^{(n+1)}(\theta x)}{(n+1)!}x^{n+1}, (0<\theta<1) \tag{3.13}$$

称式 (3.13) 为函数 $f(x)$ 的**带有拉格朗日型余项的麦克劳林 (Maclaurin) 公式.**

在泰勒公式 (3.12) 中, 如果取 $x_0 = 0$, 则有

$$f(x) = f(0) + f'(0)x + \cdots + \frac{f^{(n)}(0)}{n!}x^n + o(x^n). \tag{3.14}$$

称式 (3.14) 为函数 $f(x)$ 的**带有皮亚诺型余项的麦克劳林 (Maclaurin) 公式**.

例 3.3.1 写出 $f(x) = x^2\ln x$ 在 $x_0 = 1$ 处的三阶泰勒公式.

解 因为 $f'(x) = 2x\ln x + x$, $f''(x) = 2\ln x + 3$, $f'''(x) = \dfrac{2}{x}$, $f^{(4)}(x) = -\dfrac{2}{x^2}$, 则

$$f(1) = 0,\quad f'(1) = 1,\quad f''(1) = 3,\quad f'''(1) = 2,\quad f^{(4)}(\xi) = -\frac{2}{\xi^2}.$$

因此

$$x^2\ln x = (x-1) + \frac{3}{2!}(x-1)^2 + \frac{2}{3!}(x-1)^3 - \frac{2}{4!\xi^2}(x-1)^4,$$

其中 ξ 介于 1 与 x 之间.

例 3.3.2　求函数 $f(x)=\mathrm{e}^x$ 的带有拉格朗日型余项的麦克劳林公式.

解　因 $f'(x)=f''(x)=\cdots=f^{(n)}(x)=f^{(n+1)}(x)=\mathrm{e}^x$, 所以

$$f(0)=f'(0)=f''(0)=\cdots=f^{(n)}(0)=1,\quad f^{(n+1)}(\theta x)=\mathrm{e}^{\theta x},(0<\theta<1).$$

由式 (3.13) 得所求函数的带拉格朗日型余项的麦克劳林公式为

$$\mathrm{e}^x=1+x+\frac{1}{2!}x^2+\cdots+\frac{1}{n!}x^n+\frac{\mathrm{e}^{\theta x}}{(n+1)!}x^{n+1},(0<\theta<1).$$

函数 $f(x)=\mathrm{e}^x$ 的 n 阶泰勒多项式为

$$P_n(x)=1+x+\frac{1}{2!}x^2+\cdots+\frac{1}{n!}x^n,$$

用 $P_n(x)$ 近似 e^x 所产生的误差为

$$|R_n(x)|=\left|\frac{\mathrm{e}^{\theta x}}{(n+1)!}x^{n+1}\right|\leqslant\frac{\mathrm{e}^{|x|}}{(n+1)!}|x|^{n+1}\quad(0<\theta<1).$$

若取 $x=1$, 可得到无理数 e 的近似表达式

$$\mathrm{e}\approx 1+1+\frac{1}{2!}+\cdots+\frac{1}{n!},$$

其误差

$$|R_n|\leqslant\frac{\mathrm{e}}{(n+1)!}<\frac{3}{(n+1)!}.$$

由此可见, 当 $n=10$ 时, 可计算出 $\mathrm{e}\approx 2.718282$, 其误差不会超过 10^{-6}.

3.3.2　常见初等函数的带皮亚诺型余项的麦克劳林公式

下面介绍几个常见的初等函数的带有皮亚诺型余项的麦克劳林公式.

1. $f(x)=\mathrm{e}^x$.

因为 $f'(x)=f''(x)=\cdots=f^{(n)}(x)=\mathrm{e}^x$, 所以 $f(0)=f'(0)=f''(0)=\cdots=f^{(n)}(0)=1$. 故

$$\mathrm{e}^x=1+x+\frac{1}{2!}x^2+\cdots+\frac{1}{n!}x^n+o(x^n).\tag{3.15}$$

2. $f(x)=\sin x$.

因 $f^{(n)}(x)=\sin\left(x+n\dfrac{\pi}{2}\right)$, 所以

$$f^{(n)}(0)=\begin{cases}0, & n=2k,\\ (-1)^k, & n=2k+1,\end{cases}\qquad k=0,1,2,\cdots.$$

故

$$\sin x=x-\frac{1}{3!}x^3+\frac{1}{5!}x^5+\cdots+(-1)^k\frac{1}{(2k+1)!}x^{2k+1}+o(x^{2k+2}).\tag{3.16}$$

3. $f(x)=\cos x$.

因 $f^{(n)}(x)=\cos\left(x+n\dfrac{\pi}{2}\right)$, 所以

$$f^{(n)}(0)=\begin{cases}(-1)^k, & n=2k,\\ 0, & n=2k+1,\end{cases}\qquad k=0,1,2,\cdots.$$

故

$$\cos x=1-\frac{1}{2!}x^2+\frac{1}{4!}x^4+\cdots+(-1)^k\frac{1}{(2k)!}x^{2k}+o(x^{2k+1}).\tag{3.17}$$

4. $f(x)=\dfrac{1}{1-x}$.

因 $f^{(n)}(x)=\dfrac{n!}{(1-x)^{n+1}}$, 所以 $f(0)=1$, $f^{(n)}(0)=n!$, $n=1,2,\cdots$.

故

$$\frac{1}{1-x}=1+x+x^2+\cdots+x^n+o(x^n).\tag{3.18}$$

5. $f(x)=\ln(1+x)$.

因 $f^{(n)}(x)=(-1)^{n-1}\dfrac{(n-1)!}{(1+x)^n}$, 所以 $f(0)=0$, $f^{(n)}(0)=(-1)^{n-1}(n-1)!$, $n=1,2,\cdots$.

故

$$\ln(1+x)=x-\frac{1}{2}x^2+\frac{1}{3}x^3-\cdots+(-1)^{n-1}\frac{1}{n}x^n+o(x^n).\tag{3.19}$$

6. $f(x)=(1+x)^\alpha$.

因 $f(0)=1$ 及 $f^{(n)}(0)=\alpha(\alpha-1)\cdots[\alpha-(n-1)]$, $n=1,2,\cdots$.

故

$$(1+x)^\alpha=1+\alpha x+\frac{\alpha(\alpha-1)}{2!}x^2+\cdots+\frac{\alpha(\alpha-1)\cdots[\alpha-(n-1)]}{n!}x^n+o(x^n).\tag{3.20}$$

关于上述常见初等函数的带皮亚诺型余项的麦克劳林公式, 读者可以自行写出其相应的带拉格朗日型余项的麦克劳林公式.

3.3.3 麦克劳林公式和泰勒公式的应用

有些时候常常利用上面常见初等函数的带皮亚诺型的麦克劳林公式间接地展开一些复杂函数的麦克劳林公式, 以及计算某些函数的极限.

例 3.3.3 求函数 $f(x)=xe^x$ 的带皮亚诺型余项的 n 阶麦克劳林公式.

解 因为

$$\mathrm{e}^x=1+x+\frac{1}{2!}x^2+\cdots+\frac{1}{(n-1)!}x^{n-1}+o(x^{n-1}),$$

故

$$xe^x = x + x^2 + \frac{1}{2!}x^3 + \cdots + \frac{1}{(n-1)!}x^n + o(x^n).$$

例 3.3.4　求函数 $f(x) = \dfrac{1}{5-x}$ 在 $x_0 = 2$ 处的带皮亚诺型余项的泰勒展开式.

解　令 $x - 2 = t, x = t + 2$, 由麦克劳林公式

$$\frac{1}{1-x} = 1 + x + x^2 + \cdots + x^n + o(x^n),$$

可得

$$\begin{aligned} f(x) &= \frac{1}{5-x} = \frac{1}{3-t} = \frac{1}{3} \cdot \frac{1}{1-\frac{t}{3}} \\ &= \frac{1}{3}\left[1 + \left(\frac{t}{3}\right) + \left(\frac{t}{3}\right)^2 + \cdots + \left(\frac{t}{3}\right)^n + o(t^n)\right] \\ &= \frac{1}{3} + \frac{1}{3^2}t + \frac{1}{3^3}t^2 + \cdots + \frac{1}{3^{n+1}}t^n + o(t^n). \end{aligned}$$

所以

$$\frac{1}{5-x} = \frac{1}{3} + \frac{1}{3^2}(x-2) + \frac{1}{3^3}(x-2)^2 + \cdots + \frac{1}{3^{n+1}}(x-2)^n + o[(x-2)^n].$$

例 3.3.5　求 $\lim\limits_{x \to 0} \dfrac{1 + \frac{1}{2}x^2 - \sqrt{1+x^2}}{(\cos x - e^{x^2})\sin x^2}$.

解　由麦克劳林公式可知, 当 $x \to 0$ 时, 有

$$\sqrt{1+x^2} = (1+x^2)^{\frac{1}{2}} = 1 + \frac{1}{2}x^2 - \frac{1}{8}x^4 + o(x^4),$$

$$\cos x = 1 - \frac{1}{2!}x^2 + o(x^2), \quad e^{x^2} = 1 + x^2 + o(x^2).$$

所以

$$原式 = \lim_{x \to 0} \frac{\frac{1}{8}x^4 + o(x^4)}{\left[-\frac{3}{2}x^2 + o(x^2)\right]\sin x^2} = \lim_{x \to 0} \frac{\frac{1}{8} + \frac{o(x^4)}{x^4}}{\left[-\frac{3}{2} + \frac{o(x^2)}{x^2}\right]\frac{\sin x^2}{x^2}} = -\frac{1}{12}.$$

例 3.3.6　求 $\lim\limits_{x \to +\infty}(\sqrt[3]{x^3 + 3x} - \sqrt{x^2 - x})$.

解　由麦克劳林公式可知, 当 $x \to +\infty$ 时, 有

$$\sqrt[3]{x^3 + 3x} = x\left(1 + \frac{3}{x^2}\right)^{\frac{1}{3}} = x\left(1 + \frac{1}{3} \cdot \frac{3}{x^2} + o\left(\frac{1}{x^2}\right)\right),$$

$$\sqrt{x^2-x}=x\left(1-\frac{1}{x}\right)^{\frac{1}{2}}=x\left(1-\frac{1}{2}\cdot\frac{1}{x}+o\left(\frac{1}{x}\right)\right).$$

所以

$$原式=\lim_{x\to+\infty}\left(\frac{1}{x}+\frac{1}{2}+x\cdot o\left(\frac{1}{x^2}\right)-x\cdot o\left(\frac{1}{x}\right)\right)=\frac{1}{2}.$$

在微分的应用中介绍过, 当函数 $f(x)$ 在 x_0 点处可导时, 在 x_0 点附近可以用一个线性函数 $f(x_0)+f'(x_0)(x-x_0)$ 来近似替代函数 $f(x)$. 但这样的近似程度并不太高, 即误差精度不高. 泰勒公式使得可以用多项式 $P_n(x-x_0)$ 来近似替代函数 $f(x)$, 当 $x\to x_0$ 时, 这种近似产生的误差是 $(x-x_0)^n$ 的高阶无穷小, 而且还能根据需要控制误差的精度. 因此, 泰勒公式解决了近似表达式中误差估计精确度的问题.

例 3.3.7 求 $\sqrt{50}$ 的近似值.(精确到小数点后四位数字)

解 $\sqrt{50}=7\left(1+\frac{1}{49}\right)^{\frac{1}{2}}=7\left(1+\frac{1}{2}\cdot\frac{1}{49}-\frac{1}{8}\cdot\frac{1}{49^2}+\frac{1}{16}(1+\xi)^{-\frac{5}{2}}\cdot\frac{1}{49^3}\right)$, 其中 $\xi\in\left(0,\frac{1}{49}\right)$.

因为

$$7\cdot\frac{1}{16}(1+\xi)^{-\frac{5}{2}}\cdot\frac{1}{49^3}\leqslant\frac{7}{16}\cdot\frac{1}{49^3}<0.4\times10^{-5},$$

所以

$$\sqrt{50}\approx7\left(1+\frac{1}{2}\cdot\frac{1}{49}-\frac{1}{8}\cdot\frac{1}{49^2}\right)\approx7.0711.$$

习 题 3.3

1. 按 $x-1$ 的幂展开多项式 $f(x)=x^3+3x^2+x+1$.

2. 求函数 $f(x)=\sqrt{x}$ 在 $x_0=1$ 处的带拉格朗日型余项的四阶泰勒展式.

3. 求函数 $f(x)=\ln x$ 在 $x_0=4$ 处的带皮亚诺型余项的 n 阶泰勒展式.

4. 求函数 $f(x)=\dfrac{1}{3-x}$ 在 $x_0=2$ 处的带皮亚诺型余项的 n 阶泰勒展式.

5. 利用函数的泰勒展开式求下列极限:

(1) $\lim\limits_{x\to0}\dfrac{\cos x-\mathrm{e}^{-\frac{x^2}{2}}}{x^2[x+\ln(1-x)]}$; (2) $\lim\limits_{x\to+\infty}\left[x-x^2\ln\left(1+\dfrac{1}{x}\right)\right]$.

6. 验证当 $0<x\leqslant\dfrac{1}{2}$ 时, 按公式 $\mathrm{e}^x\approx1+x+\dfrac{1}{2!}x^2+\dfrac{1}{3!}x^3$ 计算 e^x 的近似值时, 所产生的误差小于 0.01, 并求 $\sqrt[3]{\mathrm{e}}$ 的近似值, 使误差小于 0.01.

7. 利用泰勒公式取 $n=5$, 求 $\ln 1.3$ 的近似值, 并估计其误差.

3.4　函数的单调性与曲线的凹凸性

3.4.1　函数的单调性

在第 1 章中, 介绍了函数单调性的概念, 下面利用函数的导数来研究函数的单调性, 并给出相应的判别方法.

如图 3.4、图 3.5 所示, 函数 $y=f(x)$ 的图像在区间 $[a,b]$ 上沿 x 轴的正向上升 (下降), 曲线上各点处的切线与 x 轴的夹角 α 均为锐角 (钝角), 即曲线 $y=f(x)$ 在区间 (a,b) 内任意一点处的切线斜率为正 (负), 也即 $\tan\alpha=f'(x)>0(\tan\alpha=f'(x)<0)$. 由此可见, 函数的单调性与导数的符号有着密切的联系. 那么反过来, 是否可以利用导数的符号来判断函数的单调性? 下面的定理给出了肯定的回答.

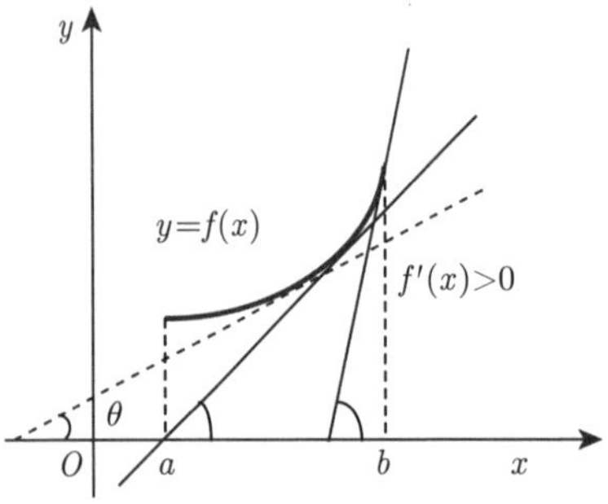

图 3.4

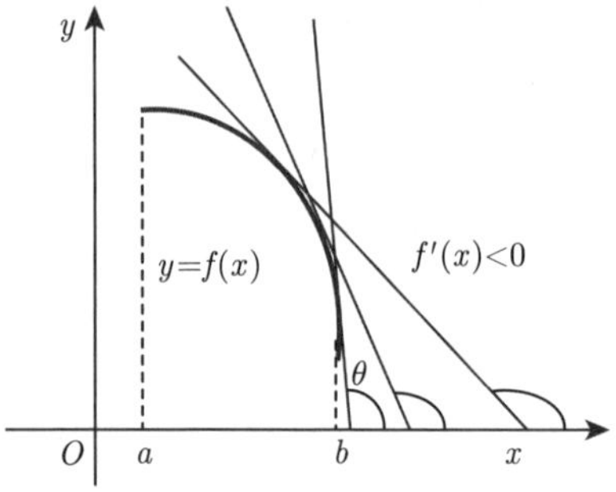

图 3.5

定理 3.4.1　设函数 $y=f(x)$ 在区间 $[a,b]$ 上连续, 在 (a,b) 内可导.

(1) 若在 (a,b) 内 $f'(x)>0$, 则函数 $y=f(x)$ 在 $[a,b]$ 上单调增加;

(2) 若在 (a,b) 内 $f'(x)<0$, 则函数 $y=f(x)$ 在 $[a,b]$ 上单调减少.

证明　对任意两点 $x_1,x_2\in[a,b]$, 且 $x_1<x_2$, 在 $[x_1,x_2]$ 上利用拉格朗日中值定理, 得

$$f(x_2)-f(x_1)=f'(\xi)(x_2-x_1),\quad x_1<\xi<x_2.$$

(1) 若在 (a,b) 内 $f'(x)>0$, 则有 $f'(\xi)>0$, 于是 $f(x_2)>f(x_1)$, 则函数 $y=f(x)$ 在 $[a,b]$ 上单调增加;

(2) 若在 (a,b) 内 $f'(x)<0$, 则有 $f'(\xi)<0$, 于是 $f(x_2)<f(x_1)$, 则函数 $y=f(x)$ 在 $[a,b]$ 上单调减少.

注 3.4.1　将此定理中的闭区间换成其他各种区间 (包括无限区间), 结论仍成立.

如果可导函数在某个区间内除有限个导数等于零的点外, 其余各点处导数均为正 (或负) 时, 那么函数在该区间上仍然是单调增加 (或单调减少). 例如, 函数

$y=x^3$ 在其定义域 $(-\infty,+\infty)$ 内是单调增加的 (图 3.6), 其导数 $y'=3x^2$ 除在 $x=0$ 处为零外, 其余点处均有 $y'>0$.

例 3.4.1 讨论函数 $y=\mathrm{e}^x-x-1$ 的单调性.

解 函数的定义域为 $(-\infty,+\infty)$, 又

$$y'=\mathrm{e}^x-1.$$

当 $x<0$ 时, $y'<0$, 所以函数 $y=\mathrm{e}^x-x-1$ 在 $(-\infty,0]$ 内单调减少; 当 $x>0$ 时, $y'>0$, 所以函数 $y=\mathrm{e}^x-x-1$ 在 $[0,+\infty)$ 内单调增加.

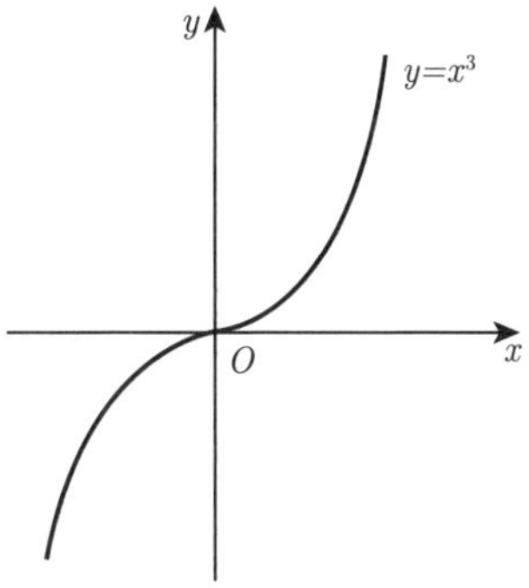

图 3.6

例 3.4.2 讨论函数 $y=\sqrt[3]{x^2}$ 的单调性.

解 函数的定义域为 $(-\infty,+\infty)$, 又

$$y'=\frac{2}{3\sqrt[3]{x}},\quad x\neq 0.$$

显然, 当 $x=0$ 时, 导数不存在.

当 $x<0$ 时, $y'<0$, 所以函数 $y=\sqrt[3]{x^2}$ 在 $(-\infty,0]$ 内单调减少; 当 $x>0$ 时, $y'>0$, 所以函数 $y=\sqrt[3]{x^2}$ 在 $[0,+\infty)$ 内单调增加.

从例 3.4.1 和例 3.4.2 可看出, 有些函数在其定义区间上不是单调的, 但是当用导数等于零的点和导数不存在的点来划分其定义区间后, 就可以使函数在其定义区间的子区间上单调. 因此, 讨论函数 $y=f(x)$ 的单调性时, 应先求出使导数等于零的点或使导数不存在的点, 并用这些点将函数的定义区间划分为若干个子区间, 然后逐个判断函数的导数 $f'(x)$ 在各子区间内的符号, 从而确定函数 $y=f(x)$ 在各子区间上的单调性, 每个使得 $f'(x)$ 的符号保持不变的子区间都是函数 $y=f(x)$ 的单调区间.

例 3.4.3 求函数 $f(x)=2x^3-6x^2-18x-7$ 的单调区间.

解 函数 $f(x)$ 的定义域为 $(-\infty,+\infty)$, 又

$$f'(x)=6x^2-12x-18=6(x-3)(x+1).$$

令 $f'(x)=0$, 得 $x_1=-1, x_2=3$.

当 $x<-1$ 时, $f'(x)>0$, 函数 $f(x)$ 在 $(-\infty,-1]$ 内单调增加; 当 $-1<x<3$ 时, $f'(x)<0$, 函数 $f(x)$ 在 $[-1,3]$ 上单调减少; 当 $x>3$ 时, $f'(x)>0$, 函数 $f(x)$ 在 $[3,+\infty)$ 内单调增加.

例 3.4.4 证明: 当 $x>0$ 时, $\ln(1+x)>x-\dfrac{1}{2}x^2$.

证明 令

$$f(x)=\ln(1+x)-x+\frac{1}{2}x^2,$$

因 $f(x)$ 在 $[0,+\infty)$ 上连续, 在 $(0,+\infty)$ 内可导, 且

$$f'(x)=\frac{1}{1+x}-1+x=\frac{x^2}{1+x}.$$

当 $x>0$ 时, $f'(x)>0$. 因此, 函数 $f(x)$ 在 $[0,+\infty)$ 内单调增加. 所以当 $x>0$ 时, 有

$$f(x)>f(0)=0,$$

即

$$\ln(1+x)>x-\frac{1}{2}x^2.$$

例 3.4.5 证明: 方程 $x^5+x+1=0$ 在区间 $(-1,0)$ 内有且只有一个实根.

证明 令 $f(x)=x^5+x+1$, 因为 $f(x)$ 在闭区间 $[-1,0]$ 上连续, 且 $f(-1)=-1<0$, $f(0)=1>0$. 由零点存在定理, 至少存在 $\xi\in(-1,0)$, 使得 $f(\xi)=0$, 即方程 $x^5+x+1=0$ 在区间 $(-1,0)$ 内至少有一个实根.

又因为对任意实数 x, 有

$$f'(x)=5x^4+1>0,$$

即函数 $f(x)$ 在 $(-\infty,+\infty)$ 内单调增加. 因此, 曲线 $y=f(x)$ 与 x 轴至多只有一个交点. 所以方程 $x^5+x+1=0$ 在区间 $(-1,0)$ 内有且只有一个实根.

3.4.2 曲线的凹凸性

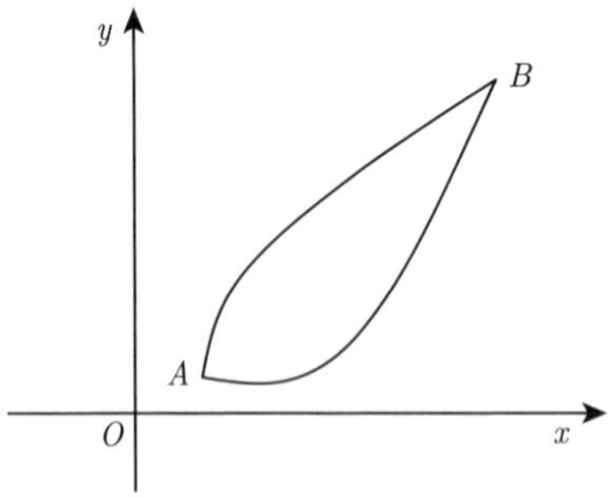

图 3.7

函数的单调性反映在图形上, 就是曲线的上升或下降. 但如何上升, 如何下降? 通过观察图 3.7 中的两条曲线弧不难发现, 虽然它们都是单调上升的, 但图形却有明显的不同. 这种差别就是下面要介绍的曲线的**凹凸性**.

关于曲线的凹凸性的定义, 先从几何直观来分析. 图 3.8 中, 连接曲线弧上任意两点得到的弦总位于这两点间的弧段上方; 而在图 3.9 中, 连接曲线弧上任意两点得到的弦总位于这两点间的弧段下方. 因此, 曲线的凹凸性可以用连接曲线弧上任意两点的弦的中点与曲线上相应点的位置关系来描述.

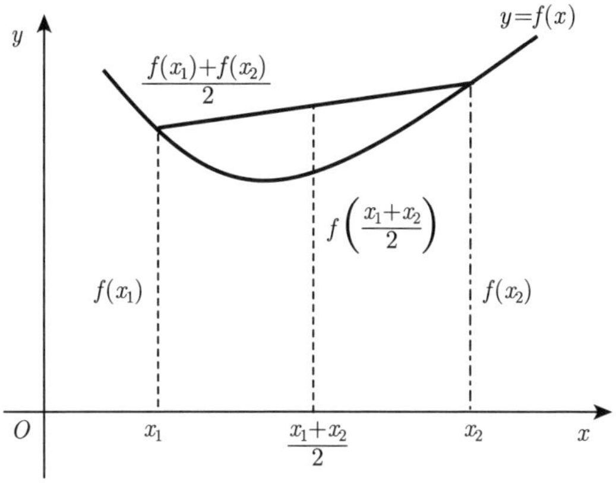

图 3.8

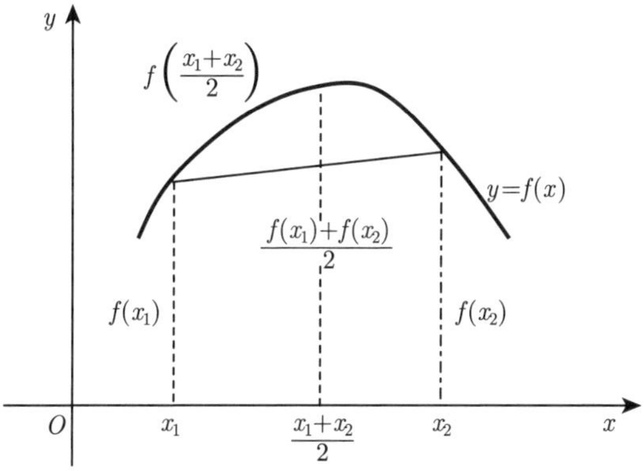

图 3.9

定义 3.4.1 设函数 $f(x)$ 在区间 I 上连续, 如果对 I 上任意两点 $x_1, x_2(x_1 \neq x_2)$, 恒有

$$f\left(\frac{x_1+x_2}{2}\right) < \frac{f(x_1)+f(x_2)}{2},$$

则称曲线 $y=f(x)$ 在区间 I 上是 (**向下**)**凹的**(或**凹弧**); 如果恒有

$$f\left(\frac{x_1+x_2}{2}\right) > \frac{f(x_1)+f(x_2)}{2},$$

则称曲线 $y=f(x)$ 在区间 I 上是 (**向上**)**凸的**(或**凸弧**).

对于凹弧, 当 x 逐渐增加时, 其上每一点处切线的斜率是逐渐增加的, 即导数 $f'(x)$ 是单调增加函数 (图 3.10); 而对于凸弧, 其上每一点处切线的斜率是逐渐减少的, 即导数 $f'(x)$ 是单调减少函数 (图 3.11). 于是有下述曲线凹凸性的判定定理.

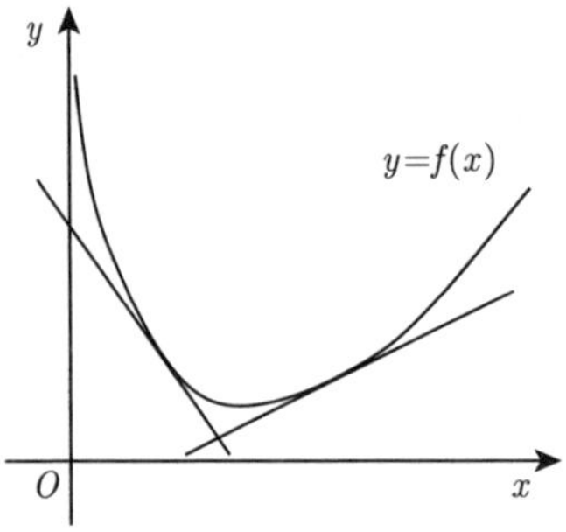

图 3.10

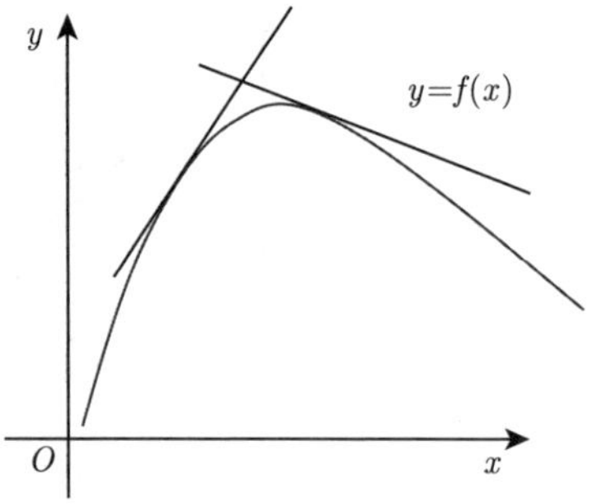

图 3.11

定理 3.4.2　设函数 $f(x)$ 在 $[a,b]$ 上连续, 在 (a,b) 内具有一阶和二阶导数.
(1) 若在 (a,b) 内, $f''(x)>0$, 则曲线 $y=f(x)$ 在 $[a,b]$ 上是凹的;
(2) 若在 (a,b) 内, $f''(x)<0$, 则曲线 $y=f(x)$ 在 $[a,b]$ 上是凸的.

证明　仅就情形 (1) 给出证明.

设 x_1, x_2 为 $[a,b]$ 上任意两点, 且 $x_1<x_2$, 记 $\dfrac{x_1+x_2}{2}=x_0$, 并记 $x_2-x_0=x_0-x_1=h>0$. 对 $f(x)$ 在 $[x_1,x_0]$ 和 $[x_0,x_2]$ 上分别利用拉格朗日中值定理, 得

$$f(x_0)-f(x_1)=f'(\xi_1)h,\quad \xi_1\in(x_1,x_0) \tag{3.21}$$

$$f(x_2)-f(x_0)=f'(\xi_2)h,\quad \xi_2\in(x_0,x_2). \tag{3.22}$$

式 (3.22) 减式 (3.21), 得

$$f(x_2)+f(x_1)-2f(x_0)=[f'(\xi_2)-f'(\xi_1)]\,h. \tag{3.23}$$

对 $f'(x)$ 在 $[\xi_1,\xi_2]$ 上再次利用拉格朗日中值定理, 得

$$f'(\xi_2)-f'(\xi_1)=f''(\xi)(\xi_2-\xi_1),\quad \xi\in(\xi_1,\xi_2)\subset(x_1,x_2). \tag{3.24}$$

将式 (3.24) 代入式 (3.23), 有

$$f(x_2)+f(x_1)-2f(x_0)=f''(\xi)(\xi_2-\xi_1)h.$$

由题设条件知 $f''(\xi)>0$, 并注意到 $\xi_2-\xi_1>0$, $h>0$ 则有

$$f(x_2)+f(x_1)-2f(x_0)>0,$$

即

$$\frac{f(x_1)+f(x_2)}{2}>f\left(\frac{x_1+x_2}{2}\right).$$

所以曲线 $y=f(x)$ 在 $[a,b]$ 上是凹的.

例 3.4.6 判定曲线 $y=x-\ln(1+x)$ 的凹凸性.

解 因 $y'=1-\dfrac{1}{1+x}$, $y''=\dfrac{1}{(1+x)^2}>0$. 所以, 曲线 $y=x-\ln(1+x)$ 是凹的.

例 3.4.7 判断曲线 $y=x^3$ 的凹凸性 (图 3.12).

解 因 $y'=3x^2$, $y''=6x$.

当 $x<0$ 时, $y''<0$. 所以, 曲线 $y=x^3$ 在 $(-\infty,0]$ 上是凸的;

当 $x>0$ 时, $y''>0$. 所以, 曲线 $y=x^3$ 在 $[0,+\infty)$ 上是凹的.

因此, 点 $(0,0)$ 是凸弧和凹弧的分界点, 称为曲线的**拐点**.

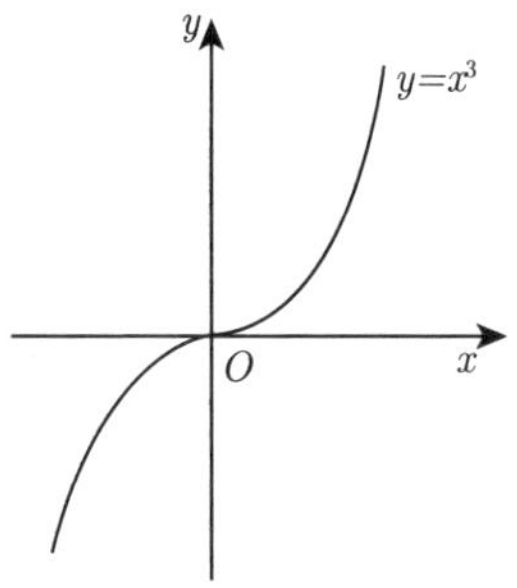

图 3.12

如何寻找曲线 $y=f(x)$ 的拐点呢?

根据定理 3.4.2, 二阶导数 $f''(x)$ 的符号是判断曲线凹凸性的依据. 因此, 若 $f''(x)$ 的符号在点 x_0 的左、右两侧邻近处异号, 则点 $(x_0,f(x_0))$ 就是曲线的一个拐点. 因此, 要寻找曲线的拐点, 只要找出使 $f''(x)$ 的符号发生变化的分界点即可. 若函数 $f(x)$ 在区间 (a,b) 内具有二阶连续导数, 则在这样的分界点处必有 $f''(x)=0$. 此外, 使 $f(x)$ 的二阶导数不存在的点, 也可能是使 $f''(x)$ 符号发生变化的分界点.

综上所述, 判定曲线的凹凸性与求曲线的拐点的一般步骤为:

(1) 求函数的定义区间及二阶导数 $f''(x)$;

(2) 令 $f''(x)=0$, 解出全部实根, 并找出所有使二阶导数不存在的点;

(3) 对步骤 (2) 中求出的每一个点, 检查其邻近左、右两侧函数定义区间上 $f''(x)$ 的符号, 确定曲线的凹凸区间和拐点.

例 3.4.8 求曲线 $y=x^3-5x^2+3x+5$ 的拐点及凹凸区间.

解 函数的定义域为 $(-\infty,+\infty)$,

$$y'=3x^2-10x+3,\quad y''=6x-10.$$

令 $y''=0$, 得 $x=\dfrac{5}{3}$. 列表 3.1 讨论如下:

表 3.1

x	$\left(-\infty,\dfrac{5}{3}\right)$	$\dfrac{5}{3}$	$\left(\dfrac{5}{3},+\infty\right)$
y''	$-$	0	$+$
曲线 $y=f(x)$	凸的	拐点 $\left(\dfrac{5}{3},\dfrac{20}{27}\right)$	凹的

因此, 曲线的凹区间为 $\left(\frac{5}{3},+\infty\right)$, 凸区间为 $\left(-\infty,\frac{5}{3}\right)$. 拐点为 $\left(\frac{5}{3},\frac{20}{27}\right)$.

例 3.4.9 求曲线 $y=a^2-\sqrt[3]{x-b}$ 的凹凸区间及拐点.

解 因

$$y'=-\frac{1}{3}\cdot\frac{1}{\sqrt[3]{(x-b)^2}},\quad y''=\frac{2}{9\sqrt[3]{(x-b)^5}},\quad x\neq b.$$

当 $x=b$ 时, y'' 不存在.

当 $x<b$ 时, $y''<0$. 因此, 曲线 $y=a^2-\sqrt[3]{x-b}$ 在 $(-\infty,b]$ 上是凸的.

当 $x>b$ 时, $y''>0$. 因此, 曲线 $y=a^2-\sqrt[3]{x-b}$ 在 $[b,+\infty)$ 上是凹的. 点 (b,a^2) 为曲线 $y=a^2-\sqrt[3]{x-b}$ 的拐点.

习 题 3.4

1. 证明函数 $y=x+\ln(1+x^2)$ 在定义域上单调增加.

2. 判定函数 $y=x+\cos x$ 在 $[0,2\pi]$ 上的单调性.

3. 求下列函数的单调区间:

(1) $y=x^4-2x^2+2$; (2) $y=2x^2-\ln x$;

(3) $y=\ln(\sqrt{1+x^2}-x)$; (4) $y=\frac{4}{5}x-\sqrt[5]{x^4}$;

(5) $y=\sqrt[3]{(2x-a)(a-x)^2}(a>0)$; (6) $y=x^n\mathrm{e}^{-x}(n>0,\ x\geqslant 0)$.

4. 证明下列不等式:

(1) 当 $x>1$ 时, $2\sqrt{x}>3-\frac{1}{x}$;

(2) 当 $x>4$ 时, $2^x>x^2$;

(3) 当 $x\geqslant 0$ 时, $(1+x)\ln(1+x)\geqslant\arctan x$;

(4) 当 $x>0$ 时, $x-\frac{1}{3}x^3<\sin x<x$.

5. 证明: 方程 $\ln x=\frac{x}{\mathrm{e}}-1$ 在区间 $(0,+\infty)$ 内有两个实根.

6. 求曲线 $y=\sin x+\cos x,\ x\in[0,2\pi]$ 的拐点.

7. 求下列曲线的凹凸区间及拐点:

(1) $y=x^2+\ln x$; (2) $y=x^2\mathrm{e}^{-x}$;

(3) $y=x+\frac{1}{x}\ (x>0)$; (4) $y=x+\frac{x}{x^2-1}$;

(5) $y=x^4(12\ln x-7)$; (6) $y=\mathrm{e}^{3\arctan x}$;

(7) $y=(x-1)\sqrt[3]{x^5}$; (8) $y=x\arctan x$.

8. 证明下列不等式:

(1) $\mathrm{e}^{\frac{x+y}{2}}<\frac{\mathrm{e}^x+\mathrm{e}^y}{2},\ x,y\in(-\infty,+\infty),\ x\neq y$;

(2) $x\ln x+y\ln y>(x+y)\ln\left(\dfrac{x+y}{2}\right)$, $(x>0,\ y>0,\ x\neq y)$;

(3) $\cos\dfrac{x+y}{2}>\dfrac{\cos x+\cos y}{2}$, $x,y\in\left(-\dfrac{\pi}{2},\dfrac{\pi}{2}\right)$.

9. 试确定 a 和 b 的值, 使得点 $(2,8)$ 为曲线 $y=ax^3+bx^2$ 的拐点.

10. 试问 k 为何值时, 曲线 $y=k(x^2-3)^2$ 的拐点处的法线通过原点?

3.5　函数的极值与最值

极值问题是自然科学、工程技术、国民经济和生活实践中经常遇到的问题, 也是数学家长期深入研究过的问题, 并形成了一些与实践密切相关的数学分支, 如最优化理论、变分法等现代极值理论. 然而, 现代极值理论的基本思想实际上源于微分学的应用, 本节将介绍这方面的基本内容.

3.5.1　函数的极值

在讨论函数的单调性时, 曾遇到这样的情形, 函数先是单调增加 (或减少), 到达某一点又变为单调减少 (或增加), 这类点实际上就是使函数单调性发生变化的分界点.

定义 3.5.1　设函数 $y=f(x)$ 在点 x_0 的某邻域 $U(x_0,\delta)$ 内有定义. 如果对任一 $x\in\overset{\circ}{U}(x_0,\delta)$, 有 $f(x)<f(x_0)(f(x)>f(x_0))$, 则称 $f(x_0)$ 为函数 $f(x)$ 的**极大值**(**极小值**). 称点 x_0 为 $f(x)$ 的**极大值点**(**极小值点**).

极大值和极小值统称为**极值**, 极大值点和极小值点统称为**极值点**.

函数的极值是局部性概念, 而不是整体性概念. 如果 $f(x_0)$ 为函数 $f(x)$ 的极大值 (或极小值), 那么在点 x_0 的附近, $f(x_0)$ 是函数 $f(x)$ 的最大值 (或最小值), 但不一定是整个定义域内的最大值 (或最小值). 而且极值不一定唯一, 极大值也不一定大于极小值. 在函数取得极值处, 如果曲线的切线存在, 则切线是水平的. 如图 3.13 所示.

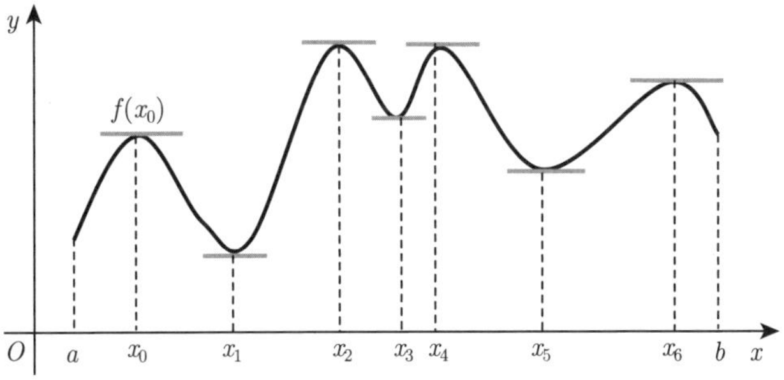

图 3.13

定理 3.5.1 (极值存在的必要条件) 如果函数 $f(x)$ 在点 x_0 处可导, 且取得极值, 则 $f'(x_0) = 0$.

证明 仅就极大值来证明, 极小值同样类似地证明. 设函数 $f(x)$ 在点 x_0 取得极大值, 由极值的定义, 对点 x_0 的某去心邻域 $\mathring{U}(x_0, \delta)$ 内任意一点 x, 有 $f(x) < f(x_0)$. 于是

当 $x < x_0$ 时, $\dfrac{f(x) - f(x_0)}{x - x_0} > 0$, 因此

$$f'_-(x_0) = \lim_{x \to x_0^-} \frac{f(x) - f(x_0)}{x - x_0} \geqslant 0;$$

当 $x > x_0$ 时, $\dfrac{f(x) - f(x_0)}{x - x_0} < 0$, 因此

$$f'_+(x_0) = \lim_{x \to x_0^+} \frac{f(x) - f(x_0)}{x - x_0} \leqslant 0.$$

从而 $f'(x_0) = 0$.

使 $f'(x) = 0$ 的点称为函数 $f(x)$ 的**驻点**.

定理 3.5.1 说明, 可导函数的极值点一定是驻点, 但反过来函数的驻点不一定是极值点. 例如, 点 $x = 0$ 是函数 $y = x^3$ 的驻点, 但是函数 $y = x^3$ 在 $x = 0$ 点没有极值. 另一方面, 函数在导数不存在的点处也可能取得极值. 例如, 函数 $y = |x|$ 在它的不可导点 $x = 0$ 处取得极小值.

要判断驻点及不可导点是否是极值点? 下面介绍极值存在的充分条件.

定理 3.5.2 (极值存在的第一充分条件) 设函数 $f(x)$ 在点 x_0 处连续, 且在点 x_0 的某去心邻域 $\mathring{U}(x_0, \delta)$ 内可导.

(1) 如果在点 x_0 的左邻域内, $f'(x) > 0$, 在点 x_0 的右邻域内, $f'(x) < 0$, 则函数 $f(x)$ 在点 x_0 处取得极大值 $f(x_0)$;

(2) 如果在点 x_0 的左邻域内, $f'(x) < 0$, 在点 x_0 的右邻域内, $f'(x) > 0$, 则函数 $f(x)$ 在点 x_0 处取得极小值 $f(x_0)$;

(3) 如果在点 x_0 的左、右邻域内, $f'(x)$ 的符号不变, 则函数 $f(x)$ 在点 x_0 处取不到极值.

证明 (1) 由函数单调性的判别法可知, $f(x)$ 在点 x_0 的左邻域内单调增加, 在点 x_0 的右邻域内单调减少, 而且 $f(x)$ 在点 x_0 处连续. 由极大值的定义可知, $f(x)$ 在点 x_0 处取得极大值 $f(x_0)$;

(2) 可类似地证明;

(3) 因在点 x_0 的左、右邻域内, $f'(x)$ 的符号不变. 故 $f(x)$ 在点 x_0 的左、右邻域内同为单调增加或单调减少, 所以 $f(x)$ 在点 x_0 处取不到极值.

例 3.5.1 求函数 $f(x)=(x-1)^2(x+1)^3$ 的极值.

解 函数的定义域为$(-\infty,+\infty)$, $f'(x)=(x+1)^2(5x-1)(x-1)$. 令 $f'(x)=0$, 得 $x_1=-1$, $x_2=\dfrac{1}{5}$, $x_3=1$.

用这三个点将 $f(x)$ 的定义域 $(-\infty,+\infty)$ 分为四个子区间, 在这四个子区间内分别讨论 $f'(x)$ 的符号 (表 3.2)

表 3.2

x	$(-\infty,-1)$	-1	$\left(-1,\frac{1}{5}\right)$	$\frac{1}{5}$	$\left(\frac{1}{5},1\right)$	1	$(1,+\infty)$
$f'(x)$	+	0	+	0	−	0	+
$f(x)$	↗	无极值	↗	极大值	↘	极小值	↗

因此, 函数 $f(x)$ 在点 $x_2=\dfrac{1}{5}$ 处取得极大值 $f\left(\dfrac{1}{5}\right)=\dfrac{3456}{3125}\approx 1.1059$; 在点 $x_3=1$ 处取得极小值 $f(1)=0$.

求函数极值的步骤如下:

(1) 求函数 $f(x)$ 的定义域及导数 $f'(x)$;

(2) 令 $f'(x)=0$, 求出驻点, 并找出定义域内 $f'(x)$ 不存在的点;

(3) 分别考虑这些点的左、右邻域内 $f'(x)$ 的符号, 从而判定这些点是否是极值点;

(4) 求极值.

例 3.5.2 求函数 $f(x)=(x^2-1)^{\frac{2}{3}}$ 的极值.

解 函数的定义域为$(-\infty,+\infty)$, $f'(x)=\dfrac{4x}{3\sqrt[3]{x^2-1}}$, $x\neq\pm 1$. 令 $f'(x)=0$, 得 $x_1=0$. 当 $x_2=-1$, $x_3=1$ 时, 导数不存在.

用这三个点将 $f(x)$ 的定义域 $(-\infty,+\infty)$ 分为四个子区间, 在这四个子区间内分别讨论 $f'(x)$ 的符号 (表 3.3)

表 3.3

x	$(-\infty,-1)$	-1	$(-1,0)$	0	$(0,1)$	1	$(1,+\infty)$
$f'(x)$	−	不存在	+	0	−	不存在	+
$f(x)$	↘	极小值	↗	极大值	↘	极小值	↗

因此, 函数 $f(x)$ 的极小值为: $f(-1)=0$, $f(1)=0$; 极大值为: $f(0)=1$.

定理 3.5.3 (极值存在的第二充分条件) 设函数 $f(x)$ 在 x_0 点二阶可导, 且 $f'(x_0)=0$, $f''(x_0)\neq 0$. 则

(1) 当 $f''(x_0)<0$ 时, 函数 $f(x)$ 在点 x_0 处取得极大值 $f(x_0)$;

(2) 当 $f''(x_0)>0$ 时, 函数 $f(x)$ 在点 x_0 处取得极小值 $f(x_0)$.

证明　由 $f'(x_0)=0$ 及二阶导数的定义, 可得

$$f''(x_0)=\lim_{x\to x_0}\frac{f'(x)-f'(x_0)}{x-x_0}=\lim_{x\to x_0}\frac{f'(x)}{x-x_0}.$$

(1) 当 $f''(x_0)<0$ 时, 由极限的保号性, 存在 x_0 的去心邻域 $\mathring{U}(x_0,\delta)$, 使得对该邻域内任意一点 x, 有

$$\frac{f'(x)}{x-x_0}<0.$$

于是, 在 x_0 的左邻域内, 因 $x-x_0<0$, 有 $f'(x)>0$; 在 x_0 的右邻域内, 因 $x-x_0>0$, 有 $f'(x)<0$. 因此, $f(x)$ 在点 x_0 处取得极大值 $f(x_0)$.

(2) 类似地可证.

注 3.5.1　第一充分条件对驻点和导数不存在的点均适用, 而第二充分条件只适用于驻点, 且驻点处二阶导数不为零的情形. 当驻点处二阶导数等于 0 时, 函数可能取得极值, 也可能取不到极值.

例如 $f_1(x)=x^4$, $f_2(x)=-x^4$, $f_3(x)=x^3$, 在点 $x=0$ 处, $f_1'(0)=f_2'(0)=f_3'(0)=0$, $f_1''(0)=f_2''(0)=f_3''(0)=0$. $f_1(x)$ 在点 $x=0$ 处取得极小值, $f_2(x)$ 在点 $x=0$ 处取得极大值, $f_3(x)$ 在点 $x=0$ 处没有极值.

例 3.5.3　求函数 $f(x)=3x^4-4x^3-24x^2+48x+10$ 的极值.

解　$f'(x)=12x^3-12x^2-48x+48=12(x+2)(x-1)(x-2)$,

$$f''(x)=36x^2-24x-48=12(3x^2-2x-4).$$

令 $f'(x)=0$, 得驻点: $x_1=-2$, $x_2=1$, $x_3=2$. 因为

$$f''(-2)=144>0,\quad f''(1)=-36<0,\quad f''(2)=48>0,$$

由第二充分条件可知, $x_1=-2$ 和 $x_3=2$ 为函数的极小值点, $x_2=1$ 为极大值点. 且极小值为 $f(-2)=-102$, $f(2)=26$; 极大值为 $f(1)=33$.

3.5.2　函数的最值

在实际问题中, 往往需要解决用料最省、成本最低、利润最大、效率最高等问题. 而这些问题在数学上可归结为求函数的最大值或最小值问题.

设函数 $f(x)$ 在闭区间 $[a,b]$ 上连续, 由闭区间上连续函数的最值定理, $f(x)$ 在闭区间 $[a,b]$ 上一定存在最大值、最小值. 一方面, 最大值、最小值可能在区间 (a,b) 内部取得, 在区间 (a,b) 内部取得时, 其最值一定是极值, 而极值点一定是驻点或导数不存在的点. 另一方面, 最大值、最小值也可能在区间 $[a,b]$ 的端点处取得. 因此, 求连续函数 $f(x)$ 在闭区间 $[a,b]$ 上的最值步骤如下:

(1) 求出 $f(x)$ 在开区间 (a,b) 内的驻点和导数不存在的点;

(2) 求出 $f(x)$ 在驻点、导数不存在的点以及端点 a 和 b 处的函数值;

(3) 比较其大小, 最大者为最大值, 最小者最小值.

例 3.5.4 求函数 $f(x)=(x+1)(x-1)^{\frac{1}{3}}$ 在 $[-2,2]$ 上的最值.

解 因函数 $f(x)$ 在闭区间 $[-2,2]$ 上连续, $f(x)$ 在闭区间 $[-2,2]$ 上存在最大值和最小值.

$$\begin{aligned} f'(x) &= (x-1)^{\frac{1}{3}}+\frac{1}{3}(x+1)(x-1)^{-\frac{2}{3}} \\ &= \frac{2(2x-1)}{3\sqrt[3]{(x-1)^2}}, \quad x\neq 1. \end{aligned}$$

令 $f'(x)=0$, 得驻点 $x_1=\dfrac{1}{2}$; 当 $x_2=1$ 时, 导数不存在.

计算 $f(x)$ 在点 $x_1=\dfrac{1}{2}$, $x_2=1$ 和区间 $[-2,2]$ 的端点处的函数值有

$$f\left(\frac{1}{2}\right)=-\frac{3}{2}\times\left(\frac{1}{2}\right)^{\frac{1}{3}}\approx -1.19, \quad f(1)=0, \quad f(-2)=3^{\frac{1}{3}}\approx 1.44, \quad f(2)=3,$$

经比较, $f(x)$ 在 $[-2,2]$ 上的最大值为 $f(2)=3$, 最小值为 $f\left(\dfrac{1}{2}\right)\approx -1.19$.

求函数的最大值 (或最小值) 时, 特别值得指出的是下述情形: 如果可导函数 $f(x)$ 在某个区间 (开区间、闭区间或无限区间) 内只有一个驻点 x_0, 且该驻点是函数 $f(x)$ 的极值点. 那么, 当 $f(x_0)$ 是极大值时, $f(x_0)$ 就是 $f(x)$ 在该区间上的最大值 [图 3.14(a)]; 当 $f(x_0)$ 是极小值时, $f(x_0)$ 就是 $f(x)$ 在该区间上的最小值 [图 3.14(b)]. 在实际问题中, 如果根据问题的性质可以断定目标函数 $f(x)$ 在定义区间内部一定取得最大值 (或最小值). 此时, 若函数 $f(x)$ 在定义区间内部只有一个驻点 x_0, 那么不必讨论 $f(x_0)$ 是不是极值, 就可以断定是最大值或最小值.

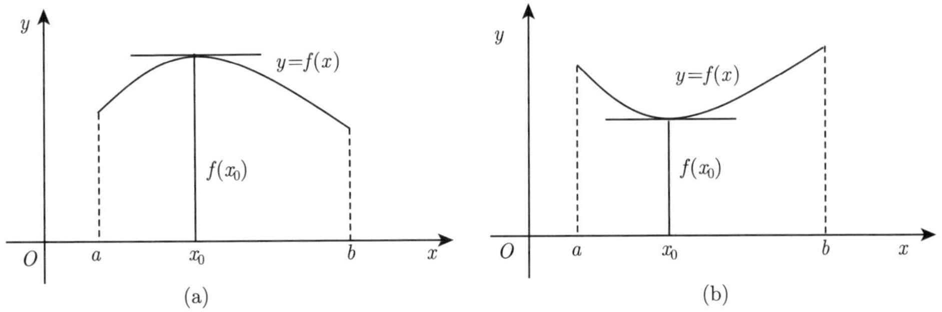

图 3.14

例 3.5.5　求函数 $f(x)=x^2-\dfrac{54}{x}\ (x<0)$ 的最值.

解　$f'(x)=2x+\dfrac{54}{x^2}$, 令 $f'(x)=0$, 得 $f(x)$ 在区间 $(-\infty,0)$ 内的唯一驻点：$x=-3$. 又 $f''(x)=2-\dfrac{108}{x^3}$, 从而 $f''(-3)=2-\dfrac{108}{(-3)^3}=6>0$. 由极值存在的第二充分条件, $f(x)$ 在 $x=-3$ 处取得极小值. 因此, $f(-3)=27$ 就是函数 $f(x)$ 在 $(-\infty,0)$ 内的最小值.

例 3.5.6　欲制造一个容积为 V 的圆柱形有盖容器, 问如何设计可使材料最省?

解　如图 3.15, 设容器的高为 h, 底面圆半径为 r, 则所需材料 (表面积) 为

$$S=2\pi r^2+2\pi rh,$$

由于 $V=\pi r^2h$, 所以 $h=\dfrac{V}{\pi r^2}$, 代入上式, 得

$$S(r)=2\pi r^2+\frac{2V}{r},\quad 0<r<+\infty.$$

因为

$$S'(r)=4\pi r-\frac{2V}{r^2},$$

令 $S'(r)=0$, 解得 $r=\sqrt[3]{\dfrac{V}{2\pi}}$, 又

$$S''(r)=4\pi+\frac{4V}{r^3},\quad S''\left(\sqrt[3]{\frac{V}{2\pi}}\right)=12\pi>0.$$

因为 $r=\sqrt[3]{\dfrac{V}{2\pi}}$ 是唯一的极小值点, 所以它必为最小值点. 因此, 当 $r=\sqrt[3]{\dfrac{V}{2\pi}}$, $h=2\cdot\sqrt[3]{\dfrac{V}{2\pi}}=2r$ 时, 可使材料最省.

例 3.5.7　从光源 S 发出的光线射到平面镜 Ox 的哪一点再反射到点 A, 光线所走的路径最短?

解　如图 3.16, 假设入射点为 M, 令 $OM=x$, 光线 S 经 M 到 A 的路径长为

$$\begin{aligned}y&=|SM|+|MA|\\&=\sqrt{a^2+x^2}+\sqrt{b^2+(\tau-x)^2}.\end{aligned}$$

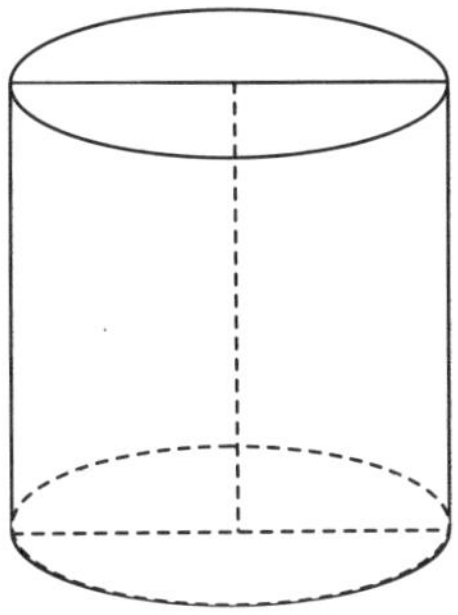

图 3.15

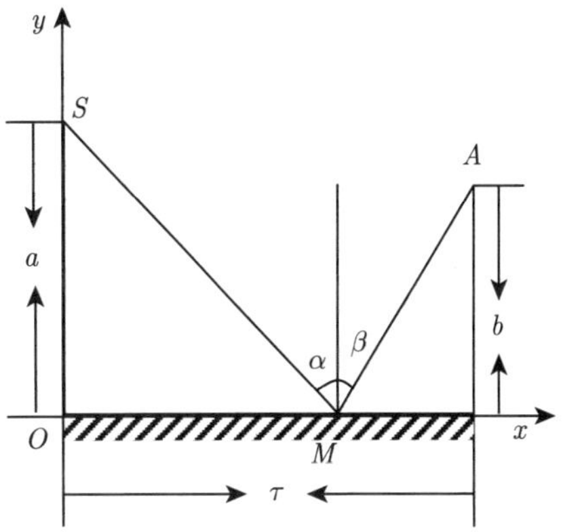

图 3.16

由于 $y' = \dfrac{x}{\sqrt{a^2+x^2}} - \dfrac{\tau - x}{\sqrt{b^2+(\tau-x)^2}}$, 令 $y'=0$, 经化简可得

$$bx = a(\tau - x).$$

得驻点

$$x_0 = \frac{a\tau}{a+b}.$$

当 $x < x_0$ 时, $y' < 0$; 当 $x > x_0$ 时, $y' > 0$; 因此, 点 x_0 是 y 唯一极小值点, 也是光线路径之长的最小值点. 此时,

$$\tan\beta = \frac{\tau - x_0}{b} = \frac{\tau}{a+b} = \frac{x_0}{a} = \tan\alpha.$$

即入射角 α 等于反射角 β, 这就是著名的**光的反射定律**.

习　题　3.5

1. 求下列函数的极值:

(1) $y = x^3 - 3x^2 + 7$;　(2) $y = x^2 e^{-x}$;

(3) $y = (x-5)^2\sqrt[3]{(x+1)^2}$;　(4) $y = 3 - \sqrt[3]{(x-2)^2}$;

(5) $y = 2e^x + e^{-x}$;　(6) $y = x + \tan x$.

2. 若函数 $y = ax^3 + bx^2 + cx + d$ 在点 $x = 0$ 处有极值 $y = 0$, 点 $(1,1)$ 为曲线的拐点, 求 a, b, c, d 的值.

3. 试问 a 为何值时, 函数 $f(x) = a\cos x + \dfrac{1}{3}\cos 3x$ 在 $x = \dfrac{\pi}{3}$ 处取得极值? 是极大值还是极小值? 并求此极值.

4. 设 $f(x) = x^3 + ax^2 + bx$ 在 $x = 1$ 处有极值 -1, 试确定系数 a, b, 并求出 $y = f(x)$ 的所有极值点和拐点.

5. 设函数 $f(x)$ 在 x_0 点处三阶可导, 且 $f'(x_0)=f''(x_0)=0$, $f'''(x_0)\neq 0$. 那么, 点 $x=x_0$ 是否是函数 $f(x)$ 的极值点? 点 $(x_0,f(x_0))$ 是否是曲线 $y=f(x)$ 的拐点?

6. 求下列函数在给定区间上的最大值与最小值:

(1) $y=x^4-2x^2+5$, $x\in[-2,2]$;　　(2) $y=\ln(x^2+1)$, $x\in[-1,2]$;

(3) $y=x+\sqrt{1-x}$, $x\in[-5,1]$;　　(4) $y=\sin 2x-x$, $x\in\left[-\frac{\pi}{2},\frac{\pi}{2}\right]$.

7. 由直线 $y=0$、$x=8$ 及抛物线 $y=x^2$ 围成一个曲边三角形, 在曲边 $y=x^2$ 上求一点, 使曲线在该点处的切线与直线 $y=0$ 及 $x=8$ 所围成的三角形面积最大.

8. 求内接于椭圆 $\frac{x^2}{a^2}+\frac{y^2}{b^2}=1$, 并且面积最大的矩形的各边之长.

9. 把一根直径为 d 的圆木锯成横截面为矩形的梁. 已知梁的抗弯强度与矩形截面的高的平方和宽的乘积成正比, 问如何选择宽与高可使梁的抗弯强度为最大?

10. 从一块边长为 a 的正方形铁皮的四个角上截去同样大小的小正方形, 然后做成一个无盖的盒子, 问截去的小正方形的边长为多少时, 才能使做成的盒子的容量最大?

11. 从一块半径为 R 的圆铁片上减去一个扇形后, 做成一个圆锥形的漏斗, 问留下的扇形的中心角 φ 取多大时, 做成的漏斗有最大的容积?

3.6 函数图形的描绘

3.4 节和 3.5 节分别讨论了函数的单调性及极值、曲线的凹凸性及拐点, 这些特性为函数图形的描绘奠定了一定的基础. 为了更加准确地作出函数的图形, 下面先介绍一下曲线的渐近线.

3.6.1 渐近线

定义 3.6.1 如果曲线 $y=f(x)$ 上的一动点沿着曲线移向无穷远时, 该点与某条定直线 l 的距离趋于 0, 则称直线 l 为曲线 $y=f(x)$ 的一条**渐近线**(图 3.17).

曲线的渐近线有下列三种情形:

1. 水平渐近线

设函数 $y=f(x)$ 的定义域是无限区间, 如果 $\lim\limits_{x\to-\infty}f(x)=c$ 或 $\lim\limits_{x\to+\infty}f(x)=c$. 则称直线 $y=c$ 为曲线 $y=f(x)$ 的**水平渐近线**.

例如, 因为 $\lim\limits_{x\to+\infty}\arctan x=\frac{\pi}{2}$, $\lim\limits_{x\to-\infty}\arctan x=-\frac{\pi}{2}$, 所以直线 $y=\frac{\pi}{2}$ 及 $y=-\frac{\pi}{2}$ 都为曲线 $y=\arctan x$ 的水平渐近线 (图 3.18).

2. 铅直渐近线

设函数 $y=f(x)$ 在点 $x=c$ 处间断, 若 $\lim\limits_{x\to c^-}f(x)=\infty$ 或 $\lim\limits_{x\to c^+}f(x)=\infty$, 则称直线 $x=c$ 为曲线 $y=f(x)$ 的**铅直渐近线** (或称**垂直渐近线**).

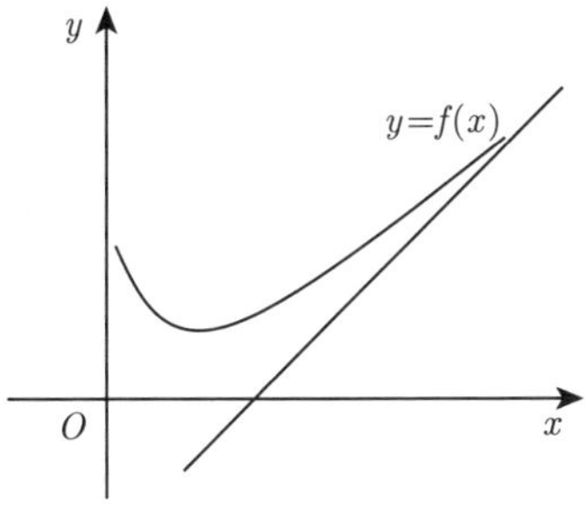

图 3.17

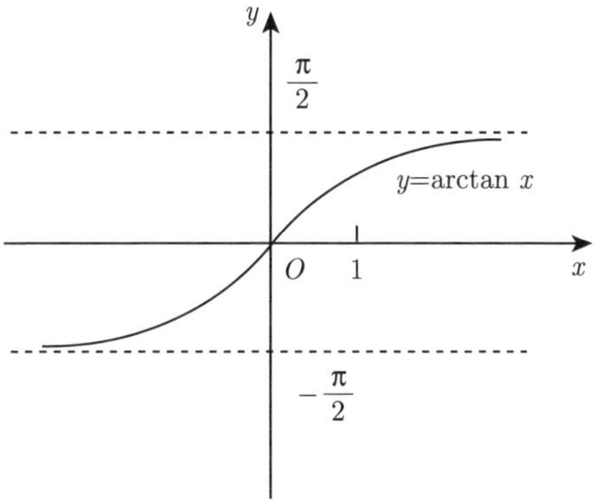

图 3.18

例如, 因为 $\lim\limits_{x\to 0}\dfrac{1}{x}=\infty$, 所以直线 $x=0$ 为曲线 $y=\dfrac{1}{x}$ 的铅直渐近线 (图 3.19).

3. 斜渐近线

设函数 $y=f(x)$ 的定义域是无限区间, 如果

$$\lim_{x\to\infty}[f(x)-(ax+b)]=0,$$

则称直线 $y=ax+b$ 为曲线 $y=f(x)$ 的**斜渐近线**, 其中

$$a=\lim_{x\to\infty}\frac{f(x)}{x}(a\neq 0),\quad b=\lim_{x\to\infty}[f(x)-ax].$$

例 3.6.1 求曲线 $y=\dfrac{x^2}{x+1}$ 的渐近线.

解 (1) 由于 $\lim\limits_{x\to -1}\dfrac{x^2}{x+1}=\infty$, 所以直线 $x=-1$ 是该曲线的铅直渐近线.

(2) 由

$$a=\lim_{x\to\infty}\frac{f(x)}{x}=\lim_{x\to\infty}\frac{x}{x+1}=1,$$

$$b=\lim_{x\to\infty}[f(x)-ax]=\lim_{x\to\infty}\left(\frac{x^2}{x+1}-x\right)=\lim_{x\to\infty}\frac{-x}{x+1}=-1$$

可得, 直线 $y=x-1$ 是该曲线的斜渐近线 (图 3.20).

3.6.2 函数图形的描绘

有了前面对函数特性的讨论, 要描绘函数 $y=f(x)$ 的图形可按以下步骤进行:

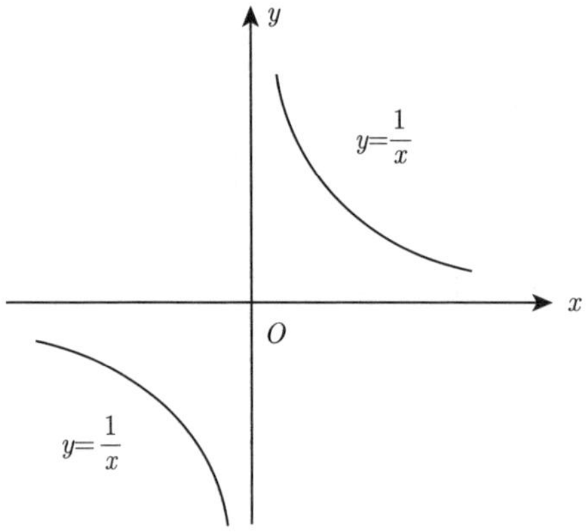

图 3.19

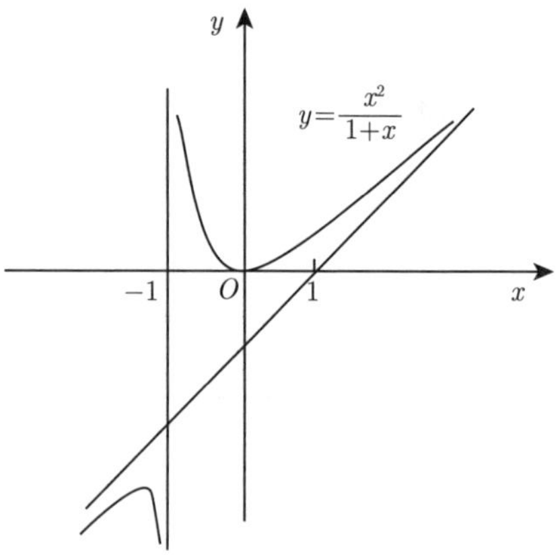

图 3.20

(1) 确定函数 $y = f(x)$ 的定义域, 考察函数的特性 (有界性、奇偶性、周期性等);

(2) 利用 $f'(x)$ 讨论函数的单调性及极值;

(3) 利用 $f''(x)$ 讨论曲线的凹凸性及拐点;

(4) 确定曲线 $y = f(x)$ 的渐近线;

(5) 确定特殊点, 如极值点、拐点等;

(6) 作图.

例 3.6.2 作函数 $y = \dfrac{2x}{1+x^2}$ 的图形.

解 其定义域为 $(-\infty, +\infty)$. 因函数 $y = \dfrac{2x}{1+x^2}$ 是奇函数, 其图形关于原点对称. 从而只需考虑 $[0, +\infty)$ 的图形.

$$y' = \frac{2(1-x^2)}{(1+x^2)^2}, \quad y'' = \frac{4x(x^2-3)}{(1+x^2)^3}.$$

令 $y' = 0$, 得 $x = 1$; 令 $y'' = 0$, 得 $x = 0$ 或 $x = \sqrt{3}$ (表 3.4).

表 3.4

x	0	$(0,1)$	1	$(1,\sqrt{3})$	$\sqrt{3}$	$(\sqrt{3},+\infty)$
y'	+	+	0	−	−	−
y''	0	−	−	−	0	+
曲线	拐点	$\uparrow,\cap$	极大	$\downarrow,\cap$	拐点	$\downarrow,\cup$

由于 $\lim\limits_{x\to\infty} f(x) = \lim\limits_{x\to\infty} \dfrac{2x}{1+x^2} = 0$, 所以直线 $y = 0$ 是曲线的水平渐近线. 作出区间 $(0, +\infty)$ 内的图形, 然后利用对称性作出区间 $(-\infty, 0)$ 内的图形 (图 3.21).

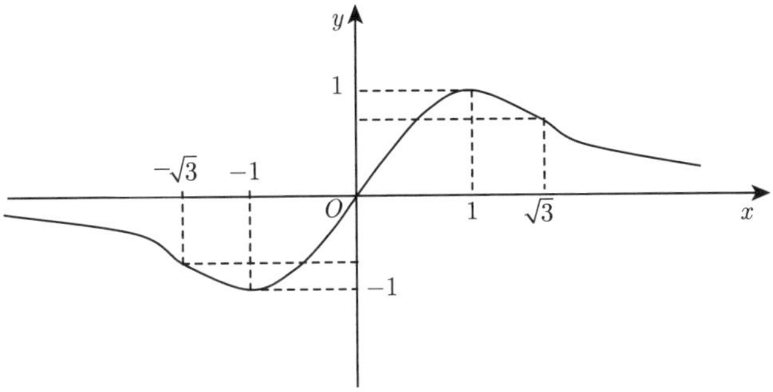

图 3.21

例 3.6.3 作函数 $\varphi(x)=\frac{1}{2}\mathrm{e}^{-\frac{x^2}{2}}$ 的图形.

解 函数的定义域为 $(-\infty,+\infty)$. 由于 $\varphi(-x)=\varphi(x)$, 所以 $\varphi(x)$ 是偶函数, 其图形关于 y 轴对称. 从而只需考虑 $[0,+\infty)$ 的图形.

$$\varphi'(x)=-\frac{x}{2}\mathrm{e}^{-\frac{x^2}{2}},\varphi''(x)=\frac{(x+1)(x-1)}{2}\mathrm{e}^{-\frac{x^2}{2}}.$$

令 $\varphi'(x)=0$, 得 $x=0$; 令 $\varphi''(x)=0$, 得 $x=1$(表 3.5).

表 3.5

x	0	$(0,1)$	1	$(1,+\infty)$
$\varphi'(x)$	0	$-$	$-$	$-$
$\varphi''(x)$	$-$	$-$	0	$+$
曲线	极大值: $\frac{1}{2}$	$\searrow,\cap$	拐点: $\left(1,\frac{1}{2\sqrt{\mathrm{e}}}\right)$	$\searrow,\cup$

由于 $\lim\limits_{x\to\infty}\varphi(x)=\lim\limits_{x\to\infty}\frac{1}{2}\mathrm{e}^{-\frac{x^2}{2}}=0$, 所以直线 $y=0$ 是曲线的水平渐近线. 作出区间 $(0,+\infty)$ 内的图形, 然后利用对称性作出区间 $(-\infty,0)$ 内的图形 (如图 3.22).

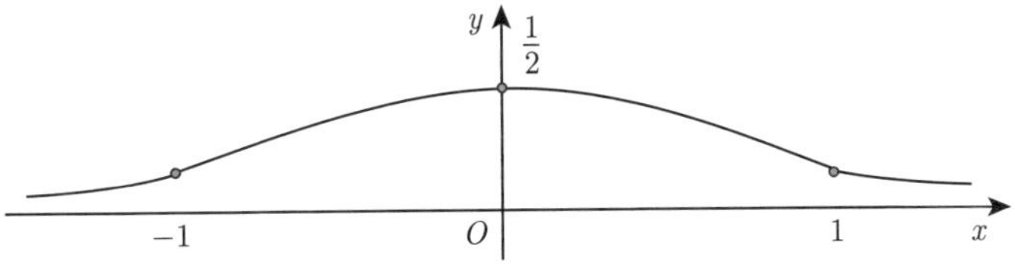

图 3.22

习 题 3.6

1. 求下列曲线的渐近线:

(1) $y=\mathrm{e}^{-\frac{1}{x}}$; (2) $y=\frac{\mathrm{e}^x}{1+x}$;

(3) $y = x\mathrm{e}^{\frac{1}{x^2}}$;　　(4) $y = \dfrac{x^3}{(x-1)^2}$;

(5) $y = \dfrac{2(x-2)(x+3)}{x-1}$;　　(6) $y = x\ln\left(\mathrm{e} + \dfrac{1}{x}\right)$.

2. 作下列函数的图形：

(1) $y = 3x - x^3$;　　(2) $y = \mathrm{e}^{-(x-1)^2}$;

(3) $y = \ln(1+x^2)$;　　(4) $y = \dfrac{x^2}{1+x}$.

3.7　平面曲线的曲率

3.7.1　曲线曲率的定义

在生产实践中, 常常需要考虑曲线的弯曲程度. 如厂房结构中的钢梁、车床上的轴等, 它们在外力作用下, 会发生弯曲, 弯曲到一定程度就要断裂. 因此, 在计算梁或轴的强度时, 需要考虑其弯曲的程度.

下面先来看两条曲线, 如何比较它们的弯曲程度.

由图 3.23(a)、(b) 可知, 两曲线段 $\overset{\frown}{AB}$ 和 $\overset{\frown}{A'B'}$ 的长度一样, 都是 Δs, 但它们的切线的变化不同. 对曲线段 $\overset{\frown}{AB}$, 在 A 点的切线 l_A, 当 A 点沿着曲线移动到 B 点, 于是切线也跟着变动, 变为在 B 点的切线 l_B.l_A 与 l_B 之间的夹角 $\Delta\theta_1$ 就是从 A 到 B 切线方向变化的大小. 同样, 在曲线段 $\overset{\frown}{A'B'}$ 上, $\Delta\theta_2$ 是从 A' 到 B' 切线方向变化的大小. 图上很容易看出 $\Delta\theta_1 > \Delta\theta_2$, 它反映了曲线段 $\overset{\frown}{AB}$ 比曲线段 $\overset{\frown}{A'B'}$ 弯曲得厉害些. 由此可见, $\Delta\theta$ 越大, 曲线弯曲越厉害.

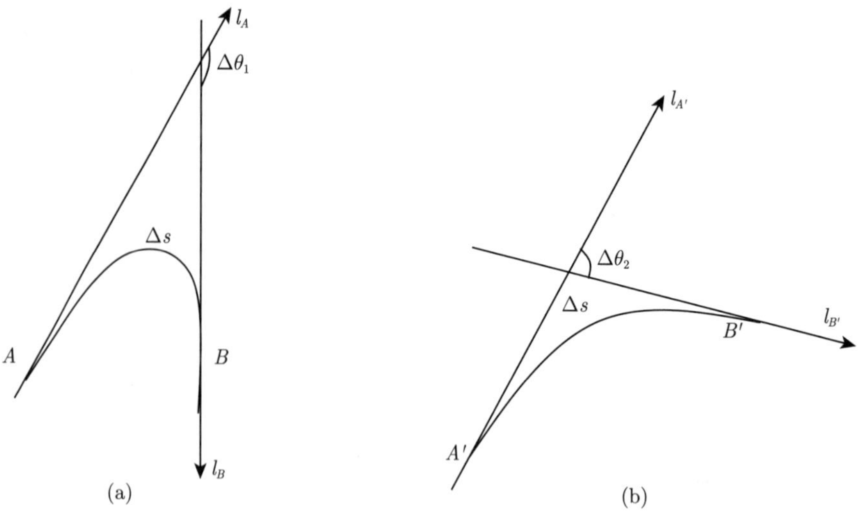

图 3.23

但是切线方向变化的角度还不能完全地反映曲线的弯曲程度. 如图 3.24 所示, 两段圆弧 $\overset{\frown}{AB}$, $\overset{\frown}{A'B'}$ 的切线方向改变了同一角度 $\Delta\theta$, 但可明显看出弧长小的一段弯曲得厉害.

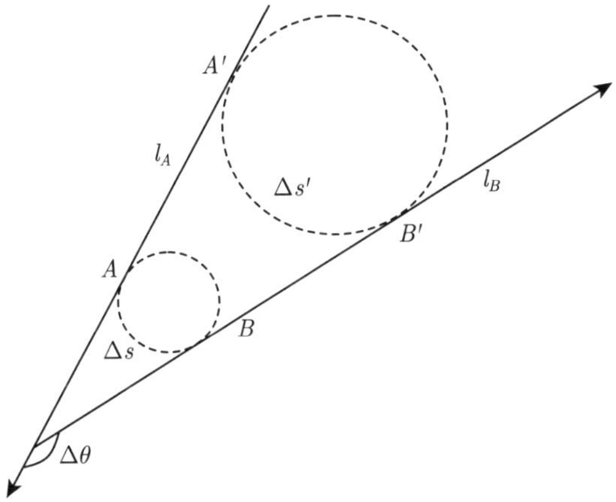

图 3.24

由此可见, 曲线的弯曲程度不仅与其切线方向变化的角度 $\Delta\theta$ 的大小有关, 而且还与所考察的曲线段的弧长 Δs 有关. 因此, 一段曲线的弯曲程度可以用

$$\bar{K}=\frac{\Delta\theta}{\Delta s}$$

来衡量. 如图 3.25 所示, 其中 $\Delta\theta$ 表示曲线段 AB 上切线的方向变化的角度, Δs 为这一段曲线 $\overset{\frown}{AB}$ 的弧长. 称

$$\bar{K}=\frac{\Delta\theta}{\Delta s}$$

为曲线段 $\overset{\frown}{AB}$ 的**平均曲率**, 它刻划了这一段曲线的平均弯曲程度.

对于半径为 R 的圆 (如图 3.26), 圆周上任意弧段 $\overset{\frown}{AB}$ 的切线方向变化的角度 $\Delta\theta$ 等于半径 OA 和 OB 之间的夹角. 又因 $|\overset{\frown}{AB}|=\Delta s=R\cdot\Delta\theta$, 所以曲线段 $\overset{\frown}{AB}$ 的平均曲率为

$$\bar{K}=\frac{\Delta\theta}{\Delta s}=\frac{1}{R}.$$

上式说明**圆周上的平均曲率$\bar{K}$是常数$\frac{1}{R}$**.

对于直线, 因为沿着它切线方向的角度没有变化, 即 $\Delta\theta=0$, 所以

$$\bar{K}=\frac{\Delta\theta}{\Delta s}=0.$$

这说明**直线上任意一段的平均曲率都是零**, 换句话说 “直线不弯曲”.

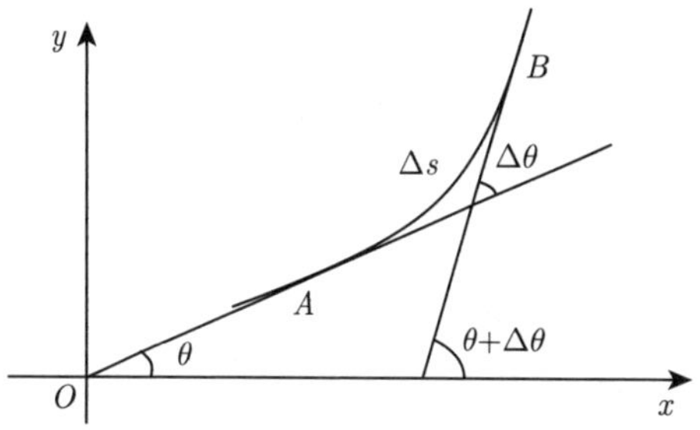

图 3.25

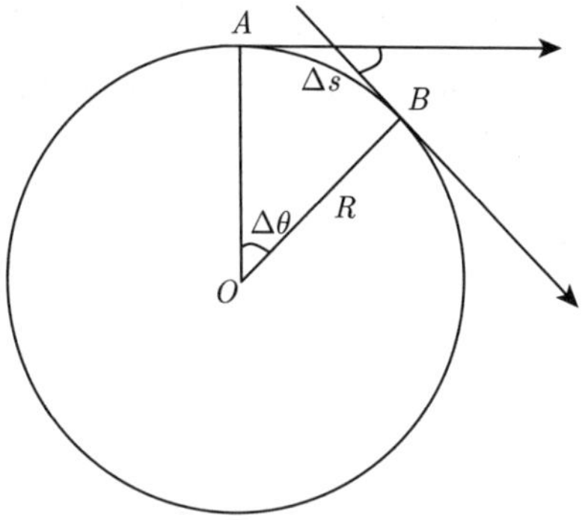

图 3.26

对于一般的曲线, 如何刻划它在一点处的弯曲程度呢? 从图 3.25 中可以看到, 如果把 Δs 取得小一些, $\overset{\frown}{AB}$ 弧段上的平均曲率也就能比较精确的反映出曲线在 A 点处的弯曲程度. 随着 B 点越来越靠近 A 点, 弧长 Δs 越来越小 ($\Delta\theta$ 与 Δs 是有关系的, 随着 Δs 的缩小, $\Delta\theta$ 也随之缩小), $\dfrac{\Delta\theta}{\Delta s}$ 也就越来越精确地刻划出在 A 点的弯曲程度 (即 A 点的曲率).

若 $\lim\limits_{\Delta s\to 0}\dfrac{\Delta\theta}{\Delta s}$ 存在, 则称此极限为曲线在 A 点的**曲率.**此极限也就是导数 $\dfrac{\mathrm{d}\theta}{\mathrm{d}s}$, 记为

$$K=\left|\lim_{\Delta s\to 0}\frac{\Delta\theta}{\Delta s}\right|=\left|\frac{\mathrm{d}\theta}{\mathrm{d}s}\right|.$$

曲线在某点的曲率刻划了曲线在该点处的弯曲程度, 此处取绝对值是为了使曲率为正数.

3.7.2　弧长的微分

前面指出的曲线的曲率$K=\left|\dfrac{\mathrm{d}\theta}{\mathrm{d}s}\right|$, 因为要计算曲率, 须要求出 $\mathrm{d}\theta$ 及 $\mathrm{d}s$, 这里的 $\mathrm{d}s$ 称为**曲线弧长的微分**, 它不仅在计算曲率时要用到, 在其他场合 (如曲线积分) 也要用到, 此处先借助几何的直观来讨论弧长的微分 $\mathrm{d}s$.

设有一平面曲线, 在曲线上取定一点 A 作为度量弧长的基点, 对曲线上任意一点 $M(x,y)$, 以 s 表示曲线弧 $\overset{\frown}{AM}$ 的弧长, 即 $|\overset{\frown}{AM}|=s$. 取曲线上异于 M 点的一点 $N(x+\Delta x,y+\Delta y)$, 由图 3.27, 有

$$|\overline{MN}|^2=(\Delta x)^2+(\Delta y)^2.$$

从而

$$\left(\frac{\Delta s}{\Delta x}\right)^2=\frac{|\overset{\frown}{MN}|^2}{(\Delta x)^2}=\frac{|\overset{\frown}{MN}|^2}{|\overline{MN}|^2}\frac{|\overline{MN}|^2}{(\Delta x)^2}$$

$$= \frac{|\widehat{MN}|^2}{|\overline{MN}|^2}\left(1+\left(\frac{\Delta y}{\Delta x}\right)^2\right).$$

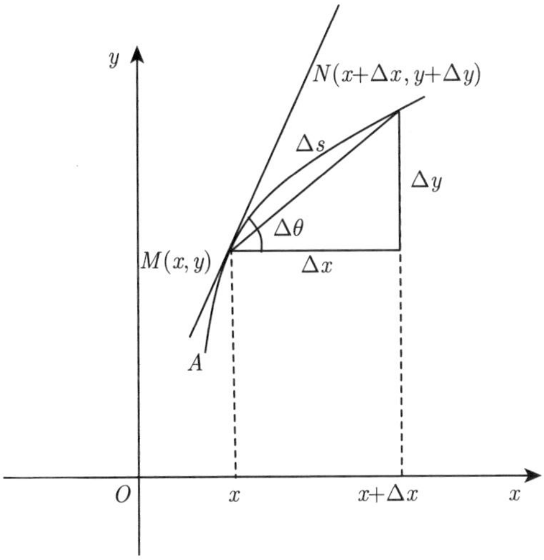

图 3.27

当 Δx 充分小时, 可以用弦 $\overline{MN}$ 来代替 $\widehat{MN}$, 即

$$\lim_{\Delta x\to 0}\frac{|\widehat{MN}|}{|\overline{MN}|}=1.$$

当 $\Delta x\to 0$ 时, 有

$$\left(\frac{\mathrm{d}s}{\mathrm{d}x}\right)^2 = 1+\left(\frac{\mathrm{d}y}{\mathrm{d}x}\right)^2,$$

即

$$(\mathrm{d}s)^2=(\mathrm{d}x)^2+(\mathrm{d}y)^2.$$

由于 $s=s(x)$ 是单调增加函数, 因此

$$\mathrm{d}s=\sqrt{(\mathrm{d}x)^2+(\mathrm{d}y)^2}$$

或

$$\mathrm{d}s=\sqrt{1+y'^2}\mathrm{d}x.$$

3.7.3 曲率的计算及曲率半径

要导出曲率的计算公式, 为此, 需要计算 $\mathrm{d}\theta$. 由导数的几何意义, $\tan\theta=y'$, 两边微分得

$$\sec^2\theta\cdot\mathrm{d}\theta=y''\mathrm{d}x,$$

即

$$\mathrm{d}\theta = \frac{y''}{\sec^2\theta}\mathrm{d}x = \frac{y''}{1+y'^2}\mathrm{d}x.$$

将 $\mathrm{d}\theta$ 及 $\mathrm{d}s$ 代入 $K = \left|\frac{\mathrm{d}\theta}{\mathrm{d}s}\right|$ 中, 得到曲率的计算公式

$$K = \left|\frac{\mathrm{d}\theta}{\mathrm{d}s}\right| = \frac{|y''|}{(1+y'^2)^{\frac{3}{2}}}. \tag{3.25}$$

设曲线的参数方程为

$$\begin{cases} x = \varphi(t), \\ y = \psi(t), \end{cases}$$

曲率的计算公式, 请读者自行推导.

例 3.7.1　试求曲线 $y = \ln x$ 上曲率最大的点?

解　因为 $y' = \frac{1}{x}$, $y'' = -\frac{1}{x^2}$, 由式 (3.25) 可得曲率

$$K = \frac{|y''|}{(1+y'^2)^{\frac{3}{2}}} = \frac{\frac{1}{x^2}}{\left(1+\left(\frac{1}{x}\right)^2\right)^{\frac{3}{2}}} = \frac{x}{(1+x^2)^{\frac{3}{2}}}, \quad x \in (0, +\infty)$$

要求曲率最大的点, 先求曲率函数 K 的驻点.

$$K'(x) = \frac{(1+x^2)^{\frac{3}{2}} - 3x^2(1+x^2)^{\frac{1}{2}}}{(1+x^2)^3} = \frac{1-2x^2}{(1+x^2)^{\frac{5}{2}}}.$$

令 $K'(x) = 0$, 得 $x_1 = \frac{\sqrt{2}}{2}$, $x_2 = -\frac{\sqrt{2}}{2}$(舍去). 又因 $K''(x) = \frac{3x(2x^2-3)}{(1+x^2)^{\frac{7}{2}}}$, $K''\left(\frac{\sqrt{2}}{2}\right) = -\frac{16}{27}\sqrt{3} < 0$. 因此, 曲线 $y = \ln x$ 在点 $\left(\frac{\sqrt{2}}{2}, -\frac{1}{2}\ln 2\right)$ 处的曲率最大.

前面已经指出, 圆周上的平均曲率是一个常数, 因此圆周上任一点的曲率也是常数, 正好等于圆的半径的倒数. 也就是说, 圆有这样的特点: 圆的半径 R 正好是曲率的倒数, 即

$$R = \frac{1}{K}.$$

一般地, 称曲线上一点的曲率的倒数为曲线在该点的**曲率半径**, 记为

$$\rho = \frac{1}{K}. \tag{3.26}$$

如图 3.28 所示, 在 A 点处作曲线的法线, 并在曲线凹的一侧, 在法线上取一点 O, 并且使 $|OA| = \rho(\rho$ 是曲线在 A 点的曲率半径). 然后以 O 点为圆心, ρ 为半径作一个圆, 称此圆为曲线在 A 点的**曲率圆**.

此圆与曲线在 A 点满足以下的条件:

(1) 有共同的切线, 即圆与曲线在点 A 相切;

(2) 有相同的曲率.

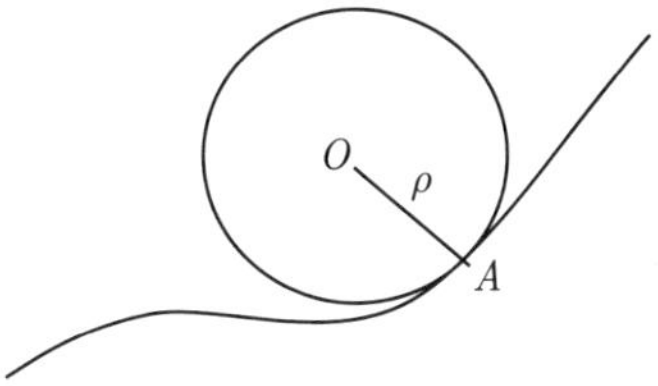

图 3.28

例 3.7.2 铁路轨道的弯道分析. 设火车以等速 v 在轨道上行驶, 当火车转弯时, 为了使火车能够平稳地逐渐转过弯去, 在弯道处必须采取一定的措施, 也就是在弯道处需要将外轨垫高.

解 火车轨道在转弯前是平坦的直线, 两根铁轨的高度相同, 弯道的主要部分是圆弧状的 (设半径是R), 那里的外轨必须要垫高 h. 由直线部分到圆弧部分, 外轨的弯曲有一个跳跃, 这样当然不行. 因此, 在直线和圆弧部分之间必须接入一缓冲曲线, 使轨道的曲率逐步地由零过渡到 $\dfrac{1}{R}$, 即曲率半径由 ∞ 逐步变化到 R.

经实际调查可知, 目前国内一般采用的缓冲曲线是三次抛物线 (图 3.29), 图中 x 轴 $(x > 0)$ 表示直线轨道, 弧 $\overset{\frown}{AB}$ 是圆弧轨道, 其圆心为 P, $\overset{\frown}{OA}$ 是三次抛物线, 其方程为

$$y = \frac{x^3}{6Rl},$$

其中 l 为曲线弧 $\overset{\frown}{OA}$ 的弧长.

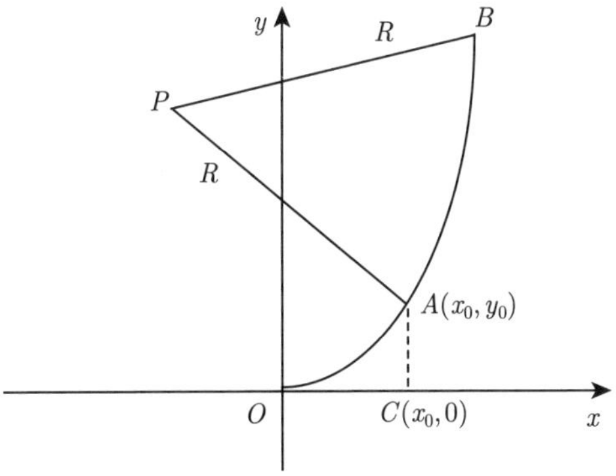

图 3.29

下面, 首先来计算曲线弧 $\overset{\frown}{OA}$ 的曲率

$$K = \frac{|y''|}{(1+y'^2)^{\frac{3}{2}}} = \frac{8R^2l^2x}{(4R^2l^2+x^4)^{\frac{3}{2}}}.$$

当 x 从 0 变到 x_0 时, 曲率 K 连续地从 0 变到

$$K_0 = \frac{8R^2l^2x_0}{(4R^2l^2 + x_0^4)^{\frac{3}{2}}}. \tag{3.27}$$

其次, 估计 K_0. 实际使用的弯道一般比 $\frac{l}{R}$ 较小, 而且 $\overset{\frown}{OA}$ 的长度 l 和直线段 $\overline{OC}$ 的长度 x_0 也比较接近, 即 $x_0 \approx l$. 将其代入式 (3.27), 可得

$$K_0 \approx \frac{8R^2l^3}{(4R^2l^2 + l^4)^{\frac{3}{2}}} = \frac{1}{R} \cdot \frac{1}{\left(1 + \frac{l^2}{4R^2}\right)^{\frac{3}{2}}}.$$

再忽略掉 $\frac{l^2}{4R^2}$, 得

$$K_0 \approx \frac{1}{R}.$$

因此, 缓冲曲线的曲率由 0 连续地变化到 $\frac{1}{R}$, 起到了缓冲作用.

习　题　3.7

1. 求抛物线 $y = x^2 + 4x + 5$ 在点 $x = 2$ 处的曲率和曲率半径.

2. 求曲线 $y = \tan x$ 在点 $\left(\frac{\pi}{4}, 1\right)$ 处的曲率和曲率半径.

3. 试求抛物线 $y = ax^2 + bx + c$ 在哪一点处的曲率最大, 且最大值是多少?

4. 试求曲线弧 $y = \sin x (0 < x < \pi)$ 上哪一点的曲率半径最小, 并求出该点的曲率半径.

5. 设曲线的参数方程为 $\begin{cases} x = \varphi(t), \\ y = \psi(t), \end{cases}$ 试证曲线的曲率的计算公式

$$K = \frac{|\varphi'(t)\psi''(t) - \varphi''(t)\psi'(t)|}{[\varphi'^2(t) + \psi'^2(t)]^{\frac{3}{2}}}.$$

6. 求摆线 $\begin{cases} x = a(t - \sin t), \\ y = a(1 - \cos t), \end{cases}$ $(a > 0)$ 在 $t = \frac{\pi}{2}$ 处的曲率.

7. 设工件表面的截线为抛物线 $y = 0.5x^2$. 现在要用砂轮磨削其表面, 试问用多大直径的砂轮比较合适?

总 习 题 3

1. 设实数 $a_1, a_2, a_3, \cdots, a_n$ 满足 $a_1 - \frac{a_2}{3} + \cdots + (-1)^{n-1}\frac{a_n}{2n-1} = 0$, 试证明方程 $a_1 \cos x + a_2 \cos 3x + \cdots + a_n \cos(2n-1)x = 0$ 在 $\left(0, \frac{\pi}{2}\right)$ 内至少存在一个实根.

2. 设 $f(x)$ 在 $[0,\pi]$ 上连续, 在 $(0,\pi)$ 内可导, 求证存在 $\xi\in(0,\pi)$, 使得

$$f'(\xi)=-f(\xi)\cot\xi.$$

3. 若函数 $f(x)$ 在 (a,b) 内有二阶导数, 且 $f(x_1)=f(x_2)=f(x_3)$, 其中 $a<x_1<x_2<x_3<b$. 证明: 至少存在一点 $\xi\in(x_1,x_3)$, 使 $f''(\xi)=0$.

4. 设 $f(x)$ 在 $[0,c]$ 上可导, 且 $f'(x)$ 单调减少, $f(0)=0$. 试证对任意的 $a,b\in[0,c]$, 且 $a\leqslant b(a+b\leqslant c)$, 恒有 $f(a+b)\leqslant f(a)+f(b)$.

5. 设 $f(x)$ 在 $[0,1]$ 上连续, 在 $(0,1)$ 内可导, 且 $f(0)=0,f(1)=1$. 证明: 对任意正数 a, b, 在 $(0,1)$ 内存在不同 ξ,η 使得

$$\frac{a}{f'(\xi)}+\frac{b}{f'(\eta)}=a+b.$$

6. 设 $f(x)$ 在 $[a,b]$ 上连续, 在 (a,b) 内可导. 证明: 在 (a,b) 内存在点 ξ 和 η, 使得

$$f'(\xi)=\frac{a+b}{2\eta}f'(\eta).$$

7. 设函数 $y=f(x)$ 在 $x=0$ 点的某个邻域内具有直到 n 阶导数, 且 $f(0)=f'(0)=\cdots=f^{(n-1)}(0)=0$, 试用柯西中值定理证明

$$\frac{f(x)}{x^n}=\frac{f^{(n)}(\theta x)}{n!}\ ,(0<\theta<1).$$

8. 求下列极限:

(1) $\lim\limits_{x\to\frac{\pi}{2}}\dfrac{\ln\sin x}{(\pi-2x)^2}$;

(2) $\lim\limits_{x\to0}\dfrac{[\sin x-\sin(\sin x)]\sin x}{x^4}$;

(3) $\lim\limits_{x\to0}\dfrac{\sqrt{1+x^3}-1}{1-\cos\sqrt{x-\sin x}}$;

(4) $\lim\limits_{x\to0}\dfrac{\sqrt{1+\tan x}-\sqrt{1+\sin x}}{x\ln(1+x)-x^2}$;

(5) $\lim\limits_{x\to0}(\cos x)^{\frac{1}{\ln(1+x^2)}}$;

(6) $\lim\limits_{x\to0}(\sin x+\mathrm{e}^x)^{\frac{1}{x}}$;

(7) $\lim\limits_{x\to+\infty}(x+\sqrt{1+x^2})^{\frac{1}{x}}$;

(8) $\lim\limits_{x\to0^+}(\cos\sqrt{x})^{\frac{\pi}{x}}$;

(9) $\lim\limits_{x\to0}\frac{(1-\cos x)[x-\ln(1+\tan x)]}{\sin x^4}$;

(10) $\lim\limits_{x\to0}\dfrac{1}{x^3}\left[\left(\dfrac{2+\cos x}{3}\right)^x-1\right]$;

(11) $\lim\limits_{x\to0^+}(\cot x)^{\frac{1}{\ln x}}$;

(12) $\lim\limits_{x\to+\infty}(\mathrm{e}^{3x}-5x)^{\frac{1}{x}}$;

(13) $\lim\limits_{x\to0}\left(\dfrac{a^x+b^x}{2}\right)^{\frac{3}{x}}$, $a>0,\ b>0$ 且 $a\neq1,\ b\neq1$.

9. 设函数 $f(x)$ 在 $x=0$ 点的某个邻域内具有一阶连续导数且 $f(0)\neq0,\ f'(0)\neq0$, 若 $af(h)+bf(2h)-f(0)$ 当 $h\to0$ 时是比 h 高阶的无穷小, 试确定 $a,\ b$ 的值.

10. 设函数

$$f(x)=\begin{cases}\dfrac{g(x)-\cos x}{x}, & x\neq0,\\ a, & x=0,\end{cases}$$

其中 $g(x)$ 有二阶连续导数, 且 $g(0)=1$. 试确定 a 的值, 使得 $f(x)$ 在点 $x=0$ 处连续, 并求 $f'(x)$.

11. 设在 $[1,+\infty)$ 上恒有 $f''(x)\leqslant 0$, 且 $f(1)=2$, $f'(1)=-3$, 试证在 $(1,+\infty)$ 内方程 $f(x)=0$ 仅有一实根.

12. 利用函数的泰勒展开式求下列极限:

(1) $\lim\limits_{x\to 0}\dfrac{\cos x-\mathrm{e}^{-\frac{x^2}{2}}}{x^4}$; (2) $\lim\limits_{x\to+\infty}(\sqrt[3]{x^3+3x^2}-\sqrt[4]{x^4-2x^3})$.

13. 利用泰勒展开式证明: 当 $0<x<\dfrac{\pi}{2}$ 时, $\dfrac{x^2}{\pi}<1-\cos x<\dfrac{x^2}{2}$ 成立.

14. 求函数 $y=x+|\sin 2x|$ 的单调区间.

15. 证明下列不等式:

(1) 当 $x>0$ 时, $1+\dfrac{1}{2}x>\sqrt{1+x}$;

(2) 当 $0<x<\dfrac{\pi}{2}$ 时, $\tan x>x+\dfrac{1}{3}x^3$;

(3) 当 $x>0$ 时, $1+x\ln(x+\sqrt{1+x^2})>\sqrt{1+x^2}$;

(4) 当 $0<a<b$ 时, $\ln\dfrac{b}{a}>\dfrac{2(b-a)}{a+b}$;

(5) 当 $0<a<b$ 时, $\dfrac{2a}{a^2+b^2}<\dfrac{\ln b-\ln a}{b-a}<\dfrac{1}{\sqrt{ab}}$;

(6) 当 $\mathrm{e}<a<b<\mathrm{e}^2$ 时, $\ln^2 b-\ln^2 a>\dfrac{4}{\mathrm{e}^2}(b-a)$.

16. 利用曲线的凹凸性证明: 当 $0<x<\pi$ 时, $\sin\dfrac{x}{2}>\dfrac{x}{\pi}$.

17. 求函数 $f(x)=|x|\,\mathrm{e}^{-|x-1|}$ 的极值.

18. 设函数 $y=y(x)$ 由参数方程 $\begin{cases} x=\dfrac{1}{3}t^3+t+\dfrac{1}{3}, \\ y=\dfrac{1}{3}t^3-t+\dfrac{1}{3} \end{cases}$ 确定, 试求 $y=y(x)$ 的极值和曲线 $y=y(x)$ 的凹凸区间及拐点.

19. 设 $a>0$, 求 $f(x)=\dfrac{1}{1+|x|}+\dfrac{1}{1+|x-a|}$ 的最大值.

20. 求函数 $y=x^{2x}$ 在区间 $(0,1]$ 上的最小值.

21. 光学中的费马原理说光线从一点到另一点永远沿行进最短的路径行进. 如图 3.30 所示, 从光源 A 处出发, 从一平面镜反射到一接收点 B. 试证明入射角一定等于发射角.

22. 求下列曲线的渐近线:

(1) $y=\dfrac{1}{x}+\ln(1+\mathrm{e}^x)$; (2) $y=\dfrac{x+4\sin x}{5x-2\cos x}$;

(3) $y=\dfrac{(1+x)^{3/2}}{\sqrt{x}}$; (4) $x^3+y^3-3kxy=0$.

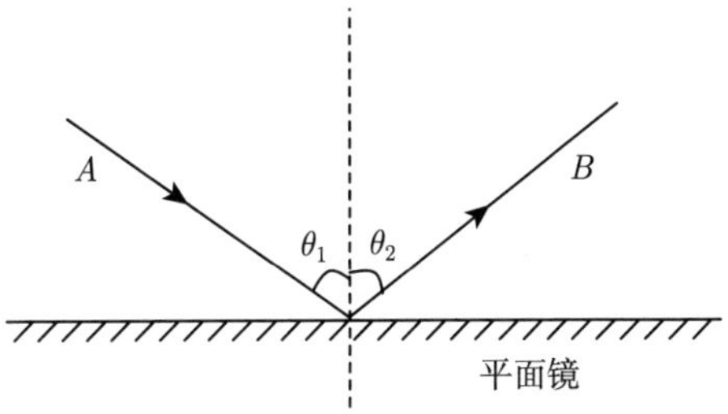

图 3.30

23. 证明：曲线 $y = ach\dfrac{x}{a}$ 在点 (x, y) 处的曲率半径为 $\dfrac{y^2}{a}$.

24. 求星形线 $x^{\frac{2}{3}} + y^{\frac{2}{3}} = a^{\frac{2}{3}}$ 的曲率半径.

第 4 章　不定积分

在第 2 章我们学习了求已知函数的导数和微分. 本章考虑其逆问题, 即已知一个函数的导数或微分, 求这个函数. 这是积分学的基本问题之一, 也是科学技术领域中常见的问题.

4.1　不定积分的概念与性质

4.1.1　原函数与不定积分的概念

在微分学部分我们介绍了, 如果已知曲线方程 $y = f(x)$, 则可求出该曲线上任意一点 (x, y) 处切线的斜率 $k = f'(x)$, 例如曲线 $y = x^2$ 在点 (x, y) 处切线的斜率为 $k = 2x$. 反之, 如果已知曲线在任意一点处切线的斜率, 求曲线方程 $y = f(x)$, 这就是求导运算的逆运算问题.

定义 4.1.1　设函数 $f(x)$ 在区间 I 上有定义, 若存在函数 $F(x)$, 使得对任意 $x \in I$, 有

$$F'(x) = f(x) \text{ 或 } \mathrm{d}F(x) = f(x)\mathrm{d}x.$$

则称函数 $F(x)$ 为 $f(x)$ 在区间 I 上的一个**原函数**.

例如, 因 $(\sin x)' = \cos x$, 则 $\sin x$ 是 $\cos x$ 的一个原函数. 又如, 当 $x \in (0, +\infty)$ 时, $(\ln x)' = \dfrac{1}{x}$, 故 $\ln x$ 是 $\dfrac{1}{x}$ 在区间 $(0, +\infty)$ 内的一个原函数.

对于原函数的存在性, 我们不禁会问, 一个函数具备什么条件才能保证它的原函数一定存在? 这个问题我们将在下一章进行讨论, 这里先介绍一个结论.

定理 4.1.1　如果函数 $f(x)$ 在区间 I 上连续, 则在区间 I 上存在函数 $F(x)$, 使对任意 $x \in I$, 有

$$F'(x) = f(x).$$

即**连续函数的原函数一定存在**.

设 $F(x)$ 是 $f(x)$ 的一个原函数, 即 $F'(x) = f(x)$. 则对任意常数 C, 有

$$[F(x) + C]' = f(x),$$

即 $F(x) + C$ 也是 $f(x)$ 的原函数. 这说明: 如果一个函数的原函数存在, 则原函数不唯一, 有无穷多个原函数. 那么, 这无穷多个原函数如何表示?

设 $G(x)$ 是 $f(x)$ 的任意一个原函数, 即 $G'(x)=f(x)$. 又因 $F'(x)=f(x)$, 因此

$$[G(x)-F(x)]'=G'(x)-F'(x)=f(x)-f(x)=0.$$

从而 $G(x)-F(x)=C$, 即 $G(x)=F(x)+C$, 其中 C 为任意常数. 由此可知, 若 $F(x)$ 为 $f(x)$ 的一个原函数, 则 $F(x)+C$(C 为任意常数) 也是 $f(x)$ 的原函数, 且是 $f(x)$ 的全体原函数.

由上面的讨论, 我们引入下述定义.

定义 4.1.2 在区间 I 上, 函数 $f(x)$ 的全体原函数称为函数 $f(x)$ 在区间 I 上的**不定积分**, 记为

$$\int f(x)\mathrm{d}x.$$

其中 $\int$ 称为**积分符号**, $f(x)$ 称为**被积函数**, x 称为**积分变量**, $f(x)\mathrm{d}x$ 称为**被积表达式**.

由定义知, 若 $F(x)$ 是 $f(x)$ 的一个原函数, 则

$$\int f(x)\mathrm{d}x=F(x)+C, \tag{4.1}$$

其中 C 为任意常数.

例如, 因 $\sin x$ 是 $\cos x$ 的一个原函数, 所以 $\int\cos x\mathrm{d}x=\sin x+C$; $\ln x$ 是 $\dfrac{1}{x}$ 在区间 $(0,+\infty)$ 上的一个原函数, 则 $\int\dfrac{1}{x}\mathrm{d}x=\ln x+C(x>0)$. 此外, 当 $x<0$ 时, 因 $(\ln(-x))'=\dfrac{1}{-x}\cdot(-1)=\dfrac{1}{x}$, 所以 $\int\dfrac{1}{x}\mathrm{d}x=\ln(-x)+C$. 因此 $\int\dfrac{1}{x}\mathrm{d}x=\ln|x|+C$.

例 4.1.1 求 $\int\dfrac{1}{1+x^2}\mathrm{d}x$.

解 由于 $(\arctan x)'=\dfrac{1}{1+x^2}$, 所以 $\arctan x$ 是 $\dfrac{1}{1+x^2}$ 的一个原函数, 因此

$$\int\frac{1}{1+x^2}\mathrm{d}x=\arctan x+C.$$

例 4.1.2 求 $\int x^2\sqrt{x}\mathrm{d}x$.

解 由于 $\left(\dfrac{2}{7}x^{\frac{7}{2}}\right)'=x^{\frac{5}{2}}=x^2\sqrt{x}$, 故 $\dfrac{2}{7}x^{\frac{7}{2}}$ 是 $x^2\sqrt{x}$ 的一个原函数, 因此

$$\int x^2\sqrt{x}\mathrm{d}x=\int x^{\frac{5}{2}}\mathrm{d}x=\frac{x^{\frac{5}{2}+1}}{\frac{5}{2}+1}+C=\frac{2}{7}x^{\frac{7}{2}}+C.$$

一般地, 当 $\mu \neq -1$ 时, 因为 $\left(\dfrac{x^{\mu+1}}{\mu+1}\right)' = x^{\mu}$, 所以 $\dfrac{x^{\mu+1}}{\mu+1}$ 是 x^{μ} 的一个原函数, 于是

$$\int x^{\mu}\mathrm{d}x = \frac{x^{\mu+1}}{\mu+1} + C, \mu \neq -1.$$

例 4.1.3 已知曲线上任意一点的切线斜率为 $3x^2$, 并且曲线经过点 $(1,4)$, 求此曲线方程.

解 设所求曲线方程为 $y = f(x)$, 由题意知,

$$\frac{\mathrm{d}y}{\mathrm{d}x} = 3x^2,$$

$$y = \int 3x^2\mathrm{d}x = x^3 + C.$$

又因曲线过 $(1,4)$, 即 $y|_{x=1} = 4$, 所以 $C = 3$. 因此, 所求曲线方程为 $y = x^3 + 3$.

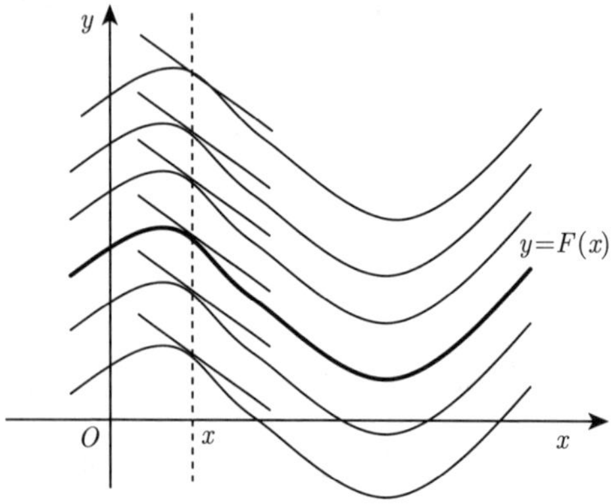

图 4.1

4.1.2 不定积分的几何意义

如果函数 $F(x)$ 为 $f(x)$ 的一个原函数, 则称曲线 $y = F(x)$ 为积分曲线. 曲线 $y = F(x) + C$ 可由曲线 $y = F(x)$ 沿 y 轴向上或向下平行移动得到, 这样就得到一族曲线. 因此, 不定积分的几何意义是: 函数 $f(x)$ 的全部积分曲线所组成的**积分曲线族**, 其方程为 $y = F(x) + C$ (图 4.1).

4.1.3 不定积分的性质

由不定积分的定义, 有以下两个不定积分基本性质:

(1) $\left(\int f(x)\mathrm{d}x\right)' = f(x)$ 或 $\mathrm{d}\left(\int f(x)\mathrm{d}x\right) = f(x)\mathrm{d}x$;

(2) $\int F'(x)\mathrm{d}x = F(x) + C$ 或 $\int \mathrm{d}F(x) = F(x) + C$.

由此可见, 积分与微分在不计任意常数 C 的情况下互为逆运算.

性质 4.1.1 $\int kf(x)\mathrm{d}x = k\int f(x)\mathrm{d}x$($k$ 为常数, $k \neq 0$), 即被积函数中不为零的常数因子可以提到积分号的外面.

性质 4.1.2 $\int [f(x) \pm g(x)]\mathrm{d}x = \int f(x)\mathrm{d}x \pm \int g(x)\mathrm{d}x$, 即两个函数代数和的不

定积分, 等于各自不定积分的代数和.

事实上, 因

$$\begin{aligned}\left(\int [f(x) \pm g(x)]\mathrm{d}x\right)' &= f(x) \pm g(x)\\ &= \left(\int f(x)\mathrm{d}x\right)' \pm \left(\int g(x)\mathrm{d}x\right)'.\end{aligned}$$

注 4.1.1 此性质可推广到有限多个函数之和、差的情形, 即有限个函数的代数和的不定积分等于各个函数的不定积分的代数和.

4.1.4 基本积分公式

根据不定积分的定义, 由基本初等函数的导数或微分公式, 可得不定积分的基本公式.

(1) $\int k\mathrm{d}x = kx + C(k$ 是常数); (2) $\int x^{\mu}\mathrm{d}x = \dfrac{x^{\mu+1}}{\mu+1} + C \quad (\mu \neq -1)$;

(3) $\int \dfrac{1}{x}\mathrm{d}x = \ln|x| + C$;

(4) $\int a^x\mathrm{d}x = \dfrac{a^x}{\ln a} + C$, 特别地, 当 $a = \mathrm{e}$ 时, $\int \mathrm{e}^x\mathrm{d}x = \mathrm{e}^x + C$;

(5) $\int \sin x\mathrm{d}x = -\cos x + C$; (6) $\int \cos x\mathrm{d}x = \sin x + C$;

(7) $\int \sec^2 x\mathrm{d}x = \tan x + C$; (8) $\int \csc^2 x\mathrm{d}x = -\cot x + C$;

(9) $\int \sec x\tan x\mathrm{d}x = \sec x + C$; (10) $\int \csc x\cot x\mathrm{d}x = -\csc x + C$;

(11) $\int \dfrac{1}{1+x^2}\mathrm{d}x = \arctan x + C$; (12) $\int \dfrac{1}{\sqrt{1-x^2}}\mathrm{d}x = \arcsin x + C$.

利用不定积分的定义求不定积分是非常不方便的. 为解决不定积分的计算问题, 这里我们先介绍一种利用不定积分的运算性质和基本积分公式, 直接求出不定积分的方法, 即**直接积分法**.

例 4.1.4 求不定积分 $\int (4x^3 + 5x^2 + 6x)\mathrm{d}x$.

解 $\int (4x^3 + 5x^2 + 6x)\mathrm{d}x = \int 4x^3\mathrm{d}x + \int 5x^2\mathrm{d}x + \int 6x\mathrm{d}x = x^4 + \dfrac{5}{3}x^3 + 3x^2 + C$.

注 4.1.2 每个不定积分都含有任意常数, 但由于这些任意常数之和仍是任意常数. 因此, 只需要积分完后, 最后加一个任意常数 C 即可.

例 4.1.5 求 $\int (2^x + x^2)\mathrm{d}x$

解 $\int(2^x+x^2)\mathrm{d}x=\int 2^x\mathrm{d}x+\int x^2\mathrm{d}x=\dfrac{2^x}{\ln 2}+\dfrac{1}{3}x^3+C.$

例 4.1.6 求 $\int\dfrac{(x-1)^2}{x^2}\mathrm{d}x.$

解 $\int\dfrac{(x-1)^2}{x^2}\mathrm{d}x=\int\left(1-\dfrac{2}{x}+\dfrac{1}{x^2}\right)\mathrm{d}x=\int 1\mathrm{d}x-\int\dfrac{2}{x}\mathrm{d}x+\int\dfrac{1}{x^2}\mathrm{d}x=x-2\ln|x|-\dfrac{1}{x}+C.$

例 4.1.7 求 $\int\dfrac{x^4}{1+x^2}\mathrm{d}x$

解

$$\begin{aligned}\int\frac{x^4}{1+x^2}\mathrm{d}x&=\int\frac{x^4-1+1}{1+x^2}\mathrm{d}x=\int\frac{(x^2-1)(x^2+1)}{1+x^2}\mathrm{d}x+\int\frac{1}{1+x^2}\mathrm{d}x\\&=\int(x^2-1)\mathrm{d}x+\int\frac{\mathrm{d}x}{1+x^2}=\frac{x^3}{3}-x+\arctan x+C.\end{aligned}$$

例 4.1.8 求 $\int\dfrac{\mathrm{e}^{2x}-1}{\mathrm{e}^x-1}\mathrm{d}x$

解 $\int\dfrac{\mathrm{e}^{2x}-1}{\mathrm{e}^x-1}\mathrm{d}x=\int\dfrac{(\mathrm{e}^x-1)(\mathrm{e}^x+1)}{\mathrm{e}^x-1}\mathrm{d}x=\int(\mathrm{e}^x+1)\mathrm{d}x=\mathrm{e}^x+x+C.$

例 4.1.9 求 $\int\left(\mathrm{e}^2+\dfrac{1}{4x}-2^x\mathrm{e}^x\right)\mathrm{d}x$

解

$$\begin{aligned}\int\left(\mathrm{e}^2+\frac{1}{4x}-2^x\mathrm{e}^x\right)\mathrm{d}x&=\int\mathrm{e}^2\mathrm{d}x+\int\frac{\mathrm{d}x}{4x}-\int(2\mathrm{e})^x\mathrm{d}x\\&=\mathrm{e}^2x+\frac{1}{4}\ln|x|-\frac{(2\mathrm{e})^x}{\ln 2\mathrm{e}}+C\\&=\mathrm{e}^2x+\frac{1}{4}\ln|x|-\frac{(2\mathrm{e})^x}{1+\ln 2}+C.\end{aligned}$$

例 4.1.10 求 $\int\dfrac{\mathrm{d}x}{\sin^2x\cos^2x}$

解

$$\begin{aligned}\int\frac{\mathrm{d}x}{\sin^2x\cos^2x}&=\int\frac{\sin^2x+\cos^2x}{\sin^2x\cos^2x}\mathrm{d}x=\int\frac{1}{\cos^2x}\mathrm{d}x+\int\frac{\mathrm{d}x}{\sin^2x}\\&=\tan x-\cot x+C.\end{aligned}$$

例 4.1.11 求 $\int\sin^2\dfrac{x}{2}\mathrm{d}x.$

解 $\int\sin^2\dfrac{x}{2}\mathrm{d}x=\int\dfrac{1-\cos x}{2}\mathrm{d}x=\dfrac{1}{2}\int\mathrm{d}x-\dfrac{1}{2}\int\cos x\mathrm{d}x=\dfrac{1}{2}(x-\sin x)+C.$

同理, 有

$$\int\cos^2\frac{x}{2}\mathrm{d}x=\int\frac{1+\cos x}{2}\mathrm{d}x=\frac{1}{2}\int\mathrm{d}x+\frac{1}{2}\int\cos x\mathrm{d}x=\frac{1}{2}(x+\sin x)+C.$$

例 4.1.12 求 $\int \tan^2 x\mathrm{d}x$.

解 $\int \tan^2 x\mathrm{d}x = \int (\sec^2 x - 1)\mathrm{d}x = \int \sec^2 x\mathrm{d}x - \int \mathrm{d}x = \tan x - x + C$.

习 题 4.1

1. 求下列不定积分:

(1) $\int \frac{\mathrm{d}x}{x^2\sqrt{x}}$;

(2) $\int \left(\sqrt[3]{x} - \frac{1}{\sqrt{x}}\right)\mathrm{d}x$;

(3) $\int (2^x + x^2)\mathrm{d}x$;

(4) $\int \frac{3x^4 + 3x^2 + 1}{x^2 + 1}\mathrm{d}x$;

(5) $\int \left(\frac{3}{1+x^2} - \frac{2}{\sqrt{1-x^2}}\right)\mathrm{d}x$;

(6) $\int \sqrt{x\sqrt{x\sqrt{x}}}\mathrm{d}x$;

(7) $\int \frac{1}{x^2(1+x^2)}\mathrm{d}x$;

(8) $\int \frac{\cos 2x}{\sin^2 x \cos^2 x}\mathrm{d}x$;

(9) $\int \cot^2 x\mathrm{d}x$;

(10) $\int \frac{1}{1+\cos 2x}\mathrm{d}x$;

(11) $\int \frac{1+\cos^2 x}{1+\cos 2x}\mathrm{d}x$.

2. 设 $f'(\ln x) = x$, 且 $f(1) = 0$, 求 $\int f(x)\mathrm{d}x$.

3. 一曲线通过点 $(\mathrm{e}, 2)$, 且在任意点处的切线的斜率都等于该点的横坐标的倒数, 求此曲线的方程.

4. 一物体由静止开始运动, 经 t 秒后的速度是 $2t(\mathrm{m/s})$, 问:

(1) 在 4 秒后物体离开出发点的距离是多少?

(2) 物体走完 25 米需要多少时间?

4.2 换元积分法

利用基本积分公式表与积分的性质, 所能计算的不定积分相当有限. 因此, 有必要进一步研究不定积分的求法. 本节把复合函数的微分法反过来用于求不定积分, 利用中间变量的代换来得到复合函数的积分的方法, 称为**换元积分法**, 简称**换元法**. 换元法通常分为两类, **第一换元积分法**和**第二换元积分法**, 下面先介绍第一换元积分法.

4.2.1 第一换元法 (凑微分法)

设函数 $y = F(u)$, $u = \varphi(x)$ 都可导, 且 $F'(u) = f(u)$, 则复合函数 $y = F[\varphi(x)]$

也可导, 且

$$y' = F'(u)\varphi'(x) = f(u)\varphi'(x) = f[\varphi(x)]\varphi'(x) = g(x).$$

那么, 如何求 $\int g(x)\mathrm{d}x$ 呢?

$$\begin{aligned}\int g(x)\mathrm{d}x &= \int f[\varphi(x)]\varphi'(x)\mathrm{d}x = \int f[\varphi(x)]\mathrm{d}(\varphi(x)) \\ &\xlongequal{令 u=\varphi(x)} \int f(u)\mathrm{d}u = F(u) + C = F[\varphi(x)] + C.\end{aligned} \tag{4.2}$$

定理 4.2.1 设函数 $f(u)$ 具有原函数 $F(u)$, $u = \varphi(x)$ 可导, 则 $F[\varphi(x)]$ 是 $f[\varphi(x)]\varphi'(x)$ 的原函数, 即有换元公式

$$\int f[\varphi(x)]\,\varphi'(x)\mathrm{d}x \xlongequal{令 u=\varphi(x)} \int f(u)\mathrm{d}u = F(u)|_{u=\varphi(x)} + C = F[\varphi(x)] + C.$$

证明 因为 $f(u)$ 具有原函数 $F(u)$, 则 $F'(u) = f(u)$, 从而

$$(F[\varphi(x)])' = f[\varphi(x)]\varphi'(x).$$

故 $F[\varphi(x)]$ 是 $f[\varphi(x)]\varphi'(x)$ 的原函数, 则

$$\int f[\varphi(x)]\varphi'(x)\mathrm{d}x = \int f(u)\mathrm{d}u = F(u)|_{u=\varphi(x)} + C = F[\varphi(x)] + C.$$

注 4.2.1 第一换元积分法要求 $\int g(x)\mathrm{d}x$, 是将 $g(x)$ 分成两部分, 一部分与 $\mathrm{d}x$ 结合成新的变量的微分, 另一部分是新的变量的函数. 因此, 第一换元积分法也叫**凑微分法**.

例 4.2.1 求 $\int \frac{1}{3x+1}\mathrm{d}x$.

解 令 $u = 3x+1$, 则 $\mathrm{d}x = \frac{1}{3}\mathrm{d}u$. 因此

$$\int \frac{1}{3x+1}\mathrm{d}x = \frac{1}{3}\int \frac{1}{u}\mathrm{d}u = \frac{1}{3}\ln|u| + C = \frac{1}{3}\ln|3x+1| + C.$$

一般地,

$$\int f(ax+b)\mathrm{d}x = \frac{1}{a}\int f(ax+b)\mathrm{d}(ax+b), (a \neq 0),$$

令 $u = ax+b$, 将其转化成 $\int f(u)\mathrm{d}u$ 来处理.

例 4.2.2 求 $\int 2x\mathrm{e}^{x^2}\mathrm{d}x$.

解 $\int 2x\mathrm{e}^{x^2}\mathrm{d}x = \int \mathrm{e}^{x^2}(x^2)'\mathrm{d}x = \int \mathrm{e}^{x^2}\mathrm{d}(x^2).$

令 $u=x^2$, 则

$$\int 2x\mathrm{e}^{x^2}\mathrm{d}x=\int \mathrm{e}^u\mathrm{d}u=\mathrm{e}^u+C=\mathrm{e}^{x^2}+C.$$

一般地,

$$\int xf(ax^2+b)\mathrm{d}x=\frac{1}{2a}\int f(ax^2+b)\mathrm{d}(ax^2+b)(a\neq 0),$$

令 $u=ax^2+b$, 将其转化成 $\int f(u)\mathrm{d}u$ 来处理.

例 4.2.3 求 $\int \frac{\cos\sqrt{t}}{\sqrt{t}}\mathrm{d}t$.

解 $\int \frac{\cos\sqrt{t}}{\sqrt{t}}\mathrm{d}t=2\int \cos\sqrt{t}\mathrm{d}(\sqrt{t})$.

令 $u=\sqrt{t}$, 则

$$\int \frac{\cos\sqrt{t}}{\sqrt{t}}\mathrm{d}t=2\int \cos u\mathrm{d}u=2\sin u+C=2\sin\sqrt{t}+C.$$

例 4.2.4 求 $\int (\sin ax-\mathrm{e}^{\frac{x}{b}})\mathrm{d}x$.

解
$$\begin{aligned}\int (\sin ax-\mathrm{e}^{\frac{x}{b}})\mathrm{d}x&=\frac{1}{a}\int \sin ax\mathrm{d}(ax)-b\int \mathrm{e}^{\frac{x}{b}}\mathrm{d}\left(\frac{x}{b}\right)\\&=-\frac{1}{a}\cos ax-b\mathrm{e}^{\frac{x}{b}}+C.\end{aligned}$$

例 4.2.5 求 $\int \sin^3 x\cos x\mathrm{d}x$.

解 $\int \sin^3 x\cos x\mathrm{d}x=\int \sin^3 x\mathrm{d}(\sin x)=\frac{1}{4}\sin^4 x+C$.

例 4.2.6 求 $\int \frac{1}{x(3\ln x+2)}\mathrm{d}x$.

解 $\int \frac{1}{x(3\ln x+2)}\mathrm{d}x=\frac{1}{3}\int \frac{1}{3\ln x+2}\mathrm{d}(3\ln x+2)=\frac{1}{3}\ln|3\ln x+2|+C$.

例 4.2.7 求 $\int \frac{\mathrm{d}x}{x\ln x\ln\ln x}$.

解 $\int \frac{\mathrm{d}x}{x\ln x\ln\ln x}=\int \frac{\mathrm{d}(\ln x)}{\ln x\ln\ln x}=\int \frac{\mathrm{d}(\ln\ln x)}{\ln\ln x}=\ln|\ln\ln x|+C$.

例 4.2.8 求 $\int \frac{x}{\sqrt{1+x^2}}\sin\sqrt{1+x^2}\mathrm{d}x$.

解 $\int \frac{x}{\sqrt{1+x^2}}\sin\sqrt{1+x^2}\mathrm{d}x=\int \sin\sqrt{1+x^2}\mathrm{d}(\sqrt{1+x^2})=-\cos\sqrt{1+x^2}+C$.

例 4.2.9　求 $\int \frac{1}{a^2+x^2}\mathrm{d}x(a>0)$.

解　$\int \frac{1}{a^2+x^2}\mathrm{d}x=\frac{1}{a^2}\int \frac{1}{1+\left(\frac{x}{a}\right)^2}\mathrm{d}x=\frac{1}{a}\int \frac{1}{1+\left(\frac{x}{a}\right)^2}\mathrm{d}\left(\frac{x}{a}\right)=\frac{1}{a}\arctan\frac{x}{a}+C.$

例 4.2.10　求 $\int \frac{1}{\sqrt{a^2-x^2}}\mathrm{d}x\ (a>0)$.

解

$$\int \frac{1}{\sqrt{a^2-x^2}}\mathrm{d}x=\frac{1}{a}\int \frac{1}{\sqrt{1-\left(\frac{x}{a}\right)^2}}\mathrm{d}x=\int \frac{1}{\sqrt{1-\left(\frac{x}{a}\right)^2}}\mathrm{d}\left(\frac{x}{a}\right)$$

$$=\arcsin\frac{x}{a}+C.$$

例 4.2.11　求 $\int \frac{1}{a^2-x^2}\mathrm{d}x(a>0)$.

解　因为 $\frac{1}{a^2-x^2}=\frac{1}{2a}\left(\frac{1}{a+x}+\frac{1}{a-x}\right)$, 则

$$\int \frac{1}{a^2-x^2}\mathrm{d}x=\frac{1}{2a}\int\left(\frac{1}{a+x}+\frac{1}{a-x}\right)\mathrm{d}x=\frac{1}{2a}\left(\int\frac{1}{a+x}\mathrm{d}x+\int\frac{1}{a-x}\mathrm{d}x\right)$$

$$=\frac{1}{2a}\left(\ln|a+x|-\ln|a-x|\right)+C=\frac{1}{2a}\ln\left|\frac{a+x}{a-x}\right|+C.$$

例 4.2.12　求 $\int \tan x\mathrm{d}x$.

解　$\int \tan x\mathrm{d}x=\int\frac{\sin x}{\cos x}\mathrm{d}x=-\int\frac{1}{\cos x}\mathrm{d}(\cos x)=-\ln|\cos x|+C.$

同理有

$$\int \cot x\mathrm{d}x=\ln|\sin x|+C.$$

例 4.2.13　求 $\int \csc x\mathrm{d}x$.

解

$$\int \csc x\mathrm{d}x=\int\frac{1}{\sin x}\mathrm{d}x=\int\frac{\sin x}{\sin^2 x}\mathrm{d}x=-\int\frac{1}{1-\cos^2 x}\mathrm{d}(\cos x)$$

$$=\frac{1}{2}\ln\left|\frac{1-\cos x}{1+\cos x}\right|+C$$

$$=\ln\left|\frac{1-\cos x}{\sin x}\right|+C=\ln|\csc x-\cot x|+C.$$

同理有

$$\int \sec x\mathrm{d}x=\ln|\sec x+\tan x|+C.$$

注 4.2.2 例 4.2.9— 例 4.2.13 可作为公式直接使用. 例如

$$\int \frac{1}{x^2+2x+3}\mathrm{d}x = \int \frac{1}{2+(x+1)^2}\mathrm{d}x = \int \frac{1}{(\sqrt{2})^2+(x+1)^2}\mathrm{d}(x+1)$$
$$=\frac{1}{\sqrt{2}}\arctan\frac{x+1}{\sqrt{2}}+C.$$

又如

$$\int \frac{1}{-x^2+2x+3}\mathrm{d}x = \int \frac{1}{4-(x-1)^2}\mathrm{d}x = \int \frac{1}{2^2-(x-1)^2}\mathrm{d}(x-1)$$
$$=\frac{1}{4}\ln\left|\frac{2+(x-1)}{2-(x-1)}\right|+C=\frac{1}{4}\ln\left|\frac{x+1}{3-x}\right|+C.$$

例 4.2.14 求 $\int \frac{\mathrm{d}x}{x(x^6+4)}$.

解 $$\int \frac{\mathrm{d}x}{x(x^6+4)}=\frac{1}{4}\int \frac{4}{x(x^6+4)}\mathrm{d}x=\frac{1}{4}\int \frac{x^6+4-x^6}{x(x^6+4)}\mathrm{d}x=\frac{1}{4}\int\left(\frac{1}{x}-\frac{x^5}{x^6+4}\right)\mathrm{d}x$$
$$=\frac{1}{4}\ln|x|-\frac{1}{24}\int\frac{1}{x^6+4}\mathrm{d}(x^6+4)=\frac{1}{4}\ln|x|-\frac{1}{24}\ln(x^6+4)+C.$$

例 4.2.15 求 $\int \sin^2 x\cos^3 x\mathrm{d}x$.

解 $$\int \sin^2 x\cos^3 x\mathrm{d}x=\int \sin^2 x\cos^2 x\mathrm{d}(\sin x)=\int \sin^2 x(1-\sin^2 x)\mathrm{d}(\sin x)$$
$$=\int \sin^2 x\mathrm{d}(\sin x)-\int \sin^4 x\mathrm{d}(\sin x)$$
$$=\frac{1}{3}\sin^3 x-\frac{1}{5}\sin^5 x+C.$$

例 4.2.16 求 $\int \cos^2 x\mathrm{d}x$.

解 $$\int \cos^2 x\mathrm{d}x=\int\frac{1+\cos 2x}{2}\mathrm{d}x=\frac{1}{2}\left(\int\mathrm{d}x+\int\cos 2x\mathrm{d}x\right)$$
$$=\frac{1}{2}x+\frac{1}{4}\sin 2x+C.$$

例 4.2.17 求 $\int \cos^4 x\mathrm{d}x$.

解 $$\int \cos^4 x\mathrm{d}x=\int\left(\frac{1+\cos 2x}{2}\right)^2\mathrm{d}x=\frac{1}{4}\int(1+2\cos 2x+\cos^2 2x)\mathrm{d}x$$
$$=\frac{1}{4}\int\left(1+2\cos 2x+\frac{1+\cos 4x}{2}\right)\mathrm{d}x=\frac{1}{8}\int(3+4\cos 2x+\cos 4x)\mathrm{d}x$$

$$=\frac{1}{8}\left(3x+2\sin 2x+\frac{1}{4}\sin 4x\right)+C$$
$$=\frac{1}{32}(12x+8\sin 2x+\sin 4x)+C.$$

注 4.2.3　由例 4.2.15— 例 4.2.17 可知, 对 $\int \sin^n x\cos^m x\mathrm{d}x$ 类型的不定积分,

(1) 当 n 或 m 为奇数时, 比如 m 为奇数, 可通过以下方法

$$\int \sin^n x\cos^{2k+1}x\mathrm{d}x=\int \sin^n x\cos^{2k}x\mathrm{d}(\sin x)=\int \sin^n x(1-\sin^2 x)^k\mathrm{d}(\sin x)$$

将其化为 $\sin x$ 的积分来解决;

(2) 当 n 和 m 都为偶数时, 用倍角公式

$$\sin^2 x=\frac{1-\cos 2x}{2},\quad \cos^2 x=\frac{1+\cos 2x}{2}$$

对被积函数降次后, 再进行积分.

例 4.2.18　求 $\int \tan x\sec^4 x\mathrm{d}x$.

解　$$\int \tan x\sec^4 x\mathrm{d}x=\int \tan x\sec^2 x\mathrm{d}(\tan x)=\int \tan x(1+\tan^2 x)\mathrm{d}(\tan x)$$
$$=\int \tan x\mathrm{d}(\tan x)+\int \tan^3 x\mathrm{d}(\tan x)$$
$$=\frac{1}{2}\tan^2 x+\frac{1}{4}\tan^4 x+C.$$

例 4.2.19　求 $\int \tan^3 x\sec^3 x\mathrm{d}x$.

解　$$\int \tan^3 x\sec^3 x\mathrm{d}x=\int \tan^2 x\sec^2 x\mathrm{d}(\sec x)=\int (\sec^2 x-1)\sec^2 x\mathrm{d}(\sec x)$$
$$=\int (\sec^4 x-\sec^2 x)\mathrm{d}(\sec x)=\frac{1}{5}\sec^5 x-\frac{1}{3}\sec^3 x+C.$$

例 4.2.20　求 $\int \sin 2x\cos 3x\mathrm{d}x$.

解　$$\int \sin 2x\cos 3x\mathrm{d}x=\frac{1}{2}\int (\sin 5x-\sin x)\mathrm{d}x=\frac{1}{2}\left(\int \sin 5x\mathrm{d}x-\int \sin x\mathrm{d}x\right)$$
$$=\frac{1}{2}\left(-\frac{1}{5}\cos 5x+\cos x\right)+C$$
$$=-\frac{1}{10}\cos 5x+\frac{1}{2}\cos x+C.$$

注 4.2.4　对 $\int \sin ax\sin bx\mathrm{d}x$, $\int \sin ax\cos bx\mathrm{d}x$, $\int \cos ax\cos bx\mathrm{d}x$ 可利用积化和差公式, 将其化为和、差的积分来解决.

4.2.2 第二换元积分法

如果不定积分 $\int f(x)\mathrm{d}x$ 用直接积分法或第一类换元法不易求得, 但作适当的变量替换 $x=\phi(t)$ 后, 所得到的关于新积分变量 t 的不定积分 $\int f[\phi(t)]\,\phi'(t)\mathrm{d}t$ 可以求得, 然后将 t 用 $x=\phi(t)$ 的反函数代回, 则可求得 $\int f(x)\mathrm{d}x$, 这就是所谓的**第二换元 (积分) 法**.

定理 4.2.2 设 $x=\phi(t)$ 是单调、可导的函数, 且 $\phi'(t)\neq 0$, 又设 $f\left[\phi(t)\right]\phi'(t)$ 具有原函数, 则有

$$\int f(x)\mathrm{d}x=\left[\int f[\phi(t)]\,\phi'(t)\mathrm{d}t\right]_{t=\phi^{-1}(x)}, \tag{4.3}$$

其中 $\phi^{-1}(x)$ 是 $x=\phi(t)$ 的反函数.

证明 设 $f\left[\phi(t)\right]\phi'(t)$ 的原函数为 $\varPhi(t)$, 记 $\varPhi[\phi^{-1}(x)]=F(x)$, 由复合函数和反函数的求导法则, 有

$$F'(x)=\frac{\mathrm{d}\varPhi}{\mathrm{d}t}\cdot\frac{\mathrm{d}t}{\mathrm{d}x}=f[\phi(t)]\phi'(t)\cdot\frac{1}{\phi'(t)}=f[\phi(t)]=f(x),$$

即 $F(x)$ 是 $f(x)$ 的原函数. 所以

$$\begin{aligned}\int f(x)\mathrm{d}x=&F(x)+C=\varPhi[\phi^{-1}(x)]+C\\=&\left[\int f[\phi(t)]\,\phi'(t)\mathrm{d}t\right]_{t=\phi^{-1}(x)}.\end{aligned}$$

注 4.2.5 由式 (4.3) 可见, 第二换元积分法的换元与回代过程与第一换元积分法正好相反. 第二换元积分法常见的类型有三种, **根式代换, 三角代换和倒代换**.

1. 根式代换

当被积函数中含有形如

$$\sqrt[n]{ax+b},\quad \sqrt[n]{\frac{ax+b}{cx+d}}$$

的有理根式时, 可通过令 $t=\sqrt[n]{ax+b}$, $t=\sqrt[n]{\dfrac{ax+b}{cx+d}}$ 将根式消去.

例 4.2.21 求 $\int\dfrac{\mathrm{d}x}{2+\sqrt{x-1}}$.

解 令 $t=\sqrt{x-1}$, 则 $x=t^2+1$, $\mathrm{d}x=2t\mathrm{d}t$, 于是

$$\int\frac{\mathrm{d}t}{2+\sqrt{x-1}}=\int\frac{2t}{2+t}\mathrm{d}t=2\int\frac{t+2-2}{2+t}\mathrm{d}t=2\int\left(1-\frac{2}{2+t}\right)\mathrm{d}t$$

$$=2t-4\ln|2+t|+C=2\sqrt{x-1}-4\ln(2+\sqrt{x-1})+C.$$

例 4.2.22　求 $\int\frac{\mathrm{d}x}{\sqrt{x}+\sqrt[3]{x}}$.

解　令 $t=\sqrt[6]{x}$, 则 $x=t^6$, $\mathrm{d}x=6t^5\mathrm{d}t$, 于是

$$\begin{aligned}\int\frac{\mathrm{d}x}{\sqrt{x}+\sqrt[3]{x}}&=\int\frac{6t^5}{t^3+t^2}\mathrm{d}t=6\int\frac{t^3}{t+1}\mathrm{d}t=6\int\frac{t^3+1-1}{t+1}\mathrm{d}t.\\&=6\int\left(t^2-t+1-\frac{1}{t+1}\right)\mathrm{d}t=2t^3-3t^2+6t-6\ln|1+t|+C\\&=2\sqrt{x}-3\sqrt[3]{x}+6\sqrt[6]{x}-6\ln\left(\sqrt[6]{x}+1\right)+C.\end{aligned}$$

例 4.2.23　求 $\int\frac{1}{x}\sqrt{\frac{1+x}{x}}\mathrm{d}x$.

解　令 $t=\sqrt{\frac{1+x}{x}}$, 则 $x=\frac{1}{t^2-1}$, $\mathrm{d}x=-\frac{2t}{(t^2-1)^2}\mathrm{d}t$, 于是

$$\begin{aligned}\int\frac{1}{x}\sqrt{\frac{1+x}{x}}\mathrm{d}x&=-2\int\frac{t^2}{t^2-1}\mathrm{d}x=-2t-2\int\frac{1}{t^2-1}\mathrm{d}t=-2t-\ln\left|\frac{t-1}{t+1}\right|+C\\&=-2\sqrt{\frac{1+x}{x}}+2\ln\left(\sqrt{\frac{1+x}{x}}+1\right)+\ln|x|+C.\end{aligned}$$

例 4.2.24　求 $\int\frac{\mathrm{d}x}{\sqrt{\mathrm{e}^x-1}}$.

解　令 $t=\sqrt{\mathrm{e}^x-1}$, 则 $x=\ln(t^2+1)$, $\mathrm{d}x=\frac{2t}{t^2+1}\mathrm{d}t$, 于是

$$\begin{aligned}\int\frac{1}{\sqrt{\mathrm{e}^x-1}}\mathrm{d}x&=\int\frac{1}{t}\cdot\frac{2t}{t^2+1}\mathrm{d}t=2\int\frac{1}{t^2+1}\mathrm{d}t\\&=2\arctan t+C=2\arctan\sqrt{\mathrm{e}^x-1}+C.\end{aligned}$$

2. 三角代换

当被积函数中含有形如

$$\sqrt{a^2-x^2},\quad\sqrt{a^2+x^2},\quad\sqrt{x^2-a^2}$$

的二次根式时, 若令整个根式等于 t, 不能将其根式消去, 可用三角恒等式来将根式消去. 如被积函数含有根式 $\sqrt{a^2-x^2}$, 可利用三角恒等式 $\sin^2t+\cos^2t=1$, 令 $x=a\sin t$ 来将根式消去; 当被积函数含有根式 $\sqrt{a^2+x^2}$ 时, 可利用三角恒等式 $1+\tan^2t=\sec^2t$, 令 $x=a\tan t$ 来将根式消去; 当被积函数含有根式 $\sqrt{x^2-a^2}$ 时, 可利用三角恒等式 $\sec^2t-1=\tan^2t$, 令 $x=a\sec t$ 来将根式消去.

例 4.2.25 求 $\int\sqrt{a^2-x^2}\mathrm{d}x(a>0)$.

解 令 $x=a\sin t, -\dfrac{\pi}{2}<t<\dfrac{\pi}{2}$ (图 4.2), 则 $\sqrt{a^2-x^2}=\sqrt{a^2-a^2\sin^2 t}=a\cos t$, $\mathrm{d}x=a\cos t\mathrm{d}t$. 于是

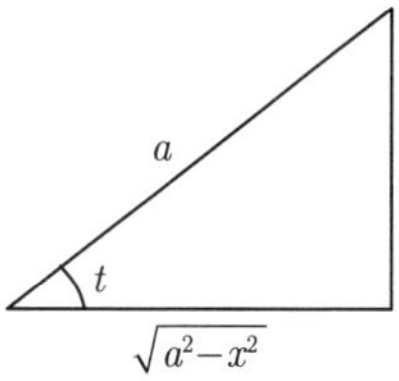

图 4.2

$$\begin{aligned}\int\sqrt{a^2-x^2}\mathrm{d}x&=\int a^2\cos^2 t\mathrm{d}t=a^2\int\frac{1+\cos 2t}{2}\mathrm{d}t\\&=\frac{a^2}{2}\left(t+\frac{1}{2}\sin 2t\right)+C=\frac{a^2}{2}t+\frac{a^2}{2}\sin t\cos t+C.\end{aligned}$$

由于 $x=a\sin t, -\dfrac{\pi}{2}<t<\dfrac{\pi}{2}$, 所以

$$\sin t=\frac{x}{a}, t=\arcsin\frac{x}{a}, \cos t=\sqrt{1-\sin^2 t}=\sqrt{1-\left(\frac{x}{a}\right)^2}=\frac{1}{a}\sqrt{a^2-x^2}.$$

因此

$$\int\sqrt{a^2-x^2}\mathrm{d}x=\frac{a^2}{2}\arcsin\frac{x}{a}+\frac{1}{2}x\sqrt{a^2-x^2}+C.$$

例 4.2.26 求 $\int\dfrac{\mathrm{d}x}{\sqrt{a^2+x^2}}\ (a>0)$.

解 令 $x=a\tan t, -\dfrac{\pi}{2}<t<\dfrac{\pi}{2}$, 则 $\sqrt{a^2+x^2}=\sqrt{a^2+a^2\tan^2 t}=a\sec t$, $\mathrm{d}x=a\sec^2 t\mathrm{d}t$. 于是

$$\int\frac{\mathrm{d}x}{\sqrt{a^2+x^2}}=\int\frac{a\sec^2 t}{a\sec t}\mathrm{d}t=\int\sec t\mathrm{d}t=\ln|\sec t+\tan t|+C_1.$$

根据 $\tan t=\dfrac{x}{a}$ 作辅助直角三角形 (图 4.3), 有 $\sec t=\dfrac{\sqrt{x^2+a^2}}{a}$. 所以

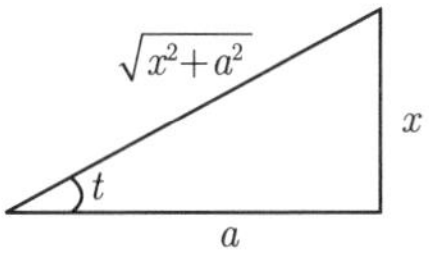

图 4.3

$$\begin{aligned}\int\frac{\mathrm{d}x}{\sqrt{x^2+a^2}}&=\ln\left(\frac{x}{a}+\frac{\sqrt{x^2+a^2}}{a}\right)+C_1\\&=\ln(x+\sqrt{x^2+a^2})+C,\end{aligned}$$

其中 $C=C_1-\ln a$.

例 4.2.27 求 $\int\dfrac{\mathrm{d}x}{\sqrt{x^2-a^2}}(a>0)$.

解 由于被积函数的定义域是 $x>a$ 或 $x<-a$, 故在两个区间分别求不定积分.

当 $x>a$ 时, 设 $x=a\sec t, 0<t<\dfrac{\pi}{2}$, 则 $\sqrt{x^2-a^2}=\sqrt{a^2\sec^2 t-a^2}=a\tan t$, $\mathrm{d}x=a\sec t\cdot\tan t\mathrm{d}t$. 于是

$$\int\frac{\mathrm{d}x}{\sqrt{x^2-a^2}}=\int\frac{a\sec t\cdot\tan t}{a\tan t}\mathrm{d}t=\int\sec t\mathrm{d}t=\ln|\sec t+\tan t|+C_1.$$

为了将 $\tan t$ 换成 x 的函数, 根据 $\sec t = \dfrac{x}{a}$ 作辅助直角三角形 (图 4.3), 有

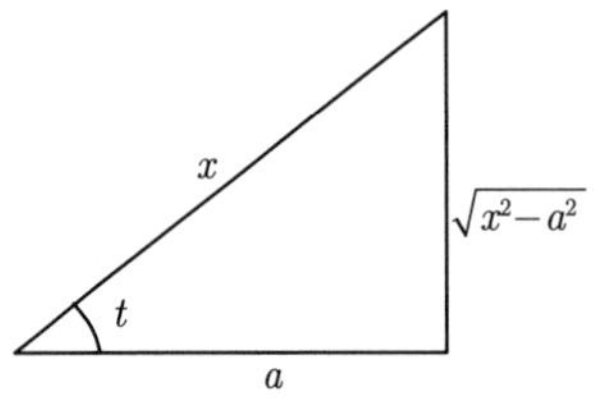

图 4.4

$$\tan t = \frac{\sqrt{x^2-a^2}}{a}.$$

因此, 当 $x > a$ 时

$$\begin{aligned}\int \frac{\mathrm{d}x}{\sqrt{x^2-a^2}} &= \ln\left(\frac{x+\sqrt{x^2-a^2}}{a}\right)+C_1 \\ &= \ln(x+\sqrt{x^2-a^2})+C,\end{aligned}$$

其中 $C = C_1 - \ln a$.

当 $x < -a$ 时, 令 $x = -u$, 则 $u > a$. 由上述结果得

$$\begin{aligned}\int \frac{\mathrm{d}x}{\sqrt{x^2-a^2}} &= \int \frac{-\mathrm{d}u}{\sqrt{u^2-a^2}} = -\int \frac{\mathrm{d}u}{\sqrt{u^2-a^2}} \\ &= -\ln(u+\sqrt{u^2-a^2})+C_2 = -\ln(-x+\sqrt{x^2-a^2})+C_2 \\ &= \ln\frac{1}{-x+\sqrt{x^2-a^2}}+C_2 = \ln\frac{-x-\sqrt{x^2-a^2}}{a^2}+C_2 \\ &= \ln(-x-\sqrt{x^2-a^2})+C,\end{aligned}$$

其中 $C = C_2 - 2\ln a$.

综上所述得

$$\int \frac{\mathrm{d}x}{\sqrt{x^2-a^2}} = \ln\left|x+\sqrt{x^2-a^2}\right|+C.$$

注 4.2.6 被积函数含形如

$$\sqrt{a^2+x^2}, \quad \sqrt{x^2-a^2}$$

的二次根式时, 除了采用三角代换外, 还可利用双曲函数的恒等式

$$\mathrm{ch}^2 t - \mathrm{sh}^2 t = 1,$$

令 $x = a\cdot \mathrm{sh}t$ 或 $x = a\cdot \mathrm{ch}t$ 来消去根式. 例如, 对例 4.2.26, 令 $x = a\cdot \mathrm{sh}t$, 则 $\sqrt{x^2+a^2} = \sqrt{a^2\mathrm{sh}^2 t + a^2} = a\cdot \mathrm{ch}t$, $\quad \mathrm{d}x = a\cdot \mathrm{ch}t\mathrm{d}t$, 于是

$$\begin{aligned}\int \frac{\mathrm{d}x}{\sqrt{a^2+x^2}} &= \int \frac{a\cdot \mathrm{ch}t}{a\cdot \mathrm{ch}t}\mathrm{d}t = \int \mathrm{d}t = t + C_1 = \mathrm{arsh}\frac{x}{a}+C_1 \\ &= \ln\left[\frac{x}{a}+\sqrt{\left(\frac{x}{a}\right)^2+1}\right]+C_1 = \ln(x+\sqrt{x^2+a^2})+C,\end{aligned}$$

其中 $C = C_1 - \ln a$.

3. 倒代换

在不定积分的计算中, 除了前面介绍的根式代换和三角代换外, 还有一种也很有用的代换——倒代换.

例 4.2.28 求 $\int \frac{1}{x(x^4-1)}\mathrm{d}x$.

解 设 $x=\frac{1}{t}$, 则 $\mathrm{d}x=-\frac{\mathrm{d}t}{t^2}$, 于是

$$\begin{aligned}\int \frac{1}{x(x^4-1)}\mathrm{d}x &= \int \frac{1}{\frac{1}{t}\left(\frac{1}{t^4}-1\right)}\cdot\left(-\frac{1}{t^2}\right)\mathrm{d}t\\ &= \int \frac{-t^3}{1-t^4}\mathrm{d}t = \frac{1}{4}\ln\left|1-t^4\right|+C\\ &= \frac{1}{4}\ln\left|\frac{x^4-1}{x^4}\right|+C.\end{aligned}$$

例 4.2.25— 例 4.2.27 可直接作为公式用. 这样, 除 4.1 节的 12 个基本公式外, 又有以下的积分公式:

(13) $\int \frac{1}{\sqrt{a^2-x^2}}\mathrm{d}x = \arcsin\frac{x}{a}+C$;

(14) $\int \frac{1}{a^2+x^2}\mathrm{d}x = \frac{1}{a}\arctan\frac{x}{a}+C$;

(15) $\int \frac{1}{a^2-x^2}\mathrm{d}x = \frac{1}{2a}\ln\left|\frac{a+x}{a-x}\right|+C$;

(16) $\int \tan x\mathrm{d}x = -\ln|\cos x|+C$;

(17) $\int \cot x\mathrm{d}x = \ln|\sin x|+C$;

(18) $\int \sec x\mathrm{d}x = \ln|\sec x+\tan x|+C$;

(19) $\int \csc x\mathrm{d}x = \ln|\csc x-\cot x|+C$;

(20) $\int \sqrt{a^2-x^2}\mathrm{d}x = \frac{x}{2}\sqrt{a^2-x^2}+\frac{a^2}{2}\arcsin\frac{x}{a}+C$;

(21) $\int \frac{1}{\sqrt{x^2\pm a^2}}\mathrm{d}x = \ln\left|x+\sqrt{x^2\pm a^2}\right|+C$.

习 题 4.2

1. 求下列不定积分:

(1) $\int \frac{\sin\sqrt{x}}{\sqrt{x}}\mathrm{d}x$;

(2) $\int \frac{2^x 3^x}{9^x + 4^x}\mathrm{d}x$;

(3) $\int \frac{1}{1+\mathrm{e}^x}\mathrm{d}x$;

(4) $\int \frac{1}{x\sqrt{1-\ln^2 x}}\mathrm{d}x$;

(5) $\int \frac{\mathrm{e}^{\arctan\sqrt{x}}}{\sqrt{x}(1+x)}\mathrm{d}x$;

(6) $\int \frac{x}{\sqrt{4-9x^2}}\mathrm{d}x$;

(7) $\int \frac{\arcsin x}{\sqrt{1-x^2}}\mathrm{d}x$;

(8) $\int \frac{\sin x\cos x}{1+\cos^4 x}\mathrm{d}x$;

(9) $\int \cos\sqrt{1+x^2}\cdot\frac{x}{\sqrt{1+x^2}}\mathrm{d}x$;

(10) $\int \frac{x^3}{6+x^2}\mathrm{d}x$;

(11) $\int \left(1+\frac{1}{x^2}\right)\mathrm{e}^{x-\frac{1}{x}}\mathrm{d}x$;

(12) $\int \sin 3x\sin 2x\mathrm{d}x$;

(13) $\int \sin^3 x\mathrm{d}x$;

(14) $\int \sin^2 x\cos^5 x\mathrm{d}x$;

(15) $\int \frac{1}{1+\sqrt{2x}}\mathrm{d}x$;

(16) $\int \frac{1}{(x+1)\sqrt{1-x}}\mathrm{d}x$;

(17) $\int \sqrt{\frac{1-x}{1+x}}\cdot\frac{1}{x}\mathrm{d}x$;

(18) $\int \frac{1}{x\sqrt{x^2+1}}\mathrm{d}x$;

(19) $\int \frac{\sqrt{x^2-9}}{x^2}\mathrm{d}x$;

(20) $\int \frac{\mathrm{d}x}{1+\sqrt{1-x^2}}$;

(21) $\int \frac{1}{\sqrt{(x^2+a^2)^3}}\mathrm{d}x$;

(22) $\int \frac{1}{x\sqrt{4-x^2}}\mathrm{d}x$;

(23) $\int \frac{1}{x+\sqrt{1-x^2}}\mathrm{d}x$;

(24) $\int \frac{x^2+1}{x\sqrt{x^4+1}}\mathrm{d}x$;

(25) $\int \frac{1}{x(x^3+8)}\mathrm{d}x$;

(26) $\int \frac{1}{x^4(1+x^2)}\mathrm{d}x$.

4.3 分部积分法

前面介绍的换元积分法虽然可以解决许多积分的问题, 但有些积分, 如 $\int x\mathrm{e}^x\mathrm{d}x$, $\int x\cos x\mathrm{d}x$ 等, 利用换元法就无法求解. 本节利用函数乘积的求导法则来导出另一种积分方法 ——**分部积分法**.

设函数 $u=u(x)$ 和 $v=v(x)$ 具有连续导数, 则

$$\mathrm{d}(uv)=v\mathrm{d}u+u\mathrm{d}v.$$

移项得到

$$u\mathrm{d}v=\mathrm{d}(uv)-v\mathrm{d}u.$$

两边同时积分, 得

$$\int u\mathrm{d}v = uv - \int v\mathrm{d}u \tag{4.4}$$

或

$$\int uv'\mathrm{d}x = uv - \int u'v\mathrm{d}x. \tag{4.5}$$

式 (4.4) 或 (4.5) 称为**分部积分公式**.

例 4.3.1 求 $\int x\mathrm{e}^x\mathrm{d}x$.

解 令 $u = x$, $\mathrm{d}v = \mathrm{e}^x\mathrm{d}x = \mathrm{d}(\mathrm{e}^x)$, $v = \mathrm{e}^x$. 由式 (4.4) 得

$$\int x\mathrm{e}^x\mathrm{d}x = \int x\mathrm{d}(\mathrm{e}^x) = x\mathrm{e}^x - \int \mathrm{e}^x\mathrm{d}x = x\mathrm{e}^x - \mathrm{e}^x + C.$$

利用分部积分法计算不定积分, 选择好 u, $\mathrm{d}v$ 非常关键, 选择不当将会使积分的计算变得更加复杂. 例如, 对例 4.3.1, 若选 $u = \mathrm{e}^x$, $\mathrm{d}v = x\mathrm{d}x = \mathrm{d}\left(\frac{1}{2}x^2\right)$, $v = \frac{1}{2}x^2$. 则

$$\int x\mathrm{e}^x\mathrm{d}x = \int \mathrm{e}^x\mathrm{d}\left(\frac{1}{2}x^2\right) = \frac{1}{2}x^2\mathrm{e}^x - \int \frac{1}{2}x^2\mathrm{d}(\mathrm{e}^x) = \frac{1}{2}x^2\mathrm{e}^x - \frac{1}{2}\int x^2\mathrm{e}^x\mathrm{d}x,$$

这样反而将被积函数中 x 的次数升高, 无法计算下去. 因此, 分部积分法选 u, $\mathrm{d}v$ 应满足以下两个条件:

(1) 通过 $\mathrm{d}v$ 找 v 容易 (直接由微分公式得到);

(2) $\int v\mathrm{d}u$ 要比 $\int u\mathrm{d}v$ 简单.

例 4.3.2 求 $\int x^2\mathrm{e}^x\mathrm{d}x$.

解 令 $u = x^2$, $\mathrm{d}v = \mathrm{e}^x\mathrm{d}x = \mathrm{d}(\mathrm{e}^x)$, $v = \mathrm{e}^x$. 由式 (4.4) 得

$$\begin{aligned}\int x^2\mathrm{e}^x\mathrm{d}x &= \int x^2\mathrm{d}(\mathrm{e}^x) = x^2\mathrm{e}^x - \int \mathrm{e}^x\mathrm{d}(x^2) = x^2\mathrm{e}^x - 2\int x\mathrm{e}^x\mathrm{d}x \\ &= x^2\mathrm{e}^x - 2\int x\mathrm{d}(\mathrm{e}^x) = x^2\mathrm{e}^x - 2x\mathrm{e}^x + 2\int \mathrm{e}^x\mathrm{d}x \\ &= x^2\mathrm{e}^x - 2x\mathrm{e}^x + 2\mathrm{e}^x + C.\end{aligned}$$

例 4.3.3 求 $\int x\cos x\mathrm{d}x$.

解 令 $u = x$, $\mathrm{d}v = \cos x\mathrm{d}x = \mathrm{d}(\sin x)$, 则

$$\int x\cos x\mathrm{d}x = \int x\mathrm{d}(\sin x) = x\sin x - \int \sin x\mathrm{d}x = x\sin x + \cos x + C.$$

例 4.3.4　求 $\int x\cos^2 x\mathrm{d}x$.

解　$$\int x\cos^2 x\mathrm{d}x=\int\frac{x(1+\cos 2x)}{2}\mathrm{d}x=\frac{1}{4}x^2+\frac{1}{2}\int x\cos 2x\mathrm{d}x$$
$$=\frac{1}{4}x^2+\frac{1}{4}\int x\mathrm{d}(\sin 2x)=\frac{1}{4}x^2+\frac{1}{4}\left(x\sin 2x-\int\sin 2x\mathrm{d}x\right)$$
$$=\frac{1}{4}\left(x^2+x\sin 2x+\frac{1}{2}\cos 2x\right)+C.$$

由例 4.3.1— 例 4.3.4 知, 当被积函数是多项式与正 (余) 弦函数或多项式与指数函数的乘积时, 可考虑用分部积分法, 并选多项式为 u. 其目的在于使用一次分部积分将多项式的次数降低一次.

例 4.3.5　求 $\int\arcsin x\mathrm{d}x$.

解　令 $u=\arcsin x$, $\mathrm{d}v=\mathrm{d}x$. 则
$$\int\arcsin x\mathrm{d}x=x\arcsin x-\int\frac{x}{\sqrt{1-x^2}}\mathrm{d}x=x\arcsin x+\sqrt{1-x^2}+C.$$

例 4.3.6　求 $\int x\arctan x\mathrm{d}x$.

解　令 $u=\arctan x$, $\mathrm{d}v=x\mathrm{d}x$, 则 $\mathrm{d}u=\dfrac{\mathrm{d}x}{1+x^2}$, $v=\dfrac{x^2}{2}$. 由式 (4.4) 得
$$\int x\arctan x\mathrm{d}x=\frac{x^2}{2}\arctan x-\frac{1}{2}\int\frac{x^2}{1+x^2}\mathrm{d}x=\frac{x^2}{2}\arctan x-\frac{1}{2}\int\frac{1+x^2-1}{1+x^2}\mathrm{d}x$$
$$=\frac{x^2}{2}\arctan x-\frac{1}{2}\int\left(1-\frac{1}{1+x^2}\right)\mathrm{d}x$$
$$=\frac{x^2}{2}\arctan x-\frac{1}{2}x+\frac{1}{2}\arctan x+C.$$

例 4.3.7　求 $\int x\ln x\mathrm{d}x$.

解　令 $u=\ln x$, $\mathrm{d}v=x\mathrm{d}x=\mathrm{d}\left(\dfrac{1}{2}x^2\right)$, $v=\dfrac{1}{2}x^2$. 由式 (4.4) 得
$$\int x\ln x\mathrm{d}x=\int\ln x\mathrm{d}\left(\frac{1}{2}x^2\right)=\frac{x^2}{2}\ln x-\int\frac{x^2}{2}\mathrm{d}(\ln x)=\frac{x^2}{2}\ln x-\frac{1}{2}\int x\mathrm{d}x$$
$$=\frac{x^2}{2}\ln x-\frac{1}{4}x^2+C.$$

在分部积分法运用比较熟练后, 式中的 u 和 $\mathrm{d}v$ 不必写出来.

例 4.3.8 求 $\int \ln(1+x^2)\mathrm{d}x$.

解 $\int \ln(1+x^2)\mathrm{d}x = x\ln(1+x^2) - \int x\mathrm{d}(\ln(1+x^2)) = x\ln(1+x^2) - 2\int \frac{x^2}{1+x^2}\mathrm{d}x$

$$=x\ln(1+x^2) - 2\int \left(1 - \frac{1}{1+x^2}\right)\mathrm{d}x$$

$$=x\ln(1+x^2) - 2x + 2\arctan x + C.$$

由例 4.3.5— 例 4.3.8 知, 当被积函数是多项式与对数函数或多项式与反三角函数的乘积时, 可考虑用分部积分法, 并选对数函数或反三角函数为 u. 其目的在于使用分部积分将对数函数或反三角函数消去.

例 4.3.9 求 $\int \mathrm{e}^x \sin x\mathrm{d}x$.

解 由于

$$\int \mathrm{e}^x \sin x\mathrm{d}x = \int \sin x\mathrm{d}(\mathrm{e}^x) = \mathrm{e}^x \sin x - \int \mathrm{e}^x \mathrm{d}(\sin x)$$

$$=\mathrm{e}^x \sin x - \int \mathrm{e}^x \cos x\mathrm{d}x$$

$$=\mathrm{e}^x \sin x - \int \cos x\mathrm{d}(\mathrm{e}^x) = \mathrm{e}^x \sin x - \mathrm{e}^x \cos x + \int \mathrm{e}^x \mathrm{d}(\cos x)$$

$$=\mathrm{e}^x \sin x - \mathrm{e}^x \cos x - \int \mathrm{e}^x \sin x\mathrm{d}x$$

移项, 解得

$$\int \mathrm{e}^x \sin x\mathrm{d}x = \frac{\mathrm{e}^x}{2}(\sin x - \cos x) + C.$$

例 4.3.10 求 $\int \sec^3 x\mathrm{d}x$.

解 $\int \sec^3 x\mathrm{d}x = \int \sec x \sec^2 x\mathrm{d}x = \int \sec x\mathrm{d}(\tan x)$

$$= \sec x \tan x - \int \tan x\mathrm{d}(\sec x)$$

$$= \sec x \tan x - \int \sec x \tan^2 x\mathrm{d}x$$

$$= \sec x \tan x - \int \sec x(\sec^2 x - 1)\mathrm{d}x$$

$$= \sec x \tan x - \int \sec^3 x\mathrm{d}x + \int \sec x\mathrm{d}x$$

移项得

$$\int \sec^3 x\mathrm{d}x = \frac{1}{2}\left(\sec x \tan x + \int \sec x\mathrm{d}x\right)$$

$$=\frac{1}{2}(\sec x\tan x+\ln|\sec x+\tan x|)+C.$$

此外, 有些不定积分在积分过程中往往要兼用换元法和分部积分法.

例 4.3.11 求 $\int\arctan\sqrt{x}\mathrm{d}x$.

解 令 $t=\sqrt{x}$, 则 $x=t^2$, $\mathrm{d}x=2t\mathrm{d}t$. 于是

$$\begin{aligned}\int\arctan\sqrt{x}\mathrm{d}x=&2\int t\arctan t\mathrm{d}t\\=&t^2\arctan t-\int t^2\mathrm{d}(\arctan t)\\=&t^2\arctan t-\int\frac{t^2}{1+t^2}\mathrm{d}t=t^2\arctan t-\int\left(1-\frac{1}{1+t^2}\right)\mathrm{d}t\\=&t^2\arctan t-t+\arctan t+C\\=&x\arctan\sqrt{x}-\sqrt{x}+\arctan\sqrt{x}+C.\end{aligned}$$

习 题 4.3

1. 求下列不定积分:

(1) $\int(x+1)\mathrm{e}^x\mathrm{d}x$;

(2) $\int x\sin x\mathrm{d}x$;

(3) $\int x\tan^2 x\mathrm{d}x$;

(4) $\int\frac{1}{x^2}\ln^2 x\mathrm{d}x$;

(5) $\int\sin(\ln x)\mathrm{d}x$;

(6) $\int\sin 2x\ln(\sin x)\mathrm{d}x$;

(7) $\int\frac{\ln\sin x}{\cos^2 x}\mathrm{d}x$;

(8) $\int(\arcsin x)^2\mathrm{d}x$;

(9) $\int\frac{x\mathrm{e}^x}{(\mathrm{e}^x+1)^2}\mathrm{d}x$;

(10) $\int\mathrm{e}^{\sqrt[3]{x}}\mathrm{d}x$;

(11) $\int\cos\sqrt{x+1}\mathrm{d}x$.

2. 已知 $f(x)$ 的一个原函数为 $\frac{\cos x}{x}$, 求 $\int xf'(x)\mathrm{d}x$.

3. 设 e^{-x} 是 $f(x)$ 的一个原函数, 求 $\int xf(x)\mathrm{d}x$.

4. 设 $f'(\sin x)=1+x$, 求 $f(x)$.

4.4 有理函数的积分

4.4.1 有理函数的积分

有理函数包括有理整式和有理分式两类:

有理整式

$$P_n(x)=a_0x^n+a_1x^{n-1}+\cdots+a_n,$$

其中 $a_0,a_1,\cdots,a_n$ 都为常数.

有理分式

$$\frac{P_n(x)}{Q_m(x)}=\frac{a_0x^n+a_1x^{n-1}+\cdots+a_n}{b_0x^m+b_1x^{m-1}+\cdots+b_m},$$

其中 m,n 都是非负整数, 且 $a_0\neq 0$,$b_0\neq 0$.

在有理分式中, 当 $n<m$ 时, 称为**真分式**; 当 $n\geqslant m$ 时, 称为**假分式**. 利用多项式除法, 可以把任意一个假分式化为一个整式和一个真分式之和

$$\frac{P_n(x)}{Q_m(x)}=G(x)+\frac{M_k(x)}{Q_m(x)},$$

其中 $G(x)$ 是多项式, $M_k(x)$ 的次数小于 $Q_m(x)$ 的次数. 例如

$$\frac{x^3+x+1}{x^2+1}=x+\frac{1}{x^2+1}.$$

有理整式的积分比较简单, 以下主要考虑真分式的积分.

任何一个真分式都可以分解成若干个简单的真分式之和, 而这些简单的真分式不外乎以下几种类型:

(1) $\dfrac{A}{x-a}$; (2) $\dfrac{A}{(x-a)^n}$; (3) $\dfrac{Ax+B}{x^2+px+q}$; (4) $\dfrac{Ax+B}{(x^2+px+q)^n}$.

其中 A, B, a, p, q 均为常数, 且 $p^2-4q<0$.

对分母 $Q_m(x)$ 因式分解, 若分母有因式 $(x-a)^n$, 则部分分式有以下的项:

$$\frac{A_1}{x-a}+\frac{A_2}{(x-a)^2}+\cdots+\frac{A_n}{(x-a)^n},$$

其中 $A_1,A_2,\cdots,A_n$ 为待定系数.

若分母有因式 $(x^2+px+q)^n(p^2-4q<0)$, 则部分分式有以下的项:

$$\frac{A_1x+B_1}{x^2+px+q}+\frac{A_2x+B_2}{(x^2+px+q)^2}+\cdots+\frac{A_nx+B_n}{(x^2+px+q)^n},$$

其中 $A_1,A_2,\cdots,A_n,B_1,B_2,\cdots,B_n$ 为待定系数.

一般地, 上述四种简单分式可通过如下方式进行积分:

(1) $\displaystyle\int\frac{A}{x-a}\mathrm{d}x=A\ln|x-a|+C$;

(2) $\displaystyle\int\frac{A}{(x-a)^n}\mathrm{d}x=\frac{A}{1-n}\frac{1}{(x-a)^{n-1}}+C$;

(3) $\displaystyle\int \frac{Ax+B}{x^2+px+q}\mathrm{d}x = \frac{A}{2}\int \frac{\mathrm{d}(x^2+px+q)}{x^2+px+q} + \left(B-\frac{pA}{2}\right)\int \frac{\mathrm{d}x}{x^2+px+q}$

$$\begin{aligned}&=\frac{A}{2}\ln(x^2+px+q)\\&\quad+\left(B-\frac{pA}{2}\right)\int \frac{1}{(x+p/2)^2+(4q-p^2)/4}\mathrm{d}x\\&=\frac{A}{2}\ln(x^2+px+q)\\&\quad+\left(B-\frac{A}{2}p\right)\frac{2}{\sqrt{4q-p^2}}\arctan\frac{2x+p}{\sqrt{4q-p^2}}+C;\end{aligned}$$

(4) $\displaystyle\int \frac{Ax+B}{(x^2+px+q)^n}\mathrm{d}x = \frac{A}{2}\int \frac{\mathrm{d}(x^2+px+q)}{(x^2+px+q)^n} + \left(B-\frac{A}{2}p\right)\int \frac{\mathrm{d}x}{(x^2+px+q)^n}$

$$\begin{aligned}&=\frac{A}{2(1-n)}\frac{1}{(x^2+px+q)^{n-1}}\\&\quad+\left(B-\frac{pA}{2}\right)\int \frac{1}{[(x+p/2)^2+(4q-p^2)/4]^n}\mathrm{d}x.\end{aligned}$$

其中 $\displaystyle\int \frac{1}{[(x+p/2)^2+(4q-p^2)/4]^n}\mathrm{d}x$ 可通过递推式 $I_n=\displaystyle\int \frac{1}{(a^2+x^2)^n}\mathrm{d}x$ 来计算.

$$\begin{aligned}I_n &=\int \frac{1}{(a^2+x^2)^n}\mathrm{d}x = \frac{x}{(a^2+x^2)^n}+2n\int \frac{x^2}{(a^2+x^2)^{n+1}}\mathrm{d}x\\&=\frac{x}{(a^2+x^2)^n}+2nI_n-2na^2I_{n+1}.\end{aligned}$$

于是

$$I_{n+1}=\frac{x}{2na^2(a^2+x^2)^n}+\frac{2n-1}{2na^2}I_n,\quad n\geqslant 1,$$

即

$$I_n=\frac{x}{2(n-1)a^2(a^2+x^2)^{n-1}}+\frac{2n-3}{2(n-1)a^2}I_{n-1},\quad n>1,$$

$$I_1=\frac{1}{a}\arctan\frac{x}{a}+C.$$

因此, 任何真分式的原函数都可由有理函数、对数函数、反正切函数表示. 由此知, **有理函数的原函数是初等函数**.

例 4.4.1 求 $\displaystyle\int \frac{x+3}{x^2-5x+6}\mathrm{d}x$.

解 因为 $x^2-5x+6=(x-2)(x-3)$, 所以设

$$\frac{x+3}{x^2-5x+6}=\frac{A}{x-2}+\frac{B}{x-3}$$

其中 A, B 为待定系数. 等式右边通分, 然后两端消去分母得

$$x+3=A(x-3)+B(x-2),$$

当 $x=2$ 时, $A=-5$. 当 $x=3$ 时, $B=6$. 即

$$\frac{x+3}{x^2-5x+6}=\frac{-5}{x-2}+\frac{6}{x-3}.$$

因此

$$\int\frac{x+3}{x^2-5x+6}\mathrm{d}x=\int\left(\frac{-5}{x-2}+\frac{6}{x-3}\right)\mathrm{d}x=-5\ln|x-2|+6\ln|x-3|+C.$$

例 4.4.2 求 $\displaystyle\int\frac{3x}{x^3-1}\mathrm{d}x$.

解 因 $x^3-1=(x-1)(x^2+x+1)$, 所以,

$$\frac{3x}{x^3-1}=\frac{A}{x-1}+\frac{Bx+C}{x^2+x+1},$$

等式右边通分后, 得

$$3x=A(x^2+x+1)+(x-1)(Bx+C).$$

比较两边 x 的二次项、一次项的系数及常数项, 得

$$\begin{cases}A+B=0,\\A-B+C=3,\\A-C=0,\end{cases}$$

解此方程组, 得 $A=1$, $B=-1$, $C=1$. 因此

$$\frac{3x}{x^3-1}=\frac{1}{x-1}+\frac{-x+1}{x^2+x+1}.$$

而

$$\frac{-x+1}{x^2+x+1}=-\frac{\frac{1}{2}(2x+1)}{x^2+x+1}+\frac{\frac{3}{2}}{x^2+x+1}.$$

因此

$$\begin{aligned}\int\frac{3x}{x^3-1}\mathrm{d}x&=\int\frac{1}{x-1}\mathrm{d}x-\frac{1}{2}\int\frac{(2x+1)}{x^2+x+1}\mathrm{d}x+\frac{3}{2}\int\frac{1}{x^2+x+1}\mathrm{d}x\\&=\ln|x-1|-\frac{1}{2}\int\frac{1}{x^2+x+1}\mathrm{d}(x^2+x+1)+\frac{3}{2}\int\frac{1}{\frac{3}{4}+\left(x+\frac{1}{2}\right)^2}\mathrm{d}\left(x+\frac{1}{2}\right)\end{aligned}$$

$$=\ln|x-1|-\frac{1}{2}\ln\left|x^2+x+1\right|+\sqrt{3}\arctan\frac{(2x+1)}{\sqrt{3}}+C$$

$$=\sqrt{3}\arctan\frac{2x+1}{\sqrt{3}}+\ln\frac{|x-1|}{\sqrt{x^2+x+1}}+C.$$

例 4.4.3 求 $\int\frac{1}{x(x+1)^3}\mathrm{d}x$.

解 令

$$\frac{1}{x(x+1)^3}=\frac{A}{x}+\frac{B}{x+1}+\frac{C}{(x+1)^2}+\frac{D}{(x+1)^3},$$

等式右边通分后比较两边分子 x 的同次项的系数得

$$\begin{cases}A+B=0,\\3A+2B+C=0,\\3A+B+C+D=0,\\A=1.\end{cases}$$

解此方程组得 $A=1, B=C=D=-1$. 从而

$$\frac{1}{x(x+1)^3}=\frac{1}{x}-\frac{1}{x+1}-\frac{1}{(x+1)^2}-\frac{1}{(x+1)^3}.$$

因此

$$\int\frac{1}{x(x+1)^3}\mathrm{d}x=\int\frac{1}{x}\mathrm{d}x-\int\frac{1}{x+1}\mathrm{d}x-\int\frac{1}{(x+1)^2}\mathrm{d}x-\int\frac{1}{(x+1)^3}\mathrm{d}x$$

$$=\ln|x|-\ln|x+1|+\frac{1}{x+1}+\frac{1}{2}\frac{1}{(x+1)^2}+C$$

$$=\ln\left|\frac{x}{x+1}\right|+\frac{2x+3}{2(x+1)^2}+C.$$

4.4.2 可化为有理函数的积分

对形如

$$\int R(\sin x,\cos x)\mathrm{d}x$$

的不定积分称为有理三角函数的积分, 其中 R 表示四则运算, 可通过万能代换, 令 $t=\tan\frac{x}{2}$, 将其化为有理函数的积分.

例 4.4.4 求 $\int\frac{\mathrm{d}x}{1+\sin x+\cos x}$.

解 令 $t=\tan\frac{x}{2}$, 则 $x=2\arctan t$, $\mathrm{d}x=\frac{2\mathrm{d}t}{1+t^2}$,

$$\sin x=2\sin\frac{x}{2}\cos\frac{x}{2}=\frac{2\tan\frac{x}{2}}{\sec^2\frac{x}{2}}=\frac{2\tan\frac{x}{2}}{1+\tan^2\frac{x}{2}}=\frac{2t}{1+t^2},$$

$$\cos x=\cos^2\frac{x}{2}-\sin^2\frac{x}{2}=\frac{1-\tan^2\dfrac{x}{2}}{\sec^2\dfrac{x}{2}}=\frac{1-\tan^2\dfrac{x}{2}}{1+\tan^2\dfrac{x}{2}}=\frac{1-t^2}{1+t^2}.$$

于是

$$\begin{aligned}&\int\frac{\mathrm{d}x}{1+\sin x+\cos x}\\=&\int\frac{\dfrac{2\mathrm{d}t}{1+t^2}}{1+\dfrac{2t}{1+t^2}+\dfrac{1-t^2}{1+t^2}}=\int\frac{\mathrm{d}t}{1+t}=\ln|1+t|+C=\ln\left|1+\tan\frac{x}{2}\right|+C.\end{aligned}$$

说明：本例所用的变量代换 $t=\tan\dfrac{x}{2}$ 对三角函数有理式的积分都可以应用.

例 4.4.5 求 $\displaystyle\int\frac{\cos x}{1+\sin x}\mathrm{d}x$.

解 令 $t=\tan\dfrac{x}{2}$, 则 $x=2\arctan t$, $\mathrm{d}x=\dfrac{2\mathrm{d}t}{1+t^2}$.

$$\int\frac{\cos x}{1+\sin x}\mathrm{d}x=2\int\frac{1-t}{(1+t)(1+t^2)}\mathrm{d}t=2\ln\left|\frac{1+t}{\sqrt{1+t^2}}\right|+C=2\ln\left|\cos\frac{x}{2}+\sin\frac{x}{2}\right|+C.$$

实际上, 若本题用凑微分法来计算可更方便, 即

$$\int\frac{1}{1+\sin x}\mathrm{d}(1+\sin x)=\ln|1+\sin x|+C.$$

由此看来, 在计算有理三角函数的不定积分时, 使用万能代换, 有时计算量会很大, 这时需要采用其他方法, 如 $\displaystyle\int\frac{c\sin x+d\cos x}{a\sin x+b\cos x}\mathrm{d}x$. 在此积分的被积函数中, 分子分母均为 $\sin x$, $\cos x$ 的函数. 由 $(\sin x)'=\cos x$, $(\cos x)'=-\sin x$ 得

$$c\sin x+d\cos x=A(a\sin x+b\cos x)+B(a\sin x+b\cos x)',$$

其中 $A=\dfrac{ac+bd}{a^2+b^2}$, $B=\dfrac{ad-bc}{a^2+b^2}$.

于是

$$\begin{aligned}\int\frac{c\sin x+d\cos x}{a\sin x+b\cos x}\mathrm{d}x=&Ax+B\int\frac{1}{a\sin x+b\cos x}\mathrm{d}(a\sin x+b\cos x)\\=&Ax+B\ln|a\sin x+b\cos x|+C.\end{aligned}$$

例 4.4.6 求 $\displaystyle\int\frac{\sin x}{3\cos x+4\sin x}\mathrm{d}x$.

解 由于 $\sin x=\dfrac{4}{25}(3\cos x+4\sin x)-\dfrac{3}{25}(4\cos x-3\sin x)$, 则

$$\int\frac{\sin x}{3\cos x+4\sin x}\mathrm{d}x=\frac{4}{25}x-\frac{3}{25}\ln|3\cos x+4\sin x|+C.$$

最后需要说明的是：连续函数的原函数一定存在，但它不一定是初等函数. 如果函数 $f(x)$ 的原函数不是初等函数，则 $\int f(x)\mathrm{d}x$ 不能用初等函数来表示，如

$$\int \frac{\sin x}{x}\mathrm{d}x, \quad \int \mathrm{e}^{-x^2}\mathrm{d}x, \quad \int \frac{1}{\ln x}\mathrm{d}x, \quad \cdots\cdots$$

等，都不能用初等函数来表示.

习　题　4.4

1. 求下列不定积分

(1) $\int \frac{2x+3}{x^2+2x-3}\mathrm{d}x$;

(2) $\int \frac{1}{x(x+1)^2}\mathrm{d}x$;

(3) $\int \frac{1}{(1+2x)(1+x^2)}\mathrm{d}x$;

(4) $\int \frac{x^5+x^4-8}{x^3-x}\mathrm{d}x$;

(5) $\int \frac{x}{(x+1)(x+2)(x+3)}\mathrm{d}x$;

(6) $\int \frac{1-x-x^2}{(1+x^2)^2}\mathrm{d}x$;

(7) $\int \frac{1}{1+x^4}\mathrm{d}x$;

(8) $\int \frac{1}{16-x^4}\mathrm{d}x$;

(9) $\int \frac{1}{2\sin x-\cos x+5}\mathrm{d}x$;

(10) $\int \frac{1}{3+\cos x}\mathrm{d}x$;

(11) $\int \frac{1}{2+\sin x}\mathrm{d}x$;

(12) $\int \frac{\cos x}{2\cos x+\sin x}\mathrm{d}x$;

(13) $\int \frac{\sin x-\cos x}{3\sin x+2\cos x}\mathrm{d}x$.

总 习 题 4

1. 求下列不定积分

(1) $\int \frac{\mathrm{e}^{3x}+1}{\mathrm{e}^x+1}\mathrm{d}x$;

(2) $\int \frac{\sqrt{x^2+1}-\sqrt{x^2-1}}{\sqrt{x^4-1}}\mathrm{d}x$;

(3) $\int \frac{1}{1+\cos x}\mathrm{d}x$;

(4) $\int \frac{x}{4+x^4}\mathrm{d}x$;

(5) $\int \sin\frac{1}{x}\cdot\frac{1}{x^2}\mathrm{d}x$;

(6) $\int \frac{1}{\sqrt{1+\mathrm{e}^{2x}}}\mathrm{d}x$;

(7) $\int \tan^{10}x\sec^2 x\mathrm{d}x$;

(8) $\int \frac{1}{(\arcsin x)^2\sqrt{1-x^2}}\mathrm{d}x$;

(9) $\int \frac{x^2}{(8x^3+27)^{\frac{2}{3}}}\mathrm{d}x$;

(10) $\int \frac{\sin x\cos x}{\sin^4 x+\cos^4 x}\mathrm{d}x$;

(11) $\int \frac{x^2}{(1-x)^{100}}\mathrm{d}x$;

(12) $\int \sin 3x\sin 5x\mathrm{d}x$;

(13) $\int \frac{1}{\sin^2 x + 2\cos^2 x}\mathrm{d}x$;

(14) $\int \frac{x}{x^4 + 3x^2 + 2}\mathrm{d}x$;

(15) $\int \frac{\ln x}{x\sqrt{1+\ln x}}\mathrm{d}x$;

(16) $\int \frac{1+\ln x}{(x\ln x)^2}\mathrm{d}x$;

(17) $\int \frac{1}{\sqrt{1+\mathrm{e}^x}}\mathrm{d}x$;

(18) $\int \frac{1}{\sqrt{(1-x^2)^3}}\mathrm{d}x$;

(19) $\int \frac{1}{\sqrt{(x^2+a^2)^3}}\mathrm{d}x$;

(20) $\int \frac{1}{x^4\sqrt{1+x^2}}\mathrm{d}x$;

(21) $\int \left(\frac{\ln x}{x}\right)^2\mathrm{d}x$;

(22) $\int x^2\mathrm{e}^{-2x}\mathrm{d}x$;

(23) $\int \left[\ln(x+\sqrt{1+x^2})\right]^2\mathrm{d}x$;

(24) $\int x^2\arctan x\mathrm{d}x$;

(25) $\int x\sin\sqrt{x}\mathrm{d}x$;

(26) $\int \frac{x\mathrm{e}^{\arctan x}}{(1+x^2)^{\frac{3}{2}}}\mathrm{d}x$;

(27) $\int \cos(\ln x)\mathrm{d}x$;

(28) $\int \frac{x\mathrm{e}^x}{(x+1)^2}\mathrm{d}x$;

(29) $\int \frac{\ln x}{(1+x^2)^{\frac{3}{2}}}\mathrm{d}x$;

(30) $\int \frac{1}{x(x+1)(1+x+x^2)}\mathrm{d}x$;

(31) $\int \frac{1}{x(x^{10}+1)^2}\mathrm{d}x$;

(32) $\int \frac{1}{x^3\sqrt{x^2+1}}\mathrm{d}x$;

(33) $\int \frac{1}{a^2\sin^2 x + b^2\cos^2 x}\mathrm{d}x$;

(34) $\int \frac{1}{3+5\tan x}\mathrm{d}x$;

(35) $\int \frac{x^3+1}{x^3-5x^2+6x}\mathrm{d}x$.

2. 已知 $f'(x)=\begin{cases}1, & x\geqslant 0,\\ \mathrm{e}^x, & x<0,\end{cases}$ $f(0)=0$, 求 $f(x)$.

3. 已知 $f(x)$ 为单值连续函数, $\varphi(x)$ 为其反函数且 $\int f(x)\mathrm{d}x = F(x)+C$, 求证: $\int \varphi(x)\mathrm{d}x = x\varphi(x) - F(\varphi(x)) + C$.

4. 设 $y=f(x)$ 与 $x=\varphi(y)$ 互为反函数, $f'(x)>0$, 求证: $\int\sqrt{f'(x)}\mathrm{d}x = \int\sqrt{\varphi'(y)}\mathrm{d}y$.

5. 已知 $\frac{\sin x}{x}$ 是 $f(x)$ 的原函数, 求 $\int xf'(x)\mathrm{d}x$.

6. 已知 $f(x)=\frac{\mathrm{e}^x}{x}$, 求 $\int xf''(x)\mathrm{d}x$.

7. 设 $f(x)$ 为单调连续函数, $f^{-1}(x)$ 为其反函数, 且 $\int f(x)\mathrm{d}x = F(x)+C$, 求: $\int f^{-1}(x)\mathrm{d}x$.

8. 设 $F(x)$ 为 $f(x)$ 的原函数, 当 $x>0$ 时, 有 $f(x)F(x)=\sin^2 2x$, 且 $F(0)=1$, $F(x)\geqslant 0$ 试求 $f(x)$.

9. 求不定积分: $\int\left[\frac{f(x)}{f'(x)} - \frac{f^2(x)f''(x)}{f'^3(x)}\right]\mathrm{d}x$.

第5章　定　积　分

定积分起源于求平面图形的面积和立体的体积等实际问题. 古希腊的阿基米德用“穷竭法”、我国古代刘徽用“割圆术”都曾计算过一些几何体的面积或体积, 这些均为定积分的雏形. 直到 17 世纪中叶, 牛顿和莱布尼茨先后提出了定积分的概念, 并发现了积分与微分之间的内在联系, 给出了计算定积分的一般方法, 从而才使定积分成为解决有关实际问题的有力工具, 并使各自独立的微分学和积分学联系在一起, 构成了完整的理论体系 —— 微积分学.

本章先从几何和物理问题引入定积分的定义, 然后讨论其性质及计算方法. 定积分的应用, 将在下一章讨论.

5.1　定积分的概念与性质

我们先从分析和解决几个典型问题入手, 来看定积分的概念是怎样从现实原型中抽象出来的.

5.1.1　定积分问题举例

1. 曲边梯形的面积

在中学, 我们学过求矩形、三角形等以直线为边的图形的面积. 但在实际应用中, 往往需要求以曲线为边的图形 (曲边形) 的面积.

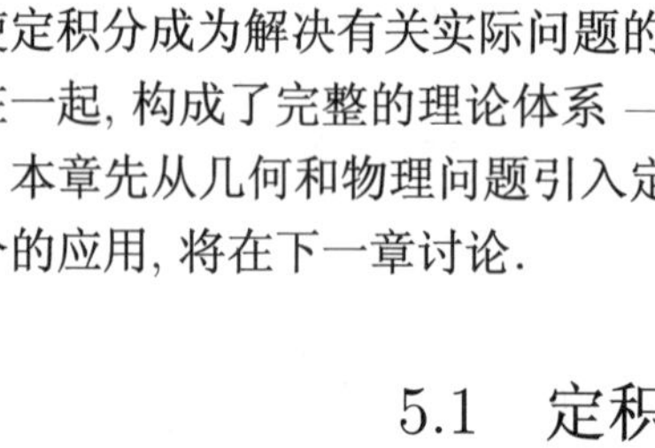

图 5.1

设函数 $y=f(x)$ 在区间 $[a,b]$ 上非负、连续. 由曲线 $y=f(x)$, 直线 $x=a$、$x=b$ 和 $y=0$ 所围成的平面图形称为**曲边梯形**(图 5.1).

那么, 如何来求曲边梯形的面积呢?

我们知道, 矩形的面积 = 底 × 高, 而曲边梯形在底边上各点的高 $f(x)$ 在区间 $[a,b]$ 上是变化的, 故它的面积不能直接用矩形的面积公式来计算. 然而, 由于 $f(x)$ 在区间 $[a,b]$ 上是连续变化的, 在很小一段区间上它的变化也很小. 因此, 若把区间 $[a,b]$ 划分为许多个小区间, 在每个小区间上用其中某一点处的高来近似代替同一小区间上的**小曲边梯形**的高, 则每个小曲边梯形就可以近似看成**小矩形**, 我们就以所有这些小矩形的面积之和作为曲边梯形面积的近似值. 当把区间 $[a,b]$ 无限细分, 使得每个小区间的长度趋于零时, 所有小矩形面积之和的极限就可以定义为曲边梯形的面积. 这个定义同时也给出了计算曲边梯形面积的方法:

(1) 对区间 $[a,b]$ 作**分划** 在区间 $[a,b]$ 上任意插入 $n-1$ 个分点: $a=x_0<x_1<x_2<\cdots<x_n=b$, 将 $[a,b]$ 任意分成 n 个小区间: $[x_0,x_1]$, $[x_1,x_2]$, $\cdots$, $[x_{n-1},x_n]$. 它们的长度分别为

$$\Delta x_1=x_1-x_0,\quad \Delta x_2=x_2-x_1,\quad \cdots,\quad \Delta x_n=x_n-x_{n-1}.$$

过每一个分点, 作平行于 y 轴的直线段, 把曲边梯形分为 n 个小曲边梯形 (图 5.2(a)、(b)).

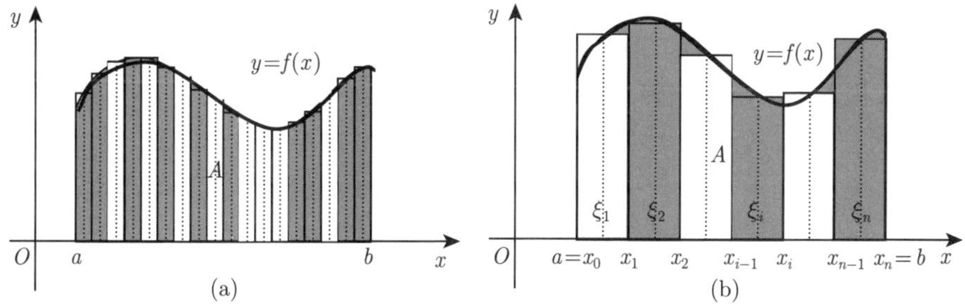

图 5.2

在每个小区间 $[x_{i-1},x_i]$ 上任取一点 ξ_i, 用以 $[x_{i-1},x_i]$ 为底、$f(\xi_i)$ 为高的小矩形近似代替第 i 个小曲边梯形 $(i=1,2,\cdots,n)$, 则第 i 个小曲边梯形的面积近似为

$$\Delta A_i\approx f(\xi_i)\Delta x_i,\quad i=1,2,\cdots,n.$$

(2) **求和** 将这样得到的 n 个小矩形的面积之和作为所求曲边梯形面积 A 的近似值, 即

$$A=\sum_{i=1}^{n}\Delta A_i\approx\sum_{i=1}^{n}f(\xi_i)\Delta x_i.$$

(3) **取极限** 为保证所有小区间的长度都趋于零, 我们要求小区间长度中的最大值趋于零, 若记

$$\lambda=\max\{\Delta x_1,\Delta x_2,\cdots,\Delta x_n\},$$

则上述条件可表示为. 当 $\lambda\to 0$ 时 (这时小区间的个数 n 无限增多, 即 $n\to\infty$), 取上述和式的极限, 便得到曲边梯形的面积

$$A=\lim_{\lambda\to 0}\sum_{i=1}^{n}f(\xi_i)\Delta x_i.$$

2. 变速直线运动的路程

在物理学中, 我们知道, 对匀速直线运动有下列公式:

$$路程 = 速度 \times 时间.$$

现在我们来考察变速直线运动: 设某物体作直线运动, 已知速度 $v = v(t)$ 是时间 t 间隔 $[T_1, T_2]$ 上的连续函数, 且 $v(t) \geqslant 0$, 要求物体在这段时间内所经过的路程 s.

在这个问题中, 速度随时间 t 而变化, 因此, 所求路程不能直接按匀速直线运动的公式来计算. 然而, 由于 $v(t)$ 是连续变化的, 在很短一段时间内, 其速度的变化也很小, 可近似看作匀速的情形. 因此, 若把时间间隔划分为许多个小时间段, 在每个小时间段内, 以匀速运动代替变速运动, 则可以计算出在每个小时间段内路程的近似值; 再对每个小时间段内路程的近似值求和, 则得到整个路程的近似值; 最后, 利用求极限的方法算出路程的精确值. 具体步骤如下:

(1) 对区间 $[T_1, T_2]$ 作分划　在时间间隔 $[T_1, T_2]$ 上任意插入 $n-1$ 个分点 $T_1 = t_0 < t_1 < \cdots < t_n = T_2$, 将 $[T_1, T_2]$ 任意分成 n 个小时间段: $[t_0, t_1]$, $[t_1, t_2]$, $\cdots$, $[t_{n-1}, t_n]$. 各小时间段的长度分别为

$$\Delta t = t_1 - t_0, \Delta t_2 = t_2 - t_1, \cdots, \Delta t_n = t_n - t_{n-1}.$$

而各小时间段内物体经过的路程依次为: $\Delta s_1, \Delta s_2, \cdots, \Delta s_n$. 在每个小时间段 $[t_{i-1}, t_i]$ 上任取一点 τ_i, 再以时刻 τ_i 的速度 $v(\tau_i)$ 近似代替 $[t_{i-1}, t_i]$ 上各时刻的速度, 得到小时间段 $[t_{i-1}, t_i]$ 内物体经过的路程 Δs_i 的近似值, 即

$$\Delta s_i \approx v(\tau_i)\Delta t_i, \quad i = 1, 2, \cdots, n.$$

(2) 求和　将这样得到的 n 个小时间段上路程的近似值之和作为所求变速直线运动路程的近似值, 即

$$s = \sum_{i=1}^{n} \Delta s_i \approx \sum_{i=1}^{n} v(\tau_i)\Delta t_i.$$

(3) 取极限　记 $\lambda = \max\{\Delta t_1, \Delta t_2, \cdots, \Delta t_n\}$ 当 $\lambda \to 0$ 时, 取上述和式的极限, 便得到变速直线运动路程的精确值

$$s = \lim_{\lambda \to 0} \sum_{i=1}^{n} v(\tau_i)\Delta t_i.$$

5.1.2 定积分的定义

从前述两个引例我们看到, 无论是求曲边梯形的面积问题, 还是求变速直线运动的路程问题, 尽管实际意义完全不同, 但通过 “对区间作分划、求和、取极限”, 都

能转化为 $\lim\limits_{\lambda\to 0}\sum\limits_{i=1}^{n} f(\xi_i)\Delta x_i$. 因此, 我们避开其实际意义, 抽象考虑其数量关系, 便得到定积分的定义.

定义 5.1.1 设函数 $f(x)$ 在闭区间 $[a,b]$ 上有界, 在 $[a,b]$ 上任意插入 $n-1$ 个分点 $a=x_0<x_1<x_2<\cdots<x_{n-1}<x_n=b$, 将区间 $[a,b]$ 任意分成 n 个小区间: $[x_0,x_1]$, $[x_1,x_2]$, $\cdots$, $[x_{n-1},x_n]$. 它们的长度分别为 $\Delta x=x_1-x_0$, $\Delta x_2=x_2-x_1$, $\cdots$, $\Delta x_n=x_n-x_{n-1}$. 在每个小区间 $[x_{i-1},x_i]$ 上任取一点 ξ_i, 记 $\lambda=\max\{\Delta x_1,\Delta x_2,\cdots,\Delta x_n\}$. 如果 $\lim\limits_{\lambda\to 0}\sum\limits_{i=1}^{n} f(\xi_i)\Delta x_i$ 存在, 则称此极限值为函数 $f(x)$ 在闭区间 $[a,b]$ 上的**定积分**, 记为

$$\int_a^b f(x)\mathrm{d}x.$$

其中 $f(x)$ 称为**被积函数**, $f(x)\mathrm{d}x$ 称为**被积表达式**, x 称为**积分变量**, $[a,b]$ 称为**积分区间**, a 称为定积分的**积分下限**, b 称为定积分的**积分上限**. 即

$$\int_a^b f(x)\mathrm{d}x=\lim_{\lambda\to 0}\sum_{i=1}^{n} f(\xi_i)\Delta x_i.$$

关于定积分的定义, 我们要作以下几点说明:

(1) 定积分 $\int_a^b f(x)\mathrm{d}x$ 是和式 $\sum\limits_{i=1}^{n} f(\xi_i)\Delta x_i$ 当 $\lambda\to 0$ 时的极限值, 即是一个确定的常数. 这个常数只与被积函数 $f(x)$ 和积分区间 $[a,b]$ 有关, 而与积分变量的选取无关, 即有

$$\int_a^b f(x)\mathrm{d}x=\int_a^b f(t)\mathrm{d}t=\int_a^b f(u)\mathrm{d}u.$$

(2) 定积分 $\int_a^b f(x)\mathrm{d}x$ 的存在性与区间 $[a,b]$ 的分划和 ξ_i 的取法无关.

(3) $\sum\limits_{i=1}^{n} f(\xi_i)\Delta x_i$ 通常称为函数 $f(x)$ 的积分和. 如果 $\lim\limits_{\lambda\to 0}\sum\limits_{i=1}^{n} f(\xi_i)\Delta x_i$ 存在, 我们也称函数 $f(x)$ 在闭区间 $[a,b]$ 上可积.

函数 $f(x)$ 在闭区间 $[a,b]$ 上满足怎样的条件时, $f(x)$ 在闭区间 $[a,b]$ 上一定可积? 这个问题本书不作深入讨论, 只给出下面两个定理.

定理 5.1.1 若函数 $f(x)$ 在闭区间 $[a,b]$ 上连续, 则 $f(x)$ 在闭区间 $[a,b]$ 上可积.

定理 5.1.2 若函数 $f(x)$ 在闭区间 $[a,b]$ 上有界, 且只有有限个间断点, 则 $f(x)$ 在闭区间 $[a,b]$ 上可积.

根据定积分的定义, 本节的两个引例可以简洁地表述为:

由连续曲线 $y=f(x)(f(x)\geqslant 0)$, 直线 $x=a$, $x=b$ 及 x 轴所围成的曲边梯形的面积 A 等于函数 $f(x)$ 在区间 $[a,b]$ 上的定积分, 即

$$A=\int_a^b f(x)\mathrm{d}x.$$

以速度 $v=v(t)(v(t)\geqslant 0)$ 作直线运动的物体, 从时刻 $t=T_1$ 到时刻 $t=T_2$ 所经过的路程 s 等于函数 $v(t)$ 在区间 $[T_1,T_2]$ 上的定积分, 即

$$s=\int_{T_1}^{T_2} v(t)\mathrm{d}t.$$

下面我们来讨论定积分的几何意义.

(1) 当 $f(x)\geqslant 0$ 时, 定积分 $\int_a^b f(x)\mathrm{d}x$ 表示由曲线 $y=f(x)$, 直线 $x=a$、$x=b$ 及 x 轴所围成的曲边梯形的面积;

(2) 如果 $f(x)\leqslant 0$, 由曲线 $y=f(x)$, 直线 $x=a$、$x=b$ 及 x 轴所围成的曲边梯形在 x 轴的下方, 定积分 $\int_a^b f(x)\mathrm{d}x$ 的值是该曲边梯形面积的负值;

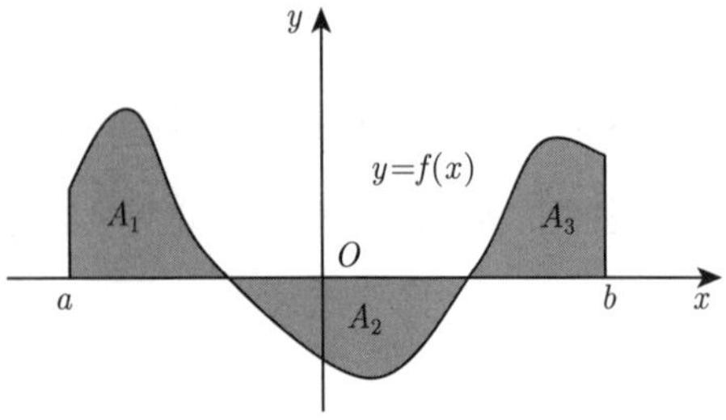

图 5.3

(3) 如果在 $[a,b]$ 上, $f(x)$ 有正也有负, 由曲线 $y=f(x)$, 直线 $x=a$、$x=b$ 及 x 轴所围成的曲边梯形, x 轴上方的面积赋予正号, x 轴下方的面积赋予负号, 则定积分 $\int_a^b f(x)\mathrm{d}x$ 的值为这些面积的代数和 (图 5.3), 即

$$\int_a^b f(x)\mathrm{d}x=A_1-A_2+A_3.$$

例 5.1.1　用定积分的定义求由曲线 $y=x^2$, 直线 $x=0$, $x=1$ 及 x 轴所围成的平面图形的面积.

解　因函数 $y=x^2$ 在闭区间 $[0,1]$ 上连续, 由定理 5.1.1, 定积分 $\int_0^1 x^2\mathrm{d}x$ 存在. 因此, 将区间 $[0,1]n$ 等分, 分点 $x_i=\dfrac{i}{n}(i=1,2,\cdots,n-1)$. 每个小区间 $[x_{i-1},x_i]$ 的长度都为 $\Delta x_i=\dfrac{1}{n}(i=1,2,\cdots,n)$ 取 $\xi_i=\dfrac{i}{n}(i=1,2,\cdots,n)$. 因此, 由曲边梯形的面积知, 该平面图形的面积为

$$A=\int_0^1 x^2\mathrm{d}x=\lim_{\lambda\to 0}\sum_{i=1}^n \xi_i^2\Delta x_i$$

$$= \lim_{n\to\infty} \frac{1}{n^3}(1^2+2^2+\cdots+n^2)$$
$$= \lim_{n\to\infty} \frac{n(n+1)(2n+1)}{6n^3} = \frac{1}{6}\lim_{n\to\infty}\left(1+\frac{1}{n}\right)\left(2+\frac{1}{n}\right) = \frac{1}{3}.$$

5.1.3 定积分的性质

为了进一步讨论定积分的理论与计算, 我们需要介绍定积分的一些性质. 在下面的讨论中假定被积函数是可积的. 同时, 为计算和应用方便起见, 我们先对定积分作两点补充规定:

(1) 当 $a=b$ 时, $\int_a^b f(x)\mathrm{d}x = 0$;

(2) 当 $a>b$ 时, $\int_a^b f(x)\mathrm{d}x = -\int_b^a f(x)\mathrm{d}x$.

根据上述规定, 交换定积分的上下限, 定积分反号. 因此, 在下面的讨论中如无特别指出, 对定积分上下限的大小不加限制.

性质 5.1.1 $\int_a^b [f(x)\pm g(x)]\,\mathrm{d}x = \int_a^b f(x)\mathrm{d}x \pm \int_a^b g(x)\mathrm{d}x.$

证明
$$\int_a^b [f(x)\pm g(x)]\,\mathrm{d}x = \lim_{\lambda\to 0}\sum_{i=1}^n [f(\xi_i)\pm g(\xi_i)]\Delta x_i$$
$$= \lim_{\lambda\to 0}\sum_{i=1}^n f(\xi_i)\Delta x_i \pm \lim_{\lambda\to 0}\sum_{i=1}^n g(\xi_i)\Delta x_i$$
$$= \int_a^b f(x)\mathrm{d}x \pm \int_a^b g(x)\mathrm{d}x.$$

注 5.1.1 此性质可以推广到有限多个函数的情形.

性质 5.1.2 $\int_a^b kf(x)\mathrm{d}x = k\int_a^b f(x)\mathrm{d}x$, (其中 k 为常数).

证明
$$\int_a^b kf(x)\mathrm{d}x = \lim_{\lambda\to 0}\sum_{i=1}^n kf(\xi_i)\Delta x_i = \lim_{\lambda\to 0} k\sum_{i=1}^n f(\xi_i)\Delta x_i$$
$$= k\lim_{\lambda\to 0}\sum_{i=1}^n f(\xi_i)\Delta x_i = k\int_a^b f(x)\mathrm{d}x.$$

性质 5.1.3(定积分对区间的可加性) $\int_a^b f(x)\mathrm{d}x = \int_a^c f(x)\mathrm{d}x + \int_c^b f(x)\mathrm{d}x.$

证明 先证 $a<c<b$ 的情形.

由被积函数 $f(x)$ 在 $[a,b]$ 上的可积性可知, 对 $[a,b]$ 无论怎样划分, 积分和的极限总是不变的. 所以我们总是可以把 c 取作一个分点, 于是, 在 $[a,b]$ 上的积分和

等于在 $[a,c]$ 上的积分和加上在 $[c,b]$ 上的积分和, 即

$$\sum_{[a,b]} f(\xi_i)\Delta x_i = \sum_{[a,c]} f(\xi_i)\Delta x_i + \sum_{[c,b]} f(\xi_i)\Delta x_i.$$

令 $\lambda \to 0$, 上式两端取极限, 即得

$$\int_a^b f(x)\mathrm{d}x = \int_a^c f(x)\mathrm{d}x + \int_c^b f(x)\mathrm{d}x.$$

再证 $a<b<c$ 的情形. 此时, 点 b 位于 a, c 之间, 所以

$$\int_a^c f(x)\mathrm{d}x = \int_a^b f(x)\mathrm{d}x + \int_b^c f(x)\mathrm{d}x,$$

即

$$\int_a^b f(x)\mathrm{d}x = \int_a^c f(x)\mathrm{d}x - \int_b^c f(x)\mathrm{d}x = \int_a^c f(x)\mathrm{d}x + \int_c^b f(x)\mathrm{d}x.$$

同理可证 $c<a<b$ 的情形. 从而不论 a, b, c 的相对位置如何, 所证等式总成立.

性质 5.1.4 $\int_a^b \mathrm{d}x = b-a$.

显然, 定积分 $\int_a^b \mathrm{d}x$ 在几何上表示以 $[a,b]$ 为底、$f(x)=1$ 为高的矩形的面积. 这个性质的证明请读者自己根据定积分的定义来完成.

性质 5.1.5 若在区间 $[a,b]$ 上, $f(x)\geqslant 0$, 则

$$\int_a^b f(x)\mathrm{d}x \geqslant 0(a<b).$$

证明 由于 $f(x)\geqslant 0$, 故 $f(\xi_i)\geqslant 0$ $(i=1,2,\cdots,n)$. 又 $\Delta x_i \geqslant 0$, 故 $\sum_{i=1}^{n} f(\xi_i)\Delta x_i$ $\geqslant 0$. 令 $\lambda=\max\{\Delta x_1,\Delta x_2,\cdots,\Delta x_n\}\to 0$, 得 $\int_a^b f(x)\mathrm{d}x \geqslant 0(a<b)$.

由性质 5.1.1 和性质 5.1.5 可得如下推论.

推论 5.1.1 若在闭区间 $[a,b]$ 上, $f(x)\leqslant g(x)$, 则

$$\int_a^b f(x)\mathrm{d}x \leqslant \int_a^b g(x)\mathrm{d}x(a<b).$$

推论 5.1.2 $\left|\int_a^b f(x)\mathrm{d}x\right| \leqslant \int_a^b |f(x)|\,\mathrm{d}x(a<b)$.

证明 因在闭区间 $[a,b]$ 上, 有

$$-|f(x)| \leqslant f(x) \leqslant |f(x)|,$$

所以

$$-\int_a^b |f(x)|\mathrm{d}x \leqslant \int_a^b f(x)\mathrm{d}x \leqslant \int_a^b |f(x)|\mathrm{d}x,$$

即

$$\left|\int_a^b f(x)\mathrm{d}x\right| \leqslant \int_a^b |f(x)|\,\mathrm{d}x.$$

性质 5.1.6 设 M 和 m 分别是函数 $f(x)$ 在闭区间 $[a,b]$ 上的最大值和最小值, 则

$$m(b-a) \leqslant \int_a^b f(x)\mathrm{d}x \leqslant M(b-a).$$

利用性质 5.1.4 和性质 5.1.5, 易证得性质 5.1.6.

注 5.1.2 性质 5.1.6 表明, 以 $[a,b]$ 为底、曲线 $y=f(x)$ 为曲边的曲边梯形的面积 $\int_a^b f(x)\mathrm{d}x$ 介于同一底边而高分别为 m 与 M 的矩形面积 $m(b-a)$ 与 $M(b-a)$ 之间.

性质 5.1.7(积分中值定理) 如果函数 $f(x)$ 在闭区间 $[a,b]$ 上连续, 则在 $[a,b]$ 上至少存在一个点 ξ, 使得

$$\int_a^b f(x)\mathrm{d}x = f(\xi)(b-a)(a \leqslant \xi \leqslant b).$$

这个公式称为**积分中值公式**.

证明 将性质 5.1.6 中的不等式除以区间长度 $b-a$, 得

$$m \leqslant \frac{1}{b-a}\int_a^b f(x)\mathrm{d}x \leqslant M.$$

这表明数值 $\frac{1}{b-a}\int_a^b f(x)\mathrm{d}x$ 介于函数 $f(x)$ 的最小值与最大值之间. 由闭区间上连续函数的介值定理, 在区间 $[a,b]$ 上至少存在一点 ξ, 使得

$$\frac{1}{b-a}\int_a^b f(x)\mathrm{d}x = f(\xi),$$

即

$$\int_a^b f(x)\mathrm{d}x = f(\xi)(b-a)(a \leqslant \xi \leqslant b).$$

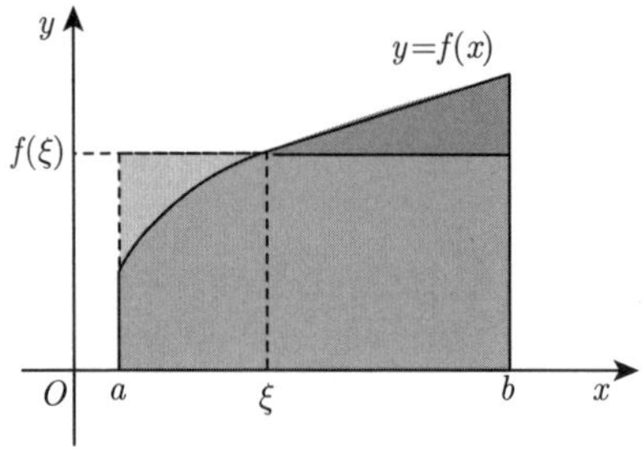

图 5.4

注 5.1.3　积分中值定理在几何上表示: 在 $[a,b]$ 上至少存在一点 ξ, 使得以 $[a,b]$ 为底、曲线 $y=f(x)$ 为曲边的曲边梯形的面积 $\int_a^b f(x)\mathrm{d}x$ 等于底边相同而高为 $f(\xi)$ 的矩形的面积 $f(\xi)(b-a)$ (图 5.4).

由上述几何解释易见, 数值 $\dfrac{1}{b-a}\int_a^b f(x)\mathrm{d}x$ 表示上图中曲边梯形的平均高度, 我们称其为函数 $f(x)$ 在闭区间 $[a,b]$ 上的**平均值**. 这一概念是对有限个数的平均值概念的拓展. 例如, 我们可用它来计算作变速直线运动的物体在指定时间间隔内的平均速度. 物体以变速 $v(t)$ 作直线运动, 在时间区间 $[T_1,T_2]$ 上经过的路程为 $\int_{T_1}^{T_2} v(t)\mathrm{d}t$. 因此,

$$v(\xi)=\frac{1}{T_2-T_1}\int_{T_1}^{T_2} v(t)\mathrm{d}t, \xi\in[T_1,T_2]$$

便是运动物体在 $[T_1,T_2]$ 时间内的平均速度.

例 5.1.2　求 $\lim\limits_{n\to\infty}\int_n^{n+p}\dfrac{\sin x}{x}\mathrm{d}x$, 其中 p 是常数.

解　因为函数 $f(x)=\dfrac{\sin x}{x}$ 在 $[n,n+p]$ 上连续, 由积分中值定理有

$$\int_n^{n+p}\frac{\sin x}{x}\mathrm{d}x=p\frac{\sin\xi}{\xi}(n\leqslant\xi\leqslant n+p).$$

当 $n\to\infty$ 时, $\xi\to+\infty$, 因此

$$\lim_{n\to\infty}\int_n^{n+p}\frac{\sin x}{x}\mathrm{d}x=\lim_{\xi\to+\infty}p\frac{\sin\xi}{\xi}=0.$$

例 5.1.3　设函数 $f(x)$ 在闭区间 $[0,1]$ 上连续, 开区间 $(0,1)$ 内可导, 且 $3\int_{\frac{2}{3}}^1 f(x)\mathrm{d}x=f(0)$. 证明: 在开区间 $(0,1)$ 内至少存在一个点 ξ, 使 $f'(\xi)=0$.

证明　因函数 $f(x)$ 在闭区间 $\left[\dfrac{2}{3},1\right]\subset[0,1]$ 上连续, 由积分中值定理知, 必然存在一点 $\eta\in\left[\dfrac{2}{3},1\right]$, 使得

$$3\int_{\frac{2}{3}}^1 f(x)\mathrm{d}x=3f(\eta)\left(1-\frac{2}{3}\right)=f(\eta)=f(0).$$

这样, $f(x)$ 在闭区间 $[0,\eta]\subset[0,1]$ 上满足罗尔定理条件, 由罗尔定理, 至少存在一点 $\xi\in(0,\eta)\subset(0,1)$, 使得 $f'(\xi)=0$.

习 题 5.1

1. 试将极限 $\lim\limits_{n\to\infty}\left(\dfrac{n}{n^2+1^2}+\dfrac{n}{n^2+2^2}+\cdots+\dfrac{n}{n^2+n^2}\right)$ 化为定积分.

2. 利用定积分的定义计算由曲线 $y=x^2$ 和两直线 $x=a$, $x=b$ 以及 x 轴所围曲边梯形的面积.

3. 比较下列积分的大小:

(1) $\displaystyle\int_0^{\frac{\pi}{2}}\sin x\mathrm{d}x$ 与 $\displaystyle\int_0^{\frac{\pi}{2}}\sin^2 x\mathrm{d}x$;　　(2) $\displaystyle\int_0^1\mathrm{e}^x\mathrm{d}x$ 与 $\displaystyle\int_0^1(1+x)\mathrm{d}x$;

(3) $\displaystyle\int_0^1\mathrm{e}^{-x}\mathrm{d}x$ 与 $\displaystyle\int_0^1\mathrm{e}^{-x^2}\mathrm{d}x$.

4. 证明:

(1) $\dfrac{1}{2}\leqslant\displaystyle\int_{\frac{\pi}{4}}^{\frac{\pi}{2}}\frac{\sin x}{x}\mathrm{d}x\leqslant\frac{\sqrt{2}}{2}$;　　(2) $\dfrac{2}{\sqrt[4]{\mathrm{e}}}\leqslant\displaystyle\int_0^2\mathrm{e}^{x^2-x}\mathrm{d}x\leqslant 2\mathrm{e}^2$.

5. 估计定积分的值:

(1) $\displaystyle\int_{\frac{\pi}{4}}^{\frac{5\pi}{4}}\sqrt{1+\sin^2 x}\mathrm{d}x$;　　(2) $\displaystyle\int_{\frac{1}{\sqrt{3}}}^{\sqrt{3}}x\arctan x\mathrm{d}x$.

5.2 微积分基本公式

积分学要解决两个问题: 第一个问题是原函数的求法问题, 我们在第 4 章中已经对它做了讨论; 第二个问题就是定积分的计算问题. 如果我们仅用定积分的定义来计算定积分, 那将是十分困难的. 因此, 寻求一种计算定积分的有效方法便成为积分学发展的关键. 我们知道, 不定积分作为原函数的概念与定积分作为积分和的极限的概念是完全不相干的. 但是, 牛顿和莱布尼茨不仅发现而且找到了这两个概念之间存在着深刻的内在联系, 即所谓的 “**微积分基本定理**”, 并由此巧妙地开辟了求定积分的新途径——**牛顿–莱布尼茨公式**. 从而使积分学与微分学一起构成变量数学的基础学科——微积分学. 因此, 牛顿和莱布尼茨作为微积分学的奠基人也载入了史册.

设一物体在一直线上运动, 在运动直线上取定一点作为原点、运动方向为正向建立数轴. 设时刻 t 时物体所在位置为 $s(t)$, 速度为 $v(t)(v(t)\geqslant 0)$, 则由变速直线运动的路程, 物体在时间间隔 $[T_1,T_2]$ 内经过的路程为

$$s=\int_{T_1}^{T_2}v(t)\mathrm{d}t.$$

另一方面, 这段路程又可表示为位置函数 $s(t)$ 在 $[T_1,T_2]$ 上的增量 $s(T_2)-s(T_1)$. 因此, 位置函数 $s(t)$ 与速度函数 $v(t)$ 有如下关系:

$$\int_{T_1}^{T_2} v(t)\mathrm{d}t = s(T_2) - s(T_1). \tag{5.1}$$

因为 $s'(t) = v(t)$, 即位置函数 $s(t)$ 是速度函数 $v(t)$ 的原函数. 所以, 求速度为 $v(t)$ 的直线运动物体在时间间隔 $[T_1,T_2]$ 内所经过的路程就转化为求 $v(t)$ 的原函数 $s(t)$ 在 $[T_1,T_2]$ 上的增量. 这个结论是否具有普遍性呢? 即函数 $f(x)$ 在闭区间 $[a,b]$ 上的定积分 $\int_a^b f(x)\mathrm{d}x$ 是否等于 $f(x)$ 的一个原函数 $F(x)$ 在 $[a,b]$ 上的增量呢? 下面我们将具体来讨论.

5.2.1　积分上限函数及其导数

设函数 $f(x)$ 在闭区间 $[a,b]$ 上连续, 对 $[a,b]$ 上的任意一点 x, 则 $f(x)$ 在闭区间 $[a,x]$ 上连续, $f(x)$ 在闭区间 $[a,x]$ 上可积, 称

$$\Phi(x) = \int_a^x f(x)\mathrm{d}x \tag{5.2}$$

为**积分上限函数**(或**变上限函数**). 式 (5.2) 中积分变量和积分上限有时都用 x 表示, 但它们的含义并不相同. 因定积分与积分变量的选取无关, 为了区别它们, 常将积分变量用 t 表示, 即

$$\Phi(x) = \int_a^x f(x)\mathrm{d}x = \int_a^x f(t)\mathrm{d}t.$$

$\Phi(x)$ 的几何意义: 右侧直线可移动的曲边梯形的面积 (图 5.5), 曲边梯形的面积 $\Phi(x)$ 随 x 的位置的变动而改变, 当 x 给定后, 面积 $\Phi(x)$ 就随之确定.

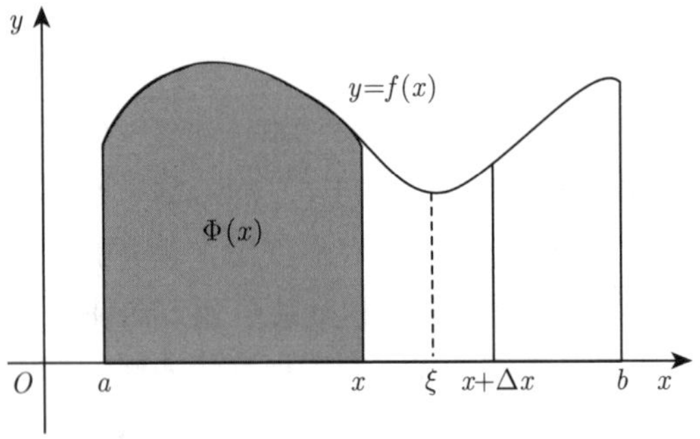

图 5.5

关于函数 $\Phi(x)$ 的可导性, 有以下定理.

定理 5.2.1　若函数 $f(x)$ 在闭区间 $[a,b]$ 上连续, 则积分上限函数

$$\Phi(x) = \int_a^x f(t)\mathrm{d}t, \quad x \in [a,b] \tag{5.3}$$

在 $[a,b]$ 上可导, 且

$$\Phi'(x) = \frac{\mathrm{d}}{\mathrm{d}x}\left(\int_a^x f(t)\mathrm{d}t\right) = f(x), (a \leqslant x \leqslant b).$$

证明 设 $x \in [a,b]$, 当 x 取得增量 $\Delta x(x+\Delta x \in [a,b])$ 时, 有

$$\begin{aligned}\Delta\Phi =&\Phi(x+\Delta x)-\Phi(x)=\int_a^{x+\Delta x} f(t)\mathrm{d}t-\int_a^x f(t)\mathrm{d}t\\ =&\int_a^x f(t)\mathrm{d}t+\int_x^{x+\Delta x} f(t)\mathrm{d}t-\int_a^x f(t)\mathrm{d}t\\ =&\int_x^{x+\Delta x} f(t)\mathrm{d}t.\end{aligned}$$

由积分中值定理, 有

$$\Delta\Phi = f(\xi)\Delta x,$$

其中 ξ 介于 x 和 $x+\Delta x$ 之间.

当 $\Delta x \to 0$ 时, $\xi \to x$. 由函数 $f(x)$ 在点 x 处的连续性, 所以

$$\Phi'(x)=\lim_{\Delta x\to 0}\frac{\Delta\Phi}{\Delta x}=\lim_{\Delta x\to 0} f(\xi)=\lim_{\xi\to x} f(\xi)=f(x),$$

即

$$\Phi'(x)=\frac{\mathrm{d}}{\mathrm{d}x}\left(\int_a^x f(t)\mathrm{d}t\right)=f(x),(a\leqslant x\leqslant b).$$

定理 5.2.1 不但说明了连续函数的原函数的存在性, 而且给出了其原函数.

推论 5.2.1 若函数 $f(x)$ 在闭区间 $[a,b]$ 上连续, 则函数 $\Phi(x)=\displaystyle\int_a^x f(t)\mathrm{d}t$ 是 $f(x)$ 在闭区间 $[a,b]$ 上的一个原函数.

例 5.2.1 求 $\dfrac{\mathrm{d}}{\mathrm{d}x}\left(\displaystyle\int_0^x t\mathrm{e}^{t^2}\mathrm{d}t\right)$.

解 由积分上限函数的导数公式, 直接得

$$\frac{\mathrm{d}}{\mathrm{d}x}\left(\int_0^x t\mathrm{e}^{t^2}\mathrm{d}t\right)=x\mathrm{e}^{x^2}.$$

例 5.2.2 求 $\dfrac{\mathrm{d}}{\mathrm{d}x}\left(\displaystyle\int_x^{-1}\cos^2\frac{t}{2}\mathrm{d}t\right)$.

解 因 $\displaystyle\int_x^{-1}\cos^2\frac{t}{2}\mathrm{d}t=-\int_{-1}^x\cos^2\frac{t}{2}\mathrm{d}t$, 所以

$$\frac{\mathrm{d}}{\mathrm{d}x}\left(\int_x^{-1}\cos^2\frac{t}{2}\mathrm{d}t\right)=-\frac{\mathrm{d}}{\mathrm{d}x}\left(\int_{-1}^x\cos^2\frac{t}{2}\mathrm{d}t\right)=-\cos^2\frac{x}{2}.$$

例 5.2.3 求 $\dfrac{\mathrm{d}}{\mathrm{d}x}\left(\displaystyle\int_x^{x^2}\sin t\cos t\mathrm{d}t\right)$.

解　因为 $\int_x^{x^2}\sin t\cos t\mathrm{d}t=\int_x^0\sin t\cos t\mathrm{d}t+\int_0^{x^2}\sin t\cos t\mathrm{d}t$, 所以

$$\begin{aligned}\frac{\mathrm{d}}{\mathrm{d}x}\left(\int_x^{x^2}\sin t\cos t\mathrm{d}t\right)=&\frac{\mathrm{d}}{\mathrm{d}x}\left(\int_x^0\sin t\cos t\mathrm{d}t+\int_0^{x^2}\sin t\cos t\mathrm{d}t\right)\\=&\frac{\mathrm{d}}{\mathrm{d}x}\left(-\int_0^x\sin t\cos t\mathrm{d}t+\int_0^{x^2}\sin t\cos t\mathrm{d}t\right)\\=&-\sin x\cos x+\frac{\mathrm{d}}{\mathrm{d}x}\left(\int_0^{x^2}\sin t\cos t\mathrm{d}t\right).\end{aligned}$$

现在求 $\frac{\mathrm{d}}{\mathrm{d}x}\left(\int_0^{x^2}\sin t\cos t\mathrm{d}t\right)$. 因为 $\int_0^{x^2}\sin t\cos t\mathrm{d}t$ 是 x 的复合函数, 若令 $u=x^2$, 则

$$\int_0^{x^2}\sin t\cos t\mathrm{d}t=\int_0^u\sin t\cos t\mathrm{d}t=p(u).$$

由复合函数求导法则, 得

$$\begin{aligned}\frac{\mathrm{d}}{\mathrm{d}x}\left(\int_0^{x^2}\sin t\cos t\mathrm{d}t\right)=&\frac{\mathrm{d}}{\mathrm{d}x}[p(u)]=p'(u)\cdot\frac{\mathrm{d}u}{\mathrm{d}x}\\=&\sin u\cos u\cdot(x^2)'=2x\sin x^2\cos x^2.\end{aligned}$$

所以

$$\frac{\mathrm{d}}{\mathrm{d}x}\left(\int_x^{x^2}\sin t\cos t\mathrm{d}t\right)=-\sin x\cos x+2x\sin x^2\cos x^2.$$

方法熟练以后, 上述过程可以简化如下:

$$\begin{aligned}\frac{\mathrm{d}}{\mathrm{d}x}\left[\int_x^{x^2}\sin t\cos t\mathrm{d}t\right]=&\sin x^2\cos x^2\cdot(x^2)'-\sin x\cos x.\\=&2x\sin x^2\cos x^2-\sin x\cos x.\end{aligned}$$

一般地, 设 $f(x)$ 为连续函数, $\varphi(x)$, $\psi(x)$ 为可导函数, 则有

$$\frac{\mathrm{d}}{\mathrm{d}x}\left(\int_{\psi(x)}^{\varphi(x)}f(t)\mathrm{d}t\right)=f[\varphi(x)]\varphi'(x)-f[\psi(x)]\psi'(x).$$

例 5.2.4　求极限 $\lim\limits_{x\to0}\dfrac{\int_0^{x^2}t\mathrm{e}^t\sin t\mathrm{d}t}{x^6\mathrm{e}^x}$.

解 此极限属于 $\dfrac{0}{0}$ 未定型, 利用洛必达法则, 有

$$\lim_{x\to 0}\frac{\displaystyle\int_0^{x^2} te^t\sin t\mathrm{d}t}{x^6e^x}=\lim_{x\to 0}\frac{x^2e^{x^2}\sin x^2\cdot 2x}{6x^5e^x+x^6e^x}=\lim_{x\to 0}\frac{2x^5e^{x^2}}{x^5(6+x)e^x}=\lim_{x\to 0}\frac{2e^{x^2}}{(6+x)e^x}=\frac{1}{3}.$$

例 5.2.5 求极限 $\lim\limits_{x\to+\infty}\dfrac{\displaystyle\int_0^x \arctan t\mathrm{d}t}{\sqrt{1+x^2}}$.

解 该极限属于 $\dfrac{\infty}{\infty}$ 型, 利用洛必达法则, 有

$$\lim_{x\to+\infty}\frac{\displaystyle\int_0^x \arctan t\mathrm{d}t}{\sqrt{1+x^2}}=\lim_{x\to+\infty}\frac{\arctan x}{\dfrac{x}{\sqrt{1+x^2}}}=\frac{\pi}{2}.$$

例 5.2.6 设函数 $f(x)$ 连续, $g(x)=x\displaystyle\int_0^x f(t)\mathrm{d}t$, 求 $g''(0)$.

解 因 $g'(x)=xf(x)+\displaystyle\int_0^x f(t)\mathrm{d}t$, $g'(0)=0$. 由导数的定义, 有

$$\begin{aligned}g''(0)&=\lim_{x\to 0}\frac{g'(x)-g'(0)}{x}=\lim_{x\to 0}\frac{xf(x)+\displaystyle\int_0^x f(t)\mathrm{d}t}{x}\\&=\lim_{x\to 0}f(x)+\lim_{x\to 0}\frac{\displaystyle\int_0^x f(t)\mathrm{d}t}{x}=f(0)+\lim_{x\to 0}f(x)=2f(0).\end{aligned}$$

注 5.2.1 此题没有 $f(x)$ 可导的条件, 故通过直接求出 $g''(x)$ 来求 $g''(0)$ 是错误的.

例 5.2.7 设 $f(x)$ 在闭区间 $[a,b]$ 上连续, 开区间 (a,b) 内可导且 $f'(x)\leqslant 0$, 证明: $F(x)=\dfrac{1}{x-a}\displaystyle\int_a^x f(t)\mathrm{d}t$ 在 (a,b) 内非单调增加.

证明 因

$$\begin{aligned}F'(x)=&\frac{f(x)(x-a)-\displaystyle\int_a^x f(t)\mathrm{d}t}{(x-a)^2}=\frac{f(x)(x-a)-f(\xi)(x-a)}{(x-a)^2}\\=&\frac{f(x)-f(\xi)}{(x-a)},\end{aligned}$$

其中 $a\leqslant\xi\leqslant x$.

又在区间 (a,b) 内 $f'(x)\leqslant 0$, 从而 $f(x)\leqslant f(\xi)$ 即 $f(x)-f(\xi)\leqslant 0$, 则 $F'(x)\leqslant 0$, $x\in(a,b)$. 即 $F(x)$ 在 (a,b) 内非单调增加.

5.2.2　微积分基本公式

定理 5.2.2　若函数 $F(x)$ 是连续函数 $f(x)$ 在区间 $[a,b]$ 上的一个原函数, 则

$$\int_a^b f(x)\mathrm{d}x = F(b) - F(a), \tag{5.4}$$

称式 (5.4) 为**微积分基本公式 (或牛顿–莱布尼茨公式)**.

证明　因函数 $F(x)$ 是 $f(x)$ 的一个原函数, 又由推论 5.2.1,

$$\Phi(x) = \int_a^x f(t)\mathrm{d}t$$

也是 $f(x)$ 的一个原函数, 所以

$$F(x) - \Phi(x) = C, \quad x \in [a,b].$$

在上式中令 $x = a$, 得 $F(a) - \Phi(a) = C$. 而 $\Phi(a) = 0$, 所以 $C = F(a)$. 故

$$\int_a^x f(t)\mathrm{d}t = F(x) - F(a).$$

在上式中再令 $x = b$, 即得式 (5.4).

该公式常记作

$$\int_a^b f(x)\mathrm{d}x = F(x)\big|_a^b = F(b) - F(a).$$

注 5.2.2　根据上节定积分的补充规定可知, 当 $a > b$ 时, 牛顿–莱布尼茨公式 (5.4) 仍成立.

由于 $f(x)$ 的原函数 $F(x)$ 一般可通过求不定积分求得, 因此, 牛顿–莱布尼茨公式巧妙地把定积分的计算问题与不定积分联系起来, 转化为求被积函数的一个原函数在区间 $[a,b]$ 上的增量的问题.

例 5.2.8　求定积分 $\displaystyle\int_0^1 x^2\mathrm{d}x$.

解
$$\int_0^1 x^2\mathrm{d}x = \frac{1}{3}x^3\Big|_0^1 = \frac{1}{3} - 0 = \frac{1}{3}.$$

例 5.2.9　求定积分 $\displaystyle\int_0^{\frac{\pi}{2}} |\sin x - \cos x|\,\mathrm{d}x$.

解　因当 $0 \leqslant x \leqslant \dfrac{\pi}{4}$ 时, $\cos x \geqslant \sin x$; 当 $\dfrac{\pi}{4} \leqslant x \leqslant \dfrac{\pi}{2}$ 时, $\sin x \geqslant \cos x$. 所以

$$\int_0^{\frac{\pi}{2}} |\sin x - \cos x|\,\mathrm{d}x = \int_0^{\frac{\pi}{4}} (\cos x - \sin x)\mathrm{d}x + \int_{\frac{\pi}{4}}^{\frac{\pi}{2}} (\sin x - \cos x)\mathrm{d}x$$

$$
\begin{aligned}
&=(\sin x+\cos x)\Big|_0^{\frac{\pi}{4}}-(\cos x+\sin x)\Big|_{\frac{\pi}{4}}^{\frac{\pi}{2}}\\
&=(\sqrt{2}-1)-(1-\sqrt{2})=2(\sqrt{2}-1).
\end{aligned}
$$

例 5.2.10 设函数 $f(x)$ 在 $[0,1]$ 上连续, 且 $f(x)<1$. 证明: 方程 $2x-\int_0^x f(t)\mathrm{d}t=1$ 在 $(0,1)$ 内有且仅有一个实根.

证明 令 $F(x)=2x-\int_0^x f(t)\mathrm{d}t-1$, $F(x)$ 在 $[0,1]$ 上是连续的, 且 $F(0)=-1<0$, $F(1)=1-\int_0^1 f(t)\mathrm{d}t$.

由积分中值定理, 有

$$
\int_0^1 f(t)\mathrm{d}t=f(\xi)<1,\quad \xi\in[0,1].
$$

从而, $F(1)=1-f(\xi)>0$. 由零点存在定理, 至少存在一点 $\eta\in(0,1)$, 使 $F(\eta)=0$, 即方程 $2x-\int_0^x f(t)\mathrm{d}t=1$ 在 $(0,1)$ 内至少有一个实根.

又 $F'(x)=2-f(x)$, 且 $f(x)<1$, 则 $F'(x)>0$, $F(x)$ 在 $[0,1]$ 上单调增加. 因此, 方程 $2x-\int_0^x f(t)\mathrm{d}t=1$ 在 $(0,1)$ 内有且仅有一个实根.

例 5.2.11 求函数 $f(x)=\int_0^x (t-1)\mathrm{d}t$ 的极值.

解 $f(x)=\int_0^x (t-1)\mathrm{d}t$ 为变上限函数, 那么有

$$
f'(x)=x-1,\quad f''(x)=1.
$$

令 $f'(x)=0$, 得驻点 $x=1$. 又因 $f''(1)=1$, 所以, $f(x)$ 在点 $x=1$ 处取得极小值, 其极小值为

$$
f(1)=\int_0^1 (t-1)\mathrm{d}t=\left(\frac{t^2}{2}-t\right)\Bigg|_0^1=-\frac{1}{2}.
$$

例 5.2.12 设 $f(x)=\dfrac{1}{1+x^2}+x\int_0^1 f(x)\mathrm{d}x$, 求 $\int_0^1 f(x)\mathrm{d}x$.

解 因定积分是一个确定的数, 设 $\int_0^1 f(x)\mathrm{d}x=a$. 对 $f(x)=\dfrac{1}{1+x^2}+ax$ 在 $[0,1]$ 上积分, 得

$$
\int_0^1 f(x)\mathrm{d}x=\int_0^1 \frac{1}{1+x^2}\mathrm{d}x+a\int_0^1 x\mathrm{d}x,
$$

即

$$
a=\frac{\pi}{4}+\frac{a}{2},\quad a=\frac{\pi}{2}.
$$

因此

$$\int_0^1 f(x)\mathrm{d}x = \frac{\pi}{2}.$$

注 5.2.3 如果函数在所讨论的区间上不满足可积条件, 则定理 5.2.2 不能使用. 例如对 $\int_{-1}^1 \frac{1}{x^2}\mathrm{d}x$, 若利用定理 5.2.2 计算则有

$$\int_{-1}^1 \frac{1}{x^2}\mathrm{d}x = -\frac{1}{x}\bigg|_{-1}^1 = -1-1 = -2.$$

这个做法是错误的. 因为在区间 $[-1,1]$ 上, 点 $x=0$ 为函数 $f(x)=\frac{1}{x^2}$ 的无穷间断点.

习 题 5.2

1. 求下列导数:

(1) $\frac{\mathrm{d}}{\mathrm{d}x}\left(\int_0^x \sin t^2\mathrm{d}t\right)$;　　(2) $\frac{\mathrm{d}}{\mathrm{d}x}\left(\int_{\arctan x}^{\cos x} \mathrm{e}^{-t}\mathrm{d}t\right)$.

2. 求由参数方程 $\begin{cases} x=\int_0^{t^2} u\mathrm{e}^u\mathrm{d}u, \\ y=\int_{t^2}^0 u^2\mathrm{e}^u\mathrm{d}u, \end{cases}$ 确定的函数的导数 $\frac{\mathrm{d}y}{\mathrm{d}x}$.

3. 求由方程 $\int_0^y t^2\mathrm{d}t+\int_0^{x^2}\frac{\sin t}{\sqrt{t}}\mathrm{d}t=1$ 确定的函数 $y=y(x)$ 的导数 $\frac{\mathrm{d}y}{\mathrm{d}x}$.

4. 计算下列定积分:

(1) $\int_2^3\left(\sqrt{x}+\frac{1}{\sqrt{x}}\right)\mathrm{d}x$;　　(2) $\int_0^2\frac{x^3}{1+x}\mathrm{d}x$;

(3) $\int_1^{\mathrm{e}}\frac{1+\ln x}{x}\mathrm{d}x$;　　(4) $\int_0^{\frac{\pi}{4}}\tan^2 x\mathrm{d}x$;

(5) $\int_1^2\frac{1}{(3x-1)^2}\mathrm{d}x$;　　(6) $\int_0^3 \mathrm{e}^{|2-x|}\mathrm{d}x$;

(7) $\int_{-\frac{\pi}{4}}^{\frac{\pi}{4}}\frac{1}{1+\sin x}\mathrm{d}x$;　　(8) $\int_0^1\frac{\mathrm{d}x}{\mathrm{e}^x+\mathrm{e}^{-x}}$.

5. 求下列极限:

(1) $\lim\limits_{x\to 0}\frac{\int_{\cos x}^1 \mathrm{e}^{-t^2}\mathrm{d}t}{x^2}$;　　(2) $\lim\limits_{x\to 0}\frac{\int_0^x(\mathrm{e}^t+\mathrm{e}^{-t}-2)\mathrm{d}t}{1-\cos x}$;

(3) $\lim\limits_{x\to 0}\frac{\int_0^{x^2}\mathrm{e}^t\sin t\mathrm{d}t}{x^4}$;　　(4) $\lim\limits_{x\to+\infty}\frac{\left(\int_0^x \mathrm{e}^{t^2}\mathrm{d}t\right)^2}{\int_0^x t\mathrm{e}^{2t^2}\mathrm{d}t}$.

6. 设 $f(x)=\begin{cases} x^2, & 0\leqslant x\leqslant 1, \\ 2-x, & 1<x\leqslant 2, \end{cases}$ 求 $\int_0^2 f(x)\mathrm{d}x$.

7. 若 $\lim\limits_{x\to 0}\dfrac{1}{bx-\sin x}\displaystyle\int_0^x \dfrac{t^2}{\sqrt{a+t^2}}\mathrm{d}t=1$, 求 a, b.

8. 设 $f(x)$ 在 $(0,+\infty)$ 内连续且 $f(x)>0$, 证明函数

$$F(x)=\frac{\displaystyle\int_0^x tf(t)\mathrm{d}t}{\displaystyle\int_0^x f(t)\mathrm{d}t}$$

在 $(0,+\infty)$ 内为单调增加函数.

5.3 定积分的积分方法

由微积分基本公式知道, 计算定积分 $\int_a^b f(x)\mathrm{d}x$ 的方法是把它转化为求被积函数 $f(x)$ 的原函数 $F(x)$ 在区间 $[a,b]$ 上的增量, 而求 $f(x)$ 的原函数可用换元法与分部积分法来完成. 因此, 与不定积分类似, 定积分的积分方法也有换元法和分部积分法.

5.3.1 定积分的换元积分法

定理 5.3.1 设函数 $f(x)$ 在闭区间 $[a,b]$ 上连续, $x=\varphi(t)$ 满足以下条件:

(1) $\varphi(\alpha)=a$, $\varphi(\beta)=b$, 且 $a\leqslant\varphi(t)\leqslant b$;

(2) $\varphi(t)$ 在 $[\alpha,\beta]$(或 $[\beta,\alpha]$) 上具有连续导数.

则有

$$\int_a^b f(x)\mathrm{d}x=\int_\alpha^\beta f[\varphi(t)]\varphi'(t)\mathrm{d}t. \tag{5.5}$$

式 (5.5) 称为定积分的**换元公式**.

证明 因为 $f(x)$ 在 $[a,b]$ 上连续, 故它在 $[a,b]$ 上可积, 且原函数存在. 设 $F(x)$ 是 $f(x)$ 的一个原函数, 则

$$\int_a^b f(x)\mathrm{d}x=F(b)-F(a);$$

另一方面, 令 $\Phi(t)=F[\varphi(t)]$, 由复合函数的求导法则, 有

$$\Phi'(t)=F'(x)\cdot\frac{\mathrm{d}x}{\mathrm{d}t}=f(x)\varphi'(t)=f[\varphi(t)]\varphi'(t),$$

即 $\Phi(t)$ 是 $f[\varphi(t)]\varphi'(t)$ 的一个原函数, 从而

$$\int_\alpha^\beta f[\varphi(t)]\varphi'(t)\mathrm{d}t=\Phi(\beta)-\Phi(\alpha).$$

注意到 $\Phi(t)=F[\varphi(t)]$, $\varphi(\alpha)=a$, $\varphi(\beta)=b$, 则

$$\Phi(\beta)-\Phi(\alpha)=F\left[\varphi(\beta)\right]-F\left[\varphi(\alpha)\right]=F(b)-F(a).$$

因此

$$\int_a^b f(x)\mathrm{d}x=\int_\alpha^\beta f[\varphi(t)]\varphi'(t)\mathrm{d}t.$$

定积分的换元公式与不定积分的换元公式很类似. 但是, 在应用定积分的换元公式时应注意以下两点:

(1) 用 $x=\varphi(t)$ 把积分变量 x 换成新的积分变量 t 时, 定积分的积分限也要换成新积分变量 t 的积分限, 且上限对应于上限, 下限对应于下限;

(2) 求出 $f[\varphi(t)]\varphi'(t)$ 的一个原函数 $\Phi(t)$ 后, 不必像计算不定积分那样再把 $\Phi(t)$ 变换成原变量 x 的函数, 只需直接求出 $\Phi(t)$ 在新的积分变量 t 的积分区间上的增量即可.

例 5.3.1 计算 $\displaystyle\int_0^1 \frac{\sqrt{x}}{1+\sqrt{x}}\mathrm{d}x$.

解 令 $\sqrt{x}=t(t\geqslant 0)$, 则 $\mathrm{d}x=2t\mathrm{d}t$. 当 $x=0$ 时, $t=0$; 当 $x=1$ 时, $t=1$. 则

$$\begin{aligned}\int_0^1 \frac{\sqrt{x}}{1+\sqrt{x}}\mathrm{d}x&=\int_0^1\frac{2t^2}{1+t}\mathrm{d}t=2\int_0^1\left(t-1+\frac{1}{t+1}\right)\mathrm{d}t\\&=2\left[\frac{t^2}{2}-t+\ln(1+t)\right]\Big|_0^1=2\ln 2-1.\end{aligned}$$

例 5.3.2 计算 $\displaystyle\int_{\frac{1}{2}}^{\frac{\sqrt{2}}{2}}\frac{1}{x^2\sqrt{1-x^2}}\mathrm{d}x$.

解 令 $x=\sin t$, 则 $\mathrm{d}x=\cos t\mathrm{d}t$. 当 $x=\dfrac{1}{2}$ 时, $t=\dfrac{\pi}{6}$; 当 $x=\dfrac{\sqrt{2}}{2}$ 时, $t=\dfrac{\pi}{4}$. 则

$$\begin{aligned}\int_{\frac{1}{2}}^{\frac{\sqrt{2}}{2}}\frac{1}{x^2\sqrt{1-x^2}}\mathrm{d}x&=\int_{\frac{\pi}{6}}^{\frac{\pi}{4}}\frac{\cos t}{\sin^2 t\cdot\cos t}\mathrm{d}t\\&=\int_{\frac{\pi}{6}}^{\frac{\pi}{4}}\csc^2 t\mathrm{d}t=-\cot t|_{\frac{\pi}{6}}^{\frac{\pi}{4}}=\sqrt{3}-1.\end{aligned}$$

例 5.3.3 计算 $\displaystyle\int_0^\pi\sqrt{\sin x-\sin^3 x}\mathrm{d}x$.

解

$$\begin{aligned}\int_0^\pi\sqrt{\sin x-\sin^3 x}\mathrm{d}x&=\int_0^\pi\sqrt{\sin x\cos^2 x}\mathrm{d}x=\int_0^\pi\sqrt{\sin x}\left|\cos x\right|\mathrm{d}x\\&=\int_0^{\frac{\pi}{2}}\sqrt{\sin x}\cos x\mathrm{d}x-\int_{\frac{\pi}{2}}^\pi\sqrt{\sin x}\cos x\mathrm{d}x\end{aligned}$$

$$=\frac{2}{3}\sin^{\frac{3}{2}}x\Big|_0^{\frac{\pi}{2}}-\frac{2}{3}\sin^{\frac{3}{2}}x\Big|_{\frac{\pi}{2}}^{\pi}=\frac{2}{3}+\frac{2}{3}=\frac{4}{3}.$$

例 5.3.4 设 $f(x)$ 在闭区间 $[-a,a]$ 上连续, 证明:

$$\int_{-a}^{a}f(x)\mathrm{d}x=\begin{cases}0, & f(x)\text{为奇函数},\\ 2\int_0^a f(x)\mathrm{d}x, & f(x)\text{为偶函数}.\end{cases} \tag{5.6}$$

证明 因为

$$\int_{-a}^{a}f(x)\mathrm{d}x=\int_{-a}^{0}f(x)\mathrm{d}x+\int_0^a f(x)\mathrm{d}x,$$

对上式右边第一个定积分作变量替换 $x=-t$, 则当 $x=-a$ 时, $t=a$; 当 $x=0$ 时, $t=0$. 于是

$$\begin{aligned}\int_{-a}^{0}f(x)\mathrm{d}x&=\int_a^0 f(-t)\mathrm{d}(-t)\\&=-\int_a^0 f(-t)\mathrm{d}t=\int_0^a f(-x)\mathrm{d}x.\end{aligned}$$

所以

$$\begin{aligned}\int_{-a}^{a}f(x)\mathrm{d}x&=\int_0^a f(-x)\mathrm{d}x+\int_0^a f(x)\mathrm{d}x=\int_0^a[f(-x)+f(x)]\mathrm{d}x\\&=\begin{cases}0, & f(x)\text{为奇函数},\\ 2\int_0^a f(x)\mathrm{d}x, & f(x)\text{为偶函数}.\end{cases}\end{aligned}$$

例 5.3.5 计算 $\displaystyle\int_{-\frac{1}{2}}^{\frac{1}{2}}\frac{x+1}{\sqrt{1-x^2}}\mathrm{d}x$.

解

$$\begin{aligned}\int_{-\frac{1}{2}}^{\frac{1}{2}}\frac{x+1}{\sqrt{1-x^2}}\mathrm{d}x&=\int_{-\frac{1}{2}}^{\frac{1}{2}}\frac{x}{\sqrt{1-x^2}}\mathrm{d}x+\int_{-\frac{1}{2}}^{\frac{1}{2}}\frac{1}{\sqrt{1-x^2}}\mathrm{d}x\\&=0+2\int_0^{\frac{1}{2}}\frac{1}{\sqrt{1-x^2}}\mathrm{d}x=2\arcsin x\Big|_0^{\frac{1}{2}}=\frac{\pi}{3}.\end{aligned}$$

例 5.3.6 设 $f(x)$ 在闭区间 $[0,1]$ 上连续, 证明:

(1) $\displaystyle\int_0^{\frac{\pi}{2}}f(\sin x)\mathrm{d}x=\int_0^{\frac{\pi}{2}}f(\cos x)\mathrm{d}x$;

(2) $\displaystyle\int_0^{\pi}xf(\sin x)\mathrm{d}x=\frac{\pi}{2}\int_0^{\pi}f(\sin x)\mathrm{d}x$, 并由此计算 $\displaystyle\int_0^{\pi}\frac{x\sin x}{1+\cos^2 x}\mathrm{d}x$.

证明 (1) 令 $x=\frac{\pi}{2}-t$, 则 $\mathrm{d}x=-\mathrm{d}t$. 当 $x=0$ 时, $t=\frac{\pi}{2}$; 当 $x=\frac{\pi}{2}$ 时, $t=0$. 于是

$$\int_0^{\frac{\pi}{2}} f(\sin x)\mathrm{d}x=-\int_{\frac{\pi}{2}}^0 f\left(\sin\left(\frac{\pi}{2}-t\right)\right)\mathrm{d}t=\int_0^{\frac{\pi}{2}} f(\cos t)\mathrm{d}t=\int_0^{\frac{\pi}{2}} f(\cos x)\mathrm{d}x.$$

(2) 令 $x=\pi-t$, 则 $\mathrm{d}x=-\mathrm{d}t$. 当 $x=0$ 时, $t=\pi$; 当 $x=\pi$ 时, $t=0$. 于是

$$\begin{aligned}\int_0^{\pi} xf(\sin x)\mathrm{d}x&=-\int_{\pi}^0(\pi-t)f[\sin(\pi-t)]\mathrm{d}t\\&=\int_0^{\pi}(\pi-t)f(\sin t)\mathrm{d}t\\&=\pi\int_0^{\pi} f(\sin t)\mathrm{d}t-\int_0^{\pi} tf(\sin t)\mathrm{d}t\\&=\pi\int_0^{\pi} f(\sin x)\mathrm{d}x-\int_0^{\pi} xf(\sin x)\mathrm{d}x,\end{aligned}$$

因此

$$\int_0^{\pi} xf(\sin x)\mathrm{d}x=\frac{\pi}{2}\int_0^{\pi} f(\sin x)\mathrm{d}x.$$

利用上面结论得

$$\begin{aligned}\int_0^{\pi}\frac{x\sin x}{1+\cos^2 x}\mathrm{d}x&=\frac{\pi}{2}\int_0^{\pi}\frac{\sin x}{1+\cos^2 x}\mathrm{d}x\\&=-\frac{\pi}{2}\int_0^{\pi}\frac{1}{1+\cos^2 x}\mathrm{d}(\cos x)\\&=-\frac{\pi}{2}[\arctan(\cos x)\ ]\big|_0^{\pi}=\frac{\pi^2}{4}.\end{aligned}$$

例 5.3.7 设 $f(x)$ 是以 T 为周期的连续函数, 证明:

$$\int_a^{a+T} f(x)\mathrm{d}x=\int_0^T f(x)\mathrm{d}x.$$

证明 因为

$$\int_a^{a+T} f(x)\mathrm{d}x=\int_a^0 f(x)\mathrm{d}x+\int_0^T f(x)\mathrm{d}x+\int_T^{T+a} f(x)\mathrm{d}x,$$

对 $\int_T^{a+T} f(x)\mathrm{d}x$, 令 $x=u+T$, 有

$$\int_T^{a+T} f(x)\mathrm{d}x=\int_0^a f(u+T)\mathrm{d}(u+T)=\int_0^a f(u)\mathrm{d}u=\int_0^a f(x)\mathrm{d}x.$$

从而

$$\int_a^{a+T} f(x)\mathrm{d}x = \int_0^T f(x)\mathrm{d}x.$$

例 5.3.8 设 $f(x)$ 在闭区间 $[0, 2a]$ 上连续, 证明:

$$\int_0^{2a} f(x)\mathrm{d}x = \int_0^a [f(x) + f(2a-x)]\mathrm{d}x.$$

证明 因为

$$\int_0^{2a} f(x)\mathrm{d}x = \int_0^a f(x)\mathrm{d}x + \int_a^{2a} f(x)\mathrm{d}x,$$

对 $\int_a^{2a} f(x)\mathrm{d}x$, 令 $x = 2a - t$, 有

$$\int_a^{2a} f(x)\mathrm{d}x = -\int_a^0 f(2a-t)\mathrm{d}t = \int_0^a f(2a-x)\mathrm{d}x.$$

于是

$$\begin{aligned}\int_0^{2a} f(x)\mathrm{d}x &= \int_0^a f(x)\mathrm{d}x + \int_0^a f(2a-x)\mathrm{d}x \\ &= \int_0^a [f(x) + f(2a-x)]\,\mathrm{d}x.\end{aligned}$$

例 5.3.9 设 $\int_0^x tf(3x-t)\mathrm{d}t = \ln(1+\arctan x)$, 且 $f(2)=1$, 求 $\int_2^3 f(x)\mathrm{d}x$.

解 令 $3x - t = u$, 则 $\mathrm{d}t = -\mathrm{d}u$, 由换元法得

$$\int_0^x tf(3x-t)\mathrm{d}t = -\int_{3x}^{2x} (3x-u)f(u)\mathrm{d}u = 3x\int_{2x}^{3x} f(u)\mathrm{d}u - \int_{2x}^{3x} uf(u)\mathrm{d}u$$

于是

$$3x\int_{2x}^{3x} f(u)\mathrm{d}u - \int_{2x}^{3x} uf(u)\mathrm{d}u = \ln(1+\arctan x).$$

对等式两边同时对 x 求导得,

$$\begin{aligned}&3\int_{2x}^{3x} f(u)\mathrm{d}u + 3x\,[3f(3x) - 2f(2x)] - [3\cdot 3x\cdot f(3x) - 2\cdot 2x\cdot f(2x)] \\ =&\frac{1}{1+\arctan x}\cdot\frac{1}{1+x^2},\end{aligned}$$

即

$$3\int_{2x}^{3x} f(u)\mathrm{d}u - 2x\cdot f(2x) = \frac{1}{1+\arctan x}\cdot\frac{1}{1+x^2}$$

令 $x=1$, 得

$$\int_2^3 f(x)\mathrm{d}x = \frac{1}{3}\left[2f(2) + \frac{1}{2(1+\arctan 1)}\right] = \frac{2\pi+10}{3(\pi+4)}.$$

5.3.2 定积分的分部积分法

设函数 $u=u(x), v=v(x)$ 在闭区间 $[a,b]$ 上具有连续导数, 则

$$\mathrm{d}(uv)=u\mathrm{d}v+v\mathrm{d}u,$$

移项得

$$u\mathrm{d}v=\mathrm{d}(uv)-v\mathrm{d}u,$$

于是

$$\int_a^b u\mathrm{d}v=\int_a^b \mathrm{d}(uv)-\int_a^b v\mathrm{d}u$$

即

$$\int_a^b u\mathrm{d}v=(uv)|_a^b-\int_a^b v\mathrm{d}u \tag{5.7}$$

或

$$\int_a^b uv'\mathrm{d}x=(uv)|_a^b-\int_a^b vu'\mathrm{d}x. \tag{5.8}$$

这就是定积分的**分部积分公式**. 与不定积分的分部积分公式不同的是, 这里可将原函数已经积出的部分 uv 先用上、下限代入.

例 5.3.10 求定积分 $\int_0^1 x\arctan x\mathrm{d}x$.

解 $\int_0^1 x\arctan x\mathrm{d}x=\frac{1}{2}\int_0^1 \arctan x\mathrm{d}(x^2)$

$$\begin{aligned}&=\frac{1}{2}x^2\arctan x|_0^1-\frac{1}{2}\int_0^1\frac{x^2}{1+x^2}\mathrm{d}x\\&=\frac{\pi}{8}-\frac{1}{2}\int_0^1\left(1-\frac{1}{1+x^2}\right)\mathrm{d}x\\&=\frac{\pi}{8}-\frac{1}{2}(x-\arctan x)|_0^1\\&=\frac{\pi}{4}-\frac{1}{2}.\end{aligned}$$

例 5.3.11 求定积分 $\int_1^{\mathrm{e}}\frac{1}{x^2}(\ln x)^2\mathrm{d}x$.

解

$$\begin{aligned}\int_1^{\mathrm{e}}\frac{1}{x^2}(\ln x)^2\mathrm{d}x&=-\int_1^{\mathrm{e}}(\ln x)^2\mathrm{d}\left(\frac{1}{x}\right)\\&=-\frac{1}{x}(\ln x)^2\bigg|_1^{\mathrm{e}}+2\int_1^{\mathrm{e}}\frac{1}{x^2}\ln x\mathrm{d}x\end{aligned}$$

$$
\begin{aligned}
&= -\frac{1}{\mathrm{e}} - 2\int_1^{\mathrm{e}} \ln x \mathrm{d}\left(\frac{1}{x}\right) \\
&= -\frac{1}{\mathrm{e}} - \frac{2}{x}\ln x\bigg|_1^{\mathrm{e}} + 2\int_1^{\mathrm{e}} \frac{1}{x^2}\mathrm{d}x \\
&= -\frac{1}{\mathrm{e}} - \frac{2}{\mathrm{e}} - \frac{2}{x}\bigg|_1^{\mathrm{e}} \\
&=2 - \frac{5}{\mathrm{e}}.
\end{aligned}
$$

例 5.3.12 求定积分 $\int_0^1 \mathrm{e}^{\sqrt{x}}\mathrm{d}x$.

解 令 $t=\sqrt{x}$, $x=t^2$, $\mathrm{d}x=2t\mathrm{d}t$. 因此

$$
\begin{aligned}
\int_0^1 \mathrm{e}^{\sqrt{x}}\mathrm{d}x &= \int_0^1 \mathrm{e}^t\cdot 2t\mathrm{d}t = 2\int_0^1 t\mathrm{d}(\mathrm{e}^t) = 2\left(t\mathrm{e}^t\Big|_0^1 - \int_0^1 \mathrm{e}^t\mathrm{d}t\right) \\
&=2\left(\mathrm{e}-\mathrm{e}^t\Big|_0^1\right) = 2(\mathrm{e}-\mathrm{e}+1) = 2.
\end{aligned}
$$

例 5.3.13 证明当 $n \geqslant 1$ 时,

$$
I_n = \int_0^{\frac{\pi}{2}} \sin^n x\mathrm{d}x = \begin{cases} \dfrac{n-1}{n}\cdot\dfrac{n-3}{n-2}\cdot\cdots\cdot\dfrac{1}{2}\cdot\dfrac{\pi}{2}, & n\text{为偶数}, \\ \dfrac{n-1}{n}\cdot\dfrac{n-3}{n-2}\cdot\cdots\cdot\dfrac{2}{3}\cdot 1, & n\text{为奇数}. \end{cases}
$$

证明 因为

$$
\begin{aligned}
I_n &= \int_0^{\frac{\pi}{2}} \sin^n x\mathrm{d}x = -\int_0^{\frac{\pi}{2}} \sin^{n-1} x\mathrm{d}(\cos x) \\
&= \left[-\sin^{n-1} x\cos x\right]\Big|_0^{\frac{\pi}{2}} + (n-1)\int_0^{\frac{\pi}{2}} \sin^{n-2} x\cos^2 x\mathrm{d}x \\
&=0+(n-1)\int_0^{\frac{\pi}{2}} \sin^{n-2} x(1-\sin^2 x)\mathrm{d}x \\
&=(n-1)\int_0^{\frac{\pi}{2}} \sin^{n-2} x\mathrm{d}x - (n-1)\int_0^{\frac{\pi}{2}} \sin^n x\mathrm{d}x \\
&=(n-1)I_{n-2} - (n-1)I_n,
\end{aligned}
$$

由此可得递推式

$$
I_n = \frac{n-1}{n}I_{n-2}.
$$

由于 $I_0 = \int_0^{\frac{\pi}{2}} \mathrm{d}x = \frac{\pi}{2}$, $I_1 = \int_0^{\frac{\pi}{2}} \sin x\mathrm{d}x = 1$, 故

$$
I_n = \begin{cases} \dfrac{n-1}{n}\cdot\dfrac{n-3}{n-2}\cdot\cdots\cdot\dfrac{1}{2}\cdot\dfrac{\pi}{2}, & n\text{为偶数}, \\ \dfrac{n-1}{n}\cdot\dfrac{n-3}{n-2}\cdot\cdots\cdot\dfrac{2}{3}\cdot 1, & n\text{为奇数}. \end{cases}
$$

由例 5.3.6 知 $\int_0^{\frac{\pi}{2}} f(\sin x)\mathrm{d}x = \int_0^{\frac{\pi}{2}} f(\cos x)\mathrm{d}x$, 则对 $\int_0^{\frac{\pi}{2}} \cos^n x\mathrm{d}x$ 其结果也一样. 那么, 利用这个结论可以很容易地得到一些这类形式的积分, 如

$$\int_0^{\frac{\pi}{2}} \sin^4 x\mathrm{d}x = \frac{3}{4}\cdot\frac{1}{2}\cdot\frac{\pi}{2} = \frac{3\pi}{16}, \quad \int_0^{\frac{\pi}{2}} \cos^7 x\mathrm{d}x = \frac{6}{7}\cdot\frac{4}{5}\cdot\frac{2}{3}\cdot 1 = \frac{16}{35}.$$

习 题 5.3

1. 计算下列定积分

(1) $\int_0^1 x(2-x^2)^2\mathrm{d}x$;

(2) $\int_0^{\frac{\pi}{2}} \sin^3 x\cos x\mathrm{d}x$;

(3) $\int_1^{\mathrm{e}^2} \frac{1}{x(1+\ln x)^2}\mathrm{d}x$;

(4) $\int_0^{\pi} (\sin\theta - \sin^3\theta)\mathrm{d}\theta$;

(5) $\int_0^1 t\mathrm{e}^{-t^2}\mathrm{d}t$;

(6) $\int_0^1 \frac{\arctan\sqrt{x}}{\sqrt{x}(1+x)}\mathrm{d}x$;

(7) $\int_0^1 x\sqrt{3-2x}\mathrm{d}x$;

(8) $\int_1^{\sqrt{3}} \frac{1}{x\sqrt{1+x^2}}\mathrm{d}x$;

(9) $\int_0^1 \frac{1}{\sqrt{(x^2+1)^3}}\mathrm{d}x$;

(10) $\int_0^{\frac{1}{2}} \frac{x^2}{\sqrt{1-x^2}}\mathrm{d}x$;

(11) $\int_1^2 \sqrt{x^2-1}\mathrm{d}x$;

(12) $\int_{-1}^1 \frac{x}{x^2+x+1}\mathrm{d}x$;

(13) $\int_{-\frac{\pi}{2}}^{\frac{\pi}{2}} \cos^4 x\mathrm{d}x$;

(14) $\int_{-5}^5 \frac{x^3\sin^2 x}{x^4+2x^2+1}\mathrm{d}x$.

2. 设 $f(x) = x + x^2\cdot\int_0^1 f(x)\mathrm{d}x$, 求 $\int_0^1 f(x)\mathrm{d}x$.

3. 已知 $f(x)$ 连续, 且 $\int_0^x tf(x-t)\mathrm{d}t = 1-\cos x$, 求 $\int_0^{\frac{\pi}{2}} f(x)\mathrm{d}x$ 的值.

4. 设 $f(x)$ 在 $[0,1]$ 连续, 证明: $\int_0^1 \left(\int_0^x f(t)\mathrm{d}t\right)\mathrm{d}x = \int_0^1 (1-x)f(x)\mathrm{d}x$.

5. 证明: $\int_0^a f(x)\mathrm{d}x = \int_0^a f(a-x)\mathrm{d}x$.

6. 设函数 $f(x)$ 在 $(-\infty,+\infty)$ 内连续, 且 $F(x) = \int_0^x (x-2t)f(t)\mathrm{d}t$, 试证明: 若 $f(x)$ 单调递减, 则 $F(x)$ 单调递增.

7. 计算下列定积分:

(1) $\int_0^1 x\mathrm{e}^{-2x}\mathrm{d}x$;

(2) $\int_0^1 x\ln(1+x)\mathrm{d}x$;

(3) $\int_0^1 x\arctan x\mathrm{d}x$;

(4) $\int_0^{\frac{\pi}{4}} \frac{x}{1+\cos 2x}\mathrm{d}x$;

(5) $\int_1^4 \frac{\ln x}{\sqrt{x}}\mathrm{d}x$;

(6) $\int_{\frac{1}{\mathrm{e}}}^{\mathrm{e}} |\ln x|\,\mathrm{d}x$;

(7) $\int_0^{\frac{\pi}{4}} \frac{1-\tan x}{1+\tan x}\mathrm{d}x$.

8. 设 $f(x)=\begin{cases} 1+x^2, & x<0 \\ \mathrm{e}^x, & x\geqslant 0 \end{cases}$, 求 $\int_1^3 f(x-2)\mathrm{d}x$.

5.4 定积分的近似运算

由定积分的几何意义可知, $\int_a^b f(x)\mathrm{d}x(f(x)\geqslant 0)$ 表示的是曲线 $y=f(x)$ 与直线 $x=a$, $x=b$ 以及 x 轴所围成的曲边梯形的面积. 我们可以将区间 $[a,b]n$ 等分, 第 i 个小区间记为 $[x_{i-1},x_i]$($i=1,2,\cdots,n$), 每个小区间的长度为 $\Delta x=\frac{b-a}{n}$. 过分点作垂直于 x 轴的直线, 将整个曲边梯形分成 n 个小曲边梯形, 每个小曲边梯形面积都用已知图形的面积来近似代替. 根据已知图形的形状可以分为以下近似计算法.

5.4.1 矩形法

以第 i 个小区间左右端点 x_{i-1}, x_i 对应的函数值 $f(x_{i-1})$, $f(x_i)$ 为高, Δx 为底作一个小矩形, 用这个小矩形面积 $f(x_{i-1})\Delta x$ 或 $f(x_i)\Delta x$ 来近似代替第 i($i=1,2,\cdots,n$) 个小曲边梯形的面积, 于是

$$\int_a^b f(x)\mathrm{d}x \approx \sum_{i=1}^n f(x_{i-1})\Delta x = \sum_{i=1}^n f(x_{i-1})\frac{b-a}{n} = \frac{b-a}{n}\sum_{i=1}^n f(x_{i-1}) \tag{5.9}$$

或

$$\int_a^b f(x)\mathrm{d}x \approx \sum_{i=1}^n f(x_i)\frac{b-a}{n} = \frac{b-a}{n}\sum_{i=1}^n f(x_i). \tag{5.10}$$

以上求定积分近似值的方法称为**矩形法**, 式 (5.9)、式 (5.10) 称为**矩形法公式**.

5.4.2 梯形法

以第 i 个小区间左右端点 x_{i-1}, x_i 对应的函数值 $f(x_{i-1})$, $f(x_i)$ 为上下底边的长, 以 Δx 为高作一个梯形, 将面积 $\frac{1}{2}[f(x_{i-1})+f(x_i)]\Delta x$ 作为其第 i($i=1,2,\cdots,n$) 个小的曲边梯形面积的近似值, 于是

$$\int_a^b f(x)\mathrm{d}x \approx \frac{1}{2}[f(x_0)+f(x_1)]\Delta x + \frac{1}{2}[f(x_1)+f(x_2)]\Delta x + \cdots + \frac{1}{2}[f(x_{n-1})+f(x_n)]\Delta x$$

$$=\frac{b-a}{n}\left[\frac{1}{2}f(x_0)+\frac{1}{2}f(x_n)+f(x_1)+\cdots+f(x_{n-1})\right]. \tag{5.11}$$

上面方法称为**梯形法**, 式 (5.11) 称为**梯形法公式**.

5.4.3 抛物线法 (辛普森法)

将区间 $[a,b]n$ 等分 (n 为偶数), 考虑相邻三点 x_{i-1}, x_i, x_{i+1}, 过分点所作垂直于 x 轴的直线与曲线$y=f(x)$ 相交于三点$M_{i-1}(x_{i-1},y_{i-1})$, $M_i(x_i,y_i)$, $M_{i+1}(x_{i+1},y_{i+1})$, 那么弧 $\overset{\frown}{M_{i-1}M_{i+1}}$ 就可以用过三点 M_{i-1}, M_i, M_{i+1} 的抛物线 $y=px^2+qx+r$ 替代. 以此抛物线为曲边, $[x_{i-1},x_{i+1}]$ 为底的曲边梯形面积为

$$\begin{aligned}A_{\frac{i}{2}}&=\int_{x_{i-1}}^{x_{i+1}}(px^2+qx+r)\mathrm{d}x=\left(\frac{1}{3}px^3+\frac{1}{2}qx^2+rx\right)\Bigg|_{x_{i-1}}^{x_{i+1}}\\&=\frac{1}{6}(x_{i+1}-x_{i-1})(2px_{i+1}^2+2px_{i+1}x_{i-1}+2px_{i-1}^2+3qx_{i+1}+3qx_{i-1}+6r).\end{aligned}$$

由

$$\begin{cases}y_{i-1}=px_{i-1}^2+qx_{i-1}+r,\\y_i=px_i^2+qx_i+r,\\y_{i+1}=px_{i+1}^2+qx_{i+1}+r\end{cases}$$

及 $\frac{1}{2}(x_{i-1}+x_{i+1})=x_i$, 得

$$A_{\frac{i}{2}}=\frac{1}{6}(y_{i-1}+4y_i+y_{i+1})\cdot 2\Delta x=\frac{b-a}{3n}(y_{i-1}+4y_i+y_{i+1}).$$

因此, 定积分的近似值为

$$\begin{aligned}\int_a^b f(x)\mathrm{d}x&\approx\frac{b-a}{3n}\left[(y_0+4y_1+y_2)+(y_2+4y_3+y_4)+\cdots+(y_{n-2}+4y_{n-1}+\cdots+y_n)\right]\\&=\frac{b-a}{3n}\left[(y_0+y_n)+4(y_1+y_3+\cdots+y_{n-1})+2(y_2+y_4+\cdots+y_{n-2})\right].\end{aligned} \tag{5.12}$$

以上方法称为**抛物线法**, 也称**辛普森法**, 式 (5.12) 称为**抛物线 (辛普森) 公式**.

例 5.4.1 分别用矩形法、梯形法、辛普森法计算定积分 $\int_0^1\frac{\mathrm{d}x}{1+x^2}$ 的近似值, 计算时取 4 位有效数字.

解 将区间 $[0,1]10$ 等分, 每个分点上被积函数的值如下列表 (取七位有效数字).

i	x_i	y_i
0	0.0	1.0000000
1	0.1	0.9900990
2	0.2	0.9615385
3	0.3	0.9174312
4	0.4	0.8620690
5	0.5	0.8000000
6	0.6	0.7352941
7	0.7	0.6711409
8	0.8	0.6097561
9	0.9	0.5524862
10	1.0	0.5000000

(1) 用矩形法公式去计算

$$\int_0^1 \frac{\mathrm{d}x}{1+x^2} \approx \frac{1}{10}(y_0 + y_1 + \cdots + y_9) = 0.8099.$$

或

$$\int_0^1 \frac{\mathrm{d}x}{1+x^2} \approx \frac{1}{10}(y_1 + y_2 + \cdots + y_{10}) = 0.7600.$$

(2) 用梯形法公式去计算

$$\int_0^1 \frac{\mathrm{d}x}{1+x^2} \approx \frac{1}{10}\left(\frac{y_0}{2} + y_1 + y_2 \cdots + y_9 + \frac{y_{10}}{2}\right) = 0.7850.$$

(3) 用辛普森法去计算去计算

$$\int_0^1 \frac{\mathrm{d}x}{1+x^2} \approx \frac{1}{30}[y_0 + y_{10} + 4(y_1 + y_3 + \cdots + y_9) + 2(y_2 + y_4 + \cdots + y_8)] = 0.78534.$$

通过积分可得准确值为 $\int_0^1 \frac{\mathrm{d}x}{1+x^2} = \arctan 1 = \frac{\pi}{4} = 0.78539816$. 与上述值比较易知, 辛普森法的计算结果是最接近于真实值的.

习 题 5.4

1. 用矩形法和梯形法计算定积分 $I = \int_0^1 \mathrm{e}^{-x^2}\mathrm{d}x$ 的近似值 (取 $n = 10$), 计算时取 5 位有效数字.

2. 用三种方法计算定积分 $I = \int_0^{\frac{\pi}{2}} \sqrt{1 - \frac{1}{2}\sin^2 x\mathrm{d}x}$ 的近似值 (取 $n = 6$), 计算时取 4 位有效数字.

5.5 广义积分

我们前面介绍的定积分有两个约束条件：积分区间的有限性和被积函数的有界性. 但在某些实际问题中, 常常需要突破这两个约束条件. 因此, 我们还要研究无穷限区间上的积分和无界函数的积分, 这两类积分统称为**广义积分**或**反常积分**.

5.5.1 无穷限的广义积分

定义 5.5.1 设函数 $f(x)$ 在区间 $[a,+\infty)$ 上连续, 取 $b>a$, 如果极限

$$\lim_{b\to+\infty}\int_a^b f(x)\mathrm{d}x$$

存在, 则称此极限值为函数 $f(x)$ 在无穷区间 $[a,+\infty)$ 上的**广义积分**, 记为 $\int_a^{+\infty} f(x)\mathrm{d}x$, 即

$$\int_a^{+\infty} f(x)\mathrm{d}x=\lim_{b\to+\infty}\int_a^b f(x)\mathrm{d}x.$$

此时也称广义积分 $\int_a^{+\infty} f(x)\mathrm{d}x$ **收敛**; 如果极限 $\lim\limits_{b\to+\infty}\int_a^b f(x)\mathrm{d}x$ 不存在, 则称广义积分 $\int_a^{+\infty} f(x)\mathrm{d}x$ **发散**.

类似地, 可定义函数 $f(x)$ 在无穷区间 $(-\infty,b]$ 上的广义积分

$$\int_{-\infty}^b f(x)\mathrm{d}x=\lim_{a\to-\infty}\int_a^b f(x)\mathrm{d}x.$$

设函数 $f(x)$ 在无穷区间 $(-\infty,+\infty)$ 上连续, 则函数 $f(x)$ 在无穷区间 $(-\infty,+\infty)$ 上的广义积分定义为

$$\int_{-\infty}^{+\infty} f(x)\mathrm{d}x=\int_{-\infty}^{a} f(x)\mathrm{d}x+\int_a^{+\infty} f(x)\mathrm{d}x,$$

其中 a 为任意实数. 当上式右端两个广义积分都收敛时, 称广义积分 $\int_{-\infty}^{+\infty} f(x)\mathrm{d}x$**收敛**. 否则, 称广义积分 $\int_{-\infty}^{+\infty} f(x)\mathrm{d}x$**发散**.

上述广义积分统称为**无穷限的广义积分**.

若 $F(x)$ 是 $f(x)$ 的一个原函数, 为了方便记

$$\int_a^{+\infty} f(x)\mathrm{d}x=F(x)\big|_a^{+\infty}=F(+\infty)-F(a);$$

$$\int_{-\infty}^{b} f(x)\mathrm{d}x = F\ (x)|_{-\infty}^{b} = F(b) - F(-\infty);$$

$$\int_{-\infty}^{+\infty} f(x)\mathrm{d}x = F\ (x)|_{-\infty}^{+\infty} = F(+\infty) - F(-\infty);$$

其中 $F(+\infty) = \lim\limits_{x\to+\infty} F(x)$, $F(-\infty) = \lim\limits_{x\to-\infty} F(x)$.

无穷限的广义积分有下述性质.

性质 5.5.1* 若广义积分 $\int_a^{+\infty} f(x)\mathrm{d}x$ 收敛, 则 $\lim\limits_{p\to+\infty}\int_p^{+\infty} f(x)\mathrm{d}x = 0$.

性质 5.5.2* 若广义积分 $\int_a^{+\infty} |f(x)|\,\mathrm{d}x$ 收敛, 则广义积分 $\int_a^{+\infty} f(x)\mathrm{d}x$ 也收敛. 此时, 称广义积分 $\int_a^{+\infty} f(x)\mathrm{d}x$ 绝对收敛.

性质 5.5.3* 广义积分 $\int_a^{+\infty} f(x)\mathrm{d}x$ 收敛的充分必要条件是对任意实数 $b > a$, 广义积分 $\int_b^{+\infty} f(x)\mathrm{d}x$ 收敛.

性质 5.5.4* 若广义积分 $\int_a^{+\infty} f(x)\mathrm{d}x$ 收敛, 则广义积分 $\int_a^{+\infty} cf(x)\mathrm{d}x$ 收敛, 且

$$\int_a^{+\infty} cf(x)\mathrm{d}x = c\int_a^{+\infty} f(x)\mathrm{d}x,$$

其中 c 为常数.

性质 5.5.5* 若广义积分 $\int_a^{+\infty} f(x)\mathrm{d}x$, $\int_a^{+\infty} g(x)\mathrm{d}x$ 都收敛, 则广义积分 $\int_a^{+\infty} [f(x) \pm g(x)]\mathrm{d}x$ 也收敛, 且

$$\int_a^{+\infty} [f(x) \pm g(x)]\mathrm{d}x = \int_a^{+\infty} f(x)\mathrm{d}x \pm \int_a^{+\infty} g(x)\mathrm{d}x.$$

例 5.5.1 判断广义积分 $\int_0^{+\infty} \mathrm{e}^{-ax}\mathrm{d}x$ 的收敛性, 其中 a 为大于零的常数.

解 因为

$$\int_0^{+\infty} \mathrm{e}^{-ax}\mathrm{d}x = \lim_{b\to+\infty}\int_0^{b} \mathrm{e}^{-ax}\mathrm{d}x = \lim_{b\to+\infty} \frac{1}{a}(1-\mathrm{e}^{-ab}) = \frac{1}{a},$$

故广义积分 $\int_0^{+\infty} \mathrm{e}^{-ax}\mathrm{d}x$ 收敛.

例 5.5.2 判断广义积分 $\int_{-\infty}^{+\infty} \frac{1}{1+x^2}\mathrm{d}x$ 的收敛性.

解 因为

$$\int_{-\infty}^{+\infty} \frac{1}{1+x^2}\mathrm{d}x = \int_{-\infty}^{0} \frac{1}{1+x^2}\mathrm{d}x + \int_0^{+\infty} \frac{1}{1+x^2}\mathrm{d}x$$

$$= \lim_{a\to-\infty}\int_a^0 \frac{1}{1+x^2}\mathrm{d}x + \lim_{b\to+\infty}\int_0^b \frac{1}{1+x^2}\mathrm{d}x$$
$$= -\left(-\frac{\pi}{2}\right)+\frac{\pi}{2}=\pi,$$

故广义积分 $\int_{-\infty}^{+\infty}\frac{1}{1+x^2}\mathrm{d}x$ 收敛.

例 5.5.3　判断广义积分 $\int_1^{+\infty}\frac{1}{x^p}\mathrm{d}x$ 的收敛性, 其中 p 为大于 0 的常数.

解　当 $p=1$ 时, $\int_1^{+\infty}\frac{1}{x}\mathrm{d}x=\ln x|_1^{+\infty}=+\infty$;

当 $p\neq 1$ 时,

$$\int_1^{+\infty}\frac{1}{x^p}\mathrm{d}x=\left.\frac{x^{1-p}}{1-p}\right|_1^{+\infty}=\begin{cases}+\infty, & p<1,\\ \dfrac{1}{p-1}, & p>1.\end{cases}$$

因此, 当 $0<p\leqslant 1$ 时, 广义积分 $\int_1^{+\infty}\frac{1}{x^p}\mathrm{d}x$ 发散; 当 $p>1$ 时, 广义积分 $\int_1^{+\infty}\frac{1}{x^p}\mathrm{d}x$ 收敛, 且收敛于 $\frac{1}{p-1}$.

例 5.5.4　求广义积分 $\int_0^{+\infty}\frac{\arctan x}{(1+x^2)^{\frac{3}{2}}}\mathrm{d}x$ 的值.

解　令 $x=\tan t$, 则

$$\int_0^{+\infty}\frac{\arctan x}{(1+x^2)^{\frac{3}{2}}}\mathrm{d}x=\int_0^{\frac{\pi}{2}}\frac{t}{\sec^3 t}\sec^2 t\mathrm{d}t=\int_0^{\frac{\pi}{2}}t\cos t\mathrm{d}t=\int_0^{\frac{\pi}{2}}t\mathrm{d}(\sin t)$$
$$=t\sin t|_0^{\frac{\pi}{2}}-\int_0^{\frac{\pi}{2}}\sin t\mathrm{d}t=\frac{\pi}{2}+\cos t|_0^{\frac{\pi}{2}}=\frac{\pi}{2}-1.$$

5.5.2　无界函数的广义积分

现在我们解决被积函数为无界函数的情况.

如果函数 $f(x)$ 在点 a 的任一邻域内都无界, 那么点 a 称为函数 $f(x)$ 的**瑕点**(也称无界间断点). 无界函数的广义积分 (反常积分) 又称为**瑕积分**.

定义 5.5.2　设函数 $f(x)$ 在 $(a,b]$ 上连续, 点 a 为 $f(x)$ 的瑕点. 取 $\varepsilon>0$, 如果极限

$$\lim_{\varepsilon\to0^+}\int_{a+\varepsilon}^b f(x)\mathrm{d}x$$

存在, 则称此极限为函数 $f(x)$ 在 $(a,b]$ 上的**广义积分**, 仍然记作 $\int_a^b f(x)\mathrm{d}x$, 即

$$\int_a^b f(x)\mathrm{d}x=\lim_{\varepsilon\to0^+}\int_{a+\varepsilon}^b f(x)\mathrm{d}x.$$

这时也称广义积分 $\int_a^b f(x)\mathrm{d}x$**收敛**. 如果极限 $\lim\limits_{\varepsilon\to0^+}\int_{a+\varepsilon}^b f(x)\mathrm{d}x$ 不存在, 则称广义积分 $\int_a^b f(x)\mathrm{d}x$ **发散**.

类似地, 设函数 $f(x)$ 在 $[a,b)$ 上连续, 点 b 为 $f(x)$ 的瑕点. 取 $\varepsilon>0$, 如果极限 $\lim\limits_{\varepsilon\to0^+}\int_a^{b-\varepsilon} f(x)\mathrm{d}x$ 存在, 则称此极限为函数 $f(x)$ 在 $[a,b)$ 上的**广义积分**, 即

$$\int_a^b f(x)\mathrm{d}x=\lim_{\varepsilon\to0^+}\int_a^{b-\varepsilon} f(x)\mathrm{d}x.$$

设 $f(x)$ 在 $[a,b]$ 上除点 $c(a<c<b)$ 外连续, 点 c 为 $f(x)$ 的瑕点. 如果广义积分 $\int_a^c f(x)\mathrm{d}x$ 和 $\int_c^b f(x)\mathrm{d}x$ 都收敛, 则称广义积分 $\int_a^b f(x)\mathrm{d}x$ 收敛, 且

$$\int_a^b f(x)\mathrm{d}x=\int_a^c f(x)\mathrm{d}x+\int_c^b f(x)\mathrm{d}x=\lim_{\varepsilon_1\to0^+}\int_a^{c-\varepsilon_1} f(x)\mathrm{d}x+\lim_{\varepsilon_2\to0^+}\int_{c+\varepsilon_2}^b f(x)\mathrm{d}x.$$

否则, 称广义积分 $\int_a^b f(x)\mathrm{d}x$ 发散.

例 5.5.5 判断广义积分 $\int_0^3\frac{\mathrm{d}x}{\sqrt{9-x^2}}$ 的敛散性.

解 因为

$$\begin{aligned}\int_0^3\frac{\mathrm{d}x}{\sqrt{9-x^2}}&=\lim_{\varepsilon\to0^+}\int_0^{3-\varepsilon}\frac{\mathrm{d}x}{\sqrt{9-x^2}}=\lim_{\varepsilon\to0^+}\arcsin\frac{x}{3}\Big|_0^{3-\varepsilon}\\&=\lim_{\varepsilon\to0^+}\left[\arcsin\frac{3-\varepsilon}{3}-0\right]=\arcsin1=\frac{\pi}{2}.\end{aligned}$$

所以广义积分 $\int_0^3\frac{\mathrm{d}x}{\sqrt{9-x^2}}$ 收敛, 且收敛于 $\frac{\pi}{2}$.

例 5.5.6 讨论广义积分 $\int_{-1}^0\frac{1}{x}\mathrm{d}x$ 的敛散性.

解 因为

$$\begin{aligned}\int_{-1}^0\frac{1}{x}\mathrm{d}x&=\lim_{\varepsilon\to0^+}\int_{-1}^{-\varepsilon}\frac{1}{x}\mathrm{d}x\\&=\lim_{\varepsilon\to0^+}\ln|x|\Big|_{-1}^{-\varepsilon}=\lim_{\varepsilon\to0^+}\ln|\varepsilon|=-\infty.\end{aligned}$$

故广义积分 $\int_{-1}^0\frac{1}{x}\mathrm{d}x$ 发散.

例 5.5.7 证明: 广义积分 $\int_a^b\frac{\mathrm{d}x}{(x-a)^q}$, 当 $q<1$ 时收敛; 当 $q\geqslant1$ 时发散.

证明　当 $q=1$ 时,

$$\int_a^b \frac{\mathrm{d}x}{x-a}=\lim_{\varepsilon\to 0^+}\int_{a+\varepsilon}^b \frac{1}{x-a}\mathrm{d}x=\lim_{\varepsilon\to 0^+}\ln(x-a)\Big|_{a+\varepsilon}^b=+\infty.$$

当 $q\neq 1$ 时,

$$\int_a^b \frac{\mathrm{d}x}{(x-a)^q}=\lim_{\varepsilon\to 0^+}\int_{a+\varepsilon}^b \frac{1}{(x-a)^q}\mathrm{d}x=\lim_{\varepsilon\to 0^+}\left.\frac{(x-a)^{1-q}}{1-q}\right|_{a+\varepsilon}^b=\begin{cases}\dfrac{(b-a)^{1-q}}{1-q}, & q<1,\\ +\infty, & q>1.\end{cases}$$

因此, 当 $q<1$ 时, 广义积分 $\displaystyle\int_a^b \frac{\mathrm{d}x}{(x-a)^q}$ 收敛, 且收敛于 $\dfrac{(b-a)^{1-q}}{1-q}$; 当 $q\geqslant 1$ 时, 广义积分 $\displaystyle\int_a^b \frac{\mathrm{d}x}{(x-a)^q}$ 发散.

习　题　5.5

1. 判断下列广义积分的敛散性:

(1) $\displaystyle\int_0^{+\infty} \mathrm{e}^{-\sqrt{x}}\mathrm{d}x$;

(2) $\displaystyle\int_0^{+\infty} \frac{\arctan x}{(1+x^2)^{\frac{3}{2}}}\mathrm{d}x$;

(3) $\displaystyle\int_0^{+\infty} \frac{1}{(1+x)(1+x^2)}\mathrm{d}x$;

(4) $\displaystyle\int_{-\infty}^{+\infty} \frac{1}{x^2+2x+2}\mathrm{d}x$;

(5) $\displaystyle\int_0^{+\infty} \mathrm{e}^{-px}\sin\omega x\mathrm{d}x(p>0,\ \omega>0)$;

(6) $\displaystyle\int_{\frac{2}{\pi}}^{+\infty} \frac{1}{x^2}\sin\frac{1}{x}\mathrm{d}x$;

(7) $\displaystyle\int_2^{+\infty} \frac{x\ln x}{(1-x^2)^2}\mathrm{d}x$;

(8) $\displaystyle\int_1^2 \frac{x}{\sqrt{x-1}}\mathrm{d}x$;

(9) $\displaystyle\int_0^1 \frac{3x^2+2}{\sqrt[3]{x^2}}\mathrm{d}x$;

(10) $\displaystyle\int_1^{\mathrm{e}} \frac{1}{x\sqrt{1-\ln^2 x}}\mathrm{d}x$.

2. 计算广义积分 $\displaystyle\int_0^{+\infty} x^n\mathrm{e}^{-x}\mathrm{d}x$.

3. 证明: $\displaystyle\int_0^{+\infty} \frac{1}{1+x^4}\mathrm{d}x=\int_0^{+\infty} \frac{x^2}{1+x^4}\mathrm{d}x=\frac{\pi}{2\sqrt{2}}$.

4. 当 k 为何值时, $\displaystyle\int_2^{+\infty} \frac{1}{x(\ln x)^k}\mathrm{d}x$ 收敛? 当 k 为何值时, 此广义积分发散? 又当 k 为何值时, 此广义积分取得极小值?

*5.6　广义积分的审敛法与 Γ 函数

5.6.1　无穷限的广义积分的审敛法

定理 5.6.1　设函数 $f(x)$ 在无穷区间 $[a,+\infty)$ 上连续, 且 $f(x)\geqslant 0$. 若函数

$F(x)=\int_a^x f(t)\mathrm{d}t$ 在 $[a,+\infty)$ 上有上界, 则广义积分 $\int_a^{+\infty} f(x)\mathrm{d}x$ 收敛.

事实上, 因 $f(x)\geqslant 0$, $F(x)$ 在 $[a,+\infty)$ 上单调增加, 又因 $F(x)$ 在 $[a,+\infty)$ 上有上界, 故 $F(x)$ 在 $[a,+\infty)$ 上是单调有界函数. 由 "单调有界必有极限" 准则可知, 极限 $\lim\limits_{x\to+\infty}\int_a^x f(t)\mathrm{d}t$ 一定存在, 故广义积分 $\int_a^{+\infty} f(x)\mathrm{d}x$ 收敛.

由定理 5.6.1 可知, 对于非负连续函数的无穷限广义积分有以下比较审敛法.

定理 5.6.2(比较审敛法) 若函数 $f(x)$, $g(x)$ 在区间 $[a,+\infty)$ 上连续, 对任意实数 $x\in[a,+\infty)$, $0\leqslant f(x)\leqslant g(x)$, 则有

(1) 若广义积分 $\int_a^{+\infty} g(x)\mathrm{d}x$ 收敛, 则广义积分 $\int_a^{+\infty} f(x)\mathrm{d}x$ 也收敛;

(2) 若广义积分 $\int_a^{+\infty} f(x)\mathrm{d}x$ 发散, 则广义积分 $\int_a^{+\infty} g(x)\mathrm{d}x$ 也发散.

比较判别法有如下推论 (称为**柯西判别法**).

推论 5.6.1 若函数 $f(x)$, $g(x)$ 在区间 $[a,+\infty)$ 上连续, 对任意 $x\in[a,+\infty)$, $|f(x)|\leqslant cg(x)$(c 为正常数), 则有

(1) 若广义积分 $\int_a^{+\infty} g(x)\mathrm{d}x$ 收敛, 则广义积分 $\int_a^{+\infty} f(x)\mathrm{d}x$ 也收敛;

(2) 若广义积分 $\int_a^{+\infty} |f(x)|\mathrm{d}x$ 发散, 则广义积分 $\int_a^{+\infty} g(x)\mathrm{d}x$ 也发散.

例 5.6.1 判定广义积分 $\int_0^{+\infty}\frac{\sin x}{1+x^2}\mathrm{d}x$ 的收敛性.

解 由于 $\left|\frac{\sin x}{1+x^2}\right|\leqslant\frac{1}{1+x^2}$, $x\in[0,+\infty]$, 而 $\int_0^{+\infty}\frac{\mathrm{d}x}{1+x^2}$ 收敛于 $\frac{\pi}{2}$. 由比较审敛法知, $\int_0^{+\infty}\left|\frac{\sin x}{1+x^2}\right|\mathrm{d}x$ 收敛, 再由性质 5.5.2*, 广义积分 $\int_0^{+\infty}\frac{\sin x}{1+x^2}\mathrm{d}x$ 收敛.

例 5.6.2 判定广义积分 $\int_1^{+\infty}\frac{1}{\sqrt[3]{x^4+1}}\mathrm{d}x$ 的收敛性.

解 由于 $0<\frac{1}{\sqrt[3]{x^4+1}}<\frac{1}{\sqrt[3]{x^4}}=\frac{1}{x^{\frac{4}{3}}}$, 而 $\int_0^{+\infty}\frac{1}{x^{\frac{4}{3}}}\mathrm{d}x$ 收敛. 由比较审敛法知, 广义积分 $\int_1^{+\infty}\frac{1}{\sqrt[3]{x^4+1}}\mathrm{d}x$ 收敛.

定理 5.6.3(比较审敛法的极限形式) 若函数 $f(x)$, $g(x)$ 在区间 $[a,+\infty)$ 上连续, 对任意 $x\in[a,+\infty)$, $f(x)\geqslant 0$, $g(x)>0$, $\lim\limits_{x\to+\infty}\frac{f(x)}{g(x)}=l$, 则有

(1) 当 $0<l<+\infty$ 时, 广义积分 $\int_a^{+\infty} g(x)\mathrm{d}x$ 与 $\int_a^{+\infty} f(x)\mathrm{d}x$ 具有相同的敛

散性;

(2) 当 $l=0$ 时, 若广义积分 $\int_a^{+\infty} g(x)\mathrm{d}x$ 收敛, 则广义积分 $\int_a^{+\infty} f(x)\mathrm{d}x$ 也收敛;

(3) 当 $l=+\infty$ 时, 若广义积分 $\int_a^{+\infty} g(x)\mathrm{d}x$ 发散, 则广义积分 $\int_a^{+\infty} f(x)\mathrm{d}x$ 也发散.

例 5.6.3　判定广义积分 $\int_1^{+\infty} \frac{1}{x(1+x^2)}\mathrm{d}x$ 的收敛性.

解　由于 $\lim\limits_{x\to+\infty} x^3\cdot\frac{1}{x(1+x^2)}=1$, 而 $\int_1^{+\infty}\frac{1}{x^3}\mathrm{d}x$ 收敛. 由比较审敛法的极限形式, 广义积分 $\int_1^{+\infty} \frac{1}{x(1+x^2)}\mathrm{d}x$ 收敛.

设函数 $f(x)$ 在区间 $[a,+\infty)$ 上连续, 若广义积分 $\int_a^{+\infty}|f(x)|\,\mathrm{d}x$ 收敛, 由性质 5.5.2*, 广义积分 $\int_a^{+\infty} f(x)\mathrm{d}x$ 也收敛. 此时, 称广义积分 $\int_a^{+\infty} f(x)\mathrm{d}x$ 绝对收敛; 若广义积分 $\int_a^{+\infty}|f(x)|\,\mathrm{d}x$ 发散, 而 $\int_a^{+\infty} f(x)\mathrm{d}x$ 收敛, 则称广义积分 $\int_a^{+\infty} f(x)\mathrm{d}x$ 条件收敛.

例 5.6.4　判定广义积分 $\int_0^{+\infty}\mathrm{e}^{-ax}\sin bx\mathrm{d}x$ 是绝对收敛或是条件收敛, 其中 a, b 为常数, 且 $a>0$.

解　因 $|\mathrm{e}^{-ax}\sin bx|\leqslant\mathrm{e}^{-ax}$, 且 $\int_0^{+\infty}\mathrm{e}^{-ax}\mathrm{d}x$ 收敛. 由比较审敛法知, $\int_0^{+\infty}|\mathrm{e}^{-ax}\sin bx|\mathrm{d}x$ 收敛, 即广义积分 $\int_0^{+\infty}\mathrm{e}^{-ax}\sin bx\mathrm{d}x$ 是绝对收敛.

5.6.2　无界函数的广义积分的审敛法

定理 5.6.4(比较审敛法)　设函数 $f(x)$, $g(x)$ 在区间 $(a,b]$ 上连续, a 为瑕点, 对任意 $x\in(a,b]$, 有 $|f(x)|\leqslant cg(x)$, c 为正常数. 则

(1) 若广义积分 $\int_a^b g(x)\mathrm{d}x$ 收敛, 则广义积分 $\int_a^b |f(x)|\,\mathrm{d}x$ 也收敛, 从而广义积分 $\int_a^b f(x)\mathrm{d}x$ 收敛;

(2) 若广义积分 $\int_a^b |f(x)|\,\mathrm{d}x$ 发散, 则广义积分 $\int_a^b g(x)\mathrm{d}x$ 也发散.

对 $[a,b)$ 上的广义积分有类似的敛审法.

例 5.6.5　判定广义积分 $\int_0^1\frac{1}{\sqrt{x}}\sin\frac{1}{x}\mathrm{d}x$ 的收敛性.

解 因 $\left|\frac{1}{\sqrt{x}}\sin\frac{1}{x}\right| \leqslant \frac{1}{\sqrt{x}}$, 又由例 5.5.7 知, $\int_0^1 \frac{1}{\sqrt{x}}\mathrm{d}x$ 收敛. 根据比较审敛法, 广义积分 $\int_0^1 \left|\frac{1}{\sqrt{x}}\sin\frac{1}{x}\right|\mathrm{d}x$ 收敛, 从而广义积分 $\int_0^1 \frac{1}{\sqrt{x}}\sin\frac{1}{x}\mathrm{d}x$ 收敛.

5.6.3 Γ 函数

称函数

$$\Gamma(s) = \int_0^{+\infty} \mathrm{e}^{-x}x^{s-1}\mathrm{d}x(s > 0)$$

为 Γ 函数.

对于积分 $\int_0^{+\infty} \mathrm{e}^{-x}x^{s-1}\mathrm{d}x$, 当 $s-1<0$ 时 $x=0$ 为被积函数的瑕点. 为此, 分别讨论下列两个积分

$$I_1 = \int_0^1 \mathrm{e}^{-x}x^{s-1}\mathrm{d}x, \quad I_2 = \int_1^{+\infty} \mathrm{e}^{-x}x^{s-1}\mathrm{d}x$$

的收敛性.

先讨论 I_1, 当 $s \geqslant 1$ 时, I_1 是定积分; 当 $0<s<1$ 时, 因为

$$\mathrm{e}^{-x}x^{s-1} = \frac{1}{x^{1-s}\mathrm{e}^x} < \frac{1}{x^{1-s}},$$

而 $1-s<1$, 由例 5.5.7 知, $\int_0^1 \frac{1}{x^{1-s}}\mathrm{d}x$ 收敛. 根据比较审敛法, 广义积分 I_1 收敛.

再讨论 I_2, 因为

$$\lim_{x\to+\infty} x^2(\mathrm{e}^{-x}x^{s-1}) = \lim_{x\to+\infty}\frac{x^{s+1}}{\mathrm{e}^x} = 0,$$

且 $\int_1^{+\infty}\frac{1}{x^2}\mathrm{d}x$ 收敛. 由比较审敛法的极限形式, 广义积分 I_2 也收敛.

这样, 对一切 $s>0$, 广义积分 $\int_0^{+\infty} \mathrm{e}^{-x}x^{s-1}\mathrm{d}x$ 都收敛.

Γ 函数有如下重要性质:

1. **递推公式** $\Gamma(s+1) = s\Gamma(s)(s>0)$.

证明 $\Gamma(s+1) = \int_0^{+\infty} \mathrm{e}^{-x}x^s\mathrm{d}x = -\int_0^{+\infty} x^s\mathrm{d}(\mathrm{e}^{-x})$

$$= -x^s\mathrm{e}^{-x}\big|_0^{+\infty} + \int_0^{+\infty}\mathrm{e}^{-x}\mathrm{d}(x^s) = s\int_0^{+\infty}\mathrm{e}^{-x}x^{s-1}\mathrm{d}t = s\Gamma(s).$$

特别地, 当 s 为正整数 n 时, 有

$$\Gamma(n+1) = n\Gamma(n) = n(n-1)\Gamma(n-1) = \cdots = n(n-1)(n-2)\cdots 2\cdot 1\cdot\Gamma(1) = n!\Gamma(1),$$

而 $\Gamma(1)=\int_0^{+\infty}\mathrm{e}^{-t}\mathrm{d}t=1$. 因此, $\Gamma(n+1)=n!$.

2. 当 $x\to 0^+$ 时 $\Gamma(s)\to+\infty$.

3. $\Gamma(s)\Gamma(1-s)=\dfrac{\pi}{\sin\pi s}$, 其中 $0<s<1$.

4. 在 $\Gamma(s)=\int_0^{+\infty}\mathrm{e}^{-x}x^{s-1}\mathrm{d}x$ 中作代换 $x=u^2$ 有 $\Gamma(s)=2\int_0^{+\infty}\mathrm{e}^{-u^2}u^{2s-1}\mathrm{d}u$, 再令 $t=2s-1$ 得 $\int_0^{+\infty}\mathrm{e}^{-u^2}u^t\mathrm{d}u=\dfrac{1}{2}\Gamma\left(\dfrac{1+t}{2}\right)(t>-1)$.

习　题　5.6

1. 判别下列广义积分的敛散性:

(1) $\int_1^{+\infty}\mathrm{e}^{-x^2}\mathrm{d}x$;

(2) $\int_0^{+\infty}\dfrac{\mathrm{d}x}{1+x|\sin x|}$;

(3) $\int_1^{+\infty}\dfrac{\mathrm{d}x}{x\sqrt{1+x^2}}$;

(4) $\int_1^{+\infty}\dfrac{\sqrt{x}\arctan x}{\sqrt[3]{x^4+1}}\mathrm{d}x$;

(5) $\int_1^{+\infty}\dfrac{x^{\frac{3}{2}}}{1+x^2}\mathrm{d}x$;

(6) $\int_1^{2}\dfrac{1}{(\ln x)^3}\mathrm{d}x$;

(7) $\int_0^{1}\dfrac{x^4}{\sqrt{1-x^4}}\mathrm{d}x$;

(8) $\int_0^{1}\dfrac{\mathrm{d}x}{\sqrt{(1-x^2)(1-k^2x^2)}}$(其中 $k^2<1$, 椭圆积分).

2. 用 Γ 函数表示积分 $\int_1^{+\infty}x\mathrm{e}^{-x^2+2x}\mathrm{d}x$.

3. 证明: $\Gamma\left(\dfrac{2k+1}{2}\right)=\dfrac{1\cdot3\cdot5\cdots(2k-1)\sqrt{\pi}}{2^k}$, 其中 $k\in N^+$.

总 习 题 5

1. 选择题:

(1) 将和式的极限 $\lim\limits_{n\to\infty}\dfrac{1^p+2^p+3^p+\cdots+n^p}{n^{p+1}}(p>0)$ 表示成定积分 (　　).

A. $\int_0^1\dfrac{1}{x}\mathrm{d}x$.　　B. $\int_0^1 x^p\mathrm{d}x$.　　C. $\int_0^1\left(\dfrac{1}{x}\right)^p\mathrm{d}x$.　　D. $\int_0^1\left(\dfrac{x}{n}\right)^p\mathrm{d}x$.

(2) 设 $a=\int_0^1\dfrac{x}{\sqrt{1+x^3}}\mathrm{d}x$, $b=\int_0^1\dfrac{x^2}{\sqrt{1+x^3}}\mathrm{d}x$, 则 a, b 的大小关系为 (　　).

A. $a<b$.　　B. $a>b$.　　C. $a=b$.　　D. 无法比较.

(3) 下列关于定积分的说法正确的是 (　　).

A. 函数 $f(x)$ 在 $[a,b]$ 有界, 则 $f(x)$ 在 $[a,b]$ 一定可积.

B. 函数 $f(x)$ 在 $[a,b]$ 可积, 则 $f(x)$ 在 $[a,b]$ 一定有界.

C. 函数 $f(x)$ 在 $[a,b]$ 可积, 则 $f(x)$ 在 $[a,b]$ 不一定有界.

D. 函数 $f(x)$ 在 $[a,b]$ 无界, 则 $f(x)$ 在 $[a,b]$ 可能可积.

(4) 设 $f(x)=\begin{cases}1, & x>0,\\ 0, & x=0,\\ -1, & x<0,\end{cases}$ $F(x)=\int_0^x f(t)\mathrm{d}t$, 则 (　　).

A. $F(x)$ 在 $x=0$ 点不连续.

B. $F(x)$ 在 $(-\infty,+\infty)$ 内连续, 在 $x=0$ 点不可导.

C. $F(x)$ 在 $(-\infty,+\infty)$ 内可导, 且满足 $F'(x)=f(x)$.

D. $F(x)$ 在 $(-\infty,+\infty)$ 内可导, 但不一定满足 $F'(x)=f(x)$.

(5) 极限 $\lim\limits_{x\to 0}\dfrac{\int_0^x t\sin t\mathrm{d}t}{\int_0^x t^2\mathrm{d}t}=$ (　　).

A. -1.　　B. 0.　　C. 1.　　D. 2.

(6) 设在区间 $[a,b]$ 上 $f(x)>0$, $f'(x)<0$, $f''(x)>0$. 令 $s_1=\int_a^b f(x)\mathrm{d}x$, $s_2=f(b)(b-a)$, $s_3=\dfrac{1}{2}[f(a)+f(b)](b-a)$, 则 (　　).

A. $s_1<s_2<s_3$.　　B. $s_2<s_1<s_3$.　　C. $s_3<s_1<s_2$.　　D. $s_2<s_3<s_1$.

(7) 广义积分 $\int_0^2\dfrac{1}{1-x^2}\mathrm{d}x$ 的奇点的是 (　　).

A. 0.　　B. 1.　　C. 2.　　D. ±1.

(8) 关于广义积分 $\int_1^{+\infty}\dfrac{\mathrm{d}x}{x^p}$ 的收敛性, 下列结论不正确的是 (　　).

A. 当 $p>1$ 时一定收敛　　B. 当 $p\geqslant 1$ 时一定收敛

C. 当 $p<1$ 时一定发散　　D. 当 $p\leqslant 1$ 时一定发散

2. 填空题.

(1) 函数 $f(x)$ 在闭区间 $[a,b]$ 上可导是 $f(x)$ 在闭区间 $[a,b]$ 上可积的__________条件.

(2) $\int_a^x f'(2t)\mathrm{d}t=$__________.

(3) 已知 $y=\int_x^{\sqrt{x}}\cos t^2\mathrm{d}t$, 则 $\dfrac{\mathrm{d}y}{\mathrm{d}x}=$__________.

(4) 设 $\int_0^2 f(x)\mathrm{d}x=1$, $f(2)=2$, 则 $\int_0^1 xf'(2x)\mathrm{d}x=$__________.

(5) 函数 $F(x)=\int_1^x\left(2-\dfrac{1}{\sqrt{t}}\right)\mathrm{d}t(x>0)$ 的单调减少区间为__________.

3. 求下列极限:

(1) $\lim\limits_{x\to+\infty}\dfrac{\mathrm{e}^{-x^2}}{x}\displaystyle\int_0^x t^2\mathrm{e}^{t^2}\mathrm{d}t$;　(2) $\lim\limits_{x\to+\infty}\dfrac{\displaystyle\int_0^x(\arctan t)^2\mathrm{d}t}{\sqrt{x^2+1}}$;　(3) $\lim\limits_{n\to+\infty}\ln\dfrac{\sqrt[n]{n!}}{n}$.

4. 设 $x\geqslant 1$, 求 $\displaystyle\int_{-1}^x(1-|t|)\mathrm{d}t$.

5. 设 $f(x)=\displaystyle\int_1^x\frac{\ln(1+t)}{t}\mathrm{d}t$, 证明: $f(x)+f\left(\dfrac{1}{x}\right)=\dfrac{\ln^2 x}{2}$.

6. 已知 $f(\pi)=1$, 且 $\displaystyle\int_0^\pi[f(x)+f'(x)]\sin x\mathrm{d}x=3$, 求 $f(0)$.

7. 设 $f(x)$ 可导, 且满足 $f(x)=x+\displaystyle\int_0^x tf'(x-t)\mathrm{d}t$, 求 $f(x)$.

8. 求下列定积分:

(1) $\displaystyle\int_{-1}^1(x+|x|)^2\mathrm{d}x$;

(2) $\displaystyle\int_0^1\frac{x^2-1}{x^2+1}\mathrm{d}x$;

(3) $\displaystyle\int_1^{\mathrm{e}}x\ln x\mathrm{d}x$;

(4) $\displaystyle\int_1^2\frac{1}{x\sqrt{1+\ln x}}\mathrm{d}x$;

(5) $\displaystyle\int_{-\frac{\pi}{2}}^{\frac{\pi}{2}}\sqrt{\cos x-\cos^3 x}\mathrm{d}x$;

(6) $\displaystyle\int_1^8\frac{1}{\sqrt{x}(1+\sqrt[3]{x})}\mathrm{d}x$;

(7) $\displaystyle\int_1^2\frac{1}{x^2}(\ln x)^2\mathrm{d}x$;

(8) $\displaystyle\int_0^{\frac{\pi}{4}}\ln(1+\tan x)\mathrm{d}x$;

(9) $\displaystyle\int_1^2\frac{1}{\sqrt{(x-1)(2-x)}}\mathrm{d}x$;

(10) $\displaystyle\int_0^{\frac{\pi}{2}}\frac{1}{1+\cos^2 x}\mathrm{d}x$;

(11) $\displaystyle\int_1^{+\infty}\frac{\mathrm{d}x}{x\sqrt{1+x^2}}$;

(12) $\displaystyle\int_0^1\ln x\mathrm{d}x$;

(13) $\displaystyle\int_0^\pi\frac{1}{\sqrt{\sin x}}\mathrm{d}x$;

(14) $\displaystyle\int_0^1\frac{x^n}{\sqrt{1-x^2}}\mathrm{d}x$.

9. 设 $f(x)=\displaystyle\int_{-x}^{\sin x}\arctan(1+t^2)\mathrm{d}t$, 求 $f'(0)$.

10. 设 $f(x)$ 连续, $\varphi(x)=\displaystyle\int_0^1 f(xt)\mathrm{d}t$, 且 $\lim\limits_{x\to 0}\dfrac{f(x)}{x}=A$($A$ 为常数), 求 $\varphi'(x)$, 并讨论 $\varphi'(x)$ 在 $x=0$ 处的连续性.

11. 设 $f(x)$ 在 $[a,b]$ 上连续且单调增加, 证明: 不等式 $\displaystyle\int_a^b xf(x)\mathrm{d}x\geqslant\frac{a+b}{2}\int_a^b f(x)\mathrm{d}x$.

第 6 章　定积分的应用

本章将应用第 5 章学过的定积分理论与方法来分析和解决几何、物理学中的一些问题. 其目的不仅在于建立这些应用理论的公式, 更重要的是介绍如何运用微元法来解决实际问题。

6.1　定积分的微元法

定积分是求某种总量的数学模型, 它在几何、物理学等方面有着广泛的应用. 因此, 在学习的过程中, 我们不仅需要掌握计算某些实际问题的公式, 更重要的还在于要深刻领会用定积分解决实际问题的基本思想和方法——**微元法**.

定积分的所有应用问题, 一般可按 “分割、求和、取极限” 三个步骤把所求量表示为定积分的形式, 为更好地说明这种方法, 我们先来回顾第 5 章讨论过的曲边梯形面积的问题.

设一曲边梯形由连续曲线 $y=f(x)(f(x)\geqslant 0)$, 直线 $x=a$, $x=b$ 及 x 轴所围成, 试求其面积 A.

(1) **分割**　用任意 $n-1$ 个分点把区间 $[a,b]$ 分成长度为 $\Delta x_i(i=1,2,\cdots,n)$ 的 n 个小区间, 相应地把曲边梯形分成 n 个小曲边梯形, 记第 i 个小曲边梯形的面积为 ΔA_i. 则

$$\Delta A_i\approx f(\xi_i)\Delta x_i,\xi_i\in[x_{i-1},x_i]. \tag{6.1}$$

(2) **求和**　面积 A 的近似值

$$A=\sum_{i=1}^{n}\Delta A_i\approx\sum_{i=1}^{n}f(\xi_i)\Delta x_i. \tag{6.2}$$

(3) **求极限**　面积 A 的精确值

$$A=\lim_{\lambda\to 0}\sum_{i=1}^{n}f(\xi_i)\Delta x_i=\int_a^b f(x)\mathrm{d}x, \tag{6.3}$$

其中 $\lambda=\max\{\Delta x_1,\Delta x_2,\cdots,\Delta x_n\}$.

由上述过程可见, 当把区间 $[a,b]$ 分成 n 个小区间时, 所求量 (面积 A) 也被相应地分成 n 个小曲边梯形的面积 (**部分量**), 而所求量等于各部分量之和, 即

$A=\sum\limits_{i=1}^{n}\Delta A_i$. 这一性质称为所求量对区间 $[a,b]$ 具有**可加性**. 此外, 以 $f(\xi_i)\Delta x_i$ 近似代替部分量 ΔA_i 时, 其误差是比 Δx_i 高阶的无穷小. 这两点保证了求和、取极限后能得到所求量的精确值.

在实际应用中, 为简便起见可略去其下标, 简化为:

(1) **分割** 在区间 $[a,b]$ 上任取一个小区间 $[x,x+\mathrm{d}x]$(**微元区间**), 用 ΔA 表示 $[x,x+\mathrm{d}x]$ 上的小曲边梯形的面积. 于是, 所求面积

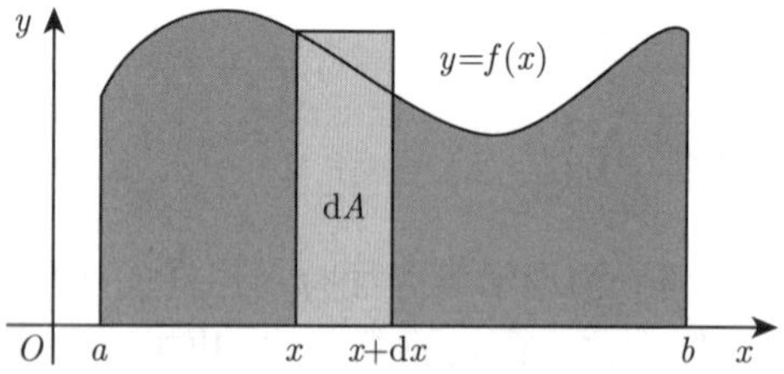

图 6.1

$$A=\sum\Delta A.$$

取 $[x,x+\mathrm{d}x]$ 的左端点 x 为 ξ, 以点 x 处的函数值 $f(x)$ 为高, $\mathrm{d}x$ 为底的小矩形的面积 $f(x)\mathrm{d}x$ (**面积微元**, 记为 $\mathrm{d}A$) 作为 ΔA 的近似值 (图 6.1), 即

$$\Delta A\approx \mathrm{d}A=f(x)\mathrm{d}x. \tag{6.4}$$

(2) **求和** 面积 A 的近似值

$$A\approx\sum\mathrm{d}A=\sum f(x)\mathrm{d}x. \tag{6.5}$$

(3) **求极限** 面积 A 的精确值

$$A=\lim\sum f(x)\mathrm{d}x=\int_a^b f(x)\mathrm{d}x. \tag{6.6}$$

一般地, 如果所求量 U 是与一个变量 x 的变化区间 $[a,b]$ 有关的量, U 对区间 $[a,b]$ 具有可加性, 且部分量 ΔU_i 的近似值可表示为 $f(\xi_i)\Delta x_i$, 那么就可考虑用定积分来表达所求量 U. 其主要步骤如下.

(1) 根据具体问题, 选取一个积分变量. 例如选 x 为积分变量, 并确定它的变化区间 $[a,b]$. 任取一微元区间 $[x,x+\mathrm{d}x]\subset[a,b]$, 求出相应于这个微元区间上的部分量 ΔU 的近似值, 即所求量 U 的**微元**

$$\mathrm{d}U=f(x)\mathrm{d}x.$$

(2) 根据 $\mathrm{d}U=f(x)\mathrm{d}x$, 写出表示所求量 U

$$U=\int_a^b f(x)\mathrm{d}x.$$

这个方法称为**微元法**. 下面我们利用微元法来解决几何、物理中的一些问题.

6.2 定积分在几何学上的应用

6.2.1 平面图形的面积

1. 直角坐标系下平面图形的面积

由定积分的几何意义, 当 $f(x) \geqslant 0$ 时, 由曲线 $y=f(x)$, 直线 $x=a$, $x=b$ 及 x 轴所围成的平面图形 (图 6.2) 的面积为

$$A=\int_a^b f(x)\mathrm{d}x,$$

其中被积表达式 $f(x)\mathrm{d}x$ 就是面积微元 $\mathrm{d}A$, 即 $\mathrm{d}A=f(x)\mathrm{d}x$, 它表示高为 $f(x)$, 底为 $\mathrm{d}x$ 的一个矩形面积.

一般地, 设平面图形由曲线 $y=f(x)$, $y=g(x)(g(x)\leqslant f(x), x\in[a,b])$ 及直线 $x=a$, $x=b$ 所围成 (图 6.3).

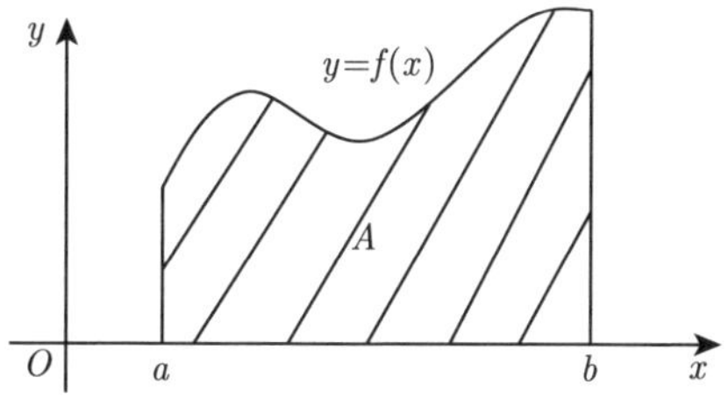

图 6.2

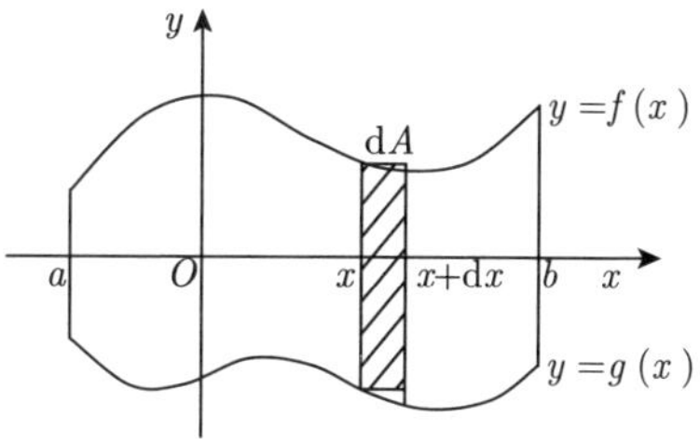

图 6.3

选 x 为积分变量, $x\in[a,b]$, 任取微元区间 $[x,x+\mathrm{d}x]\subset[a,b]$, 其面积微元

$$\mathrm{d}A=[f(x)-g(x)]\mathrm{d}x.$$

因此, 所求平面图形的面积为

$$A=\int_a^b [f(x)-g(x)]\mathrm{d}x.$$

类似地, 设平面图形由曲线 $x=\varphi(y)$, $x=\psi(y)(\varphi(y)\leqslant\psi(y), y\in[c,d])$ 及直线 $y=c$, $y=d$ 所围成 (图 6.4).

选 y 为积分变量, $y\in[c,d]$, 任取微元区间 $[y,y+\mathrm{d}y]\subset[c,d]$, 其面积微元

$$\mathrm{d}A=[\psi(y)-\varphi(y)]\mathrm{d}y.$$

因此, 所求平面图形的面积为

$$A=\int_c^d [\psi(y)-\varphi(y)]\mathrm{d}y.$$

例 6.2.1　求由曲线 $y=x^2$ 与 $y=x$ 所围成的图形的面积 (图 6.5).

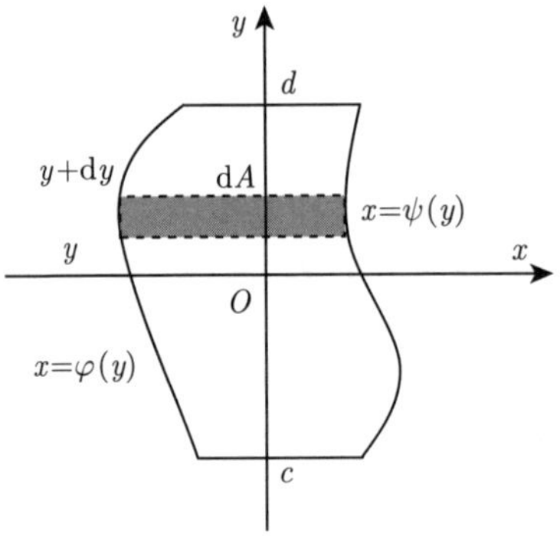

图 6.4

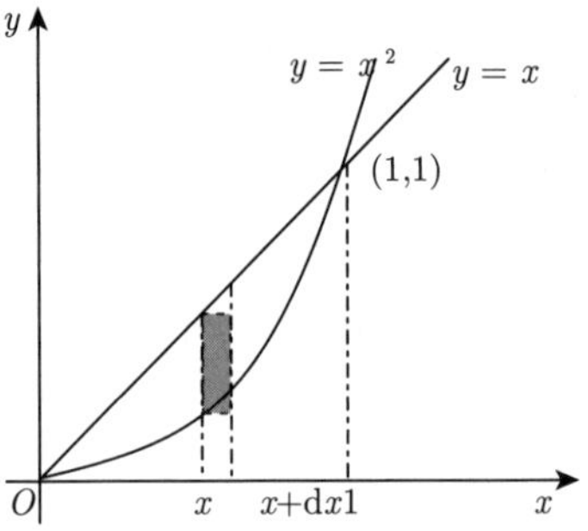

图 6.5

解　由 $\begin{cases} y=x^2, \\ y=x, \end{cases}$ 得交点 $(0,0)$, $(1,1)$.

选 x 为积分变量, $x\in[0,1]$, 任取微元区间 $[x,x+\mathrm{d}x]\subset[0,1]$, 其面积微元

$$\mathrm{d}A=(x-x^2)\mathrm{d}x.$$

因此, 所求平面图形的面积为

$$A=\int_0^1(x-x^2)\mathrm{d}x=\left[\frac{1}{2}x^2-\frac{x^3}{3}\right]_0^1=\frac{1}{6}.$$

例 6.2.2　求由曲线 $y=x^2$ 与 $y=2x+3$ 所围成的图形的面积 (图 6.6).

解　由 $\begin{cases} y=x^2, \\ y=2x+3, \end{cases}$ 得交点 $(-1,1)$, $(3,9)$.

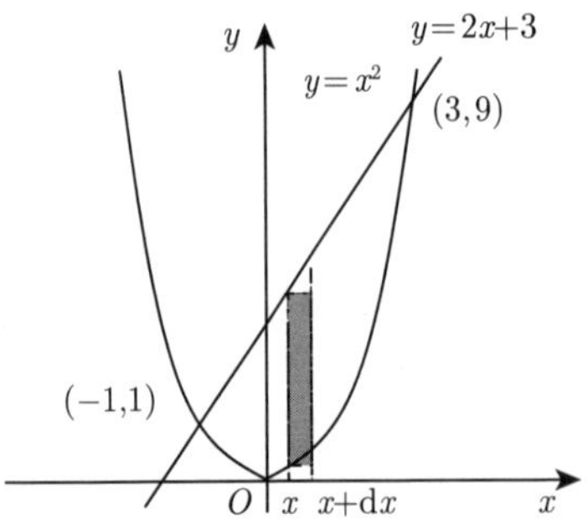

图 6.6

方法一　选 x 为积分变量, $x\in[-1,3]$, 任取微元区间 $[x,x+\mathrm{d}x]\subset[-1,3]$, 其面积微元

$$\mathrm{d}A=(2x+3-x^2)\mathrm{d}x.$$

因此, 所求平面图形的面积为

$$A=\int_{-1}^3(2x+3-x^2)\mathrm{d}x$$
$$=\left(x^2+3x-\frac{x^3}{3}\right)\Bigg|_{-1}^3=\frac{32}{3}.$$

方法二　选 y 为积分变量, 图形被分为两个部分. 当 $y\in[0,1]$ 时, 取任取微元区间 $[y,y+\mathrm{d}y]\subset[0,1]$, 其面积微元 $\mathrm{d}A=2\sqrt{y}\mathrm{d}y$; 当 $y\in[1,9]$ 时, 取任取微元区间

$[y, y+\mathrm{d}y] \subset [1,9]$, 其面积微元 $\mathrm{d}A = \left(\sqrt{y} - \dfrac{y-3}{2}\right)\mathrm{d}y$.

因此, 所求平面图形的面积为

$$A = 2\int_0^1 \sqrt{y}\mathrm{d}y + \int_1^9 \left(\sqrt{y} - \frac{y-3}{2}\right)\mathrm{d}y = \frac{32}{3}.$$

由此题可以看出, 适当选取积分变量可使计算更方便.

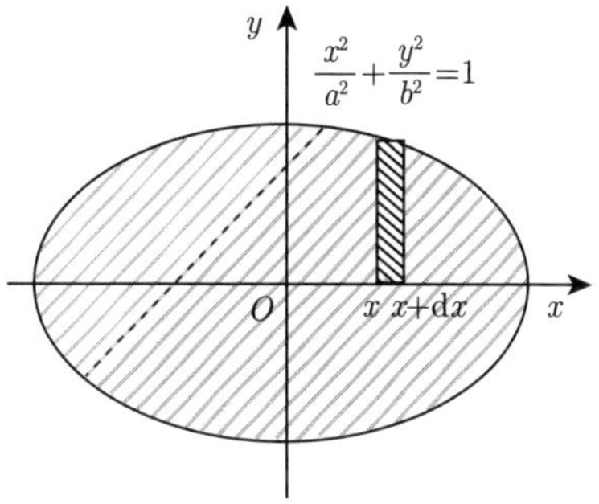

图 6.7

例 6.2.3 求椭圆 $\dfrac{x^2}{a^2} + \dfrac{y^2}{b^2} = 1$ 所围成的图形的面积 (图 6.7).

解 因为图形关于 x 轴、y 轴对称, 所以椭圆所围成的图形的面积是它在第一象限部分的面积的 4 倍, 即

$$A = 4\int_0^a y\mathrm{d}x.$$

利用椭圆的参数方程

$$\begin{cases} x = a\cos t, \\ y = b\sin t, \end{cases}$$

来计算该定积分. 当 x 由 0 变到 a 时, t 由 $\dfrac{\pi}{2}$ 变到 0, 因此

$$A = 4\int_0^a y\mathrm{d}x = 4\int_{\frac{\pi}{2}}^0 b\sin t(-a\sin t)\mathrm{d}t = 4ab\int_0^{\frac{\pi}{2}} \sin^2 t\mathrm{d}t = \pi ab.$$

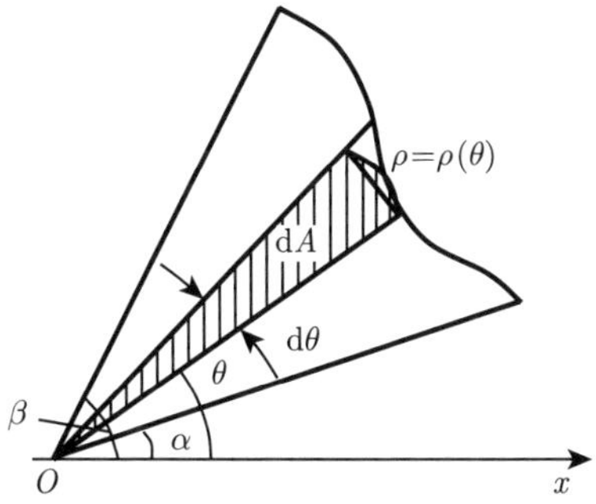

图 6.8

2. 极坐标系下平面图形的面积

设曲线的方程由极坐标形式给出

$$\rho = \rho(\theta)(\alpha \leqslant \theta \leqslant \beta).$$

现在要求由曲线 $\rho = \rho(\theta)$, 射线 $\theta = \alpha$ 和 $\theta = \beta$ 所围成的**曲边扇形**的面积 A(图 6.8).

选 θ 为积分变量, 其变化范围为 $[\alpha, \beta]$. 任取一个微元区间 $[\theta, \theta+\mathrm{d}\theta] \subset [\alpha, \beta]$, 则相应于微元区间 $[\theta, \theta+\mathrm{d}\theta]$ 的小曲边扇形的面积可以利用半径为 $\rho = \rho(\theta)$、中心角为 $\mathrm{d}\theta$ 的扇形的面积来近似代替, 从而曲边扇形的面积微元为

$$\mathrm{d}A = \frac{1}{2}[\rho(\theta)]^2\mathrm{d}\theta.$$

因此, 所求曲边扇形的面积为

$$A=\frac{1}{2}\int_{\alpha}^{\beta}[\rho(\theta)]^2\mathrm{d}\theta.$$

例 6.2.4　求心形线 $\rho=a(1+\cos\theta)$ 所围成的图形的面积 $(a>0)$.

解　心形线所围成的图形的面积微元为 (图 6.9)

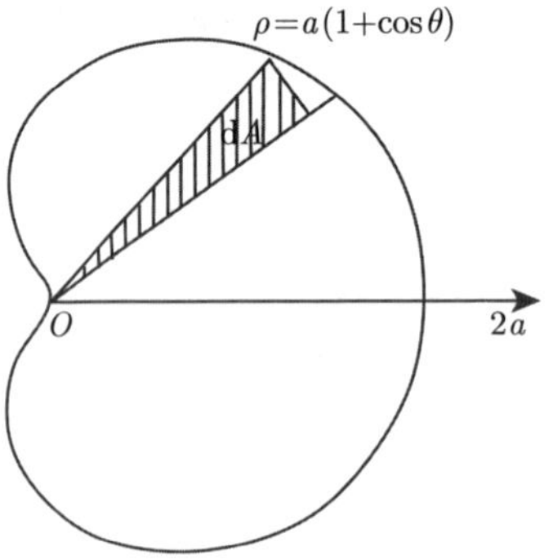

图 6.9

$$\mathrm{d}A=\frac{1}{2}a^2(1+\cos\theta)^2\mathrm{d}\theta.$$

利用图形的对称性, 得

$$\begin{aligned}A=&2\int_0^{\pi}\mathrm{d}A=a^2\int_0^{\pi}(1+\cos\theta)^2\mathrm{d}\theta\\=&a^2\int_0^{\pi}(1+2\cos\theta+\cos^2\theta)\mathrm{d}\theta\\=&a^2\int_0^{\pi}\left(\frac{3}{2}+2\cos\theta+\frac{1}{2}\cos2\theta\right)\mathrm{d}\theta\\=&a^2\left(\frac{3}{2}\theta+2\sin\theta+\frac{1}{4}\sin2\theta\right)\bigg|_0^{\pi}=\frac{3}{2}\pi a^2.\end{aligned}$$

6.2.2　体积

1. *旋转体的体积*

一平面图形绕该平面内一条定直线旋转一周而成的立体称为**旋转体**, 这条定直线称为**旋转轴**. 例如, 圆柱可视为由矩形绕它的一条边旋转一周而成的立体, 圆锥可视为直角三角形绕它的一条直角边旋转一周而成的立体, 而球体可视为半圆绕它的直径旋转一周而成的立体.

下面我们主要考虑以 x 轴和 y 轴为旋转轴的旋转体, 并利用微元法来推导旋转体的体积公式.

设旋转体是由连续曲线 $y=f(x)\geqslant0$, 直线 $x=a$、$x=b$ 及 x 轴所围平面图形绕 x 轴旋转而成的. 下面我们来求该旋转体的体积 V.

选 x 为积分变量, 其变化区间为 $[a,b]$, 任取微元区间 $[x,x+\mathrm{d}x]\subset[a,b]$, 相应于 $[x,x+\mathrm{d}x]$ 的窄曲边梯形绕 x 轴旋转而成的立体的体积近似于以 $f(x)$ 为底半径、$\mathrm{d}x$ 为高的扁圆柱体的体积 (图 6.10), 即体积微元为

$$\mathrm{d}V=\pi[f(x)]^2\mathrm{d}x,$$

因此, 所求旋转体的体积为

$$V=\pi\int_a^b[f(x)]^2\mathrm{d}x.$$

类似地, 由连续曲线 $x = g(y)$, 直线 $y = c$、$y = d(c < d)$ 及 y 轴所围平面图形绕 y 轴旋转而成的 (图 6.11) 旋转体的体积为

$$V = \pi \int_c^d [g(y)]^2 \mathrm{d}y.$$

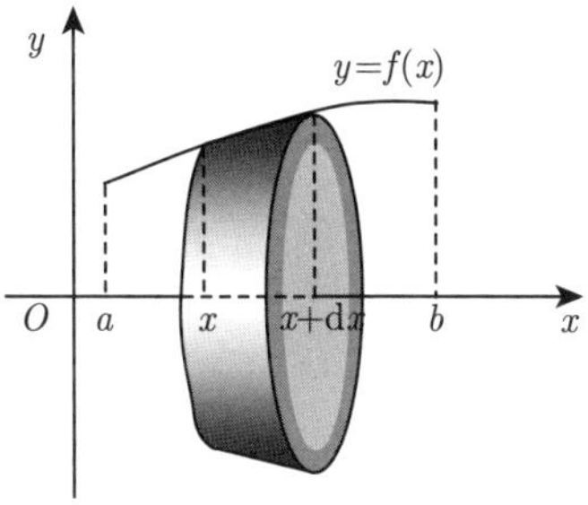

图 6.10

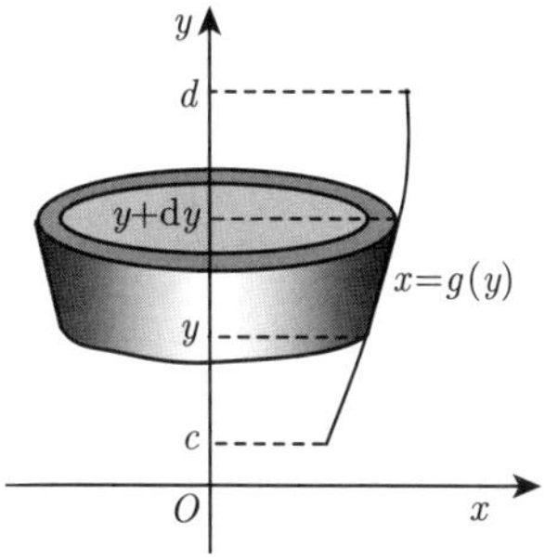

图 6.11

例 6.2.5 求由曲线 $y = x^3$, 直线 $x = 1$, $y = 0$ 所围成的平面图形 (图 6.12) 分别绕 x 轴和 y 轴旋转一周所成的旋转体的体积.

解 该平面图形绕 x 轴旋转一周所成的旋转体的体积为

$$V_x = \pi \int_0^1 (x^3)^2 \mathrm{d}x = \frac{1}{7}\pi.$$

绕 y 轴旋转一周所成的旋转体的体积为

$$V_y = \pi \int_0^1 1^2 \mathrm{d}y - \pi \int_0^1 (\sqrt[3]{y})^2 \mathrm{d}y = \frac{2}{5}\pi.$$

例 6.2.6 求圆 $(x-a)^2 + y^2 = b^2 (a > b > 0)$ 分别绕 x 轴和 y 轴旋转一周所成的旋转体的体积 (图 6.13).

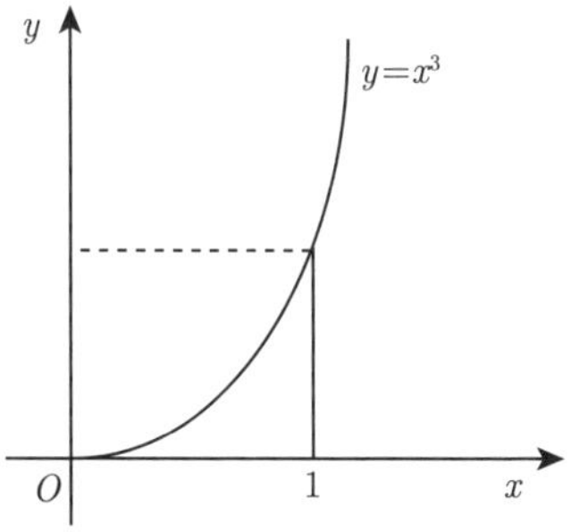

图 6.12

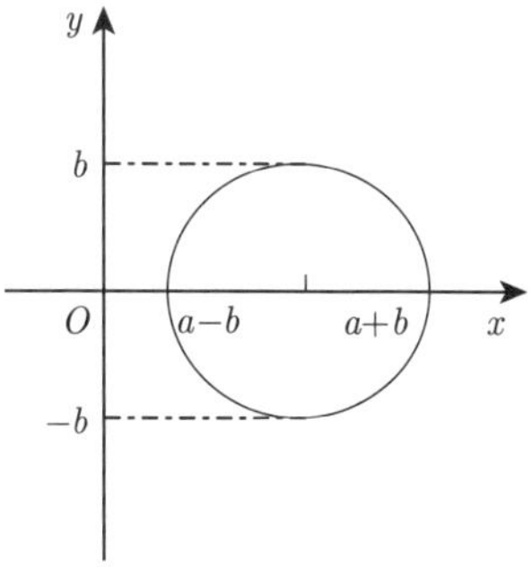

图 6.13

解　该平面图形绕 x 轴旋转一周所成的旋转体的体积为

$$V_x = \pi \int_{a-b}^{a+b} [b^2 - (x-a)^2] \mathrm{d}x = \frac{4}{3}\pi b^3.$$

绕 y 轴旋转一周所成的旋转体的体积为

$$\begin{aligned} V_y =& \pi \int_{-b}^{b} \left[(a + \sqrt{b^2 - y^2})^2 - (a - \sqrt{b^2 - y^2})^2 \right] \mathrm{d}y \\ =& 4a\pi \int_{-b}^{b} \sqrt{b^2 - y^2} \mathrm{d}y = 2\pi^2 ab^2. \end{aligned}$$

2. 平行截面面积为已知的立体的体积

如果一个立体不是旋转体, 但却知道该立体上垂直于一定直线的各个截面的面积, 那么, 这个立体的体积也可用定积分来计算.

如图 6.14 所示, 取定直线为 x 轴, 并设该立体在过点 $x=a$、$x=b$ 且垂直于 x 轴的两平面之间, 以 $A(x)$ 表示过点 x 且垂直于 x 轴的截面面积. 这里假定 $A(x)$ 是 x 的已知连续函数, 取 x 为积分变量, 它的变化区间为 $[a,b]$, 任取一微元区间 $[x, x+\mathrm{d}x] \subset [a,b]$, 相应于该微元区间的立体的体积近似于底面积为 $A(x)$, 高为 $\mathrm{d}x$ 的扁平圆柱体的体积, 即体积微元

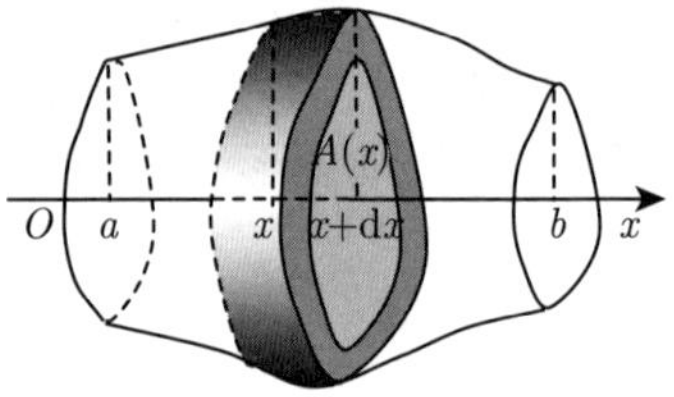

图 6.14

$$\mathrm{d}V = A(x)\mathrm{d}x.$$

从而, 所求立体的体积为

$$V = \int_a^b A(x)\mathrm{d}x.$$

例 6.2.7　以过半径为 R 的圆柱底面中心, 并与底面成 α 角的平面来截圆柱体, 求截得的立体的体积.

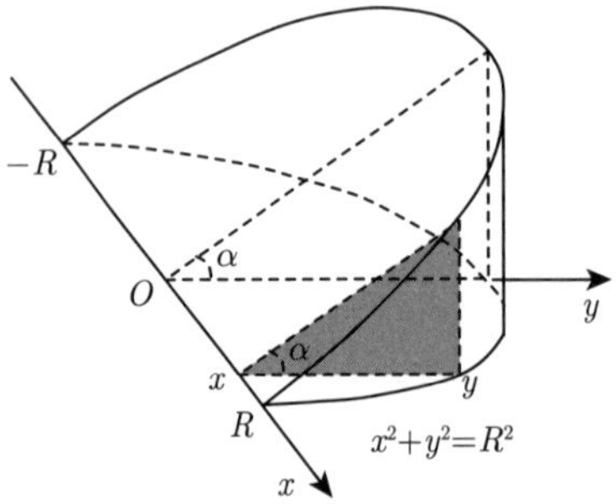

图 6.15

解　如图 6.15 建立坐标系, 用过 x 轴上任意一点 x 且垂直于 x 轴的平面去截立体, 截得的截面面积为

$$\begin{aligned} A(x) =& \frac{1}{2}\sqrt{R^2 - x^2} \cdot \sqrt{R^2 - x^2} \tan\alpha \\ =& \frac{1}{2}\tan\alpha \cdot (R^2 - x^2)(-R \leqslant x \leqslant R). \end{aligned}$$

因此, 该立体的体积为

$$
\begin{aligned}
V &= \int_{-R}^{R} A(x)\mathrm{d}x = \frac{1}{2}\tan\alpha\int_{-R}^{R}(R^2 - x^2)\mathrm{d}x \\
&= \frac{2}{3}R^3\tan\alpha.
\end{aligned}
$$

6.2.3　平面曲线的弧长

我们知道, 圆的周长可以利用圆的内接正多边形的周长来近似获得, 当内接正多边形的边数无限增多时, 内接正多边形的周长无限接近于圆的周长.

设 A、B 是曲线弧的两个端点, 在弧 $\overset{\frown}{AB}$ 上依次任取分点

$$A = M_0, M_1, M_2, \cdots, M_{i-1}, M_i, \cdots, M_n = B,$$

依次连接相邻分点得一折线 (图 6.16). 当分点的数目无限增加且每一个小段 $\overset{\frown}{M_{i-1}M_i}$ 都缩向一点时, 如果此折线长 $\sum\limits_{i=1}^{n}|M_{i-1}M_i|$ 的极限存在, 则称此极限为曲线弧 $\overset{\frown}{AB}$ 的弧长, 并称此曲线弧 $\overset{\frown}{AB}$ 是可求长的.

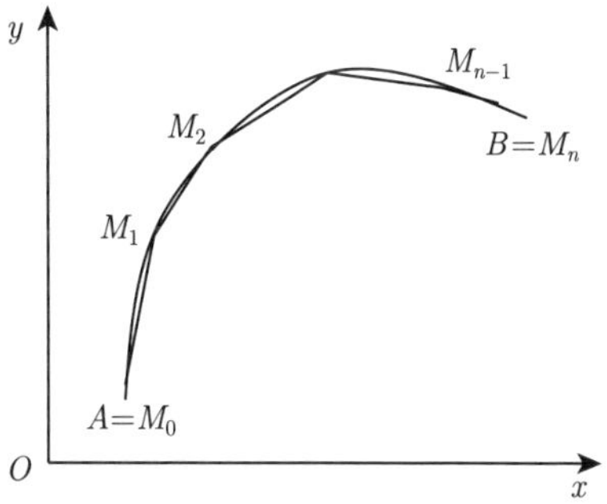

图 6.16

1. 直角坐标情形

设曲线弧 $\overset{\frown}{AB}$ 的方程为 $y = f(x)$, 函数 $y = f(x)$ 在 $[a, b]$ 上有一阶连续导数, 利用微元法, 选 x 为积分变量, 在 $[a, b]$ 上任取微元区间 $[x, x + \mathrm{d}x]$, 用切线 MT 上相应的一小段的长度近似代替弧 $\overset{\frown}{MN}$ 的长度, 即 $\left|\overset{\frown}{MN}\right| \approx \mathrm{d}s$ (如图 6.17), 于是得弧长微元为

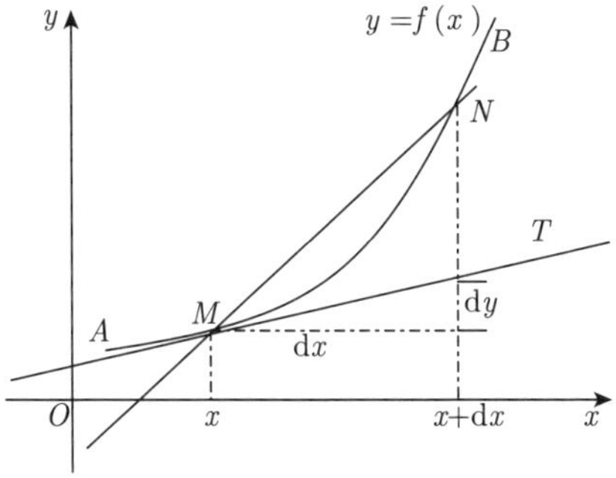

图 6.17

$$\mathrm{d}s = \sqrt{(\mathrm{d}x)^2 + (\mathrm{d}y)^2} = \sqrt{1 + (y')^2}\mathrm{d}x.$$

因此, 曲线的弧长为

$$s = \int_a^b \sqrt{1 + (y')^2}\mathrm{d}x = \int_a^b \sqrt{1 + [f'(x)]^2}\mathrm{d}x.$$

例 6.2.8　求曲线 $y = x^{\frac{3}{2}}$ 上 $x \in [0, 4]$ 一段弧的弧长.

解　弧长微元为 $\mathrm{d}s=\sqrt{1+(y')^2}\mathrm{d}x=\sqrt{1+\frac{9}{4}x}\mathrm{d}x$, 从而弧长为

$$s=\int_0^4\sqrt{1+\frac{9}{4}x}\mathrm{d}x=\frac{4}{9}\cdot\frac{2}{3}\left(1+\frac{9}{4}x\right)^{\frac{3}{2}}\Bigg|_0^4=\frac{8}{27}(10\sqrt{10}-1).$$

2. 参数方程情形

设曲线弧的参数方程为

$$\begin{cases}x=\varphi(t),\\ y=\psi(t),\end{cases}\quad t\in[\alpha,\beta].$$

其弧长微元为

$$\mathrm{d}s=\sqrt{(\mathrm{d}x)^2+(\mathrm{d}y)^2}=\sqrt{\left(\frac{\mathrm{d}x}{\mathrm{d}t}\right)^2+\left(\frac{\mathrm{d}y}{\mathrm{d}t}\right)^2}\mathrm{d}t,$$

即

$$\mathrm{d}s=\sqrt{[\varphi'(t)]^2+[\psi'(t)]^2}\mathrm{d}t,$$

则曲线的弧长为

$$s=\int_\alpha^\beta\sqrt{[\varphi'(t)]^2+[\psi'(t)]^2}\mathrm{d}t.$$

例 6.2.9　计算星形线 $\begin{cases}x=a\cos^3 t,\\ y=a\sin^3 t,\end{cases}$ 的弧长.

解　由曲线的对称性, 只须求它在第一象限的弧长 s_1, 即曲线总长 s 的 $\frac{1}{4}$. 弧长微元为

$$\mathrm{d}s_1=\sqrt{x_t'^2+y_t'^2}\mathrm{d}t=3a\sqrt{\cos^4 t\sin^2 t+\sin^4 t\cos^2 t}\mathrm{d}t,$$

从而曲线弧长

$$\begin{aligned}s=&4s_1=12a\int_0^{\frac{\pi}{2}}\sqrt{\cos^4 t\sin^2 t+\sin^4 t\cos^2 t}\mathrm{d}t\\ =&12a\int_0^{\frac{\pi}{2}}\sin t\cos t\mathrm{d}t=6a\left(\sin^2 t\right)\Big|_0^{\frac{\pi}{2}}=6a.\end{aligned}$$

3. 极坐标情形

若曲线由极坐标方程 $\rho=\rho(\theta)(\alpha\leqslant\theta\leqslant\beta)$ 给出, 其中 $\rho(\theta)$ 在区间 $[\alpha,\beta]$ 上具有连续导数, 要导出它的弧长计算公式. 利用极坐标与直角坐标之间的关系, 曲线的参数方程为

$$\begin{cases}x=\rho(\theta)\cos\theta,\\ y=\rho(\theta)\sin\theta\end{cases}\quad(\alpha\leqslant\theta\leqslant\beta).$$

弧长微元为

$$\begin{aligned}\mathrm{d}s &= \sqrt{(\mathrm{d}x)^2+(\mathrm{d}y)^2}\\ &= \sqrt{[\rho'(\theta)\cos\theta-\rho(\theta)\sin\theta]^2(\mathrm{d}\theta)^2+[\rho'(\theta)\sin\theta+\rho(\theta)\cos\theta]^2(\mathrm{d}\theta)^2}\\ &= \sqrt{[\rho(\theta)]^2+[\rho'(\theta)]^2}\mathrm{d}\theta,\end{aligned}$$

从而有

$$s=\int_\alpha^\beta \sqrt{[\rho(\theta)]^2+[\rho'(\theta)]^2}\mathrm{d}\theta.$$

例 6.2.10 计算心形线 $\rho=a(1+\cos\theta)(0\leqslant\theta\leqslant 2\pi)$ 的弧长 (如图 6.9).

解 考虑极轴上方部分 $(0\leqslant\theta\leqslant\pi)$, 由极坐标情形弧长公式, 得

$$\mathrm{d}s=\sqrt{a^2(1+\cos\theta)^2+(-a\sin\theta)^2}\mathrm{d}\theta=2a\cos\frac{\theta}{2}\mathrm{d}\theta.$$

由对称性, 心脏线的弧长为

$$s=2\int_0^\pi 2a\cos\frac{\theta}{2}\mathrm{d}\theta=8a\sin\frac{\theta}{2}\bigg|_0^\pi=8a.$$

习 题 6.2

1. 求由下列曲线所围成的图形的面积:

(1) $y=x^2$, $y=\dfrac{x^2}{4}$ 与直线 $y=1$ 围成的平面图形的面积;

(2) $y=\dfrac{1}{x}$ 与直线 $y=x$, $x=2$ 所围图形的面积;

(3) $y=\dfrac{x^2}{2}$ 分割 $y^2+x^2\leqslant 8$ 成两部分图形的各自面积;

(4) $y=\mathrm{e}^x$, $y=\mathrm{e}^{-x}$ 与直线 $x=1$ 所围图形的面积;

(5) $y=\ln x$, y 轴与直线 $y=\ln a$, $y=\ln b(b>a>0)$ 所围图形的面积.

2. 求由下列曲线所围成的图形的面积:

(1) 圆 $\rho=2a\cos\theta$ 所围图形的面积;

(2) 三叶线 $\rho=a\sin 3\theta$ 围成的图形面积;

3. 求下列旋转体的体积:

(1) 曲线 $y=\cos x(0\leqslant x\leqslant\pi)$ 绕 x 轴旋转一周所得旋转体的体积;

(2) 椭圆 $\dfrac{x^2}{a^2}+\dfrac{y^2}{b^2}=1$ 绕 x 轴旋转一周而成的旋转体的体积;

(3) 由曲线 $y=x^2$ 和 $x=y^2$ 所围成的图形绕 y 轴旋转一周所得旋转体体积;

(4) 由摆线 $\begin{cases}x=a(t-\sin t),\\ y=a(1-\cos t)\end{cases}$ $(0\leqslant t\leqslant 2\pi)$ 分别绕 x 轴和 y 轴以及直线 $y=2a$ 旋转所得的旋转体的体积.

4. 一空间立体的底面是长半轴 $a=10$, 短半轴 $b=5$ 的椭圆, 垂直于长半轴的截面都是等边三角形, 求此空间体的体积.

5. 求摆线 $\begin{cases} x=a(t-\sin t), \\ y=a(1-\cos t) \end{cases}$ $(a>0,\ 0\leqslant t\leqslant 2\pi)$ 的弧长.

6. 求曲线 $y=\mathrm{e}^x(0\leqslant x\leqslant 1)$ 的弧长.

7. 求阿基米德螺线 $\rho=a\theta(0\leqslant\theta\leqslant 2\pi)$ 的弧长.

6.3　定积分在物理学上的应用

定积分在物理学上的应用, 可以说是定积分最重要的应用之一, 正是由于微积分的发展, 使得物理学中精确的测量和计算成为可能, 从而使物理学得到了长足的发展.

6.3.1　变力做功问题

有一个方向恒定的变力 F 作用于一物体, 若该物体在变力 F 的作用下移动的距离为 s, F 为 s 的函数 $F=f(s)$, 则变力 F 所做的功为

$$W=\int_a^b f(s)\mathrm{d}s,$$

其中 a, b 为变力 F 的起始与末尾值.

例 6.3.1　一物体按规律 $x=ct^2$ 作直线运动, 所受的阻力与速度的平方成正比, 计算物体从 $x=0$ 运动到 $x=a$ 时, 克服阻力所做的功.

解　如图 6.18 位于 x 处时物体运动的速度

$$\frac{\mathrm{d}x}{\mathrm{d}t}=2ct=2c\cdot\sqrt{\frac{x}{c}}=2\sqrt{cx}.$$

所受的阻力 $F=k4cx=4ckx$. 如图从点 x 运动到点 $x+\mathrm{d}x$ 所做的功微元 $\mathrm{d}W=4ckx\mathrm{d}x$. 因此, 物体从 $x=0$ 运动到 $x=a$ 时, 克服力所做的功

$$W=\int_0^a 4kcx\mathrm{d}x=2a^2kc.$$

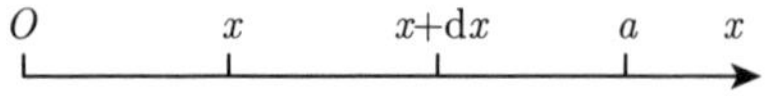

图 6.18

例 6.3.2　一个圆柱形水池, 底面半径 5 米, 水深 10 米, 要把池中的水全部抽出来, 求所做的功 (水的密度为 ρ).

解　如图 6.19, 取水面中心为坐标原点. 建立直角坐标系. 将位于 x 处、厚度为 $\mathrm{d}x$ 的薄层水抽出来, 其质量

$$\Delta M=\text{密度}\times\text{体积}=\rho\cdot\pi\cdot 5^2\mathrm{d}x=25\pi\rho\mathrm{d}x.$$

当薄层水的厚度 dx 很小时, 所做的功微元 $\mathrm{d}W = 25\pi\rho x\mathrm{d}x$. 要把池中的水全部抽出来, 所做的功

$$\begin{aligned} W &= \int_0^{10} 25\pi\rho x\mathrm{d}x \\ &= 25\pi\rho \left.\frac{x^2}{2}\right|_0^{10} = 1250 \times 9.8 \times 3.14\rho = 38465\rho(\mathrm{kJ}). \end{aligned}$$

例 6.3.3 一条均匀的链条长 28m, 质量 20kg, 悬挂于某建筑物顶部, 需做多少功才能把它全部拉上建筑物顶部?

解 如图 6.20, 将位于 x 处、长度为 $\mathrm{d}x$ 的一小段拉到顶部, 其质量为 $\frac{20}{28}\mathrm{d}x = \frac{5}{7}\mathrm{d}x$, 所做的功微元 $\mathrm{d}W = \frac{5}{7}x\mathrm{d}x$. 全部拉上建筑物顶部所做的功

$$W = \frac{5}{7}\int_0^{28} x\mathrm{d}x = \frac{5}{14}\left. x^2\right|_0^{28} = 280(kJ).$$

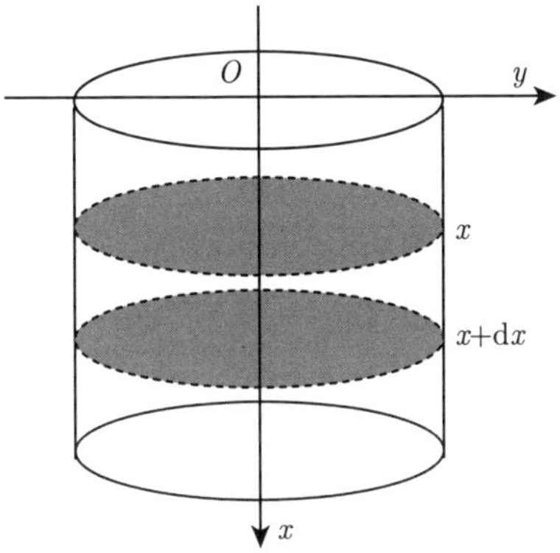

图 6.19

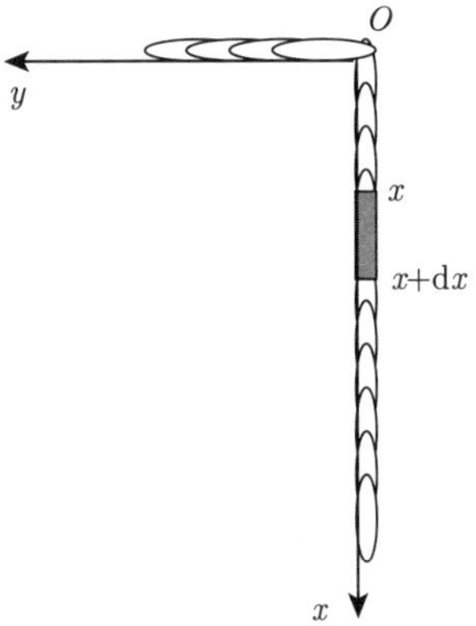

图 6.20

6.3.2 水压力

从物理学知道, 在水深为 h 处的压强为 $P = \rho gh$, 这里 ρ 是水的密度, g 是重力常数. 如果有一面积为 A 的平板水平放置在水深为 h 处, 那么平板一侧所受的水压力为 $F = P \cdot A$. 如果平板铅直放置在水中, 那么由于水深不同的点处压强 P 不相等, 平板一侧所受的水压力就需用积分运算.

例 6.3.4 一块矩形木板长 10 米, 宽 5 米. 木板垂直于水平面, 沉没于水中, 其宽与水面一样高, 求木板一侧受到的压力 (水的密度为 ρ).

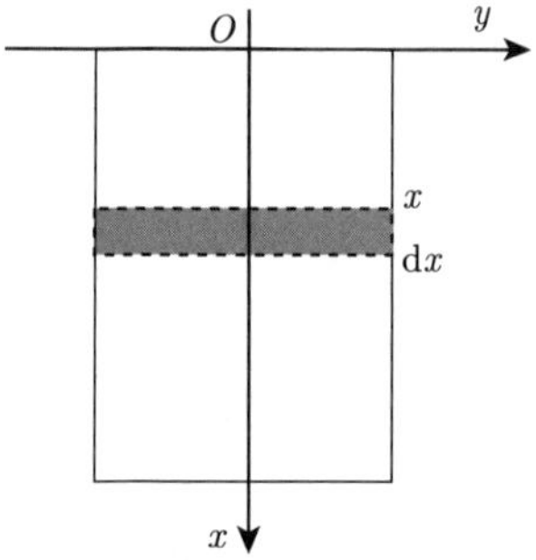

图 6.21

解　如图 6.21 建立坐标, 木板在 x 处所受的压强为 $x\rho g$. 位于 x 处、长为 5 米、宽为 $\mathrm{d}x$ 米的小矩形受到的压力微元

$$\mathrm{d}F = 5x\rho g\mathrm{d}x\ (\text{牛}).$$

则整块木板一侧受到的压力为

$$F = \int_0^{10} 5xg\rho\mathrm{d}x = 5\cdot\frac{x^2}{2}g\rho\Big|_0^{10} = 250g\rho\ (\text{牛}).$$

例 6.3.5　一横放的半径为 R(单位: 米) 的圆柱形油桶盛有半桶油, 油的密度为 ρ, 计算桶的圆形一侧所受的压力.

解　由于桶的圆形一侧与桶中液体是垂直状态, 不同位置液体的深度不同. 如图 6.22 建立坐标系, 取 x 为积分变量, 变化区间为 $[0,R]$, 任取微元区间 $[x,x+\mathrm{d}x]\subset[0,R]$. 半圆上相应于 $[x,x+\mathrm{d}x]$ 的小横条的面积近似于 $2\sqrt{R^2-x^2}\mathrm{d}x$, 其上各点的压强近似于 ρgx. 所以该横条所受的压力的近似值, 即压力微元为

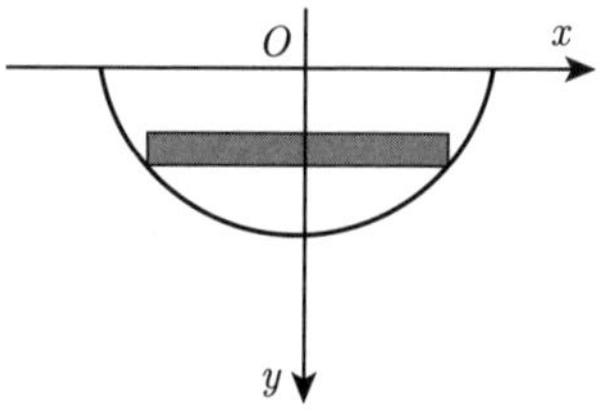

图 6.22

$$\mathrm{d}F = 2\rho gx\sqrt{R^2-x^2}\mathrm{d}x.$$

于是所求压力为

$$F = \int_0^R 2\rho gx\sqrt{R^2-x^2}\mathrm{d}x = -\rho g\left(\frac{2}{3}(R^2-x^2)^{\frac{3}{2}}\right)\Big|_0^R = \frac{2}{3}\rho gR^3\ (\text{牛}).$$

6.3.3　引力

质量分别为 m_1, m_2 的两质点, 相距 r, 它们间的引力大小为 $F = G\frac{m_1m_2}{r^2}$, 方向为沿着两质点的连线方向, 其中 G 为引力系数. 若考虑物体对质点的引力, 则需用积分解决.

例 6.3.6　设有一长度为 l、线密度为 μ 的均匀直棒, 在其中垂线上距 a 单位处有一质量为 m 的质点 M, 试求该棒对质点 M 的引力.

解　如图 6.23 建立坐标系. 细棒上小段 $[x,x+\mathrm{d}x]$ 对质点 M 的引力大小为

$$\mathrm{d}F = G\frac{m\mu}{a^2+x^2}\mathrm{d}x$$

故垂直分力元素为

$$\mathrm{d}F_y = -\mathrm{d}F\cos\alpha$$

$$= -G\frac{m\mu}{a^2+x^2}\mathrm{d}x\cdot\frac{a}{\sqrt{a^2+x^2}}$$
$$= -Gm\mu a\frac{\mathrm{d}x}{(a^2+x^2)^{\frac{3}{2}}}.$$

故棒对质点的引力的垂直分力为

$$F_y = -2Gm\mu a\int_0^{\frac{l}{2}}\frac{1}{(a^2+x^2)^{\frac{3}{2}}}\mathrm{d}x$$
$$= -2Gm\mu a\left(\frac{x}{a^2\sqrt{a^2+x^2}}\right)\Bigg|_0^{\frac{l}{2}}$$
$$= -\frac{2Gm\mu l}{a}\frac{1}{\sqrt{4a^2+l^2}}.$$

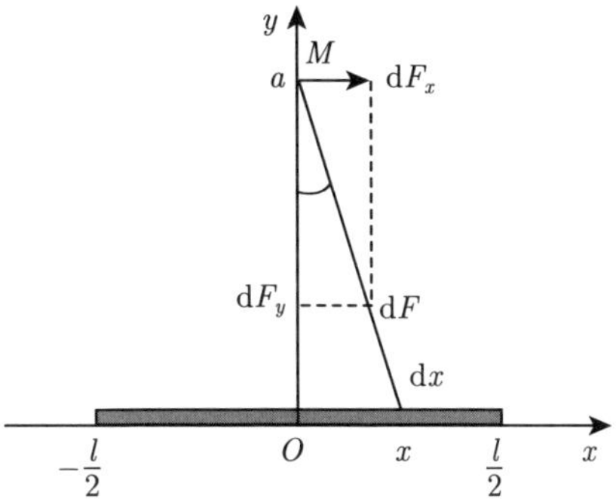

图 6.23

由对称性知, 棒对质点引力的水平分力 $F_x=0$. 因此, 棒对质点的引力大小为

$$F=\frac{2Gm\mu l}{a}\cdot\frac{1}{\sqrt{4a^2+l^2}}.$$

6.3.4 转动惯量

质量为 m 的质点关于轴 l 的转动惯量为

$$I=mr^2,$$

其中 r 为质点到轴 l 的距离.

与轴 l 的距离为 r_i, 质量为 $m_i(i=1,2,\cdots,n)$ 的质点系关于轴 l 的转动惯量为

$$I=\sum_{i=1}^{n}m_ir_i^2.$$

若考虑物体关于轴 l 的转动惯量, 则需用积分解决.

例 6.3.7 设有一个半径为 R, 质量为 M 的均匀圆盘,

(1) 求圆盘对通过中心与其垂直的轴的转动惯量;

(2) 求圆盘对直径所在轴的转动惯量.

解 (1) 建立坐标系如图 6.24, 设圆盘的密度为 ρ.

对应于 $[x,x+\mathrm{d}x]$ 的小圆环对轴 l 的转动惯量为 $\mathrm{d}I=2\pi\rho x^3\mathrm{d}x$. 故圆盘对轴 l 的转动惯量为

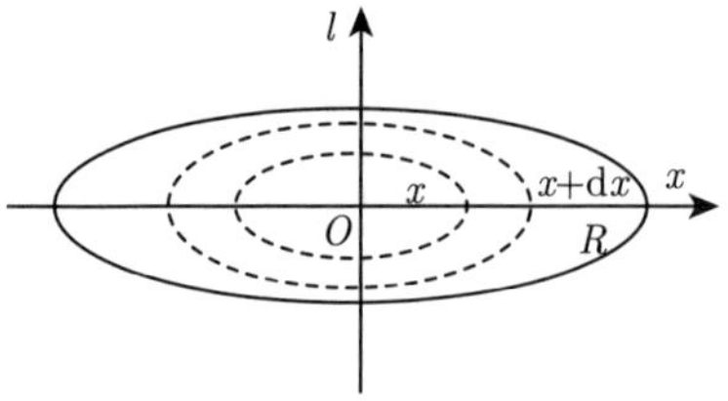

图 6.24

$$I=\int_0^R 2\pi\rho x^3\mathrm{d}x=\frac{1}{2}\pi\rho R^4=\frac{1}{2}MR^2,$$

其中 $M=\rho\pi R^2$.

(2) 取旋转轴为 y 轴, 建立坐标系如图 6.25. 对应于 $[x,x+\mathrm{d}x]$ 的平行 y 轴的细条关于 y 轴的转动惯量微元为

$$\mathrm{d}I_y=2\rho yx^2\mathrm{d}x=2\rho x^2\sqrt{R^2-x^2}\mathrm{d}x.$$

故圆盘对 y 轴的转动惯量为

$$\begin{aligned}I_y&=2\rho\int_{-R}^R x^2\sqrt{R^2-x^2}\mathrm{d}x\\&=4\rho\int_0^R x^2\sqrt{R^2-x^2}\mathrm{d}x\\&=4\rho\int_0^{\frac{\pi}{2}} R^4\sin^2 t\cos^2 t\mathrm{d}t=\frac{1}{4}\rho\pi R^4\\&=\frac{1}{4}MR^2.\end{aligned}$$

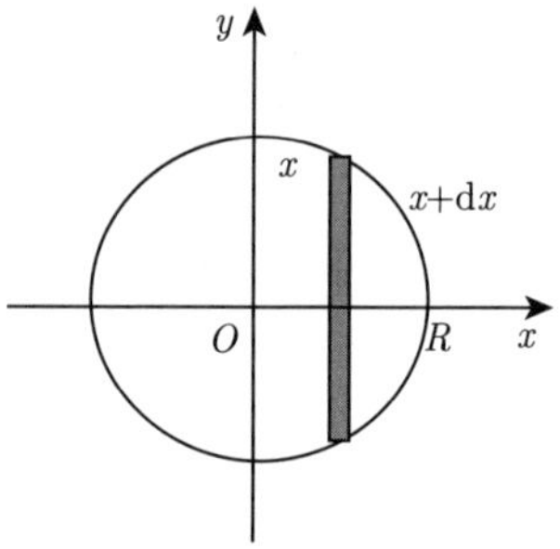

图 6.25

习　题　6.3

1. 在 x 轴上作直线运动的质点, 在任意点 x 处所受的力为 $F(x)=1-\mathrm{e}^{-x}$, 试求质点从 $x=0$ 运动到 $x=1$ 时力所做的功.

2. 设把一金属杆的长度由 a 拉长到 $a+x$ 时, 所需的力等于 $\dfrac{kx}{a}$, 其中 k 为常数, 试求将该金属杆由长度 a 拉长到 b 所作的功.

3. 一放倒的圆柱形水管半径为 1m, 若水管中装水一半, 求水管阀门所受的静压力.

4. 一底为 8cm、高为 6cm 的等腰三角形金属片, 铅直地沉没在水中, 顶在上、底在下且与水面平行, 顶离水面 3cm, 试求它每面所受的压力.

5. 设有一半径为 R、中心角为 φ 的圆弧形细棒, 其线密度为常数 μ. 在圆心处有一质量为 m 的质点 M. 试求这细棒对质点 M 的引力.

6. 设有质量为 m 的, 边长为 a 的正方形均匀薄板, 求绕它自己的一条边旋转的转动惯量.

总 习 题 6

1. 求曲线 $y=\cos x$ 与 $y=\sin x$ 在区间 $[0,\pi]$ 上所围平面图形的面积.

2. 求抛物线 $y=-x^2+4x-3$ 及其在点 $(0,-3)$ 和 $(3,0)$ 处的切线所围成的图形的面积.

3. 求由 $\rho=1$, $\rho=2\cos\theta$ 所围公共部分的面积.

4. 计算由摆线 $x=a(t-\sin t)$, $y=a(1-\cos t)$ 的一拱, x 轴所围成的图形分别绕 x 轴和 y 轴旋转而成的旋转体体积.

5. 求圆盘 $(x-2)^2+y^2\leqslant 1$ 绕 y 轴旋转而成的旋转体的体积.

6. 求由 $x^2+y^2=2$ 和 $y=x^2$ 所围成的图形绕 x 轴旋转而成的旋转体的体积.

7. 求曲线 $\begin{cases} x=\arctan\ t, \\ y=\dfrac{1}{2}\ln(1+t^2) \end{cases}$ 自 $t=0$ 到 $t=1$ 的一段弧的弧长.

8. 弹簧在拉伸过程中, 所需要的力与弹簧的伸长量成正比, 即 $F=kx$, (k 为比例系数). 已知弹簧拉长 0.01m 时, 需力 10N, 要使弹簧伸长 0.05m, 计算外力所做的功.

9. 在一个带 $+q$ 电荷所产生的电场作用下, 一个单位正电荷沿直线从距离点电荷 a 处移动到 b 处 $(a<b)$, 求电场力所做的功.

10. 修建一道梯形闸门, 它的两条底边各长 6m 和 4m, 高为 6m, 较长的底边与水面平齐, 要计算闸门一侧所受水的压力.

11. 设星形线 $\begin{cases} x=a\cos^3 t, \\ y=a\sin^3 t \end{cases}$ 上每一点处的线密度的大小等于该点到原点距离的立方, 在原点 o 处有一单位质点, 求星形线在第一象限的弧段对质点的引力.

第 7 章　无 穷 级 数

无穷级数是高等数学的一个重要组成部分, 它在函数表示、函数性质的研究及近似计算中起着举足轻重的作用. 本章首先介绍无穷级数的有关概念和性质, 其次分别对常数项级数的收敛判别方法、函数项级数及傅里叶级数做了相应的讨论, 其中对如何将函数展开成幂级数的问题进行了着重讨论.

7.1　常数项级数的概念和性质

7.1.1　引例

1. 无限循环小数的表示

例如, 为了表示 $0.\dot{3}$, 记

$$u_1 = \frac{3}{10}, \quad u_2 = \frac{3}{10^2}, \quad u_3 = \frac{3}{10^3}, \quad \cdots, \quad u_n = \frac{3}{10^n}, \quad \cdots,$$

则

$$0.\dot{3} \approx u_1 + u_2 + u_3 + \cdots + u_n.$$

如果当 n 无限增大时, 此时和式中的项数无限增多, 出现了如下的无穷多个数相加的情形

$$u_1 + u_2 + u_3 + \cdots + u_n + \cdots.$$

2. 圆的面积

为计算半径为 R 的圆的面积 A, 可作圆的一内接正六边形, 计算出其面积 u_1, u_1 可作为圆面积的近似值, 但误差较大. 为了提高精度, 以这个正六边形的每一边为底分别作一个顶点在圆周上的等腰三角形, 计算出这六个等腰三角形的面积之和 u_2, 这样 $A \approx u_1 + u_2$, 其误差比 u_1 作为 A 的近似值要小得多. 依此类推, 内接正 3×2^n 边形的面积就逐步接近圆面积 A, 即

$$A \approx u_1 + u_2 + \cdots + u_n.$$

当 n 无限增大时, 和式 $u_1 + u_2 + \cdots + u_n$ 的极限就是要求的圆面积 A.

7.1.2 常数项级数的概念

定义 7.1.1 设 $u_1, u_2, u_3, \cdots, u_n, \cdots$, 是一个给定的数列, 称形式和

$$u_1 + u_2 + u_3 + \cdots + u_n + \cdots$$

为 (**常数项**)**无穷级数**, 简称为 (**常数项**)**级数**, 记为 $\sum\limits_{n=1}^{\infty} u_n$, 即

$$\sum_{n=1}^{\infty} u_n = u_1 + u_2 + u_3 + \cdots + u_n + \cdots,$$

其中级数的第 n 项 u_n 称为级数的**一般项**或**通项**.

级数 $\sum\limits_{n=1}^{\infty} u_n$ 的前 n 项和

$$s_n = u_1 + u_2 + \cdots + u_n,$$

称为级数 $\sum\limits_{n=1}^{\infty} u_n$ 的**部分和**.

定义 7.1.2 如果级数 $\sum\limits_{n=1}^{\infty} u_n$ 的部分和数列 $\{s_n\}$ 的极限存在且为 s, 即 $\lim\limits_{n \to \infty} s_n = s$, 则称无穷级数 $\sum\limits_{n=1}^{\infty} u_n$**收敛**, 且收敛于**和**$s$, 记为

$$\sum_{n=1}^{\infty} u_n = s.$$

如果 $\lim\limits_{n \to \infty} s_n$ 不存在, 则称无穷级数 $\sum\limits_{n=1}^{\infty} u_n$**发散**.

如果级数 $\sum\limits_{n=1}^{\infty} u_n$ 收敛于和 s, 用部分和 s_n 作为和 s 的近似值, 其差值

$$r_n = s - s_n = u_{n+1} + u_{n+2} + \cdots,$$

称为级数的**余项**. 显然 $\lim\limits_{n \to \infty} r_n = 0$, 而 $|r_n|$ 是用 s_n 近似代替 s 所产生的误差.

例 7.1.1 讨论级数 $\sum\limits_{n=1}^{\infty} \dfrac{1}{(n+2)(n+3)}$ 的收敛性.

解 由于 $u_n = \dfrac{1}{(n+2)(n+3)} = \dfrac{1}{n+2} - \dfrac{1}{n+3}$, $n = 1, 2, \cdots$, 因此

$$s_n = \frac{1}{3 \cdot 4} + \frac{1}{4 \cdot 5} + \cdots + \frac{1}{(n+2) \cdot (n+3)}$$

$$=\left(\frac{1}{3}-\frac{1}{4}\right)+\left(\frac{1}{4}-\frac{1}{5}\right)+\cdots+\left(\frac{1}{n+2}-\frac{1}{n+3}\right)$$
$$=\frac{1}{3}-\frac{1}{n+3}.$$

从而

$$\lim_{n\to\infty}s_n=\lim_{n\to\infty}\left(\frac{1}{3}-\frac{1}{n+3}\right)=\frac{1}{3}.$$

因此, 级数 $\sum\limits_{n=1}^{\infty}\frac{1}{(n+2)(n+3)}$ 收敛于和 $\frac{1}{3}$, 即 $\sum\limits_{n=1}^{\infty}\frac{1}{(n+2)(n+3)}=\frac{1}{3}$.

例 7.1.2 证明: 级数 $\sum\limits_{n=1}^{\infty}\frac{1}{\sqrt{n}}$ 是发散的.

证明 因为级数 $\sum\limits_{n=1}^{\infty}\frac{1}{\sqrt{n}}$ 的部分和

$$s_n=1+\frac{1}{\sqrt{2}}+\frac{1}{\sqrt{3}}+\cdots+\frac{1}{\sqrt{n}}\geqslant\frac{n}{\sqrt{n}}=\sqrt{n}\to\infty,\quad n\to\infty.$$

所以, 级数 $\sum\limits_{n=1}^{\infty}\frac{1}{\sqrt{n}}$ 发散.

例 7.1.3 讨论**等比级数**(或称**几何级数**)

$$\sum_{n=1}^{\infty}aq^{n-1}=a+aq+aq^2+\cdots+aq^{n-1}+\cdots$$

的收敛性. 其中 $a\neq 0$, 称 q 为级数的**公比**.

解 当 $q\neq 1$ 时, 其部分和

$$s_n=a+aq+aq^2+\cdots+aq^{n-1}=\frac{a(1-q^n)}{1-q}.$$

当 $|q|<1$ 时, 因 $\lim\limits_{n\to\infty}s_n=\lim\limits_{n\to\infty}\frac{a(1-q^n)}{1-q}=\frac{a}{1-q}$, 所以级数 $\sum\limits_{n=1}^{\infty}aq^{n-1}$ 收敛, 且收敛于和 $\frac{a}{1-q}$.

当 $|q|>1$ 时, 由于 $\lim\limits_{n\to\infty}q^n=\infty$, 从而 $\lim\limits_{n\to\infty}s_n=\infty$, 此时级数 $\sum\limits_{n=1}^{\infty}aq^{n-1}$ 发散.

当 $q=1$ 时, 有 $s_n=na$, 从而 $\lim\limits_{n\to\infty}s_n=\infty$, 此时级数 $\sum\limits_{n=1}^{\infty}aq^{n-1}$ 发散.

当 $q=-1$ 时, 部分和

$$s_n=a-a+a-a+\cdots+(-1)^{n-1}a=\frac{1}{2}a[1-(-1)^n].$$

因为 $\lim\limits_{n\to\infty}s_n$ 不存在, 所以级数 $\sum\limits_{n=1}^{\infty}aq^{n-1}$ 发散.

综上所述, 当 $|q|<1$ 时, 等比级数 $\sum\limits_{n=1}^{\infty}aq^{n-1}$ 收敛于和 $\dfrac{a}{1-q}$; 当 $|q|\geqslant 1$ 时, 等比级数 $\sum\limits_{n=1}^{\infty}aq^{n-1}$ 发散.

7.1.3 收敛级数的基本性质

性质 7.1.1 如果级数 $\sum\limits_{n=1}^{\infty}u_n$ 收敛于和 s, 则级数 $\sum\limits_{n=1}^{\infty}ku_n$ 也收敛, 且收敛于和 ks.

证明 设级数 $\sum\limits_{n=1}^{\infty}u_n, \sum\limits_{n=1}^{\infty}ku_n$ 的部分和分别为 s_n,σ_n, 则

$$\sigma_n=ku_1+ku_2+\cdots+ku_n=ks_n.$$

于是

$$\lim_{n\to\infty}\sigma_n=\lim_{n\to\infty}ks_n=ks,$$

即级数 $\sum\limits_{n=1}^{\infty}ku_n$ 收敛, 且收敛于和 ks.

由 $\sigma_n=ks_n$ 可知, 如果数列 $\{s_n\}$ 没有极限且 $k\neq 0$, 则数列 $\{\sigma_n\}$ 也不可能有极限. 因此, 得到如下结论: **级数的每一项同乘一个不为零的常数, 不改变其敛散性.**

性质 7.1.2 如果级数 $\sum\limits_{n=1}^{\infty}u_n$, $\sum\limits_{n=1}^{\infty}v_n$ 分别收敛于和 s,σ, 则级数 $\sum\limits_{n=1}^{\infty}(u_n\pm v_n)$ 也收敛, 且收敛于和 $s\pm\sigma$.

证明 设级数 $\sum\limits_{n=1}^{\infty}u_n$, $\sum\limits_{n=1}^{\infty}v_n$ 的部分和分别为 s_n,σ_n, 则级数 $\sum\limits_{n=1}^{\infty}(u_n\pm v_n)$ 的部分和为

$$\tau_n=(u_1\pm v_1)+(u_2\pm v_2)+\cdots+(u_n\pm v_n)=s_n\pm\sigma_n.$$

于是

$$\lim_{n\to\infty}\tau_n=\lim_{n\to\infty}(s_n\pm\sigma_n)=s\pm\sigma.$$

即级数 $\sum\limits_{n=1}^{\infty}(u_n \pm v_n)$ 收敛, 且收敛于和 $s \pm \sigma$.

由性质 7.1.1 与性质 7.1.2 可知, 若级数 $\sum\limits_{n=1}^{\infty} u_n$, $\sum\limits_{n=1}^{\infty} v_n$ 分别收敛于和 s 与 σ, 对任意的实数 α 和 β, 则级数 $\sum\limits_{n=1}^{\infty}(\alpha u_n + \beta v_n)$ 也收敛, 且收敛于和 $\alpha s \pm \beta\sigma$.

例 7.1.4　求级数 $\sum\limits_{n=1}^{\infty}\left[\dfrac{3}{(n+2)(n+3)} - 5\left(\dfrac{2}{3}\right)^n\right]$ 的和.

解　由例 7.1.1, 有 $\sum\limits_{n=1}^{\infty}\dfrac{1}{(n+2)(n+3)} = \dfrac{1}{3}$. 级数 $\sum\limits_{n=1}^{\infty}\left(\dfrac{2}{3}\right)^n$ 是一等比级数, 且 $q = \dfrac{2}{3} < 1$, 则

$$\sum_{n=1}^{\infty}\left(\frac{2}{3}\right)^n = \frac{\dfrac{2}{3}}{1-\dfrac{2}{3}} = 2.$$

因此, 由性质 7.1.1 及性质 7.1.2, 得

$$\sum_{n=1}^{\infty}\left[\frac{3}{(n+2)(n+3)} - 5\left(\frac{2}{3}\right)^n\right] = 3\sum_{n=1}^{\infty}\frac{1}{(n+2)(n+3)} - 5\sum_{n=1}^{\infty}\left(\frac{2}{3}\right)^n = 1 - 10 = -9.$$

注 7.1.1　两个发散级数的和、差不一定发散, 而一个收敛级数与一个发散级数的和、差一定是发散的.

性质 7.1.3　在级数中任意去掉、添加或改变有限个项, 不改变级数的收敛性. 但收敛时, 其和一般要变.

证明　仅考虑去掉有限项的情况, 其余两种情形可类似的证明.

设去掉级数 $\sum\limits_{n=1}^{\infty} u_n$ 的前 k 项 $u_1, u_2, \cdots, u_k$, 则级数变成 $\sum\limits_{n=1}^{\infty} u_{k+n}$. 记此新级数的前 n 项和为

$$\tilde{s}_n = u_{k+1} + u_{k+2} + \cdots + u_{k+n},$$

则$\tilde{s}_n = s_{k+n} - s_k$. 因 $\{s_{k+n}\}$ 是 $\{s_n\}$ 的一个子列, 且 s_k 是一个常数, 根据收敛数列的性质可知, 级数 $\sum\limits_{n=1}^{\infty} u_n$ 与 $\sum\limits_{n=1}^{\infty} u_{k+n}$ 同时收敛或者同时发散. 当级数 $\sum\limits_{n=1}^{\infty} u_n$ 收敛时, 设其和为 s, 则级数 $\sum\limits_{n=1}^{\infty} u_{k+n}$ 收敛于和 $s - s_k$.

性质 7.1.4　在收敛级数中, 任意添加括号所得到的新级数仍然收敛, 且收敛于原级数的和.

证明 对收敛级数 $\sum_{n=1}^{\infty} u_n$ 任意加括号之后得到新的级数

$$(u_1+u_2+\cdots+u_{k_1})+(u_{k_1+1}+u_{k_1+2}+\cdots+u_{k_1+k_2})+\cdots+$$

$$(u_{k_1+k_2+\cdots+k_{n-1}+1}+u_{k_1+k_2+\cdots+k_{n-1}+2}+\cdots+u_{k_1+k_2+\cdots+k_{n-1}+k_n})+\cdots$$

那么, 它的前 n 项和为

$$\begin{aligned}\tilde{s}_n=&(u_1+u_2+\cdots+u_{k_1})+(u_{k_1+1}+u_{k_1+2}+\cdots+u_{k_1+k_2})+\cdots+\\&(u_{k_1+k_2+\cdots+k_{n-1}+1}+u_{k_1+k_2+\cdots+k_{n-1}+2}+\cdots+u_{k_1+k_2+\cdots+k_{n-1}+k_n})\\=&u_1+u_2+\cdots+u_{k_1}+u_{k_1+1}+\cdots+u_{k_1+k_2}+\cdots+u_{k_1+k_2+\cdots+k_{n-1}+1}\\&+\cdots+u_{k_1+k_2+\cdots+k_{n-1}+k_n}\\=&s_m,\end{aligned}$$

其中 $m=\sum_{i=1}^{n} k_i$. 显然 $\{s_m\}$ 是 $\{s_n\}$ 的一个子列, 它们有相同的极限.

注 7.1.2 发散级数添加括号后不一定是发散的.

如级数

$$1-1+1-1+\cdots+1-1+\cdots$$

是发散的, 但

$$(1-1)+(1-1)+\cdots+(1-1)+\cdots$$

收敛, 且收敛于和 0.

推论 7.1.1 发散级数去掉括号后所得到的新级数仍然发散.

性质 7.1.5(收敛级数的必要条件) 若级数 $\sum_{n=1}^{\infty} u_n$ 收敛, 则 $\lim_{n\to\infty} u_n=0$.

事实上, 若 $\sum_{n=1}^{\infty} u_n=s$, 其部分和为 s_n, 则由 $u_n=s_n-s_{n-1}$, 得

$$\lim_{n\to\infty} u_n=\lim_{n\to\infty}(s_n-s_{n-1})=\lim_{n\to\infty} s_n-\lim_{n\to\infty} s_{n-1}=s-s=0.$$

由性质 7.1.5 知, 如果级数的一般项 u_n 不趋于零, 则该级数一定发散. 例如, 级数 $\frac{1}{2}+\frac{2}{3}+\frac{3}{4}+\cdots+\frac{n}{n+1}+\cdots$ 的一般项 $u_n=\frac{n}{n+1}\to 1\neq 0\ (n\to\infty)$. 因此, 该级数是发散的.

注 7.1.3　一般项趋于零是级数收敛的必要条件, 而不是充分条件. 例如: **调和级数**

$$\sum_{n=1}^{\infty}\frac{1}{n}=1+\frac{1}{2}+\frac{1}{3}+\cdots+\frac{1}{n}+\cdots,$$

尽管它的一般项 $u_n=\dfrac{1}{n}\to 0\ (n\to\infty)$, 但该级数是发散的. 对级数按下列方式加括号

$$1+\frac{1}{2}+\left(\frac{1}{3}+\frac{1}{4}\right)+\left(\frac{1}{5}+\frac{1}{6}+\frac{1}{7}+\frac{1}{8}\right)+\cdots+\left(\frac{1}{2^m+1}+\frac{1}{2^m+2}+\cdots+\frac{1}{2^{m+1}}\right)+\cdots$$

即从第三项起, 依次按 2 个项、2^2 个项、$\cdots$ 、2^m 个项添加括号. 因

$$\frac{1}{2^m+1}+\frac{1}{2^m+2}+\cdots+\frac{1}{2^{m+1}}>\underbrace{\frac{1}{2^{m+1}}+\frac{1}{2^{m+1}}+\cdots+\frac{1}{2^{m+1}}}_{2^m\text{个}}=2^m\cdot\frac{1}{2^{m+1}}=\frac{1}{2}$$

由性质 7.1.5 及推论 7.1.1, 调和级数 $\sum\limits_{n=1}^{\infty}\dfrac{1}{n}$ 是发散的.

习　题　7.1

1. 求级数 $\sum\limits_{n=1}^{\infty}\dfrac{1}{\sqrt{n(n+1)}(\sqrt{n}+\sqrt{n+1})}$ 的和.

2. 利用级数收敛的定义判定下列级数的敛散性:

(1)$\sum\limits_{n=2}^{\infty}\dfrac{(-1)^n}{\sqrt{n+(-1)^n}}$;　　(2)$\sum\limits_{n=1}^{\infty}(\sqrt{n+2}-2\sqrt{n+1}+\sqrt{n})$.

3. 判断下列级数是否收敛. 如果收敛, 求其和.

(1)$\sum\limits_{n=1}^{\infty}n^2\left(1-\cos\dfrac{1}{n}\right)$;　　(2)$\sum\limits_{n=1}^{\infty}\left(-\dfrac{1}{4}\right)^{2-n}$;

(3)$\sum\limits_{n=0}^{\infty}\left[2\left(\dfrac{1}{4}\right)^n-3\left(-\dfrac{1}{5}\right)^n\right]$;　　(4)$\sum\limits_{n=1}^{\infty}\dfrac{n-5}{n+2}$;

(5)$\sum\limits_{n=1}^{\infty}\dfrac{n^{n+\frac{1}{n}}}{\left(n+\dfrac{1}{n}\right)^n}$;　　(6)$\sum\limits_{n=1}^{\infty}\dfrac{2}{n(n+2)}$.

4. 把下列小数写为无穷级数并求和:

(1)0.2222222222 $\cdots$;　　(2)0.212121212121 $\cdots$;

(3)0.013013013 $\cdots$;　　(4)0.36717171 $\cdots$.

5. 一个球从高度为 100 米的地方自由落下, 它每次着地之后又回弹到原来高度 $\frac{2}{3}$ 的地方. 计算当球停止下来时总共行进了多长的距离?

6. 证明: 如果级数 $\sum\limits_{n=1}^{\infty} u_n$ 发散, 则级数 $\sum\limits_{n=1}^{\infty} ku_n\ (k \neq 0)$ 也发散.

7. 证明: 如果级数 $\sum\limits_{n=1}^{\infty} u_n$ 收敛, 级数 $\sum\limits_{n=1}^{\infty} v_n$ 发散, 那么级数 $\sum\limits_{n=1}^{\infty} (u_n \pm v_n)$ 发散.

8. 已知 $\lim\limits_{n\to\infty} nu_n = 0$, 且级数 $\sum\limits_{n=1}^{\infty} (n+1)(u_{n+1} - u_n)$ 收敛. 证明: 级数 $\sum\limits_{n=1}^{\infty} u_n$ 是收敛的.

7.2 常数项级数审敛法

本节主要讨论一类特殊级数, 即**正项级数**收敛的判别方法. 正项级数是判别其他类型级数的收敛性的基础.

7.2.1 正项级数审敛法

如果 $u_n \geqslant 0\ (n = 1,2,3,\cdots)$, 则称级数 $\sum\limits_{n=1}^{\infty} u_n$ 为**正项级数**.

正项级数 $\sum\limits_{n=1}^{\infty} u_n$ 的部分和数列 $\{s_n\}$ 是单调增加数列, 即

$$s_1 \leqslant s_2 \leqslant \cdots \leqslant s_n \leqslant s_{n+1} \leqslant \cdots.$$

由极限存在准则 II, 当 $\{s_n\}$ 有界时, s_n 的极限一定存在. 因此, 有以下定理

定理 7.2.1 正项级数 $\sum\limits_{n=1}^{\infty} u_n$ 收敛的充分必要条件是它的部分和数列 $\{s_n\}$ 有界.

证明 充分性 因为 $u_n \geqslant 0$, 所以 $s_n \leqslant s_{n+1}$, 即 $\{s_n\}$ 单调递增. 又因为 $\{s_n\}$ 有界, 由极限存在准则 II, $\lim\limits_{n\to\infty} s_n$ 存在. 故正项级数 $\sum\limits_{n=1}^{\infty} u_n$ 收敛.

必要性 因正项级数 $\sum\limits_{n=1}^{\infty} u_n$ 收敛, 则其部分和数列 $\{s_n\}$ 有极限, 故 $\{s_n\}$ 有界.

例 7.2.1 证明: 级数 $\sum\limits_{n=1}^{\infty} \frac{1}{n(n+1)}$ 是收敛的.

解 因级数 $\sum_{n=1}^{\infty}\frac{1}{n(n+1)}$ 为正项级数, 且

$$\begin{aligned}s_n=&\frac{1}{1\times 2}+\frac{1}{2\times 3}+\cdots+\frac{1}{n\times(n+1)}\\=&\left(1-\frac{1}{2}\right)+\left(\frac{1}{2}-\frac{1}{3}\right)+\left(\frac{1}{3}-\frac{1}{4}\right)+\cdots+\left(\frac{1}{n}-\frac{1}{n+1}\right)\\=&1-\frac{1}{n+1}<1.\end{aligned}$$

所以部分和数列 $\{s_n\}$ 是有界的. 因此级数 $\sum_{n=1}^{\infty}\frac{1}{n(n+1)}$ 收敛.

定理 7.2.2(比较审敛法) 设 $\sum_{n=1}^{\infty}u_n, \sum_{n=1}^{\infty}v_n$ 都是正项级数, 且 $u_n\leqslant v_n\ (n=1,2,3,\cdots)$. 若级数 $\sum_{n=1}^{\infty}v_n$ 收敛, 则级数 $\sum_{n=1}^{\infty}u_n$ 也收敛; 反之, 若级数 $\sum_{n=1}^{\infty}u_n$ 发散, 则级数 $\sum_{n=1}^{\infty}v_n$ 也发散.

证明 设级数 $\sum_{n=1}^{\infty}u_n, \sum_{n=1}^{\infty}v_n$ 的部分和分别为 s_n, σ_n, 则有

$$s_n=u_1+u_2+\cdots+u_n\leqslant v_1+v_2+\cdots+v_n=\sigma_n.$$

若级数 $\sum_{n=1}^{\infty}v_n$ 收敛, 则其部分和数列 $\{\sigma_n\}$ 有界, 从而级数 $\sum_{n=1}^{\infty}u_n$ 的部分和数列 $\{s_n\}$ 也有界. 由定理 7.2.1, 级数 $\sum_{n=1}^{\infty}u_n$ 收敛.

反之, 若 $\sum_{n=1}^{\infty}u_n$ 发散, 则 $\lim\limits_{n\to\infty}s_n=+\infty$. 因此 $\lim\limits_{n\to\infty}\sigma_n=+\infty$, 即级数 $\sum_{n=1}^{\infty}v_n$ 发散.

由性质 7.1.1 及性质 7.1.3, 可得如下推论:

推论 7.2.1 设 $\sum_{n=1}^{\infty}u_n, \sum_{n=1}^{\infty}v_n$ 都是正项级数, 如果级数 $\sum_{n=1}^{\infty}v_n$ 收敛, 且存在某个正整数 N, 使得当 $n\geqslant N$ 时, 有 $u_n\leqslant kv_n\ (k\geqslant 0)$ 成立, 则级数 $\sum_{n=1}^{\infty}u_n$ 收敛; 如果级数 $\sum_{n=1}^{\infty}v_n$ 发散, 且当 $n\geqslant N$ 时, 有 $u_n\geqslant kv_n\ (k>0)$ 成立, 则级数 $\sum_{n=1}^{\infty}u_n$ 也发散.

例 7.2.2 证明: 级数 $\sum_{n=1}^{\infty}\frac{n}{5n^2-4}$ 是发散的.

证明 因为 $\dfrac{n}{5n^2-4} \geqslant \dfrac{n}{5n^2} = \dfrac{1}{5n}, n=1,2,\cdots$, 且级数 $\sum\limits_{n=1}^{\infty}\dfrac{1}{n}$ 发散. 由比较审敛法, 级数 $\sum\limits_{n=1}^{\infty}\dfrac{n}{5n^2-4}$ 发散.

例 7.2.3 讨论 p—级数 $\sum\limits_{n=1}^{\infty}\dfrac{1}{n^p}$ 的收敛性, 其中常数 $p>0$.

解 当 $p \leqslant 1$ 时, 因为 $\dfrac{1}{n^p} \geqslant \dfrac{1}{n}$ $(n=1,2,\cdots)$, 且调和级数 $\sum\limits_{n=1}^{\infty}\dfrac{1}{n}$ 是发散的. 由比较审敛法, 此时 p—级数 $\sum\limits_{n=1}^{\infty}\dfrac{1}{n^p}$ 是发散的;

若 $p>1$, 当 $n-1<x\leqslant n$ 时, 有 $\dfrac{1}{n^p} \leqslant \dfrac{1}{x^p}$, 所以

$$\frac{1}{n^p}=\int_{n-1}^{n}\frac{1}{n^p}\mathrm{d}x \leqslant \int_{n-1}^{n}\frac{1}{x^p}\mathrm{d}x \quad (n=2,3,\cdots),$$

从而级数 $\sum\limits_{n=1}^{\infty}\dfrac{1}{n^p}$ 的部分和

$$\begin{aligned}
s_n =& 1+\frac{1}{2^p}+\frac{1}{3^p}+\cdots+\frac{1}{n^p} \\
\leqslant & 1+\int_{1}^{2}\frac{1}{x^p}\mathrm{d}x+\cdots+\int_{n-1}^{n}\frac{1}{x^p}\mathrm{d}x \\
=& 1+\int_{1}^{n}\frac{1}{x^p}\mathrm{d}x \\
=& 1+\frac{1}{p-1}\left(1-\frac{1}{n^{p-1}}\right) \\
<& 1+\frac{1}{p-1}, \quad (n=2,3,\cdots).
\end{aligned}$$

即部分和数列 $\{s_n\}$ 有界, 由定理 7.2.1 知, 此时 p—级数 $\sum\limits_{n=1}^{\infty}\dfrac{1}{n^p}$ 是收敛的.

综上所述, p—**级数** $\sum\limits_{n=1}^{\infty}\dfrac{1}{n^p}$**, 当** $p>1$ **时收敛; 当** $0<p\leqslant 1$ **时发散**.

定理 7.2.3(比较审敛法的极限形式) 设 $\sum\limits_{n=1}^{\infty}u_n$, $\sum\limits_{n=1}^{\infty}v_n$ 都是正项级数, 且 $\lim\limits_{n\to\infty}\dfrac{u_n}{v_n}=l$.

(1) 当 $0<l<+\infty$ 时, 级数 $\sum\limits_{n=1}^{\infty}u_n$, $\sum\limits_{n=1}^{\infty}v_n$ 具有相同的敛散性;

(2) 当 $l=0$ 时, 若级数 $\sum_{n=1}^{\infty} v_n$ 收敛, 则级数 $\sum_{n=1}^{\infty} u_n$ 收敛;

(3) 当 $l=+\infty$ 时, 若级数 $\sum_{n=1}^{\infty} v_n$ 发散, 则级数 $\sum_{n=1}^{\infty} u_n$ 发散.

证明　(1) 当 $0<l<+\infty$ 时, 因 $\lim_{n\to\infty}\frac{u_n}{v_n}=l$, 由数列极限的定义, 对 $\varepsilon=\frac{l}{2}>0$, 存在 $N\in Z^+$, 当 $n>N$ 时, 有

$$\left|\frac{u_n}{v_n}-l\right|<\frac{l}{2},$$

即

$$\frac{1}{2}lv_n<u_n<\frac{3}{2}lv_n.$$

由推论 7.2.1 知, 级数 $\sum_{n=1}^{\infty} u_n$ 与 $\sum_{n=1}^{\infty} v_n$ 具有相同的敛散性;

(2) 当 $l=0$ 时, 不妨取 $\varepsilon=1$, 则存在 $N\in Z^+$, 当 $n>N$ 时, 有 $u_n<v_n$. 由推论 7.2.1 知, 若级数 $\sum_{n=1}^{\infty} v_n$ 收敛, 则级数 $\sum_{n=1}^{\infty} u_n$ 也收敛;

(3) 当 $l=+\infty$ 时, 由数列极限的定义, 不妨取 $M=1$, 则存在 $N\in Z^+$, 当 $n>N$ 时, 有 $\frac{u_n}{v_n}>1$, 即 $u_n>v_n$. 由推论 7.2.1 知, 若级数 $\sum_{n=1}^{\infty} v_n$ 发散, 则级数 $\sum_{n=1}^{\infty} u_n$ 也发散.

如果将所给的正项级数与 p—**级数**相比较则可得到以下结论.

推论 7.2.2　设级数 $\sum_{n=1}^{\infty} u_n$ 为正项级数

(1) 若 $\lim_{n\to\infty} nu_n=l>0$ 或 $\lim_{n\to\infty} nu_n=+\infty$, 则级数 $\sum_{n=1}^{\infty} u_n$ 发散;

(2) 若 $p>1$, 且 $\lim_{n\to\infty} n^p u_n=l(0\leqslant l<+\infty)$, 则级数 $\sum_{n=1}^{\infty} u_n$ 收敛.

例 7.2.4　判别级数 $\sum_{n=1}^{\infty}\sin\frac{1}{n}$ 的敛散性.

解　因为 $\sin\frac{1}{n}\sim\frac{1}{n}\ (n\to\infty)$, 且

$$\lim_{n\to\infty} n\sin\frac{1}{n}=\lim_{n\to\infty}\frac{\sin\frac{1}{n}}{\frac{1}{n}}=1.$$

由推论 7.2.2 知, 级数 $\sum_{n=1}^{\infty} \sin \frac{1}{n}$ 发散.

例 7.2.5 判别级数 $\sum_{n=2}^{\infty} \sqrt{n-1}\left(1-\cos \frac{\pi}{n}\right)$ 的敛散性.

解 因为 $\left(1-\cos \frac{\pi}{n}\right) \sim \frac{1}{2}\left(\frac{\pi}{n}\right)^{2}\ (n \rightarrow \infty)$, 且

$$\lim _{n \rightarrow \infty} n^{\frac{3}{2}} \sqrt{n-1}\left(1-\cos \frac{\pi}{n}\right)=\lim _{n \rightarrow \infty} n^{2} \sqrt{\frac{n-1}{n}} \cdot \frac{1}{2}\left(\frac{\pi}{n}\right)^{2}=\frac{1}{2} \pi^{2}.$$

由推论 7.2.2 知, 级数 $\sum_{n=2}^{\infty} \sqrt{n-1}\left(1-\cos \frac{\pi}{n}\right)$ 收敛.

比较审敛法及比较审敛法的极限形式是判断正项级数收敛性的一个重要方法. 对于给定的正项级数, 如果要用比较判别法来判别其收敛性, 则首先要通过观察找到另一个已知级数与其进行比较, 通常用**等比级数**, p—**级数**等.

定理 7.2.4(比值审敛法或达朗贝尔审敛法) 设 $\sum_{n=1}^{\infty} u_{n}$ 是正项级数, 且 $\lim _{n \rightarrow \infty} \frac{u_{n+1}}{u_{n}}=\rho$. 则

(1) 当 $\rho<1$ 时, 级数 $\sum_{n=1}^{\infty} u_{n}$ 收敛;

(2) 当 $\rho>1$(或 $\rho=+\infty$) 时, 级数 $\sum_{n=1}^{\infty} u_{n}$ 发散;

(3) 当 $\rho=1$ 时, 级数 $\sum_{n=1}^{\infty} u_{n}$ 可能收敛, 也可能发散.

证明 (1) 当 $\rho<1$ 时, 取适当的 $\varepsilon>0$, 使 $\rho+\varepsilon=r<1$. 因 $\lim _{n \rightarrow \infty} \frac{u_{n+1}}{u_{n}}=\rho$, 由数列极限的定义, 对上面的 $\varepsilon>0$, 存在 $N \in Z^{+}$, 当 $n \geqslant N$ 时, 有

$$\left|\frac{u_{n+1}}{u_{n}}-\rho\right|<\varepsilon,$$

即

$$\rho-\varepsilon<\frac{u_{n+1}}{u_{n}}<\rho+\varepsilon=r<1.$$

从而, 当 $n \geqslant N$ 时, 有

$$u_{n+1}<r u_{n}.$$

即

$$u_{N+1}<r u_{N}, \quad u_{N+2}<r u_{N+1}<r^{2} u_{N}, \quad \ldots, \quad u_{N+n}<r^{n} u_{N}, \quad \ldots$$

因 $0<r<1$, 所以级数 $\sum\limits_{n=1}^{\infty} r^n u_N$ 收敛. 由比较审敛法可知, 级数 $\sum\limits_{n=1}^{\infty} u_n$ 收敛.

(2) 当 $\rho>1$ 时, 取适当的 $\varepsilon>0$, 使 $\rho-\varepsilon>1$. 因 $\lim\limits_{n\to\infty}\dfrac{u_{n+1}}{u_n}=\rho$, 由数列极限的定义, 对前面的 $\varepsilon>0$, 存在 $N\in Z^+$, 当 $n\geqslant N$ 时, 有

$$1<\rho-\varepsilon<\frac{u_{n+1}}{u_n}<\rho+\varepsilon.$$

即当 $n\geqslant N$ 时, 有

$$u_{n+1}>u_n,$$

即

$$u_N<u_{N+1}<u_{N+2}<\cdots.$$

因当 $n\geqslant N$ 时, 一般项 u_n 单增, 从而 $\lim\limits_{n\to\infty}u_n\neq 0$. 由级数收敛的必要条件知, 级数 $\sum\limits_{n=1}^{\infty} u_n$ 发散.

类似地, 可以证明当 $\rho=+\infty$ 时, 级数 $\sum\limits_{n=1}^{\infty} u_n$ 发散.

(3) 当 $\rho=1$ 时, 级数 $\sum\limits_{n=1}^{\infty} u_n$ 可能收敛, 也可能发散. 例如, 对于级数 $\sum\limits_{n=1}^{\infty}\dfrac{1}{n}$ 和 $\sum\limits_{n=1}^{\infty}\dfrac{1}{n^2}$, 分别有

$$\lim_{n\to\infty}\frac{u_{n+1}}{u_n}=\lim_{n\to\infty}\frac{\dfrac{1}{n+1}}{\dfrac{1}{n}}=\lim_{n\to\infty}\frac{n}{n+1}=1,$$

$$\lim_{n\to\infty}\frac{u_{n+1}}{u_n}=\lim_{n\to\infty}\frac{\dfrac{1}{(n+1)^2}}{\dfrac{1}{n^2}}=\lim_{n\to\infty}\frac{n^2}{(n+1)^2}=1.$$

而级数 $\sum\limits_{n=1}^{\infty}\dfrac{1}{n}$ 发散, 级数 $\sum\limits_{n=1}^{\infty}\dfrac{1}{n^2}$ 收敛.

例 7.2.6　判别下列级数的敛散性:

(1) $\sum\limits_{n=1}^{\infty}\dfrac{n!}{10^n}$;　(2) $\sum\limits_{n=1}^{\infty}\dfrac{n!}{n^n}$;　(3) $\sum\limits_{n=1}^{\infty} nx^{n-1}(x>0)$.

解　(1) 设 $u_n=\dfrac{n!}{10^n}$, 则 $u_{n+1}=\dfrac{(n+1)!}{10^{n+1}}$. 由于

$$\lim_{n\to\infty}\frac{u_{n+1}}{u_n}=\lim_{n\to\infty}\frac{(n+1)!}{10^{n+1}}\cdot\frac{10^n}{n!}=\frac{1}{10}\lim_{n\to\infty}(n+1)=+\infty,$$

所以级数 $\sum_{n=1}^{\infty}\frac{n!}{10^n}$ 发散.

(2) 设 $u_n=\frac{n!}{n^n}$, 则 $u_{n+1}=\frac{(n+1)!}{(n+1)^{n+1}}$. 由于

$$\lim_{n\to\infty}\frac{u_{n+1}}{u_n}=\lim_{n\to\infty}\frac{(n+1)!}{(n+1)^{n+1}}\cdot\frac{n^n}{n!}=\lim_{n\to\infty}\frac{n^n}{(n+1)^n}=\lim_{n\to\infty}\frac{1}{\left(1+\frac{1}{n}\right)^n}=\frac{1}{e}<1,$$

所以级数 $\sum_{n=1}^{\infty}\frac{n!}{n^n}$ 收敛.

(3) 设 $u_n=nx^{n-1}$, 则 $u_{n+1}=(n+1)x^n$. 由于

$$\lim_{n\to\infty}\frac{u_{n+1}}{u_n}=\lim_{n\to\infty}\frac{(n+1)x^n}{nx^{n-1}}=\lim_{n\to\infty}\frac{n+1}{n}x=x,$$

所以, 当 $0<x<1$ 时, 级数 $\sum_{n=1}^{\infty}nx^{n-1}$ 收敛; 当 $x>1$ 时, 级数 $\sum_{n=1}^{\infty}nx^{n-1}$ 发散; 当 $x=1$ 时, 级数 $\sum_{n=1}^{\infty}nx^{n-1}=\sum_{n=1}^{\infty}n$ 也是发散的.

利用定理 7.2.4 的证明方法可类似地证明下述定理.

定理 7.2.5(根值判别法或柯西判别法) 设 $\sum_{n=1}^{\infty}u_n$ 是正项级数, 且 $\lim_{n\to\infty}\sqrt[n]{u_n}=\rho$. 则

(1) 当 $\rho<1$ 时, 级数 $\sum_{n=1}^{\infty}u_n$ 收敛;

(2) 当 $\rho>1$(或 $\rho=+\infty$) 时, 级数 $\sum_{n=1}^{\infty}u_n$ 发散;

(3) 当 $\rho=1$ 时, 级数 $\sum_{n=1}^{\infty}u_n$ 可能收敛, 也可能发散.

例 7.2.7 判断级数 $\sum_{n=1}^{\infty}\frac{1}{3^n}\left(1+\frac{1}{n}\right)^{n^2}$ 的敛散性.

解 因为

$$\lim_{n\to\infty}\sqrt[n]{u_n}=\frac{1}{3}\lim_{n\to\infty}\left(1+\frac{1}{n}\right)^n=\frac{\mathrm{e}}{3}<1,$$

由根值判别法知, 级数 $\sum_{n=1}^{\infty}\frac{1}{3^n}\left(1+\frac{1}{n}\right)^{n^2}$ 收敛.

7.2.2　交错级数的审敛法

定义 7.2.1　形如

$$\sum_{n=1}^{\infty}(-1)^{n-1}u_n = u_1 - u_2 + u_3 - u_4 + \cdots + (-1)^{n-1}u_n + \cdots$$

或

$$\sum_{n=1}^{\infty}(-1)^{n}u_n = -u_1 + u_2 - u_3 + \cdots + (-1)^{n}u_n + \cdots$$

的级数称为**交错级数**. 其中 $u_n \geqslant 0\ (n = 1, 2, \cdots)$.

例如, 级数 $\sum\limits_{n=1}^{\infty}(-1)^{n}\dfrac{1}{n}$ 是一个交错级数.

定理 7.2.6(莱布尼茨 Leibnitz 判别法)　若交错级数 $\sum\limits_{n=1}^{\infty}(-1)^{n-1}u_n$ 满足条件:

(1)$u_n \geqslant u_{n+1}\ (n = 1, 2, \cdots)$;

(2) $\lim\limits_{n\to\infty} u_n = 0$.

则交错级数 $\sum\limits_{n=1}^{\infty}(-1)^{n-1}u_n$ 收敛, 其和 $s \leqslant u_1$. 用前 n 项和 s_n 代替和 s, 其误差 $|r_n| \leqslant u_{n+1}$.

证明　设级数 $\sum\limits_{n=1}^{\infty}(-1)^{n-1}u_n$ 的部分和为 s_n.

欲证 $\lim\limits_{n\to\infty} s_n = s$, 先证 $\lim\limits_{n\to\infty} s_{2n} = s$. 为此, 对 s_{2n} 采取两种方法添加括号

$$s_{2n} = (u_1 - u_2) + (u_3 - u_4) + \cdots + (u_{2n-1} - u_{2n}), \tag{7.1}$$

$$s_{2n} = u_1 - (u_2 - u_3) - \cdots - (u_{2n-2} - u_{2n-1}) - u_{2n}. \tag{7.2}$$

由定理 7.2.6 的条件 (1) 及式 (7.1) 可知, 数列 $\{s_{2n}\}$ 是一单调递增数列. 又由式 (7.2) 得 $s_{2n} \leqslant u_1$, 即数列 $\{s_{2n}\}$ 是有界的. 由极限存在准则 II, 数列 $\{s_{2n}\}$ 的极限存在. 不妨设 $\lim\limits_{n\to\infty} s_{2n} = s$, 由式 (7.2) 有, $s \leqslant u_1$.

下面证明 $\lim\limits_{n\to\infty} s_{2n+1} = s$. 因为 $s_{2n+1} = s_{2n} + u_{2n+1}$, 由定理的条件 (2), 得

$$\lim_{n\to\infty} s_{2n+1} = \lim_{n\to\infty}(s_{2n} + u_{2n+1}) = s.$$

因此 $\lim\limits_{n\to\infty} s_n = s$, 即级数 $\sum\limits_{n=1}^{\infty}(-1)^{n-1}u_n$ 收敛于和 s, 且 $s \leqslant u_1$.

当交错级数 $\sum\limits_{n=1}^{\infty}(-1)^{n-1}u_n$ 收敛时, 以部分和 s_n 代替和 s, 其误差 r_n 为

$$|r_n| = |s - s_n| = \left|(-1)^{n}u_{n+1} + (-1)^{n+1}u_{n+2} + \cdots\right|$$

$$
\begin{aligned}
&= u_{n+1} - u_{n+2} + u_{n+3} - u_{n+4} + \cdots \\
&\leqslant u_{n+1}.
\end{aligned}
$$

即其误差 r_n 不超过 u_{n+1}.

例 7.2.8 判断级数 $\sum\limits_{n=1}^{\infty}(-1)^{n-1}\dfrac{1}{\sqrt{n}}$ 的敛散性.

解 设 $u_n=\dfrac{1}{\sqrt{n}}$, 显然$u_{n+1}=\dfrac{1}{\sqrt{n+1}}\leqslant\dfrac{1}{\sqrt{n}}=u_n$, $n=1,2,\cdots$, 且 $\lim\limits_{n\to\infty}u_n=\lim\limits_{n\to\infty}\dfrac{1}{\sqrt{n}}=0$. 由莱布尼茨判别法可知, 交错级数 $\sum\limits_{n=1}^{\infty}(-1)^{n-1}\dfrac{1}{\sqrt{n}}$ 收敛.

例 7.2.9 判断级数 $\sum\limits_{n=1}^{\infty}(-1)^{n}\ln\left(1+\dfrac{1}{\sqrt{n}}\right)$ 的敛散性.

解 设 $u_n=\ln\left(1+\dfrac{1}{\sqrt{n}}\right)$, 显然 $u_{n+1}=\ln\left(1+\dfrac{1}{\sqrt{n+1}}\right)\leqslant\ln\left(1+\dfrac{1}{\sqrt{n}}\right)=u_n$, $n=1,2,\cdots$, 且 $\lim\limits_{n\to\infty}u_n=\lim\limits_{n\to\infty}\ln\left(1+\dfrac{1}{\sqrt{n}}\right)=0$. 由莱布尼茨判别法可知, 交错级数 $\sum\limits_{n=1}^{\infty}(-1)^{n}\ln\left(1+\dfrac{1}{\sqrt{n}}\right)$ 收敛.

7.2.3 绝对收敛与条件收敛

前面讨论了正项级数和交错级数的审敛法, 这里讨论任意项级数

$$
\sum_{n=1}^{\infty}u_n=u_1+u_2+u_3+\cdots+u_n+\cdots,
$$

其中 u_n 可以是正数、负数或零.

对任意项级数 $\sum\limits_{n=1}^{\infty}u_n$ 的每一项加绝对值后构成正项级数 $\sum\limits_{n=1}^{\infty}|u_n|$, 对正项级数 $\sum\limits_{n=1}^{\infty}|u_n|$ 利用正项级数的审敛法判断其敛散性.

定义 7.2.2 如果级数 $\sum\limits_{n=1}^{\infty}|u_n|$ 收敛, 则称级数 $\sum\limits_{n=1}^{\infty}u_n$**绝对收敛**; 如果级数 $\sum\limits_{n=1}^{\infty}|u_n|$ 发散, 而级数 $\sum\limits_{n=1}^{\infty}u_n$ 收敛, 则称级数 $\sum\limits_{n=1}^{\infty}u_n$**条件收敛**.

例如, 级数 $\sum\limits_{n=1}^{\infty}(-1)^{n-1}\dfrac{1}{n^2}$ 是绝对收敛的, 级数 $\sum\limits_{n=1}^{\infty}(-1)^{n-1}\dfrac{1}{\sqrt{n}}$ 是条件收敛的.

定理 7.2.7　如果级数 $\sum\limits_{n=1}^{\infty}|u_n|$ 收敛, 则级数 $\sum\limits_{n=1}^{\infty}u_n$ 一定收敛.

证明　由不等式的性质, 有

$$0 \leqslant u_n + |u_n| \leqslant 2|u_n|, \quad n = 1, 2, \cdots$$

且级数 $\sum\limits_{n=1}^{\infty}2|u_n|$ 收敛, 由比较审敛法知, 级数 $\sum\limits_{n=1}^{\infty}(u_n + |u_n|)$ 收敛. 又

$$\sum_{n=1}^{\infty}u_n = \sum_{n=1}^{\infty}[(u_n + |u_n|) - |u_n|],$$

所以级数 $\sum\limits_{n=1}^{\infty}u_n$ 收敛.

例 7.2.10　判别下列级数的敛散性:

(1) $\sum\limits_{n=1}^{\infty}\dfrac{\sin n\alpha}{n^3}$;　　　　(2) $\sum\limits_{n=1}^{\infty}(-1)^n\dfrac{n^2}{\mathrm{e}^n}$.

解　(1) 由于 $\left|\dfrac{\sin n\alpha}{n^3}\right| \leqslant \dfrac{1}{n^3}$, $(n = 1, 2, \cdots)$, 且级数 $\sum\limits_{n=1}^{\infty}\dfrac{1}{n^3}$ 收敛. 所以, 级数 $\sum\limits_{n=1}^{\infty}\dfrac{\sin n\alpha}{n^3}$ 绝对收敛.

(2) 考虑正项级数 $\sum\limits_{n=1}^{\infty}\left|(-1)^n\dfrac{n^2}{\mathrm{e}^n}\right| = \sum\limits_{n=1}^{\infty}\dfrac{n^2}{\mathrm{e}^n}$, 因为

$$\lim_{n\to\infty}\frac{u_{n+1}}{u_n} = \lim_{n\to\infty}\frac{\dfrac{(n+1)^2}{\mathrm{e}^{n+1}}}{\dfrac{n^2}{\mathrm{e}^n}} = \frac{1}{\mathrm{e}} < 1,$$

所以级数 $\sum\limits_{n=1}^{\infty}(-1)^n\dfrac{n^2}{\mathrm{e}^n}$ 绝对收敛.

一般地, 如果级数 $\sum\limits_{n=1}^{\infty}|u_n|$ 发散, 级数 $\sum\limits_{n=1}^{\infty}u_n$ 不一定发散. 例如, 级数 $\sum\limits_{n=1}^{\infty}\dfrac{(-1)^n}{\sqrt{n}}$ 是一个交错级数, 它是收敛的, 但 $\sum\limits_{n=1}^{\infty}\dfrac{1}{\sqrt{n}}$ 是发散的. 若用比值判别法或根值判别法确定级数 $\sum\limits_{n=1}^{\infty}|u_n|$ 发散的, 则级数 $\sum\limits_{n=1}^{\infty}u_n$ 也发散. 事实上, 如果用根值判别法通过 $\lim\limits_{n\to\infty}\sqrt[n]{|u_n|} = \rho > 1$ 判定级数 $\sum\limits_{n=1}^{\infty}|u_n|$ 发散, 则存在 $N \in Z^+$, 当 $n > N$ 时, 有

$\sqrt[n]{|u_n|} > 1$. 从而 $|u_n| > 1$, 这说明 $\lim\limits_{n\to\infty} u_n \neq 0$. 因此, 级数 $\sum\limits_{n=1}^{\infty} u_n$ 发散.

例 7.2.11 判断级数 $\sum\limits_{n=1}^{\infty} (-1)^{n+1}\dfrac{n^n}{n!}$ 的敛散性.

解 因为

$$\lim_{n\to\infty}\frac{|u_{n+1}|}{|u_n|} = \lim_{n\to\infty}\frac{(n+1)^{n+1}}{(n+1)!}\cdot\frac{n!}{n^n} = \lim_{n\to\infty}\frac{(n+1)^n}{n^n} = \lim_{n\to\infty}\left(1+\frac{1}{n}\right)^n = \mathrm{e} > 1,$$

所以级数 $\sum\limits_{n=1}^{\infty} (-1)^{n+1}\dfrac{n^n}{n!}$ 发散.

习 题 7.2

1. 用比较判别法或其极限形式判断下列级数的敛散性:

(1) $\sum\limits_{n=1}^{\infty} \dfrac{1}{\sqrt{n(n+1)}}$; (2) $\sum\limits_{n=1}^{\infty} \dfrac{2n+1}{(n+1)^2(n+2)^2}$;

(3) $\sum\limits_{n=1}^{\infty} \ln\left(1+\dfrac{1}{n^2}\right)$; (4) $\sum\limits_{n=1}^{\infty} \sqrt{n+1}\ln\left(1-\cos\dfrac{\pi}{n}\right)$;

(5) $\sum\limits_{n=1}^{\infty} (\sqrt[n]{a}-1)$, (其中 $a \geqslant 1$); (6) $\sum\limits_{n=1}^{\infty} \dfrac{(n+a)^n}{n^{n+a}}$, (其中 $a \geqslant 1$).

2. 设 $u_n = \int_0^{\frac{\pi}{4}} \tan^n x\mathrm{d}x$, 证明: 级数 $\sum\limits_{n=1}^{\infty} \dfrac{u_n}{n^\lambda}(\lambda > 0)$ 收敛.

3. 如果 $u_n > 0$, $n = 1, 2, \cdots$, 且 $\sum\limits_{n=1}^{\infty} u_n$ 收敛, 证明: $\sum\limits_{n=1}^{\infty} u_n^2$ 收敛.

4. 证明: 如果级数 $\sum\limits_{n=1}^{\infty} u_n^2$ 收敛, 则级数 $\sum\limits_{n=1}^{\infty} \dfrac{u_n}{n}$(其中 $u_n > 0$) 也收敛.

5. 证明: 如果正项级数 $\sum\limits_{n=1}^{\infty} u_n$ 收敛, 那么级数 $\sum\limits_{n=1}^{\infty} \ln(1+u_n)$ 收敛.

6. 证明: 如果 $\lim\limits_{n\to\infty} nu_n = 1$, 那么 $\sum\limits_{n=1}^{\infty} u_n$ 发散.

7. 用比值判别法判断下列级数的敛散性:

(1) $\sum\limits_{n=1}^{\infty} \dfrac{8^n}{n!}$; (2) $\sum\limits_{n=1}^{\infty} \dfrac{5^n}{n^6}$;

(3) $\sum\limits_{n=1}^{\infty} \dfrac{n^3}{(2n)!}$; (4) $\sum\limits_{n=1}^{\infty} \dfrac{1\cdot 3\cdot 5\cdot\cdots\cdot(2n-1)}{n\,!}$;

(5) $\sum\limits_{n=1}^{\infty} 2^{n+1}\sin\frac{\pi}{3^n}$;　(6) $\sum\limits_{n=1}^{\infty}\frac{4^n}{5^n-3^n}$;

(7) $\sum\limits_{n=1}^{\infty}\frac{3^n+n}{n\,!}$;　(8) $\sum\limits_{n=1}^{\infty}\frac{1}{2n(2n-1)}$.

8. 用根值判别法判断下列级数的敛散性:

(1) $\sum\limits_{n=1}^{\infty}\frac{5^n}{n\cdot 6^n}$;　(2) $\sum\limits_{n=1}^{\infty}\left(\frac{1}{\ln n}\right)^n$;

(3) $\sum\limits_{n=1}^{\infty}\left(\frac{b}{a_n}\right)^n$, 其中 $\lim\limits_{n\to\infty}a_n=a>0, a_n>0, b>0, a\neq b$;

(4) $\sum\limits_{n=1}^{\infty}\left(\frac{1}{2}+\frac{1}{n}\right)^n$;　(5) $\sum\limits_{n=1}^{\infty}\left(1-\frac{1}{n}\right)^{n^2}$;

(6) $\sum\limits_{n=1}^{\infty}2^{-n-(-1)^n}$;　(7) $\sum\limits_{n=1}^{\infty}\frac{2+(-1)^n}{2^n}$.

9. 利用级数收敛的必要条件证明下列极限:

(1) $\lim\limits_{n\to\infty}\frac{n^n}{(n!)^2}=0$;　(2) $\lim\limits_{n\to\infty}\frac{(2n)!}{a^{n!}}=0 \quad (a>1)$;

(3) $\lim\limits_{n\to\infty}\frac{(1+1)(2+1)(3+1)\cdots(n+1)}{(3+1)(6+1)(9+1)\cdots(3n+1)}=0$.

10. 判断下列级数的敛散性:

(1) $\sum\limits_{n=1}^{\infty}(-1)^{n+1}\frac{2}{3n+1}$;　(2) $\sum\limits_{n=1}^{\infty}(-1)^{n+1}\frac{1}{n^p}$;

(3) $\sum\limits_{n=1}^{\infty}(-1)^n\frac{n^2}{2^n}$;　(4) $\sum\limits_{n=1}^{\infty}(-1)^{n+1}\frac{\ln n}{\sqrt{n}}$.

11. 证明下列级数都是绝对收敛的:

(1) $\sum\limits_{n=1}^{\infty}\left(-\frac{3}{4}\right)^n$;　(2) $\sum\limits_{n=1}^{\infty}(-1)^{n+1}\frac{1}{n\sqrt{n}}$;

(3) $\sum\limits_{n=1}^{\infty}(-1)^n\frac{\sin n}{n\sqrt{n}}$;　(4) $\sum\limits_{n=1}^{\infty}(-1)^{n+1}\frac{2^n}{n!}$.

12. 判断下列级数的敛散性. 如果收敛, 指出是绝对收敛还是条件收敛.

(1) $\sum\limits_{n=1}^{\infty}(-1)^n\frac{n^{n+1}}{(n+1)!}$;　(2) $\sum\limits_{n=1}^{\infty}(-1)^{n+1}\frac{2n}{n^2+1}$;

(3) $\sum\limits_{n=1}^{\infty}(-1)^n\frac{1}{n\ln(n+2)}$;　(4) $\sum\limits_{n=1}^{\infty}(-1)^{n+1}\frac{1}{n(1+\sqrt{n})}$;

(5) $\sum_{n=1}^{\infty} \frac{\cos n\pi}{n^3}$;

(6) $\sum_{n=1}^{\infty} (-1)^{n+1} \frac{1}{2^n} \left(1+\frac{1}{n}\right)^{n^2}$.

13. 证明: 如果 $\sum_{n=1}^{\infty} u_n$ 发散, 则 $\sum_{n=1}^{\infty} |u_n|$ 发散.

7.3 幂 级 数

前面几节已经系统地讨论了常数项级数的敛散性. 从本节开始, 将着重讨论**函数项级数**. 显然, 常数项级数是函数项级数的一种特殊情况, 本节将重点讨论幂级数.

7.3.1 函数项级数的概念

定义 7.3.1 设 $u_1(x), u_2(x), \cdots, u_n(x), \cdots$ 是定义在区间 I 上的函数列, 称形式和

$$u_1(x)+u_2(x)+\cdots+u_n(x)+\cdots$$

为定义在区间 I 上的**函数项级数**, 记为 $\sum_{n=1}^{\infty} u_n(x)$, 即

$$\sum_{n=1}^{\infty} u_n(x) = u_1(x)+u_2(x)+\cdots+u_n(x)+\cdots. \tag{7.3}$$

称 $u_n(x)$ 为函数项级数 $\sum_{n=1}^{\infty} u_n(x)$ 的**一般项或通项**. 函数项级数 $\sum_{n=1}^{\infty} u_n(x)$ 的前 n 项和称为**部分和**, 记为 $s_n(x)$, 即

$$s_n(x) = u_1(x)+u_2(x)+\cdots+u_n(x).$$

定义 7.3.2 对 $x_0 \in I$, 如果常数项级数 $\sum_{n=1}^{\infty} u_n(x_0)$ 收敛, 则称函数项级数 $\sum_{n=1}^{\infty} u_n(x)$ 在点 x_0 处收敛, 也称点 x_0 为该函数项级数的**收敛点**. 如果 $\sum_{n=1}^{\infty} u_n(x_0)$ 发散, 则称函数项级数 $\sum_{n=1}^{\infty} u_n(x)$ 在点 x_0 发散, 也称点 x_0 为该函数项级数的**发散点**. 函数项级数 $\sum_{n=1}^{\infty} u_n(x)$ 全体收敛点的集合称为该函数项级数的**收敛域**, 全体发散点的集合称为**发散域**.

若函数项级数 $\sum\limits_{n=1}^{\infty}u_n(x)$ 的收敛域为 D, 则对 D 内的每一点 x, 函数项级数 $\sum\limits_{n=1}^{\infty}u_n(x)$ 的和 $s(x)$ 就是关于 x 的函数, 称 $s(x)$ 为函数项级数 $\sum\limits_{n=1}^{\infty}u_n(x)$ 的**和函数**. 函数项级数 $\sum\limits_{n=1}^{\infty}u_n(x)$ 的收敛域就是和函数 $s(x)$ 的定义域.

与常数项级数类似, 称

$$r_n(x)=s(x)-s_n(x)=u_{n+1}(x)+u_{n+2}(x)+\cdots$$

为函数项级数 $\sum\limits_{n=1}^{\infty}u_n(x)$ 的**余项**. 对于收敛域内的每一点 x, 有

$$\lim_{n\to\infty}r_n(x)=0.$$

由上述定义可知, 函数项级数在某点的收敛性问题, 实质上是常数项级数的收敛问题. 而函数项级数在某个区间内的收敛性问题, 是指函数项级数在该区间内任意一点的收敛性问题. 如此说来, 仍可用常数项级数的收敛性判别法来判断函数项级数的收敛性.

例 7.3.1　求级数 $\sum\limits_{n=1}^{\infty}\dfrac{(-1)^n}{n}\left(\dfrac{x+1}{2}\right)^n$ 的收敛域.

解　由比值判别法

$$\lim_{n\to\infty}\left|\frac{u_{n+1}(x)}{u_n(x)}\right|=\lim_{n\to\infty}\left|\frac{n}{n+1}\right|\cdot\frac{|x+1|}{2}=\frac{|x+1|}{2}.$$

当 $\dfrac{|x+1|}{2}<1$, 即 $-3<x<1$ 时, 级数绝对收敛;

当 $\dfrac{|x+1|}{2}>1$, 即 $x<-3$ 或 $x>1$ 时, 级数发散;

当 $x=1$ 时, 级数为 $\sum\limits_{n=1}^{\infty}(-1)^n\dfrac{1}{n}$ 收敛, $x=-3$ 时, 级数为 $\sum\limits_{n=1}^{\infty}\dfrac{1}{n}$ 发散. 所以, 级数的收敛域为 $(-3,1]$.

7.3.2　幂级数的收敛性

定义 7.3.3　形如

$$a_0+a_1x+a_2x^2+\cdots+a_nx^n+\cdots$$

的函数项级数称为**幂级数**, 记为 $\sum\limits_{n=0}^{\infty} a_n x^n$. 其中 $a_0, a_1, a_2, \cdots, a_n, \cdots$ 为常数, 称为**幂级数的系数**. 即

$$\sum_{n=0}^{\infty} a_n x^n = a_0 + a_1 x + a_2 x^2 + \cdots + a_n x^n + \cdots. \tag{7.4}$$

对幂级数

$$\sum_{n=0}^{\infty} a_n (x - x_0)^n = a_0 + a_1 (x - x_0) + a_2 (x - x_0)^2 + \cdots + a_n (x - x_0)^n + \cdots,$$

可作变量代换 $t = x - x_0$, 则幂级数变为 $\sum\limits_{n=0}^{\infty} a_n t^n$. 因此, 本节主要对形如 $\sum\limits_{n=0}^{\infty} a_n x^n$ 的幂级数展开讨论.

对于幂级数 $\sum\limits_{n=0}^{\infty} a_n x^n$, 当 $x = 0$ 时, 收敛于 a_0, 这说明幂级数的收敛域必定非空.

定理 7.3.1(阿贝尔 Abel 定理) 如果幂级数 $\sum\limits_{n=0}^{\infty} a_n x^n$ 在 $x = x_0 (x_0 \neq 0)$ 点收敛, 则当 $|x| < |x_0|$ 时, 级数 $\sum\limits_{n=0}^{\infty} a_n x^n$ 绝对收敛; 如果级数 $\sum\limits_{n=0}^{\infty} a_n x^n$ 在 $x = x_0 (x_0 \neq 0)$ 点发散, 则当 $|x| > |x_0|$ 时, 级数 $\sum\limits_{n=0}^{\infty} a_n x^n$ 发散.

证明 因级数 $\sum\limits_{n=0}^{\infty} a_n x^n$ 在 $x = x_0 (x_0 \neq 0)$ 点收敛, 即常数项级数 $\sum\limits_{n=0}^{\infty} a_n x_0^n$ 收敛, 由级数收敛的必要条件, 有

$$\lim_{n \to \infty} a_n x_0^n = 0.$$

又由收敛数列的有界性, 存在常数 $M > 0$, 使得对一切的 n, 有 $|a_n x_0^n| \leqslant M$. 而

$$|a_n x^n| = \left| a_n x_0^n \cdot \frac{x^n}{x_0^n} \right| = |a_n x_0^n| \cdot \left| \frac{x}{x_0} \right|^n \leqslant M \left| \frac{x}{x_0} \right|^n, \quad n = 0, 1, 2, \cdots.$$

当 $\left| \dfrac{x}{x_0} \right| < 1$ 即 $|x| < |x_0|$ 时, 等比级数 $\sum\limits_{n=0}^{\infty} M \left| \dfrac{x}{x_0} \right|^n$ 收敛. 由比较审敛法知, 级数 $\sum\limits_{n=0}^{\infty} |a_n x^n|$ 收敛, 即级数 $\sum\limits_{n=0}^{\infty} a_n x^n$ 绝对收敛.

定理的第二部分利用反证法进行证明. 假设存在一点 x_1, 且 $|x_1| > |x_0|$, 级数 $\sum\limits_{n=0}^{\infty} a_n x^n$ 在 $x = x_1$ 点收敛. 则根据前面的讨论, 当 $x = x_0$ 时级数也应收敛, 这与

假设矛盾. 故假设不真, 定理结论正确.

由阿贝尔定理可知, 如果幂级数 $\sum_{n=0}^{\infty} a_n x^n$ 在 $x = x_0(x_0 \neq 0)$ 点处收敛, 则级数 $\sum_{n=0}^{\infty} a_n x^n$ 在开区间 $(-|x_0|, |x_0|)$ 内绝对收敛; 如果幂级数 $\sum_{n=0}^{\infty} a_n x^n$ 在点 $x = x_0(x_0 \neq 0)$ 处发散, 则级数 $\sum_{n=0}^{\infty} a_n x^n$ 在闭区间 $[-|x_0|, |x_0|]$ 外一定发散.

如果幂级数 $\sum_{n=0}^{\infty} a_n x^n$ 在数轴上既有收敛点 (除 $x = 0$ 点外) 也有发散点, 则由阿贝尔定理可知从数轴的原点出发沿正、负向走去, 最初遇到收敛点, 最后遇到发散点, 且正、负向的收敛点和发散点的分界点是关于原点对称的 (图 7.1).

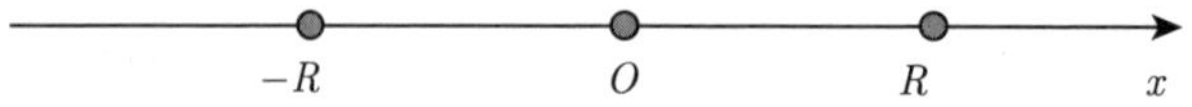

图 7.1

由此可得, 如果幂级数 $\sum_{n=0}^{\infty} a_n x^n$ 不仅仅只在点 $x = 0$ 处收敛, 也不是在整个数轴上都收敛, 则必存在一个确定的正数 R, 使得

(1) 当 $|x| < R$ 时, 幂级数绝对收敛;

(2) 当 $|x| > R$ 时, 幂级数发散;

(3) 当 $x = \pm R$ 时, 幂级数可能收敛也可能发散.

称正数 R 为幂级数 $\sum_{n=0}^{\infty} a_n x^n$ 的**收敛半径**. $(-R, R)$ 称为幂级数 $\sum_{n=0}^{\infty} a_n x^n$ 的**收敛区间**. 若幂级数的收敛域为 D, 则

$$(-R, R) \subseteq D \subseteq [-R, R]$$

即幂级数的收敛域 D 是收敛区间 $(-R, R)$ 与收敛端点的并集.

特别地, 如果幂级数仅在点 $x = 0$ 处收敛, 此时规定收敛半径 $R = 0$, 收敛域仅有一个点 $x = 0$; 如果幂级数在整个 x 轴上都收敛, 则规定收敛半径 $R = +\infty$, 此时收敛域为 $(-\infty, +\infty)$.

由上述讨论, 如果能找到幂级数的收敛半径 R, 则只要判断端点 $x = \pm R$ 的敛散性, 就可得到幂级数的收敛域. 下面的定理给出了幂级数 $\sum_{n=0}^{\infty} a_n x^n$ 的收敛半径的求法.

定理 7.3.2 设幂级数 $\sum_{n=0}^{\infty} a_n x^n$, 如果

$$\lim_{n\to\infty}\left|\frac{a_{n+1}}{a_n}\right| = \rho,$$

则

(1) 当 $\rho \neq 0$ 时, 幂级数的收敛半径 $R = \frac{1}{\rho}$;

(2) 当 $\rho = 0$ 时, 幂级数的收敛半径 $R = +\infty$;

(3) 当 $\rho = +\infty$ 时, 幂级数的收敛半径 $R = 0$.

证明 对正项级数 $\sum_{n=0}^{\infty} |a_n x^n|$ 利用比值判别法, 有

$$\lim_{n\to\infty}\frac{u_{n+1}}{u_n} = \lim_{n\to\infty}\frac{|a_{n+1}x^{n+1}|}{|a_n x^n|} = |x|\lim_{n\to\infty}\left|\frac{a_{n+1}}{a_n}\right| = \rho\,|x|.$$

(1)$\rho \neq 0$ 时, 当 $\rho|x| < 1$ 即 $|x| < \frac{1}{\rho}$ 时, 级数 $\sum_{n=0}^{\infty} a_n x^n$ 绝对收敛; 当 $\rho|x| > 1$ 即 $|x| > \frac{1}{\rho}$ 时, 级数 $\sum_{n=0}^{\infty} |a_n x^n|$ 发散, 且当 n 充分大时, 有 $|a_{n+1}x^{n+1}| > |a_n x^n|$, 故一般项 $|a_n x^n|$ 不趋于零, 从而级数 $\sum_{n=0}^{\infty} a_n x^n$ 发散. 因此, 收敛半径 $R = \frac{1}{\rho}$;

(2)$\rho = 0$ 时, 则对任意实数 x, 有 $\rho|x| = 0 < 1$. 对任意实数 x, 级数 $\sum_{n=0}^{\infty} |a_n x^n|$ 收敛, 即级数 $\sum_{n=0}^{\infty} a_n x^n$ 绝对收敛. 因此, 收敛半径 $R = +\infty$;

(3)$\rho = +\infty$ 时, 对于任何非零的实数 x, 有 $\rho|x| = +\infty > 1$. 级数 $\sum_{n=0}^{\infty} |a_n x^n|$ 发散. 于是 $R = 0$.

例 7.3.2 求下列幂级数的收敛域:

(1)$\sum_{n=0}^{\infty} \frac{1}{(n+1)2^n} x^n$; (2)$\sum_{n=0}^{\infty} \frac{2^n}{n\,!} x^n$; (3)$\sum_{n=1}^{\infty} n\,! x^n$.

解 (1) 因为

$$\lim_{n\to\infty}\left|\frac{a_{n+1}}{a_n}\right| = \lim_{n\to\infty}\left|\frac{(n+1)2^n}{(n+2)2^{n+1}}\right| = \lim_{n\to\infty}\frac{n+1}{2(n+2)} = \frac{1}{2},$$

所以, 收敛半径 $R = 2$.

当 $x=-2$ 时, 级数为 $\sum_{n=0}^{\infty}(-1)^n\frac{1}{n+1}$, 该交错级数收敛; 当 $x=2$ 时, 级数为 $\sum_{n=0}^{\infty}\frac{1}{n+1}$, 该级数发散. 从而所求幂级数的收敛域为 $[-2,2)$.

(2) 因为

$$\lim_{n\to\infty}\left|\frac{a_{n+1}}{a_n}\right|=\lim_{n\to\infty}\frac{\dfrac{2^{n+1}}{(n+1)!}}{\dfrac{2^n}{n!}}=\lim_{n\to\infty}\frac{2}{n+1}=0,$$

则收敛半径 $R=+\infty$, 所以级数 $\sum_{n=0}^{\infty}\frac{2^n}{n\,!}x^n$ 的收敛域为 $(-\infty,+\infty)$;

(3) 因为

$$\lim_{n\to\infty}\left|\frac{a_{n+1}}{a_n}\right|=\lim_{n\to\infty}\frac{(n+1)\,!}{n\,!}=\lim_{n\to\infty}(n+1)=\infty,$$

故收敛半径 $R=0$, 即级数 $\sum_{n=1}^{\infty}n\,!x^n$ 只在 $x=0$ 处收敛.

例 7.3.3 求幂级数 $\sum_{n=1}^{\infty}\frac{(x-1)^n}{\sqrt{n}}$ 的收敛域.

解 令 $t=x-1$, 上述级数变为

$$\sum_{n=1}^{\infty}\frac{t^n}{\sqrt{n}}.$$

因为

$$\lim_{n\to\infty}\left|\frac{a_{n+1}}{a_n}\right|=\lim_{n\to\infty}\left|\frac{\dfrac{1}{\sqrt{n+1}}}{\dfrac{1}{\sqrt{n}}}\right|=\lim_{n\to\infty}\sqrt{\frac{n}{n+1}}=1,$$

所以, 收敛半径 $R=1$.

当 $t=-1$ 时, 级数 $\sum_{n=1}^{\infty}\frac{(-1)^n}{\sqrt{n}}$ 收敛; 当 $t=1$ 时, 级数 $\sum_{n=1}^{\infty}\frac{1}{\sqrt{n}}$ 发散. 由 $-1\leqslant x-1<1$ 得, $0\leqslant x<2$. 因此, 所求级数的收敛域为 $[0,2)$.

例 7.3.4 求幂级数 $\sum_{n=1}^{\infty}\frac{(2n)\,!}{(n\,!)^2}x^{2n}$ 的收敛半径.

解 级数缺少奇次幂, 定理 7.3.2 不能直接应用, 只能利用该定理的证明思路比值审敛法解决.

由于

$$\lim_{n\to\infty}\left|\frac{u_{n+1}}{u_n}\right|=\lim_{n\to\infty}\left|\frac{\frac{[2(n+1)]!}{[(n+1)!]^2}x^{2(n+1)}}{\frac{(2n)!}{(n!)^2}x^{2n}}\right|=2x^2\lim_{n\to\infty}\frac{2n+1}{n+1}=4x^2.$$

当 $4x^2<1$, 即 $|x|<\frac{1}{2}$ 时, 级数 $\sum_{n=1}^{\infty}\frac{(2n)!}{(n!)^2}x^{2n}$ 绝对收敛; 当 $4x^2>1$, 即 $|x|>\frac{1}{2}$ 时, 级数 $\sum_{n=1}^{\infty}\frac{(2n)!}{(n!)^2}x^{2n}$ 发散. 因此, 级数 $\sum_{n=1}^{\infty}\frac{(2n)!}{(n!)^2}x^{2n}$ 的收敛半径为 $R=\frac{1}{2}$.

7.3.3 幂级数的运算

定理 7.3.3 设幂级数 $\sum_{n=0}^{\infty}a_nx^n$, $\sum_{n=0}^{\infty}b_nx^n$ 的收敛区间分别为 $(-R_1,R_1)$, $(-R_2,R_2)$, 记 $R=\min\{R_1,R_2\}$, 则

(1)**加、减法**

$$\sum_{n=0}^{\infty}a_nx^n\pm\sum_{n=0}^{\infty}b_nx^n=\sum_{n=0}^{\infty}(a_n\pm b_n)x^n,\quad x\in(-R,R);$$

(2)**乘法**

$$\left(\sum_{n=0}^{\infty}a_nx^n\right)\cdot\left(\sum_{n=0}^{\infty}b_nx^n\right)=\sum_{n=0}^{\infty}c_nx^n,\quad x\in(-R,R),$$

其中 $c_n=a_0b_n+a_1b_{n-1}+\cdots+a_nb_0$;

(3)**除法**

$$\frac{\sum_{n=0}^{\infty}a_nx^n}{\sum_{n=0}^{\infty}b_nx^n}=\sum_{n=0}^{\infty}c_nx^n(b_0\neq 0).$$

为了确定系数 c_n, 可将级数 $\sum_{n=0}^{\infty}b_nx^n$ 与 $\sum_{n=0}^{\infty}c_nx^n$ 相乘, 并令乘积中各项的系数分别等于级数 $\sum_{n=0}^{\infty}a_nx^n$ 中同幂次的系数, 即得

$$\begin{aligned}a_0&=b_0c_0,\\a_1&=b_0c_1+b_1c_0,\\a_2&=b_0c_2+b_1c_1+b_2c_0,\end{aligned}$$

$$\cdots\cdots,$$

可由这些方程依次求出系数 $c_n(n = 0,1,2,\cdots)$. 一般地, 相除后得到的幂级数 $\sum\limits_{n=0}^{\infty} c_n x^n$ 的收敛半径可能比原来两级数的收敛半径小很多.

例 7.3.5　求幂级数 $\sum\limits_{n=0}^{\infty}\left(\dfrac{2^n}{n\,!}+\dfrac{1}{2^n}\right)x^n$ 的收敛域.

解　因为

$$\sum_{n=0}^{\infty}\left(\frac{2^n}{n\,!}+\frac{1}{2^n}\right)x^n=\sum_{n=0}^{\infty}\frac{2^n}{n\,!}x^n+\sum_{n=0}^{\infty}\frac{1}{2^n}x^n,$$

由例 7.3.2 可知级数 $\sum\limits_{n=0}^{\infty}\dfrac{2^n}{n\,!}x^n$ 的收敛域为 $(-\infty,+\infty)$, 级数 $\sum\limits_{n=0}^{\infty}\dfrac{1}{2^n}x^n$ 的收敛域为 $(-2,2)$. 所以, 级数 $\sum\limits_{n=0}^{\infty}\left(\dfrac{2^n}{n\,!}+\dfrac{1}{2^n}\right)x^n$ 的收敛域为 $(-2,2)$.

此外, 关于幂级数的和函数具有以下分析性质.

性质 7.3.1　幂级数 $\sum\limits_{n=0}^{\infty}a_nx^n$ 的和函数 $s(x)$ 在其收敛域 I 上连续.

性质 7.3.2　幂级数 $\sum\limits_{n=0}^{\infty}a_nx^n$ 的和函数 $s(x)$ 在其收敛域 I 上可积, 且有逐项积分公式

$$\int_0^x s(x)\mathrm{d}x=\int_0^x\left(\sum_{n=0}^{\infty}a_nx^n\right)\mathrm{d}x=\sum_{n=0}^{\infty}\int_0^x a_nx^n\mathrm{d}x=\sum_{n=0}^{\infty}\frac{a_n}{n+1}x^{n+1},\quad x\in I.$$

逐项积分后所得到的幂级数和原级数有相同的收敛半径.

性质 7.3.3　幂级数 $\sum\limits_{n=0}^{\infty}a_nx^n$ 的和函数 $s(x)$ 在其收敛区间 $(-R,R)$ 内可导, 且有逐项求导公式

$$s'(x)=\left(\sum_{n=0}^{\infty}a_nx^n\right)'=\sum_{n=0}^{\infty}(a_nx^n)'=\sum_{n=1}^{\infty}na_nx^{n-1},\quad x\in(-R,R).$$

逐项求导后所得到的幂级数和原级数有相同的收敛半径.

例 7.3.6　求幂级数 $\sum\limits_{n=1}^{\infty}nx^{n-1}$ 的和函数.

解　容易求得该幂级数的收敛域为 $(-1,1)$, 设

$$s(x)=\sum_{n=1}^{\infty}nx^{n-1},\quad x\in(-1,1),$$

由性质 7.3.2, 得

$$\int_0^x s(x)\mathrm{d}x = \int_0^x \left(\sum_{n=1}^{\infty} nx^{n-1}\right)\mathrm{d}x = \sum_{n=1}^{\infty}\int_0^x nx^{n-1}\mathrm{d}x = \sum_{n=1}^{\infty} x^n = \frac{x}{1-x}, \quad x\in(-1,1).$$

故

$$s(x) = \left(\frac{x}{1-x}\right)' = \frac{1}{(1-x)^2}, \quad x\in(-1,1).$$

例 7.3.7 求幂级数 $\sum\limits_{n=1}^{\infty}\dfrac{x^n}{n}$ 的和函数.

解 容易求得该幂级数的收敛域为 $[-1,1)$, 设

$$s(x) = \sum_{n=1}^{\infty}\frac{x^n}{n}, \quad x\in[-1,1),$$

且 $s(0)=0$. 由性质 7.3.3, 得

$$s'(x) = \left(\sum_{n=1}^{\infty}\frac{x^n}{n}\right)' = \sum_{n=1}^{\infty}\left(\frac{x^n}{n}\right)' = \sum_{n=1}^{\infty} x^{n-1} = \frac{1}{1-x}, \quad x\in(-1,1).$$

对上式从 0 到 x 积分, 并注意 $s(0)=0$, 得

$$s(x) = \int_0^x s'(x)\mathrm{d}x = \int_0^x \frac{1}{1-x}\mathrm{d}x = -\ln(1-x), \quad x\in(-1,1).$$

由和函数的连续性, 有

$$s(-1) = \lim_{x\to-1^+} s(x) = -\lim_{x\to-1^+}\ln(1-x) = -\ln 2.$$

因此, $s(x) = -\ln(1-x)$, $x\in[-1,1)$.

例 7.3.8 求幂级数 $\sum\limits_{n=1}^{\infty}\dfrac{x^n}{n(n+1)}$ 的和函数.

解 容易求得该幂级数的收敛域为 $[-1,1]$, 设

$$s(x) = \sum_{n=1}^{\infty}\frac{x^n}{n(n+1)}, \quad x\in[-1,1],$$

$s(0)=0$, 当 $x\neq 0$ 时,

$$xs(x) = \sum_{n=1}^{\infty}\frac{x^{n+1}}{n(n+1)}, \quad x\in[-1,1].$$

由性质 7.3.3, 得

$$[xs(x)]' = \left(\sum_{n=1}^{\infty} \frac{x^{n+1}}{n(n+1)}\right)' = \sum_{n=1}^{\infty} \frac{x^n}{n}, \quad x \in [-1, 1\,).$$

再求导, 得

$$[xs(x)]'' = \left(\sum_{n=1}^{\infty} \frac{x^n}{n}\right)' = \sum_{n=1}^{\infty} x^{n-1} = \frac{1}{1-x}, \quad x \in (-1, 1\,).$$

对上式从 0 到 x 积分, 得

$$[xs(x)]' = \int_0^x \frac{1}{1-x} \mathrm{d}x = -\ln(1-x), \quad x \in (-1, 1\,).$$

再积分, 得

$$xs(x) = -\int_0^x \ln(1-x) \mathrm{d}x = x + (1-x)\ln(1-x), \quad x \in (-1, 1\,).$$

当 $x \neq 0$ 时,

$$s(x) = 1 + \frac{1-x}{x} \ln(1-x), \quad 0 < |x| < 1.$$

由连续性, 有

$$s(-1) = \lim_{x \to -1^+} s(x) = 1 - 2\ln 2, \quad s(1) = \lim_{x \to 1^-} s(x) = 1.$$

因此

$$s(x) = \begin{cases} 1 + \dfrac{1-x}{x} \ln(1-x), & x \in [-1, 0) \cup (0, 1], \\ 0, & x = 0. \end{cases}$$

习　题　7.3

1. 求下列幂级数的收敛半径和收敛域:

(1) $\sum\limits_{n=1}^{\infty} (-1)^n \dfrac{x^n}{n}$;

(2) $\sum\limits_{n=1}^{\infty} (-nx)^n$;

(3) $\sum\limits_{n=1}^{\infty} \dfrac{x^n}{n!}$;

(4) $\sum\limits_{n=1}^{\infty} \dfrac{x^n}{n \cdot 2^n}$;

(5) $\sum\limits_{n=1}^{\infty} n\,!x^n$;

(6) $\sum\limits_{n=1}^{\infty} (-1)^n \dfrac{2^n}{\sqrt{n}} \left(x - \dfrac{1}{2}\right)^n$;

(7) $\sum_{n=1}^{\infty} \frac{x^{2n-1}}{3^n}$; (8) $\sum_{n=0}^{\infty} \frac{(2n)!}{(n!)^2} x^{2n}$.

2. 利用逐项积分或逐项求导的方法, 求下列幂级数的和函数:

(1) $\sum_{n=1}^{\infty} (-1)^n \frac{x^n}{n}$; (2) $\sum_{n=1}^{\infty} (n+1)^2 x^n$;

(3) $\sum_{n=0}^{\infty} \frac{x^n}{n+1}$; (4) $\sum_{n=1}^{\infty} \frac{(-1)^{n-1}}{n(2n-1)} x^{2n}$;

(5) $\sum_{n=0}^{\infty} \frac{x^n}{n!}$; (6) $\sum_{n=1}^{\infty} \frac{x^{2n-1}}{2n-1}$.

7.4 函数展开成幂级数

7.3 节中讨论了幂级数的收敛域以及幂级数在收敛域上的和函数的问题. 对于给定的函数 $f(x)$, 它能否在某一区间上 "表示成幂级数". 即是说, 是否可以找到一个幂级数, 它在某一区间内收敛, 且收敛于和函数 $f(x)$. 这便是本节所要介绍的将函数展开成幂级数.

7.4.1 泰勒级数的概念

下面来讨论一下函数 $f(x)$ 可展开成幂级数的条件问题

首先, 假设函数 $f(x)$ 在 x_0 点某邻域 $U(x_0)$ 内可以展开为幂级数的形式

$$f(x) = \sum_{n=0}^{\infty} a_n (x-x_0)^n = a_0 + a_1(x-x_0) + a_2(x-x_0)^2 + a_3(x-x_0)^3 + \cdots,$$

则由 7.3 节中性质 7.3.3, 函数 $f(x)$ 在该邻域 $U(x_0)$ 内具有任意阶导数, 且有

$$f'(x) = a_1 + 2a_2(x-x_0) + 3a_3(x-x_0)^2 + \cdots,$$

$$f''(x) = 2a_2 + 3\cdot 2a_3(x-x_0) + 4\cdot 3\cdot 2(x-x_0)^2 + \cdots,$$

$$\cdots\cdots\cdots$$

令 $x = x_0$, 可得

$$f(x_0) = a_0, \quad f'(x_0) = a_1, \quad f''(x_0) = 2!a_2, \quad \cdots\cdots, \quad f^{(n)}(x_0) = n!a_n, \quad \cdots\cdots,$$

即函数 $f(x)$ 在 x_0 处可展开为幂级数时, 其系数为

$$a_n = \frac{f^{(n)}(x_0)}{n!}, \quad n = 0, 1, 2, 3, \cdots.$$

则函数 $f(x)$ 在 x_0 处的幂级数形式为

$$f(x)=f(x_0)+f'(x_0)(x-x_0)+\frac{f''(x_0)}{2!}(x-x_0)^2+\cdots+\frac{f^{(n)}(x_0)}{n!}(x-x_0)^n+\cdots.$$

因此, 如果函数 $f(x)$ 能展开成 $(x-x_0)$ 的幂级数, 那么函数 $f(x)$ 在 x_0 点应具有任意阶导数. 反之, 若函数 $f(x)$ 在 x_0 点具有任意阶导数, 那么函数 $f(x)$ 是否可展开成 $(x-x_0)$ 的幂级数. 为此, 先从第二章中的 Taylor 中值定理入手.

定理 7.4.1(泰勒中值定理)　设函数 $f(x)$ 在点 x_0 的某邻域 $U(x_0)$ 内具有直到 $n+1$ 阶导数, 对该邻域内的任意一点 x, 有

$$f(x)=f(x_0)+f'(x_0)(x-x_0)+\frac{f''(x_0)}{2!}(x-x_0)^2+\cdots+\frac{f^{(n)}(x_0)}{n!}(x-x_0)^n+R_n(x), \quad (7.5)$$

其中称 $R_n(x)$ 为拉格朗日型余项

$$R_n(x)=\frac{f^{(n+1)}(\xi)}{(n+1)!}(x-x_0)^{n+1},$$

ξ 介于 x_0 与 x 之间.

此时, 在该邻域内 $f(x)$ 可以用 n 次多项式

$$P_n(x)=f(x_0)+f'(x_0)(x-x_0)+\frac{f''(x_0)}{2!}(x-x_0)^2+\cdots+\frac{f^{(n)}(x_0)}{n!}(x-x_0)^n \quad (7.6)$$

来近似表示, 其误差等于余项的绝对值 $|R_n(x)|$. 如果 $|R_n(x)|$ 随着 n 的增大而减少, 就可以增加多项式 (7.6) 的项数来提高精度.

如果 $f(x)$ 在点 x_0 具有任意阶导数, 对多项式 (7.6) 无限增加项数后成为幂级数

$$f(x_0)+f'(x_0)(x-x_0)+\frac{f''(x_0)}{2!}(x-x_0)^2+\cdots+\frac{f^{(n)}(x_0)}{n!}(x-x_0)^n+\cdots, \quad (7.7)$$

称幂级数 (7.7) 为 $f(x)$ 的**泰勒(Talor)级数**. 特别, 当 $x_0=0$ 时, 级数 (7.7) 成为

$$f(0)+f'(0)x+\frac{f''(0)}{2!}x^2+\cdots+\frac{f^{(n)}(0)}{n!}x^n+\cdots, \quad (7.8)$$

称级数 (7.8) 为 $f(x)$ 的**麦克劳林(Maclaurin)级数**.

当函数 $f(x)$ 在点 x_0 具有任意阶导数时, $f(x)$ 在该邻域内的泰勒级数一定存在且唯一, 但不一定收敛于函数 $f(x)$. 如果 $f(x)$ 在该邻域内的泰勒级数收敛于 $f(x)$, 则称函数 $f(x)$ 在该邻域内可以展开成泰勒级数.

下面的定理给出了函数 $f(x)$ 在该邻域内展开成泰勒级数的充分必要条件.

定理 7.4.2　设函数 $f(x)$ 在点 x_0 的某邻域 $U(x_0)$ 内具有任意阶导数, 则 $f(x)$ 在该邻域内能展开成泰勒级数的充分必要条件是 $f(x)$ 的泰勒公式中的余项 $R_n(x)$ 当 $n\to\infty$ 时的极限为零, 即

$$\lim_{n\to\infty} R_n(x)=0.$$

证明 必要性　因为 $f(x)$ 在点 x_0 处的 n 阶泰勒公式为

$$f(x)=\sum_{k=0}^{n}\frac{f^{(k)}(x_0)}{k!}(x-x_0)^k+R_n(x)\quad ,$$

其中

$$R_n(x)=\frac{f^{(n+1)}(\xi)}{(n+1)!}(x-x_0)^{n+1}\quad (\xi\text{介于}x_0\text{与}x\text{之间}).$$

所以

$$R_n(x)=f(x)-S_{n+1}(x),$$

其中 $S_{n+1}(x)$ 为泰勒级数 (7.7) 的前 $n+1$ 项之和, 又因泰勒级数在 $U(x_0)$ 内收敛于 $f(x)$, 故有

$$\lim_{n\to\infty} R_n(x)=\lim_{n\to\infty}[f(x)-S_{n+1}(x)]=0.$$

充分性　由于

$$f(x)-S_{n+1}(x)=R_n(x),$$

所以

$$\lim_{n\to\infty}[f(x)-S_{n+1}(x)]=\lim_{n\to\infty} R_n(x)=0,$$

即

$$\lim_{n\to\infty} S_{n+1}(x)=f(x).$$

这就证明了 $f(x)$ 的泰勒级数 (7.7) 在 $U(x_0)$ 内收敛于 $f(x)$.

由于泰勒级数和麦克劳林级数都是幂级数, 所以称泰勒级数 (7.7) 为 $(x-x_0)$ 的**幂级数**, (7.8) 为 x 的**幂级数**. 因此, 将函数 $f(x)$ 展开成 x 的幂级数, 即是将函数 $f(x)$ 展开成麦克劳林级数. 一般来说, 将函数展开成幂级数的方法有两种: 一种是**直接展开**, 另外一种就是**间接展开**.

7.4.2　将函数展开成幂级数

1. 直接展开

将函数 $f(x)$ 展开成 x 的幂级数, 一般按下列步骤进行:

(1) 求 $f^{(n)}(0), n=0,1,2,\cdots$. 如果函数 $f(x)$ 在 $x=0$ 点处某阶导数不存在, 说明该函数不能展开成 x 的幂级数. 例如, $f(x)=x^{3/2}$ 在 $x=0$ 点处二阶导数不存在, 该函数不能展开成 x 的幂级数.

(2) 写出麦克劳林级数

$$f(0)+f'(0)x+\frac{f''(0)}{2!}x^2+\cdots+\frac{f^{(n)}(0)}{n!}x^n+\cdots,$$

并求出其收敛半径 R;

(3) 考察在收敛区间 $(-R,R)$ 内, 余项

$$R_n(x)=\frac{f^{(n+1)}(\xi)}{(n+1)!}x^{n+1}\quad (\xi\text{介于}0\text{与}x\text{之间})$$

的极限是否为零. 如果为零, 则函数 $f(x)$ 在区间 $(-R,R)$ 内的幂级数展开式为

$$f(x)=f(0)+f'(0)x+\frac{f''(0)}{2!}x^2+\cdots+\frac{f^{(n)}(0)}{n!}x^n+\cdots,\quad -R<x<R.$$

例 7.4.1　将函数 $f(x)=\mathrm{e}^x$ 展开成 x 的幂级数.

解　由 $f^{(n)}(x)=\mathrm{e}^x$, 得 $f^{(n)}(0)=1(n=0,1,2,\cdots)$. 于是得到幂级数

$$1+x+\frac{1}{2!}x^2+\cdots+\frac{1}{n!}x^n+\cdots,$$

该幂级数的收敛半径为 $R=+\infty$.

对于任何有限的数 x, 因 ξ 介于 0 和 x 之间, 则

$$|R_n(x)|=\left|\frac{\mathrm{e}^{\xi}}{(n+1)!}x^{n+1}\right|<\mathrm{e}^{|x|}\cdot\frac{|x|^{n+1}}{(n+1)!}.$$

因 $\mathrm{e}^{|x|}$ 有限, 而 $\dfrac{|x|^{n+1}}{(n+1)!}$ 是收敛级数 $\displaystyle\sum_{n=0}^{\infty}\frac{|x|^{n+1}}{(n+1)!}$ 的一般项, 所以

$$\mathrm{e}^{|x|}\cdot\frac{|x|^{n+1}}{(n+1)!}\to 0\quad (n\to\infty).$$

即 $\lim\limits_{n\to\infty}R_n(x)=0$, 于是 $f(x)=\mathrm{e}^x$ 的展开式为

$$\mathrm{e}^x=1+x+\frac{1}{2!}x^2+\cdots+\frac{1}{n!}x^n+\cdots,\quad x\in(-\infty,+\infty).$$

例 7.4.2　将函数 $f(x)=\sin x$ 展开成 x 的幂级数.

解　由于

$$f^{(n)}(x)=\sin\left(x+\frac{n\pi}{2}\right),\quad n=0,1,2,\cdots$$

$f^{(n)}(0)$ 按顺序循环地取 $0,1,0,-1,\cdots(n=0,1,2,\cdots)$, 于是得到级数

$$x-\frac{1}{3!}x^3+\frac{1}{5!}x^5-\frac{1}{7!}x^7+\cdots+(-1)^n\frac{x^{2n+1}}{(2n+1)!}+\cdots,$$

该级数的收敛半径为 $R=+\infty$.

对于任何有限的数 x,ξ(ξ 介于 0 和 x 之间), 有

$$|R_n(x)|=\left|\frac{\sin\left[\xi+\dfrac{(n+1)\pi}{2}\right]}{(n+1)!}x^{n+1}\right|\leqslant\frac{|x|^{n+1}}{(n+1)!}\to 0\quad(n\to\infty).$$

于是, $f(x)=\sin x$ 的展开式为

$$\sin x=x-\frac{1}{3!}x^3+\frac{1}{5!}x^5-\frac{1}{7!}x^7+\cdots+(-1)^n\frac{x^{2n+1}}{(2n+1)!}+\cdots,\quad x\in(-\infty,+\infty).$$

***例 7.4.3** 将函数 $f(x)=(1+x)^\alpha$ 展开成 x 的幂级数, 其中 α 为任意实数.

解 由于

$$f^{(n)}(x)=\alpha(\alpha-1)(\alpha-2)\cdots(\alpha-n+1)(1+x)^{\alpha-n},\quad n=0,1,2,\cdots,$$

则 $f(0)=1,\ f'(0)=\alpha,\ f''(0)=\alpha(\alpha-1),\ \cdots$

$$f^{(n)}(0)=\alpha(\alpha-1)(\alpha-2)\cdots(\alpha-n+1),$$

$$\cdots\cdots$$

于是, 得到级数

$$1+\alpha x+\frac{\alpha(\alpha-1)}{2!}x^2+\cdots+\frac{\alpha(\alpha-1)(\alpha-2)\cdots(\alpha-n+1)}{n!}x^n+\cdots.$$

由于 $\lim\limits_{n\to\infty}\left|\dfrac{a_{n+1}}{a_n}\right|=\lim\limits_{n\to\infty}\left|\dfrac{\alpha-n}{n+1}\right|=1$, 该级数的收敛半径为 $R=1$. 且进一步可验证其收敛域为 $(-1,1)$, 即对于任意实数 α 上述级数在开区间 $(-1,1)$ 内收敛.

为了避免直接研究余项, 设此级数在开区间 $(-1,1)$ 内收敛于和函数 $s(x)$, 即

$$s(x)=1+\alpha x+\frac{\alpha(\alpha-1)}{2!}x^2+\cdots+\frac{\alpha(\alpha-1)(\alpha-2)\cdots(\alpha-n+1)}{n!}x^n+\cdots$$
$$(-1<x<1),$$

只需证明 $s(x)=(1+x)^\alpha,(-1<x<1)$.

逐项求导, 得

$$s'(x)=\alpha\left[1+\frac{\alpha-1}{1}x+\cdots+\frac{(\alpha-1)\cdots(\alpha-n+1)}{(n-1)!}x^{n-1}+\cdots\right],$$

两边同时乘以 $(1+x)$, 并将含有 $x^n(n=1,2,\cdots)$ 的两项合并起来. 根据恒等式

$$\frac{(\alpha-1)\cdots(\alpha-n+1)}{(n-1)!}+\frac{(\alpha-1)\cdots(\alpha-n)}{n!}=\frac{\alpha(\alpha-1)\cdots(\alpha-n+1)}{n!}$$
$$(n=1,2,\cdots),$$

可得

$$\begin{aligned}(1+x)s'(x)=&\alpha\left[1+\alpha x+\frac{\alpha(\alpha-1)}{2!}x^2+\cdots+\frac{\alpha(\alpha-1)\cdots(\alpha-n+1)}{n!}x^n+\cdots\right]\\=&\alpha s(x),(\ -1<x<1\ ).\end{aligned}$$

设 $F(x)=\dfrac{s(x)}{(1+x)^\alpha}$, 则 $F(0)=s(0)=1$, 且

$$\begin{aligned}F'(x)=&\frac{(1+x)^\alpha s'(x)-\alpha(1+x)^{\alpha-1}s(x)}{(1+x)^{2\alpha}}\\=&\frac{(1+x)^{\alpha-1}\left[(1+x)s'(x)-\alpha s(x)\right]}{(1+x)^{2\alpha}}\\=&0,\end{aligned}$$

所以 $F(x)=C$(常数). 又 $F(0)=1$, 从而 $F(x)=1$, 即

$$s(x)=(1+x)^\alpha.$$

于是, $f(x)=(1+x)^\alpha$ 的展开式为

$$(1+x)^\alpha=1+\alpha x+\cdots+\frac{\alpha(\alpha-1)(\alpha-2)\cdots(\alpha-n+1)}{n!}x^n+\cdots\quad(\ -1<x<1\ ).\tag{7.9}$$

在区间端点, 展开式是否成立要看 α 的取值而定.

式 (7.9) 为**二项展开式**. 特别地, 当 $\alpha=n$ 为正整数时, 级数为 x 的 n 次多项式. 这就是代数学中的二项式定理.

特别地, 当 $\alpha=\dfrac{1}{2}$, $\alpha=-\dfrac{1}{2}$ 时的展开式分别为

$$\sqrt{1+x}=1+\frac{1}{2}x-\frac{1}{2\cdot4}x^2+\frac{1\cdot3}{2\cdot4\cdot6}x^3-\frac{1\cdot3\cdot5}{2\cdot4\cdot6\cdot8}x^4+\cdots(\ -1\leqslant x\leqslant1\ );$$

$$\frac{1}{\sqrt{1+x}}=1-\frac{1}{2}x+\frac{1\cdot 3}{2\cdot 4}x^2-\frac{1\cdot 3\cdot 5}{2\cdot 4\cdot 6}x^3+\frac{1\cdot 3\cdot 5\cdot 7}{2\cdot 4\cdot 6\cdot 8}x^4-\cdots(-1<x\leqslant 1).$$

下面列出一些常见且常用的麦克劳林展开式, 这些幂级数在求解实际问题的时候用处很大. 更为重要的是, 在后绪课程以及数学与科学应用中, 它们都会有很多应用.

(1)$\mathrm{e}^x=1+x+\dfrac{1}{2!}x^2+\cdots+\dfrac{1}{n!}x^n+\cdots,\ x\in(-\infty,+\infty)$;

(2)$\sin x=x-\dfrac{1}{3!}x^3+\dfrac{1}{5!}x^5-\dfrac{1}{7!}x^7+\cdots+(-1)^n\dfrac{x^{2n+1}}{(2n+1)!}+\cdots,\ x\in(-\infty,+\infty)$;

(3)$\dfrac{1}{1-x}=1+x+x^2+x^3+\cdots+x^n+\cdots,\ x\in(-1,1)$;

(4)$(1+x)^\alpha=1+\alpha x+\cdots+\dfrac{\alpha(\alpha-1)\cdots(\alpha-n+1)}{n!}x^n+\cdots,\ x\in(-1,1)$.

2. 间接展开

因为求函数的高阶导数以及讨论余项 $R_n(x)$ 的极限是否为零往往比较麻烦, 所以需要寻找比较简单的求函数的幂级数展开式的方法. 这里介绍一种利用已知函数的幂级数展开式, 通过幂级数的运算、逐项求导、逐项积分等方法间接地求函数的幂级数展开式, 这种方法称为**间接展开法**.

例 7.4.4　将函数 $f(x)=\cos x$ 展开成 x 的幂级数.

解　因为 $(\sin x)'=\cos x$, 即对 $\sin x$ 的展开式求导可得 $f(x)=\cos x$ 的展开式为

$$\cos x=1-\frac{1}{2!}x^2+\frac{1}{4!}x^4-\frac{1}{6!}x^6+\cdots+(-1)^n\frac{x^{2n}}{(2n)!}+\cdots,x\in(-\infty,+\infty).$$

例 7.4.5　将函数 $f(x)=\arctan x$ 展开成 x 的幂级数.

解　因为 $(\arctan x)'=\dfrac{1}{1+x^2}$, 且

$$\frac{1}{1-x}=1+x+x^2+x^3+\cdots+x^n+\cdots,\quad x\in(-1,1),$$

把上式中的 x, 替换成 $-x^2$, 即可得到

$$\frac{1}{1+x^2}=1-x^2+x^4-x^6+\cdots+(-1)^nx^{2n}+\cdots,\quad x\in(-1,1).$$

对 $\dfrac{1}{1+x^2}$ 的幂级数展开式两端从 0 到 x 逐项积分, 得

$$\arctan x=\int_0^x\frac{1}{1+t^2}\mathrm{d}t+\arctan 0$$

$$=x-\frac{1}{3}x^3+\frac{1}{5}x^5-\cdots+(-1)^n\frac{1}{2n+1}x^{2n+1}+\cdots,\quad (-1\leqslant x\leqslant 1).$$

(不难验证, 上式右端级数在 $x=\pm 1$ 处也收敛.)

例 7.4.6　将函数 $f(x)=\dfrac{x}{x^2-2x-3}$ 展开成 $(x-2)$ 的幂级数.

解　因为

$$f(x)=\frac{x}{x^2-2x-3}=\frac{1}{4}\left(\frac{3}{x-3}+\frac{1}{x+1}\right)=-\frac{3}{4}\cdot\frac{1}{1-(x-2)}+\frac{1}{12}\cdot\frac{1}{1+\dfrac{x-2}{3}},$$

而

$$\frac{1}{1-(x-2)}=\sum_{n=0}^{\infty}(x-2)^n,\quad 1<x<3,$$

$$\frac{1}{1+\dfrac{x-2}{3}}=\sum_{n=0}^{\infty}\frac{(-1)^n}{3^n}(x-2)^n,\quad -1<x<5,$$

所以

$$\frac{x}{x^2-2x-3}=\frac{1}{4}\sum_{n=0}^{\infty}\left(-3+(-1)^n\frac{1}{3^{n+1}}\right)(x-2)^n,\quad 1<x<3.$$

例 7.4.7　积分定义的误差函数 $\mathrm{erf}x=\dfrac{2}{\sqrt{\pi}}\displaystyle\int_0^x \mathrm{e}^{-x^2}\mathrm{d}x$ 在工程学中十分重要, 试将其展开为麦克劳林级数.

解　因为

$$\mathrm{e}^x=1+x+\frac{1}{2!}x^2+\cdots+\frac{1}{n!}x^n+\cdots,\quad x\in(-\infty,+\infty),$$

故

$$\mathrm{e}^{-x^2}=1-x^2+\frac{1}{2!}x^4-\frac{1}{3!}x^6+\cdots+(-1)^n\frac{1}{n!}x^{2n}+\cdots,\quad x\in(-\infty,+\infty),$$

则

$$\begin{aligned}\mathrm{erf}x&=\frac{2}{\sqrt{\pi}}\int_0^x \mathrm{e}^{-x^2}\mathrm{d}x\\&=\frac{2}{\sqrt{\pi}}\int_0^x\left(\sum_{n=0}^{\infty}(-1)^n\frac{1}{n!}x^{2n}\right)\mathrm{d}x\\&=\frac{2}{\sqrt{\pi}}\sum_{n=0}^{\infty}\int_0^x(-1)^n\frac{1}{n!}x^{2n}\mathrm{d}x\\&=\frac{2}{\sqrt{\pi}}\sum_{n=0}^{\infty}(-1)^n\frac{1}{(2n+1)\cdot n!}x^{2n+1},\quad x\in(-\infty,+\infty).\end{aligned}$$

习　题　7.4

1. 利用间接展开法将下列函数展开为 x 的幂级数:

(1)$f(x)=\ln(1+x)$;

(2)$f(x)=\dfrac{1}{1-x^2}$;

(3)$f(x)=\ln(1+x-2x^2)$;

(4)$f(x)=\cos^2 x$;

(5)$f(x)=\dfrac{1+x}{(1-x)^3}$;

(6)$f(x)=\operatorname{sh}x$;

(7)$f(x)=\dfrac{x}{\sqrt{1+x^2}}$;

(8)$f(x)=\displaystyle\int_0^x \frac{\arctan x}{x}\mathrm{d}x$;

(9)$f(x)=\dfrac{1}{4}\ln\dfrac{1+x}{1-x}+\dfrac{1}{2}\arctan x-x$;

(10)$f(x)=5^{\frac{x+1}{2}}$.

2. 将函数 $f(x)=\sin x$ 展开成 $\left(x-\dfrac{\pi}{4}\right)$ 的幂级数.

3. 将函数 $f(x)=\dfrac{1}{x^2}$ 展开成 $(x-1)$ 的幂级数.

4. 将函数 $f(x)=\dfrac{1}{x^2+4x+3}$ 展开成 $(x-1)$ 的幂级数.

5. 将函数 $f(x)=\dfrac{x-1}{4-x}$ 展开为 $(x-1)$ 的幂级数, 并求 $f^{(n)}(1)$.

7.5　函数的幂级数展开式的应用

函数的幂级数展开式有很多应用, 例如求函数的近似值、定积分的近似值、解微分方程等等.

7.5.1　求常数项级数的和

在 7.1 节、7.2 节中, 已经介绍了常数项级数收敛性的判定, 但是关于常数项级数在收敛时其和的确定方法, 目前除了利用定义和一些特殊的常数项级数的和可以通过已知公式直接代入得到外, 还没有一种更常用的方法.

下面结合幂级数和函数的定义, 将介绍一种借助幂级数的和函数来求常数项级数的和的方法, 即所谓的**阿贝尔方法**, 其基本步骤如下:

(1) 对所给常数项级数 $\sum\limits_{n=0}^{\infty}a_n$, 构造幂级数 $\sum\limits_{n=0}^{\infty}a_nx^n$;

(2) 利用幂级数的运算性质, 求出 $\sum\limits_{n=0}^{\infty}a_nx^n$ 的和函数 $s(x)$;

(3) 所求常数项级数 $\sum\limits_{n=0}^{\infty}a_n=\lim\limits_{x\to1^-}s(x)$.

例 7.5.1　求常数项级数 $\sum_{n=1}^{\infty}\frac{1}{n\cdot 2^n}$ 的和.

解　构造幂级数 $\sum_{n=1}^{\infty}\frac{1}{n\cdot 2^n}x^n$, 易求得其收敛域为 $[-2,2)$. 设 $s(x)=\sum_{n=1}^{\infty}\frac{1}{n\cdot 2^n}x^n$, 且 $s(0)=0$. 则

$$
\begin{aligned}
s'(x)&=\left(\sum_{n=1}^{\infty}\frac{1}{n\cdot 2^n}x^n\right)'=\sum_{n=1}^{\infty}\frac{1}{2^n}x^{n-1}\\
&=\frac{1}{2}\sum_{n=1}^{\infty}\left(\frac{x}{2}\right)^{n-1}=\frac{1}{2}\frac{1}{1-x/2}=\frac{1}{2-x},\quad -2<x<2.
\end{aligned}
$$

所以

$$
s(x)=\int_0^x\frac{1}{2-x}\mathrm{d}x=[\ln 2-\ln(2-x)].
$$

由和函数在收敛域内的连续性, 可得

$$
\sum_{n=1}^{\infty}\frac{1}{n\cdot 2^n}=\lim_{x\to 1^-}[\ln 2-\ln(2-x)]=\ln 2.
$$

7.5.2　函数值的近似计算

在中学时就知道有对数函数表和三角函数表, 但是这些表中的数据是怎么计算得到的, 大家还不是很了解. 现在通过学习函数的幂级数展开就可以对此进行解释, 即在函数的幂级数展开式中, 取前面有限项, 就可得到函数的近似公式, 可以把函数近似表示为 x 的多项式, 而多项式的计算只需用到四则运算, 如此一来就非常简便.

例 7.5.2　计算 e 的近似值 (精确到小数点后第五位).

解　因为

$$
\mathrm{e}^x=1+x+\frac{1}{2!}x^2+\cdots+\frac{1}{n!}x^n+\cdots,\quad -\infty<x<+\infty.
$$

令 $x=1$, 得

$$
\mathrm{e}=1+1+\frac{1}{2!}+\cdots+\frac{1}{n!}+\cdots.
$$

如果取前 $n+1$ 项和作为 e 的近似值, 其误差为

$$
|R_n(1)|=\frac{\mathrm{e}^{\xi}}{(n+1)!}\times 1^{n+1}<\frac{3}{(n+1)!},\quad 0<\xi<1.
$$

经过简单计算可知, 当 $n=8$ 时, 有

$$
|R_8(1)|<\frac{3}{9!}=0.0000083<0.00001.
$$

因此, 可取级数前 9 项的和作为 e 的近似值:

$$\mathrm{e} \approx 1+1+\frac{1}{2!}+\frac{1}{3!}+\frac{1}{4!}+\frac{1}{5!}+\frac{1}{6!}+\frac{1}{7!}+\frac{1}{8!} \approx 2.71828.$$

例 7.5.3 计算 $\cos 3^{\circ}$ 的近似值, 精确到小数点后第四位.

解 因为

$$\cos x=1-\frac{1}{2!}x^{2}+\frac{1}{4!}x^{4}-\frac{1}{6!}x^{6}+\cdots+(-1)^{n}\frac{x^{2n}}{(2n)!}+\cdots, \quad -\infty<x<+\infty.$$

且 $3^{\circ}=\frac{\pi}{180}\times 3=\frac{\pi}{60}$(弧度), 则

$$\begin{aligned}\cos 3^{\circ} &=\cos \frac{\pi}{60} \\ &=1-\frac{1}{2!}\left(\frac{\pi}{60}\right)^{2}+\frac{1}{4!}\left(\frac{\pi}{60}\right)^{4}-\frac{1}{6!}\left(\frac{\pi}{60}\right)^{6}+\cdots+\frac{(-1)^{n}}{(2n)!}\left(\frac{\pi}{60}\right)^{2n}+\cdots.\end{aligned}$$

该级数是交错级数, 以前 n 项和 s_n 代替和 s, 其误差 $|r_n|<u_{n+1}$, 经过计算可知

$$\frac{1}{2!}\left(\frac{\pi}{60}\right)^{2} \approx 0.0014, \quad \frac{1}{4!}\left(\frac{\pi}{60}\right)^{4} \approx 3.125\times 10^{-7},$$

因 $|r_2|<10^{-6}$, 故

$$\cos 3^{\circ} \approx 1-\frac{1}{2!}\left(\frac{\pi}{60}\right)^{2} \approx 1-0.0014 \approx 0.9986.$$

7.5.3 定积分的近似计算

如对函数 $\frac{\sin x}{x}$, $\frac{1}{\ln x}$, $\mathrm{e}^{-x^{2}}$ 等, 其原函数不能用初等函数来表示, 从而该类函数的定积分不能用微积分基本公式来计算. 但若被积函数在区间上能展开成幂级数, 则可通过对幂级数展开式的逐项积分, 用积分后的级数近似计算定积分的值.

例 7.5.4 计算 $\int_{0}^{\frac{1}{2}} \frac{1}{1+x^{4}}\mathrm{d}x$ 的近似值, 精确到 10^{-4}.

解 利用几何级数展开式, 有

$$\frac{1}{1+x^{4}}=1-x^{4}+x^{8}-x^{12}+\cdots+(-1)^{n}x^{4n}+\cdots, \quad x\in(-1,1).$$

对上式在 $\left[0, \frac{1}{2}\right]$ 上逐项积分, 得

$$\begin{aligned}\int_{0}^{\frac{1}{2}} \frac{1}{1+x^{4}}\mathrm{d}x &=\left.\left(x-\frac{x^{5}}{5}+\frac{x^{9}}{9}-\frac{x^{13}}{13}+\cdots\right)\right|_{0}^{\frac{1}{2}} \\ &=\frac{1}{2}-\frac{1}{5}\cdot\frac{1}{2^{5}}+\frac{1}{9}\cdot\frac{1}{2^{9}}-\frac{1}{13}\cdot\frac{1}{2^{13}}+\cdots\end{aligned}$$

这是一个收敛的交错级数, 以前 n 项和 s_n 代替和 s, 其误差 $|r_n| < u_{n+1}$, 经过计算可知

$$\frac{1}{5}\cdot\frac{1}{2^5}\approx 0.00625,\quad \frac{1}{9}\cdot\frac{1}{2^9}\approx 0.00028,\quad \frac{1}{13}\cdot\frac{1}{2^{13}}\approx 0.000009.$$

因为 $|r_4| < 10^{-5}$, 故取前 3 项作为定积分的近似值, 得

$$\int_0^{\frac{1}{2}}\frac{1}{1+x^4}\mathrm{d}x\approx\frac{1}{2}-\frac{1}{5}\cdot\frac{1}{2^5}+\frac{1}{9}\cdot\frac{1}{2^9}=0.5-0.00625+0.00028=0.49403.$$

7.5.4 欧拉公式

设有复数项级数

$$(u_1+iv_1)+(u_2+iv_2)+\cdots+(u_n+iv_n)+\cdots, \tag{7.10}$$

其中 $u_n, v_n(n=1,2,3,\cdots)$ 为实数或实函数. 若实部所成的级数

$$u_1+u_2+\cdots+u_n+\cdots \tag{7.11}$$

收敛于和 u, 虚部所成的级数

$$v_1+v_2+\cdots+v_n+\cdots \tag{7.12}$$

收敛于和 v, 则称级数 (7.10) 收敛且其和为 $u+iv$.

如果级数 (7.10) 各项的模所构成的级数

$$\sqrt{u_1^2+v_1^2}+\sqrt{u_2^2+v_2^2}+\cdots+\sqrt{u_n^2+v_n^2}+\cdots$$

收敛, 则称级数 (7.10) 绝对收敛. 如果级数 (7.10) 绝对收敛, 由于

$$|u_n|\leqslant\sqrt{u_n^2+v_n^2},\quad |v_n|\leqslant\sqrt{u_n^2+v_n^2}\quad(n=1,2,\cdots),$$

那么级数 (7.10) 的实部级数 (7.11) 和虚部级数 (7.12) 也绝对收敛, 从而级数 (7.10) 收敛.

利用 e^x 的幂级数展开式

$$\mathrm{e}^x=1+x+\frac{x^2}{2!}+\cdots+\frac{x^n}{n!}+\cdots,\quad -\infty<x<+\infty,$$

将 x 换成复数 z, 即可以定义复平面上的指数函数 e^z, 即

$$\mathrm{e}^z=1+z+\frac{z^2}{2!}+\cdots+\frac{z^n}{n!}+\cdots,\quad -\infty<|z|<+\infty.$$

显然上式右端在整个复平面上绝对收敛. 特别地, 当 $z=iy$ 时, 上式变为

$$\begin{aligned}e^{iy}&=1+iy+\frac{1}{2!}(iy)^2+\cdots+\frac{1}{n!}(iy)^n+\cdots\\&=\left(1-\frac{y^2}{2!}+\frac{y^4}{4!}-\cdots\right)+i\left(y-\frac{y^3}{3!}+\frac{y^5}{5!}-\cdots\right)\\&=\cos y+i\sin y,\end{aligned}$$

即

$$e^{ix}=\cos x+i\sin x. \tag{7.13}$$

称式 (7.13) 为**欧拉公式**.

利用式 (7.13), 复数 z 可以表示为指数形式

$$z=r(\cos\theta+i\sin\theta)=re^{i\theta}, \tag{7.14}$$

其中 $r=|z|$ 是复数的模长, $\theta=\arg z$ 是 z 的主辐角. 用 $-x$ 替换 x, 式 (7.13) 变为

$$e^{-ix}=\cos x-i\sin x. \tag{7.15}$$

故由式 (7.13) 和式 (7.15) 可得

$$\begin{cases}\cos x=\dfrac{e^{ix}+e^{-ix}}{2},\\ \sin x=\dfrac{e^{ix}-e^{-ix}}{2i}.\end{cases} \tag{7.16}$$

式 (7.16) 也被称为**欧拉公式**. 式 (7.13) 和式 (7.16) 同时也揭示了三角函数与复变量指数函数之间的联系.

习 题 7.5

1. 求下列级数的和:

(1) $\sum\limits_{n=1}^{\infty}\dfrac{n^2}{n!2^n}$;　　(2) $\sum\limits_{n=1}^{\infty}\dfrac{2n-1}{2^n}$;

(3) $\sum\limits_{n=0}^{\infty}\dfrac{2n+1}{n!}$;　　(4) $\sum\limits_{n=0}^{\infty}\dfrac{1}{2^n}\cdot\dfrac{2n+1}{n!}$.

2. 利用函数的幂级数展开式求下列各数的近似值:

(1) $\sin 9^\circ$(精确到小数点后六位);

(2) $\sqrt[5]{240}$(精确到小数点后四位);

(3)$\sqrt{\mathrm{e}}$(精确到 0.001).

3. 计算下列定积分的近似值:

(1)$\int_0^1 \frac{\sin x}{x}\mathrm{d}x$ 的近似值, 精确到 10^{-4};

(2)$\frac{2}{\sqrt{\pi}}\int_0^{\frac{1}{2}} \mathrm{e}^{-x^2}\mathrm{d}x$ 的近似值, 精确到 10^{-4}(取 $1/\sqrt{\pi}\approx 0.56419$);

(3)$\int_0^{\frac{1}{2}} \frac{\arctan x}{x}\mathrm{d}x$ 的近似值, 精确到 10^{-4}.

7.6　傅里叶 (Fourier) 级数

在自然界中, 周期现象是普遍存在的. 周期现象是指一种状态在经历一定的时间 T 之后又回复到原来的状态的现象. 周期函数是用来描述周期现象的, 最简单的周期函数是三角函数. 在本节中, 将讨论把周期函数展开为三角级数的问题.

7.6.1　三角级数、三角函数的正交性

如果存在非零常数 T 使得函数 $f(x)$ 满足条件

$$f(x+T)=f(x)$$

就称 $f(x)$ 是**以T为周期的周期函数**.

很明显, 如果 T 是 $f(x)$ 的周期, 那么对任意的正整数 n, nT 也是 $f(x)$ 的周期, 即

$$f(x+nT)=f(x).$$

且如果周期函数在任一有限区间 $[a,b]$ 上可积, 那么 $f(x)$ 在任意长度为一个周期 T 的区间上的积分值是相等的, 即

$$\int_a^{a+T} f(x)\mathrm{d}x=\int_0^T f(x)\mathrm{d}x.$$

定义 7.6.1　形如

$$\frac{1}{2}a_0+\sum_{n=1}^{\infty}(a_n\cos nx+b_n\sin nx)$$

的函数项级数称为**三角级数**, 其中 a_0, a_n, b_n $(n=1,2,\cdots)$ 为常数, 称为**三角级数的系数**.

从定义 7.6.1 中可以看出, 三角级数依赖于周期函数 $\cos nx$, $\sin nx$. 因此, 有必要先讨论一下三角函数的性质.

定理 7.6.1 区间 $[-\pi,\pi]$ 上任意两个不同的三角函数 $\cos nx$, $\sin nx(n=1,2,\cdots)$ 的乘积在该区间上的积分等于零, 即

(1) $\int_{-\pi}^{\pi}\cos nx\mathrm{d}x=0,\quad (n=1,2,3,\cdots);$

(2) $\int_{-\pi}^{\pi}\sin nx\mathrm{d}x=0,\quad (n=1,2,3,\cdots);$

(3) $\int_{-\pi}^{\pi}\sin mx\sin nx\mathrm{d}x=\begin{cases}0, & m\neq n,\\ \pi, & m=n\end{cases}\quad (m,n=1,2,3,\cdots);$

(4) $\int_{-\pi}^{\pi}\cos mx\cos nx\mathrm{d}x=\begin{cases}0, & m\neq n,\\ \pi, & m=n\end{cases}\quad (m,n=1,2,3,\cdots);$

(5) $\int_{-\pi}^{\pi}\sin mx\cos nx\mathrm{d}x=0\quad (m,n=1,2,3,\cdots).$

定理 7.6.1 的证明只需要通过简单的积分计算来验证, 留给读者作为练习.

定义 7.6.2 设函数 $f(x)$, $g(x)$ 是定义在区间 $[a,b]$ 上的可积函数, 若

$$\int_a^b f(x)g(x)\mathrm{d}x=0,$$

则称 $f(x)$, $g(x)$ 在区间 $[a,b]$ 上是**正交**的.

由定义 7.6.2 及定理 7.6.1 可知, 三角函数系

$$1,\quad \cos x,\quad \sin x,\quad \cos 2x,\quad \sin 2x,\quad \cdots,\quad \cos nx,\quad \sin nx,\quad \cdots$$

是区间 $[-\pi,\pi]$ 上的**正交函数系**.

7.6.2 周期为 2π 的函数的傅里叶级数

现在开始讨论把周期为 2π 的周期函数 $f(x)$ 展开为三角级数的问题.

假设三角级数收敛于 $f(x)$, 即

$$f(x)=\frac{1}{2}a_0+\sum_{n=1}^{\infty}(a_n\cos nx+b_n\sin nx),\tag{7.17}$$

下面来确定系数 $a_0,a_n,b_n(n=1,2,\cdots)$.

因三角函数系是正交的, 式 (7.17) 两边同时乘以 $\cos mx$, 并在区间 $[-\pi,\pi]$ 上积分, 可得

$$\int_{-\pi}^{\pi}f(x)\cos mx\mathrm{d}x=\frac{a_0}{2}\int_{-\pi}^{\pi}\cos mx\mathrm{d}x+\sum_{n=1}^{\infty}\left[a_n\int_{-\pi}^{\pi}\cos nx\cos mx\mathrm{d}x+b_n\int_{-\pi}^{\pi}\sin nx\cos mx\mathrm{d}x\right].$$

当 $m=0$ 时, 有

$$\int_{-\pi}^{\pi} f(x)\mathrm{d}x = \pi a_0;$$

当 m 为正整数时, 有

$$\int_{-\pi}^{\pi} f(x)\cos mx\mathrm{d}x = \pi a_m, \quad m=1,2,3,\cdots;$$

类似地, 式 (7.17) 两边同时乘以 $\sin mx$, 并在区间 $[-\pi,\pi]$ 上积分, 整理可得

$$\int_{-\pi}^{\pi} f(x)\sin mx\mathrm{d}x = \pi b_m, \quad m=1,2,3,\cdots.$$

根据上述得到的三个与系数有关的公式可知, 如果一个周期为 2π 的函数 $f(x)$ 可以展开为三角级数, 那么其系数应满足

$$\begin{cases} a_n = \dfrac{1}{\pi}\displaystyle\int_{-\pi}^{\pi} f(x)\cos nx\mathrm{d}x, & n=0,1,2,3,\cdots, \\ b_n = \dfrac{1}{\pi}\displaystyle\int_{-\pi}^{\pi} f(x)\sin nx\mathrm{d}x, & n=1,2,3,\cdots. \end{cases} \tag{7.18}$$

若式 (7.18) 中的积分都存在, 则称由式 (7.18) 确定的系数 $a_0, a_n, b_n (n=1,2,\cdots)$ 为函数 $f(x)$ 的**傅里叶系数**, 所对应的三角级数

$$\frac{1}{2}a_0 + \sum_{n=1}^{\infty}(a_n\cos nx + b_n\sin nx)$$

称为函数 $f(x)$ 的**傅里叶级数**.

对于一个定义在 $(-\infty,+\infty)$ 上且以 2π 为周期的函数, 如果它在一个周期上是可积的, 由式 (7.18) 可以确定其傅里叶系数, 从而可以得到它的傅里叶级数. 然而实际情况是, 函数 $f(x)$ 的傅里叶级数不一定是收敛的, 或者说即使收敛, 也不一定刚好收敛于函数 $f(x)$.

因此, 自然会提出这样的问题: 在什么条件下, 函数 $f(x)$ 的傅里叶级数不仅收敛, 而且刚好收敛于 $f(x)$? 即是说, 函数 $f(x)$ 满足什么条件, 公式

$$f(x) = \frac{1}{2}a_0 + \sum_{n=1}^{\infty}(a_n\cos nx + b_n\sin nx)$$

成立?

这里不加证明的引入下面的定理, 从这个定理可以看到, 对于相当广泛的一类函数, 其傅里叶级数是收敛于其函数的. 这也是傅里叶级数受到重视的一个原因.

定理 7.6.2(狄利克雷收敛定理) 设周期为 2π 的函数 $f(x)$ 在一个周期内连续或只有有限个第一类间断点, 且至多只有有限个极值点. 则函数 $f(x)$ 的傅里叶级数

$$\frac{1}{2}a_0+\sum_{n=1}^{\infty}(a_n\cos nx+b_n\sin nx)$$

(1) 当 x 为函数 $f(x)$ 的连续点时, 级数收敛于 $f(x)$, 即

$$f(x)=\frac{1}{2}a_0+\sum_{n=1}^{\infty}(a_n\cos nx+b_n\sin nx);$$

(2) 当 x 为函数 $f(x)$ 的间断点时, 级数收敛于 $\dfrac{f(x-0)+f(x+0)}{2}$, 即

$$\frac{1}{2}a_0+\sum_{n=1}^{\infty}(a_n\cos nx+b_n\sin nx)=\frac{f(x-0)+f(x+0)}{2}.$$

注 7.6.1 将定理 7.6.2 与定理 7.4.2 条件相比较后可知, 函数展开成傅里叶级数的条件要比展开成幂级数的条件低得多.

例 7.6.1 设 $f(x)$ 是周期为 2π 的函数, 它在区间 $(-\pi,\pi]$ 的表达式为

$$f(x)=\begin{cases}0, & -\pi<x<0,\\ x, & 0\leqslant x\leqslant\pi.\end{cases}$$

将 $f(x)$ 展开为傅里叶级数.

解 容易验证函数 $f(x)$ 满足定理 7.6.2 收敛的条件. $x=(2k-1)\pi(k=0,\pm1,\pm2,\cdots)$ 为第一类间断点, 其他点均为连续点. 因此函数 $f(x)$ 的傅里叶级数收敛, 并且

当 $x=(2k-1)\pi$ 时, 收敛于

$$\frac{f(x-0)+f(x+0)}{2}=\frac{\pi+0}{2}=\frac{\pi}{2};$$

当 $x\neq(2k-1)\pi$ 时, 收敛于函数 $f(x)$.

故函数 $f(x)$ 的傅里叶级数的和函数为:

$$s(x)=\begin{cases}f(x), & x\neq(2k-1)\pi,\\ \dfrac{\pi}{2}, & x=(2k-1)\pi\end{cases}\quad(k=0,\ \pm1,\ \pm2,\ \cdots).$$

由式 (7.18), 有

$$a_0=\frac{1}{\pi}\int_{-\pi}^{\pi}f(x)\mathrm{d}x=\frac{1}{\pi}\left[\int_{-\pi}^{0}0\cdot\mathrm{d}x+\int_0^{\pi}x\mathrm{d}x\right]=\frac{1}{\pi}\int_0^{\pi}x\mathrm{d}x=\frac{\pi}{2};$$

$$\begin{aligned}
a_n =& \frac{1}{\pi}\int_{-\pi}^{\pi} f(x)\cos nx\mathrm{d}x = \frac{1}{\pi}\left[\int_{-\pi}^{0} 0\cdot\cos nx\mathrm{d}x + \int_{0}^{\pi} x\cos nx\mathrm{d}x\right]\\
=& \frac{1}{\pi}\int_{0}^{\pi} x\cos nx\mathrm{d}x = \frac{1}{n^2\pi}(\cos n\pi - 1) = \frac{(-1)^n - 1}{n^2\pi} \quad (n = 1, 2, \cdots);\\
b_n =& \frac{1}{\pi}\int_{-\pi}^{\pi} f(x)\sin nx\mathrm{d}x = \frac{1}{\pi}\left[\int_{-\pi}^{0} 0\cdot\sin nx\mathrm{d}x + \int_{0}^{\pi} x\sin nx\mathrm{d}x\right]\\
=& \frac{1}{\pi}\int_{0}^{\pi} x\sin nx\mathrm{d}x = -\frac{1}{n}\cos n\pi = \frac{(-1)^{n+1}}{n} \quad (n = 1, 2, \cdots).
\end{aligned}$$

将所求傅里叶系数代入式 (7.17), 可得函数 $f(x)$ 的傅里叶级数展开式为

$$\begin{aligned}
f(x) =& \frac{\pi}{4} + \sum_{n=1}^{\infty}\left[\frac{(-1)^n - 1}{n^2\pi}\cos nx + \frac{(-1)^{n+1}}{n}\sin nx\right]\\
&(-\infty < x < +\infty, x \neq 0, \pm\pi, \pm 3\pi, \cdots).
\end{aligned}$$

一般说来, 一个函数的傅里叶级数既含有正弦项又有余弦项. 但是, 也有一些函数的傅里叶级数只含有常数项和余弦项, 根据傅里叶系数的计算公式有理由相信, 导致此种现象的原因应与所给函数的奇偶性有关. 事实上, 根据在对称区间上奇偶函数的积分性质, 还可以有如下结论:

设函数 $f(x)$ 是以 2π 为周期的周期函数, 则

(1) 当 $f(x)$ 为奇函数时, 其傅里叶系数为

$$\begin{aligned}
a_n =& 0 \quad (n = 0, 1, 2, \cdots);\\
b_n =& \frac{2}{\pi}\int_{0}^{\pi} f(x)\sin nx\mathrm{d}x \quad (n = 1, 2, \cdots).
\end{aligned}$$

即奇函数的傅里叶级数是只含有正弦项的**正弦级数**$\sum\limits_{n=1}^{\infty} b_n\sin nx$.

(2) 当 $f(x)$ 为偶函数时, 其傅里叶系数为

$$\begin{aligned}
a_n =& \frac{2}{\pi}\int_{0}^{\pi} f(x)\cos nx\mathrm{d}x \quad (n = 0, 1, 2, \cdots);\\
b_n =& 0 \quad (n = 1, 2, \cdots).
\end{aligned}$$

即偶函数的傅里叶级数是只含有余弦项的**余弦级数**$\frac{a_0}{2} + \sum\limits_{n=1}^{\infty} a_n\cos nx$.

例 7.6.2　设函数

$$f(x) = \pi^2 - x^2, \quad x \in (-\pi, \pi),$$

将 $f(x)$ 展开为傅里叶级数.

解 容易验证函数 $f(x)$ 是连续的周期函数, 满足收敛定理的条件, 所以 $f(x)$ 的傅里叶级数是收敛的. 又因为函数 $f(x)$ 是以 2π 为周期的偶函数, 所以可以展开为余弦级数. 根据傅里叶系数公式, 有

$$a_0=\frac{2}{\pi}\int_0^{\pi}f(x)\mathrm{d}x=\frac{2}{\pi}\int_0^{\pi}(\pi^2-x^2)\mathrm{d}x=\frac{4\pi^2}{3};$$

$$\begin{aligned}a_n&=\frac{2}{\pi}\int_0^{\pi}(\pi^2-x^2)\cos nx\mathrm{d}x=-\frac{2}{n\pi}x^2\sin nx\Big|_0^{\pi}+\frac{4}{n\pi}\int_0^{\pi}x\sin nx\mathrm{d}x\\&=-\frac{4}{n^2\pi}x\cos nx\Big|_0^{\pi}+\frac{4}{n^2\pi}\int_0^{\pi}\cos nx\mathrm{d}x=(-1)^{n+1}\frac{4}{n^2}\quad(n=1,2,\cdots).\end{aligned}$$

于是, $f(x)$ 的傅里叶级数为

$$f(x)=\frac{2\pi^2}{3}+4\sum_{n=1}^{\infty}\frac{(-1)^{n+1}}{n^2}\cos nx,\quad -\infty<x<+\infty.$$

例 7.6.3 设 $f(x)$ 为周期是 2π 的函数, 它在区间 $(-\pi,\pi)$ 的表达式为

$$f(x)=x,\quad x\in(-\pi,\pi)$$

将函数 $f(x)$ 展开为傅里叶级数.

解 显然函数 $f(x)$ 满足收敛定理的条件, 其间断点为 $x=\pm k\pi$. 又因为函数 $f(x)$ 是奇函数, 所以可以展开为正弦级数. 根据傅里叶系数公式, 有

$$b_n=\frac{2}{\pi}\int_0^{\pi}f(x)\sin nx\mathrm{d}x=\frac{2}{\pi}\int_0^{\pi}x\sin nx\mathrm{d}x=\frac{2}{n}(-1)^{n-1}\quad(n=1,2,\cdots).$$

于是, 函数 $f(x)$ 的傅里叶级数为

$$f(x)=2\sum_{n=1}^{\infty}\frac{(-1)^{n-1}}{n}\sin nx,\quad -\infty<x<+\infty,\quad x\neq\pm\pi,\pm2\pi,\cdots.$$

当 $x=\pm\pi,\pm2\pi,\cdots$ 时, 傅里叶级数收敛于

$$\frac{f(x+0)+f(x-0)}{2}=0.$$

一般地, 有些非周期函数可以通过拓广定义域将其变为以 2π 为周期的函数来展开成傅里叶级数.

1. 非周期函数的周期延拓

如果函数 $f(x)$ 只在区间 $[-\pi,\pi]$ 上有定义并且满足狄利克雷收敛定理的条件, 则可先将 $f(x)$ 周期延拓到整个实数轴上, 即在 $(-\infty,+\infty)$ 上作周期为 2π 的函数

$F(x)$, 使函数 $F(x)$ 在 $[-\pi,\pi)$(或 $(-\pi,\pi]$) 上等于 $f(x)$. 这种拓广函数定义域的过程称为**周期延拓**.

其次, 再将函数 $F(x)$ 展开成傅里叶级数. 在 $(-\pi,\pi)$ 内, $F(x)$ 的傅里叶级数收敛于 $f(x)$, 并且在区间端点处收敛于 $\dfrac{f(-\pi+0)+f(\pi-0)}{2}$.

例 7.6.4 将函数 $f(x)=\begin{cases} x, & -\pi<x<0, \\ 1, & x=0, \\ 2x, & 0<x<\pi \end{cases}$ 展开为傅里叶级数.

解 容易验证函数 $f(x)$ 满足收敛定理的条件, 将其拓广为周期函数, 在区间 $(-\pi,\pi)$ 内 $x=0$ 是第一类间断点. 因此, 函数 $f(x)$ 的傅里叶级数收敛, 且在区间 $(-\pi,0)$ 和 $(0,\pi)$ 内收敛于 $f(x)$, 当 $x=0$ 时, 收敛于

$$\frac{f(0+0)+f(0-0)}{2}=0.$$

由式 (7.18), 有

$$a_0=\frac{1}{\pi}\int_{-\pi}^{\pi} f(x)\mathrm{d}x=\frac{1}{\pi}\left[\int_{-\pi}^{0} x\mathrm{d}x+\int_{0}^{\pi} 2x\mathrm{d}x\right]=\frac{\pi}{2};$$

$$\begin{aligned} a_n=&\frac{1}{\pi}\int_{-\pi}^{\pi} f(x)\cos nx\mathrm{d}x=\frac{1}{\pi}\left[\int_{-\pi}^{0} x\cos nx\mathrm{d}x+\int_{0}^{\pi} 2x\cos nx\mathrm{d}x\right] \\ =&\frac{1}{\pi}\left(-\frac{1}{n^2}\cos nx+\frac{2}{n^2}\cos nx\right)\Big|_0^{\pi}=\frac{1}{n^2\pi}(\cos n\pi-1)=\frac{(-1)^n-1}{n^2\pi} \quad (n=1,2,\cdots); \end{aligned}$$

$$\begin{aligned} b_n=&\frac{1}{\pi}\int_{-\pi}^{\pi} f(x)\sin nx\mathrm{d}x=\frac{1}{\pi}\left[\int_{-\pi}^{0} x\sin nx\mathrm{d}x+\int_{0}^{\pi} 2x\sin nx\mathrm{d}x\right]=-\frac{3}{n\pi}(x\cos nx)\big|_0^{\pi} \\ =&(-1)^{n+1}\frac{3}{n} \ (n=1,2,\cdots). \end{aligned}$$

将所求系数代入式 (7.17), 可得函数 $f(x)$ 的傅里叶级数展开式为

$$f(x)=\frac{\pi}{4}+\sum_{n=1}^{\infty}\left[\frac{(-1)^n-1}{n^2\pi}\cos nx+3\frac{(-1)^{n+1}}{n}\sin nx\right] \quad (-\pi<x<\pi, x\neq 0).$$

2. 奇延拓和偶延拓

在实际应用中, 有时还需要把定义在区间 $[0,\pi]$ 上的函数 $f(x)$ 展开成正弦级数或余弦级数, 怎样才能将这样的函数展开成正弦级数或余弦级数呢? 下面就来讨论一下这个问题.

设函数 $f(x)$ 定义在区间 $[0,\pi]$ 上且满足狄利克雷收敛定理的条件.

首先, 要把函数的定义域延拓到区间 $(-\pi,0]$ 上, 得到定义在 $(-\pi,\pi]$ 上的函数 $F(x)$, 其次再将函数 $F(x)$ 展开成傅里叶级数. 一般地, 根据实际情况的需要常常采用下面两种延拓的方式.

(1)**奇延拓**

令

$$F(x)=\begin{cases}-f(-x), & -\pi<x<0,\\ 0, & x=0,\\ f(x), & 0<x\leqslant\pi,\end{cases}$$

则 $F(x)$ 是定义在 $(-\pi,\pi]$ 上的奇函数, 将 $F(x)$ 在 $(-\pi,\pi]$ 上展开成傅里叶级数, 所得级数一定是正弦级数. 再进一步限制 x 在 $(0,\pi]$ 上, 就得到正弦级数展开式.

(2)**偶延拓**

令

$$F(x)=\begin{cases}f(-x), & -\pi<x<0,\\ f(x), & 0\leqslant x\leqslant\pi,\end{cases}$$

则 $F(x)$ 是定义在 $(-\pi,\pi]$ 上的偶函数, 将 $F(x)$ 在 $(-\pi,\pi]$ 上展开成傅里叶级数, 所得级数一定是余弦级数. 再进一步限制 x 在 $(0,\pi]$ 上, 就得到余弦级数展开式.

例 7.6.5 将函数 $f(x)=2x^2(0\leqslant x\leqslant\pi)$ 分别展开成正弦级数和余弦级数.

解 先求正弦级数. 对 $f(x)$ 进行奇延拓, 即补充定义

$$F(x)=\begin{cases}-2x^2, & -\pi\leqslant x<0\\ 2x^2, & 0\leqslant x\leqslant\pi\end{cases}$$

其傅里叶系数

$$\begin{aligned}a_n=&0\quad(n=0,1,2,\cdots);\\ b_n=&\frac{2}{\pi}\int_0^{\pi}f(x)\sin nx\mathrm{d}x=\frac{2}{\pi}\int_0^{\pi}2x^2\sin nx\mathrm{d}x=-\frac{4}{\pi}\int_0^{\pi}\frac{x^2}{n}\mathrm{d}(\cos nx)\\ =&-\frac{4}{\pi}\left[\left(\frac{x^2}{n}\cos nx\right)\Big|_0^{\pi}-\frac{2}{n}\int_0^{\pi}x\cos nx\mathrm{d}x\right]\\ =&(-1)^{n+1}\frac{4\pi}{n}+\frac{8}{n^2\pi}\left[(x\sin nx)|_0^{\pi}+\frac{1}{n}\cos nx\Big|_0^{\pi}\right]\\ =&(-1)^{n+1}\frac{4\pi}{n}+\frac{8}{n^3\pi}[(-1)^n-1]\\ =&\frac{4}{\pi}\left[-\frac{2}{n^3}+(-1)^n\left(\frac{2}{n^3}-\frac{\pi^2}{n}\right)\right]\quad(n=1,2,\cdots).\end{aligned}$$

因函数 $f(x)$ 作奇延拓后在区间 $[0,\pi)$ 连续, $x=\pi$ 为间断点, 所以

$$f(x)=2x^2=\frac{4}{\pi}\sum_{n=1}^{\infty}\left[-\frac{2}{n^3}+(-1)^n\left(\frac{2}{n^3}-\frac{\pi^2}{n}\right)\right]\sin nx,\quad x\in[0,\pi).$$

当 $x=\pi$ 时, 右端级数收敛于算术平均值 π^2.

再求余弦级数. 对 $f(x)$ 进行偶延拓, 即补充定义 $f(x)=2x^2(-\pi\leqslant x<0)$, 则

$$\begin{aligned}
b_n=&0\quad(n=1,2,\cdots);\\
a_0=&\frac{2}{\pi}\int_0^{\pi}f(x)\mathrm{d}x=\frac{2}{\pi}\int_0^{\pi}2x^2\mathrm{d}x=\frac{4}{3}\pi^2;\\
a_n=&\frac{2}{\pi}\int_0^{\pi}f(x)\cos nx\mathrm{d}x=\frac{2}{\pi}\int_0^{\pi}2x^2\cos nx\mathrm{d}x=\frac{4}{\pi}\int_0^{\pi}\frac{x^2}{n}\mathrm{d}(\sin nx)\\
=&\frac{4}{\pi}\left[\left(\frac{x^2}{n}\sin nx\right)\Big|_0^{\pi}-\frac{2}{n}\int_0^{\pi}x\sin nx\mathrm{d}x\right]\\
=&\frac{8}{n^2\pi}\left[(x\cos nx)\Big|_0^{\pi}-\frac{1}{n}\sin x\Big|_0^{\pi}\right]\\
=&(-1)^n\frac{8}{n^2}\quad(n=1,2,\cdots).
\end{aligned}$$

因函数 $f(x)$ 作偶延拓后在区间 $[0,\pi]$ 上连续, 所以

$$f(x)=2x^2=\frac{2\pi^2}{3}+8\sum_{n=1}^{\infty}\frac{(-1)^n}{n^2}\cos nx,\quad x\in[0,\pi].$$

7.6.3 周期为 $2l$ 的函数的傅里叶级数

本节前面部分已经对周期为 2π 的周期函数和非周期函数进行周期延拓成以 2π 为周期的函数的傅里叶展开式进行了讨论. 但是, 在很多实际问题中常常会遇到周期不是 2π 的周期函数, 下面就来讨论这一类周期函数的傅里叶级数的展开问题. 这里用到的主要方法就是通过适当的变量替换将周期不是 2π 的周期函数的周期转换为 2π.

设函数 $f(x)$ 是以 $2l$ 为周期的周期函数, 即

$$f(x)=f(x+2l),\quad l>0.$$

作变量替换 $x=\dfrac{l}{\pi}t$, 可得

$$f(x)=f\left(\frac{l}{\pi}t\right)=g(t).$$

则

$$g(t+2\pi)=f\left(\frac{l}{\pi}(t+2\pi)\right)=f\left(\frac{l}{\pi}t+2l\right)=f\left(\frac{l}{\pi}t\right)=g(t),$$

即 $g(t)$ 是以 2π 为周期的周期函数. 若 $g(t)$ 有傅里叶级数展开式, 即

$$g(t)=\frac{1}{2}a_0+\sum_{n=1}^{\infty}(a_n\cos nt+b_n\sin nt).$$

其中

$$a_n=\frac{1}{\pi}\int_{-\pi}^{\pi}g(t)\cos nt\mathrm{d}t\ (n=0,1,\ 2,\cdots);$$

$$b_n=\frac{1}{\pi}\int_{-\pi}^{\pi}g(t)\sin nt\mathrm{d}t\ (n=1,2,\cdots).$$

再用 $t=\frac{\pi}{l}x$ 替换之后, 可得

$$f(x)=\frac{1}{2}a_0+\sum_{n=1}^{\infty}\left(a_n\cos\frac{n\pi}{l}x+b_n\sin\frac{n\pi}{l}x\right).$$

其中系数 a_n, b_n 为

$$a_n=\frac{1}{l}\int_{-l}^{l}f(x)\cos\frac{n\pi}{l}x\mathrm{d}x,\quad n=0,1,\ 2,\cdots;$$

$$b_n=\frac{1}{l}\int_{-l}^{l}f(x)\sin\frac{n\pi}{l}x\mathrm{d}x,\quad n=1,2,\cdots.$$

由上面的推导可得如下定理:

定理 7.6.3 设周期为 $2l$ 的周期函数 $f(x)$ 在区间 $[-l,l]$ 上满足狄利克雷收敛定理的条件, 则函数 $f(x)$ 的傅里叶级数展开式为

$$f(x)=\frac{1}{2}a_0+\sum_{n=1}^{\infty}\left(a_n\cos\frac{n\pi}{l}x+b_n\sin\frac{n\pi}{l}x\right),$$

其中系数 a_n, b_n 为

$$a_n=\frac{1}{l}\int_{-l}^{l}f(x)\cos\frac{n\pi}{l}x\mathrm{d}x,\quad n=0,1,\ 2,\cdots;$$

$$b_n=\frac{1}{l}\int_{-l}^{l}f(x)\sin\frac{n\pi}{l}x\mathrm{d}x,\quad n=1,2,\cdots.$$

特别地

(1) 如果函数 $f(x)$ 是周期为 $2l$ 的偶函数, 那么 $f(x)$ 的余弦级数为

$$f(x)=\frac{1}{2}a_0+\sum_{n=1}^{\infty}a_n\cos\frac{n\pi}{l}x,$$

其中系数 a_n 为

$$a_n=\frac{2}{l}\int_0^l f(x)\cos\frac{n\pi}{l}x\mathrm{d}x,\quad n=0,1,2,\cdots.$$

(2) 如果 $f(x)$ 是周期为 $2l$ 的奇函数, 那么 $f(x)$ 的正弦级数为

$$f(x)=\sum_{n=1}^{\infty}b_n\sin\frac{n\pi}{l}x,$$

其中系数 b_n 为

$$b_n=\frac{2}{l}\int_0^l f(x)\sin\frac{n\pi}{l}x\mathrm{d}x,\quad n=1,2,\cdots.$$

注 7.6.2 当定理 7.6.3 中 x 为函数 $f(x)$ 的间断点时, 公式中的和函数应为 $\dfrac{f(x-0)+f(x+0)}{2}$.

例 7.6.6 设函数 $f(x)$ 的周期为 4, 它在区间 $[-2,2)$ 的解析式为

$$f(x)=\begin{cases}0, & -2\leqslant x<0,\\ 1, & 0\leqslant x<2,\end{cases}$$

将 $f(x)$ 展开成傅里叶级数.

解 这里 $l=2$, 于是

$$\begin{aligned}a_0=&\frac{1}{2}\int_{-2}^{0}0\cdot\mathrm{d}x+\frac{1}{2}\int_0^2\mathrm{d}x=1;\\
a_n=&\frac{1}{2}\int_0^2\cos\frac{n\pi x}{2}\mathrm{d}x=\left(\frac{1}{n\pi}\sin\frac{n\pi x}{2}\right)\Bigg|_0^2=0,\quad n=1,2,\cdots;\\
b_n=&\frac{1}{2}\int_0^2\sin\frac{n\pi x}{2}\mathrm{d}x=\left(\frac{-1}{n\pi}\cos\frac{n\pi x}{2}\right)\Bigg|_0^2=\frac{1}{n\pi}(1-\cos n\pi)\\
=&\begin{cases}\dfrac{2}{n\pi}, & n=2k-1,\\ 0, & n=2k,\end{cases}\qquad(k=1,2,3,\cdots).\end{aligned}$$

因此, $f(x)$ 的傅里叶展开式为

$$f(x)=\frac{1}{2}+\frac{2}{\pi}\left(\sin\frac{\pi x}{2}+\frac{1}{3}\sin\frac{3\pi x}{2}+\frac{1}{5}\sin\frac{5\pi x}{2}+\cdots\right)$$

$$=\frac{1}{2}+\frac{2}{\pi}\sum_{k=0}^{\infty}\frac{1}{2k+1}\sin\frac{(2k+1)\pi x}{2},\quad -\infty<x<+\infty, \text{且}\quad x\neq 0,\pm 2,\pm 4,\cdots.$$

例 7.6.7 将函数 $f(x)=x-1\ (0\leqslant x\leqslant 2)$ 展开成余弦级数.

解 要将 $f(x)=x-1$ 在 $[\,0,2\,]$ 上展开成余弦级数, 须先对 $f(x)$ 在 $[\,-2,2\,]$ 上进行偶延拓, 即补充定义 $f(x)=-x-1\ (-2\leqslant x<0)$, 再由傅里叶系数公式求系数. 这里 $l=2$, 于是

$$\begin{aligned}
b_n=&0,(n=1,2,\ \cdots);\\
a_0=&\frac{2}{2}\int_0^2(x-1)\mathrm{d}x=0;\\
a_n=&\frac{2}{2}\int_0^2(x-1)\cos\frac{n\pi x}{2}\mathrm{d}x=\frac{2}{n\pi}\int_0^2(x-1)\mathrm{d}\left(\sin\frac{n\pi x}{2}\right)\\
=&\frac{2}{n\pi}\left[(x-1)\left(\sin\frac{n\pi x}{2}\right)\Big|_0^2-\int_0^2\sin\frac{n\pi x}{2}\mathrm{d}x\right]\\
=&-\frac{2}{n\pi}\int_0^2\sin\frac{n\pi x}{2}\mathrm{d}x=\frac{4}{n^2\pi^2}\left[(-1)^n-1\right]\\
=&\begin{cases}0, & n=2k,\\ -\dfrac{8}{n^2\pi^2}, & n=2k-1\end{cases}\qquad (k=1,2,3,\cdots);
\end{aligned}$$

因此 $f(x)$ 展开的余弦级数为

$$f(x)=-\frac{8}{\pi^2}\sum_{k=1}^{\infty}\frac{1}{(2k-1)^2}\cos\frac{(2k-1)\pi x}{2},\quad x\in[\,0,2\,].$$

*7.6.4 傅里叶级数的复数形式

傅里叶级数还可以用复数形式表示, 这种形式常应用于电子技术中.

设周期为 $2l$ 的周期函数 $f(x)$ 的傅里叶级数为

$$f(x)=\frac{1}{2}a_0+\sum_{n=1}^{\infty}\left(a_n\cos\frac{n\pi}{l}x+b_n\sin\frac{n\pi}{l}x\right),\tag{7.19}$$

其中系数 a_n, b_n 为

$$\begin{cases}a_n=\dfrac{1}{l}\displaystyle\int_{-l}^{l}f(x)\cos\frac{n\pi}{l}x\mathrm{d}x, & n=0,1,\ 2,\cdots\\ b_n=\dfrac{1}{l}\displaystyle\int_{-l}^{l}f(x)\sin\frac{n\pi}{l}x\mathrm{d}x, & n=1,2,\ \cdots\end{cases}\tag{7.20}$$

由欧拉公式

$$\cos t=\frac{e^{i\,t}+e^{-i\,t}}{2},\quad \sin t=\frac{e^{i\,t}-e^{-i\,t}}{2i}.$$

可将式 (7.19) 化为

$$\begin{aligned}f(x)=&\frac{1}{2}a_0+\sum_{n=1}^{\infty}\left(a_n\cos\frac{n\pi}{l}x+b_n\sin\frac{n\pi}{l}x\right)\\=&\frac{1}{2}a_0+\sum_{n=1}^{\infty}\left[\frac{a_n}{2}\left(e^{\frac{n\pi x}{l}i}+e^{-\frac{n\pi x}{l}i}\right)-\frac{i\,b_n}{2}\left(e^{\frac{n\pi x}{l}i}-e^{-\frac{n\pi x}{l}i}\right)\right]\\=&\frac{1}{2}a_0+\sum_{n=1}^{\infty}\left(\frac{a_n-i\,b_n}{2}e^{\frac{n\pi x}{l}i}+\frac{a_n+i\,b_n}{2}e^{-\frac{n\pi x}{l}i}\right).\end{aligned}$$

令

$$c_0=\frac{a_0}{2},\quad c_n=\frac{a_n-i\,b_n}{2},\quad c_{-n}=\frac{a_n+i\,b_n}{2}\quad (n=1,2,3,\cdots) \tag{7.21}$$

可得

$$\begin{aligned}f(x)=&c_0+\sum_{n=1}^{\infty}\left(c_n\,e^{\frac{n\pi x}{l}i}+c_{-n}\,e^{-\frac{n\pi x}{l}i}\right)\\=&\left(c_n\,e^{\frac{n\pi x}{l}i}\right)_{n=0}+\sum_{n=1}^{\infty}\left(c_n\,e^{\frac{n\pi x}{l}i}+c_{-n}\,e^{-\frac{n\pi x}{l}i}\right),\end{aligned}$$

即可得到**傅里叶级数的复数形式**为

$$f(x)=\sum_{n=-\infty}^{\infty}c_n\,e^{\frac{n\pi x}{l}i}. \tag{7.22}$$

将式 (7.20) 代入式 (7.21), 得

$$\begin{aligned}c_n=&\frac{a_n-i\,b_n}{2}\\=&\frac{1}{2}\left[\frac{1}{l}\int_{-l}^{l}f(x)\cos\frac{n\pi x}{l}dx-\frac{i}{l}\int_{-l}^{l}f(x)\sin\frac{n\pi x}{l}dx\right]\\=&\frac{1}{2l}\int_{-l}^{l}f(x)\left(\cos\frac{n\pi x}{l}-i\sin\frac{n\pi x}{l}\right)dx\\=&\frac{1}{2l}\int_{-l}^{l}f(x)e^{-\frac{n\pi x}{l}i}dx\quad (n=1,2,3,\cdots);\end{aligned}$$

$$
\begin{aligned}
c_{-n} =& \frac{a_n + i\, b_n}{2} \\
=& \frac{1}{2}\left[\frac{1}{l}\int_{-l}^{l} f(x)\cos\frac{n\pi x}{l}\mathrm{d}x + \frac{i}{l}\int_{-l}^{l} f(x)\sin\frac{n\pi x}{l}\mathrm{d}x\right] \\
=& \frac{1}{2l}\int_{-l}^{l} f(x)\left(\cos\frac{n\pi x}{l} + i\sin\frac{n\pi x}{l}\right)\mathrm{d}x \\
=& \frac{1}{2l}\int_{-l}^{l} f(x)\mathrm{e}^{\frac{n\pi x}{l}i}\mathrm{d}x \quad (n = 1, 2, 3, \cdots).
\end{aligned}
$$

将 c_n 和 c_{-n} 的表达式合并整理可得, 式 (7.22) 中傅里叶系数的复数形式为

$$
c_n = \frac{1}{2l}\int_{-l}^{l} f(x)\mathrm{e}^{-\frac{n\pi x}{l}i}\mathrm{d}x \quad (n = 0, \pm1, \pm2, \cdots). \tag{7.23}
$$

注 7.6.3 式 (7.18) 和式 (7.23) 所给的傅里叶级数的这两种形式, 本质上是一样的, 只是复数形式比较简洁, 且只用一个算式计算.

例 7.6.8 设 $f(x)$ 是周期为 2 的周期函数, 在 $[-1, 1)$ 上的表达式为 $f(x) = \mathrm{e}^{-x}$, 将其展开为复数形式的傅里叶级数.

解 由式 (7.23), 有

$$
\begin{aligned}
c_n =& \frac{1}{2}\int_{-1}^{1} \mathrm{e}^{-x}\mathrm{e}^{-n\pi x i}\mathrm{d}x = \frac{1}{2}\int_{-1}^{1} \mathrm{e}^{-(1+n\pi i)x}\mathrm{d}x \\
=& -\frac{1}{2}\cdot\frac{1-n\pi i}{1+n^2\pi^2}[\mathrm{e}^{-1}\cos n\pi - \mathrm{e}\cos n\pi] \\
=& (-1)^n\frac{1-n\pi i}{1+n^2\pi^2}sh1.
\end{aligned}
$$

故

$$
f(x) = \sum_{n=-\infty}^{\infty}(-1)^n\frac{1-n\pi i}{1+n^2\pi^2}\mathrm{sh}1\cdot\mathrm{e}^{in\pi x}, (x \neq 2n+1, n = 0, \pm1, \pm2, \cdots).
$$

习 题 7.6

1. 设 $f(x)$ 是周期为 2π 的周期函数, 在 $[-\pi, \pi)$ 上的表达式为

$$
f(x) = \begin{cases} -1, & -\pi \leqslant x < 0, \\ 1, & 0 \leqslant x < \pi, \end{cases}
$$

将函数 $f(x)$ 展开成傅里叶级数.

2. 设 $f(x)$ 是周期为 2π 的周期函数, 在 $[-\pi, \pi)$ 上的表达式为

$$f(x)=\begin{cases}-\dfrac{\pi}{4}, & -\pi \leqslant x \leqslant 0,\\ \dfrac{\pi}{4}, & 0<x<\pi,\end{cases}$$

试将函数 $f(x)$ 展开成傅里叶级数.

3. 设 $f(x)$ 是周期为 2π 的周期函数, 在 $[-\pi, \pi)$ 上的表达式为

$$f(x)=\begin{cases}x, & -\pi \leqslant x<0,\\ 0, & 0 \leqslant x<\pi,\end{cases}$$

试将函数 $f(x)$ 展开成傅里叶级数.

4. 设 $f(x)$ 是周期为 2π 的周期函数, 在 $[-\pi, \pi)$ 上的表达式为 $f(x)=|x|$, 试将函数 $f(x)$ 展开成傅里叶级数.

5. 设函数 $f(x)=x^2(0 \leqslant x<\pi)$, 而 $f(x)$ 的傅里叶级数为

$$f(x)=\sum_{n=1}^{\infty} b_n \sin nx \quad(-\infty<x<+\infty),$$

其中 $b_n=\dfrac{2}{\pi} \displaystyle\int_0^\pi f(x) \sin nx \mathrm{d}x \quad(n=1,2,3, \cdots)$, $s(x)$ 为此傅里叶级数的和, 求 $s\left(-\dfrac{1}{2}\right)$.

6. 将函数

$$f(x)=\begin{cases}\cos x, & 0 \leqslant x<\dfrac{\pi}{2},\\ 0, & \dfrac{\pi}{2} \leqslant x \leqslant \pi\end{cases}$$

分别展开成正弦级数和余弦级数.

7. 设函数 $f(x)$ 的周期为 4, 在区间 $(-2,2]$ 的表达式为

$$f(x)=\begin{cases}x+1, & -2<x \leqslant 0,\\ -x+1, & 0 \leqslant x \leqslant 2,\end{cases}$$

将 $f(x)$ 展开成傅里叶级数.

8. 将函数

$$f(x)=\begin{cases}\dfrac{px}{2}, & 0 \leqslant x<\dfrac{l}{2},\\ \dfrac{p(l-x)}{2}, & \dfrac{l}{2} \leqslant x \leqslant l\end{cases}$$

分别展开成正弦级数和余弦级数.

9. 将函数 $f(x)=10-x$ $(5<x<15)$ 展开成傅里叶级数.

10. 将函数 $f(x)=2+|x|$ $(-1 \leqslant x \leqslant 1)$ 展开成以 2 为周期的傅里叶级数, 并由此计算级

数 $\sum_{n=1}^{\infty} \frac{1}{n^2}$ 的和.

*11. 将宽为 τ, 高为 h, 周期为 T 的矩形波展开为复数形式的傅里叶级数.

总 习 题 7

1. 已知级数 $\sum_{n=1}^{\infty} u_n$ 的前 n 项和 $s_n = \frac{8^n - 1}{7 \times 8^{n-1}}$, 求此级数的一般项.

2. 判断下列级数是否收敛, 若收敛求其和:

(1) $\sum_{n=1}^{\infty} \left[\frac{1}{e^n} + \frac{1}{n(n+1)}\right]$;

(2) $\sum_{n=1}^{\infty} \frac{1}{\sqrt[n]{3}}$;

(3) $\sum_{n=1}^{\infty} \left(1 + \frac{1}{n}\right)^n$;

(4) $\sum_{n=1}^{\infty} \left(n \sin\frac{1}{n} - \frac{1}{2^n}\right)$;

(5) $\sum_{n=1}^{\infty} \frac{2n-1}{3^n}$;

(6) $\sum_{n=1}^{\infty} \left[\frac{1}{n} + \frac{(-1)^n}{n(n+1)}\right]$.

3. 若级数 $\sum_{n=1}^{\infty} u_n$ 收敛, 则级数 (　　　　).

(A) $\sum_{n=1}^{\infty} |u_n|$ 收敛.

(B) $\sum_{n=1}^{\infty} (-1)^n u_n$ 收敛.

(C) $\sum_{n=1}^{\infty} u_n u_{n+1}$ 收敛.

(D) $\sum_{n=1}^{\infty} \frac{u_n + u_{n+1}}{2}$ 收敛.

4. 设 $\sum_{n=1}^{\infty} u_n$ 为正项级数, 下列结论中正确的是 (　　　　).

(A) 若 $\lim_{n\to\infty} n u_n = 0$, 则级数 $\sum_{n=1}^{\infty} u_n$ 收敛.

(B) 若存在非零常数 λ, 使得 $\lim_{n\to\infty} n u_n = \lambda$, 则级数 $\sum_{n=1}^{\infty} u_n$ 发散.

(C) 若级数 $\sum_{n=1}^{\infty} u_n$ 收敛, 则 $\lim_{n\to\infty} n^2 u_n = 0$.

(D) 若级数 $\sum_{n=1}^{\infty} u_n$ 发散, 则存在非零常数 λ, 使得 $\lim_{n\to\infty} n u_n = \lambda$.

5. 求极限 $\lim_{n\to\infty} \frac{1}{n} \sum_{k=1}^{n} \frac{1}{3^k} \left(1 + \frac{1}{k}\right)^{k^2}$.

6. 判断下列级数的敛散性:

(1) $\sum\limits_{n=1}^{\infty}\dfrac{a}{\sqrt{n^2+1}}$($a$ 为正数);

(2) $\sum\limits_{n=1}^{\infty}\dfrac{2^n}{1+3^n}$;

(3) $\sum\limits_{n=1}^{\infty}\dfrac{n^2}{\left(2+\dfrac{1}{n}\right)^n}$;

(4) $\sum\limits_{n=1}^{\infty}\dfrac{n}{2+n\cdot 5^n}$;

(5) $\sum\limits_{n=1}^{\infty}\dfrac{(n+a)^n}{n^{n+a}}$;

(6) $\sum\limits_{n=1}^{\infty}\dfrac{n+3}{n^2\sqrt{n}}$;

(7) $\sum\limits_{n=1}^{\infty}\dfrac{n+1}{n^2+1}$;

(8) $\sum\limits_{n=1}^{\infty}\dfrac{(n+1)^{n-1}}{(n+3)^{n+1}}$;

(9) $\sum\limits_{n=1}^{\infty}\dfrac{3^n}{n(n+1)}$;

(10) $\sum\limits_{n=1}^{\infty}\dfrac{a^n\cdot n\,!}{n^n}(a>0)$;

(11) $\sum\limits_{n=1}^{\infty}\dfrac{n!}{n+5}$;

(12) $\sum\limits_{n=1}^{\infty}\dfrac{n^2+3}{3^n}$;

(13) $\sum\limits_{n=1}^{\infty}\left(\dfrac{n}{3n+2}\right)^n$;

(14) $\sum\limits_{n=1}^{\infty}\dfrac{3^n}{\left(1+\dfrac{4}{n}\right)^{n^2}}$;

(15) $\sum\limits_{n=1}^{\infty}\left(\dfrac{n}{5}\sin\dfrac{4}{n}\right)^n$;

(16) $\sum\limits_{n=1}^{\infty}\dfrac{3n^n}{(n+1)^n}$.

7. 设有方程 $x^n+nx-1=0$, 其中 n 为正整数, 证明: 方程存在唯一实根 x_n, 并证明当 $\alpha>1$ 时, 级数 $\sum\limits_{n=1}^{\infty}x_n^{\alpha}$ 收敛.

8. 判断下列级数的敛散性, 若收敛, 说明是条件收敛还是绝对收敛:

(1) $\sum\limits_{n=1}^{\infty}(-1)^n\dfrac{\ln n}{n^2}$;

(2) $\sum\limits_{n=1}^{\infty}\dfrac{\sin na}{(n+1)^2}$;

(3) $\sum\limits_{n=2}^{\infty}\sin(n\pi+\dfrac{1}{\ln n})$;

(4) $\sum\limits_{n=2}^{\infty}(-1)^{n-1}(\sqrt{n+1}-\sqrt{n-1})$;

(5) $\sum\limits_{n=1}^{\infty}(-1)^n\dfrac{1}{n-\ln n}$;

(6) $\sum\limits_{n=1}^{\infty}(-1)^n\dfrac{\ln n}{2^n}$.

9. 求下列幂级数的收敛半径和收敛域:

(1) $\sum\limits_{n=1}^{\infty}\dfrac{1}{3^n+(-2)^n}\dfrac{x^n}{n}$;

(2) $\sum\limits_{n=1}^{\infty}2^nx^n$;

(3) $\sum\limits_{n=1}^{\infty}n(n+1)x^n$;

(4) $\sum\limits_{n=1}^{\infty}\dfrac{n^2x^n}{n^3+1}$;

(5) $\sum_{n=1}^{\infty}\frac{(x+3)^n}{\sqrt{n}}$;

(6) $\sum_{n=1}^{\infty}\frac{(x-3)^n}{n^2}$;

(7) $\sum_{n=1}^{\infty}(-1)^{n+1}\frac{x^{3n-1}}{(3n-1)!}$;

(8) $\sum_{n=1}^{\infty}(-1)^n\frac{x^{2n}}{2n\cdot 3^n}$;

(9) $\sum_{n=1}^{\infty}\frac{x^{2n}}{2n+1}$;

(10) $\sum_{n=1}^{\infty}(-1)^{n-1}\frac{nx^{2n-1}}{2^n}$.

10. 求下列幂级数的和函数:

(1) $\sum_{n=1}^{\infty}\frac{x^{2n}}{n}$;

(2) $\sum_{n=0}^{\infty}\frac{n^2+1}{2^n\cdot n\,!}x^n$;

(3) $\sum_{n=1}^{\infty}(n+2)x^{n+1}$;

(4) $\sum_{n=0}^{\infty}\frac{2n+1}{n\,!}x^{2n}$;

(5) $\sum_{n=1}^{\infty}\frac{(x+1)^n}{2n\cdot 3^n}$;

(6) $\sum_{n=1}^{\infty}\frac{x^{2n}}{(2n)!}$;

(7) $\sum_{n=1}^{\infty}\frac{(-1)^n}{2n-1}x^{2n}$;

(8) $\sum_{n=1}^{\infty}(-1)^n\left(1+\frac{1}{n(2n-1)}\right)x^{2n}$.

11. 求级数 $\sum_{n=0}^{\infty}(-1)^n\frac{n^2-n+1}{2^n}$ 的和.

12. 试求极限 $\lim_{n\to\infty}\left(\frac{1}{a}+\frac{2}{a^2}+\frac{3}{a^3}+\cdots+\frac{n}{a^n}\right)$, 其中 $a>1$.

13. 已知 $\sum_{n=1}^{\infty}\frac{1}{n^2}=\frac{\pi^2}{6}$, 求积分 $\int_0^1\frac{\ln x}{1+x}\mathrm{d}x$.

14. 将下列函数展开成 x 的幂级数, 并写出其收敛域:

(1) $f(x)=\mathrm{e}^{2x}$;

(2) $f(x)=\frac{x}{(x+1)(2x-1)}$;

(3) $f(x)=\cos 2x$;

(4) $f(x)=\ln(2-x^2)$.

15. 设函数 $f(x)=\begin{cases}\frac{1+x^2}{x}\arctan x, & x\neq 0,\\ 1, & x=0,\end{cases}$ 试将 $f(x)$ 展开成 x 的幂级数, 并求级数 $\sum_{n=1}^{\infty}\frac{(-1)^n}{1-4n^2}$ 的和.

16. 将函数 $f(x)=\arctan\frac{1-2x}{1+2x}$ 展开成 x 的幂级数, 并求级数 $\sum_{n=1}^{\infty}\frac{(-1)^n}{2n+1}$ 的和.

17. 将函数 $f(x)=\ln(x+5)$ 展开成 $(x-1)$ 的幂级数, 并写出其收敛域.

18. 将函数 $f(x)=1-x^2(0\leqslant x\leqslant \pi)$ 展开成余弦级数, 并求级数 $\sum\limits_{n=1}^{\infty}\frac{(-1)^{n+1}}{n^2}$ 的和.

19. 将函数 $f(x)=\operatorname{sgn}x(-\pi<x<\pi)$ 展开成傅里叶级数, 并利用展开式求级数 $\sum\limits_{n=0}^{\infty}\frac{(-1)^n}{2n+1}$ 的和.

20. 将函数 $f(x)=x^3(0\leqslant x\leqslant \pi)$ 展开成余弦级数, 并利用展开式求级数 $\sum\limits_{n=1}^{\infty}\frac{1}{n^4}$ 的和.

习题参考答案及提示

习 题 1.1

1. (1) 是, 因为定义域和对应法则都相同;

(2) 不是, 因为对应法则不同;

(3) 不是, 因为定义域不同;

(4) 是, 因为定义域和对应法则都相同.

2. (1) $(-\infty,1]\cup[3,+\infty)$; (2) $[2,3)\cup(3,5)$; (3) $[-1,3]$;

(4) $(-\infty,-1)\cup(1,3)$; (5) $(-\infty,0)\cup(0,2]$; (6) $(-\infty,0)\cup(0,+\infty)$.

3. $(-\infty,+\infty)$, $-\dfrac{1}{3}$, -3, -9. 图略.

4. $f(x)=5x+\dfrac{2}{x^2}$, $f(x^2+1)=5(x^2+1)+\dfrac{2}{(x^2+1)^2}$.

5. $V=\dfrac{R^2}{24\pi^2}(2\pi-\alpha)^2\sqrt{4\pi\alpha-\alpha^2}\quad(0<\alpha<2\pi)$.

6. 略.

7. (1) 单调增加; (2) 单调增加.

8. (1) 是周期函数, 周期为 $T=\dfrac{\pi}{2}$;

(2) 是周期函数, 周期为 $T=\pi$;

(3) 不是周期函数;

(4) 是周期函数, 周期为 $T=12\pi$;

(5) 是周期函数, 周期为 $T=2\pi$;

(6) 是周期函数, 周期为 $T=2$.

习 题 1.2

1. (1) $y=\dfrac{x+3}{x-1}$, $x\neq1$; (2) $y=\sqrt{25-x^2}$, $0<x<5$;

(3) $y=\dfrac{1-x}{1+x}\quad(x\neq-1)$; (4) $y=x^3-1$;

(5) $y=\dfrac{1}{3}\arcsin\dfrac{x}{2}$; (6) $y=\mathrm{e}^{x-1}-2$;

(7) $y=\log_2\dfrac{x}{1-x}\quad(0<x<1)$; (8) $y=\begin{cases}x+1, & x<-1,\\ \sqrt{x}, & x\geqslant0.\end{cases}$

2. $f(x-1)=\begin{cases}-1, & x<1,\\ 0, & x=1,\\ 1, & x>1,\end{cases}$ $f(x^2-1)=\begin{cases}-1, & |x|<1,\\ 0, & |x|=1,\\ 1, & |x|>1.\end{cases}$

3. $f(f(x))=\dfrac{x}{1-2x}$, $f(f(f(x)))=\dfrac{x}{1-3x}$.

4. (1) $y=\cos u$, $u=4x$;

(2) $y=\sqrt{u}$, $u=\arctan v$, $v=\mathrm{e}^w$, $w=2x$;

(3) $y=\ln u$, $u=\ln v$, $v=\ln x$;

(4) $y=u^3$, $u=1+v$, $v=w^2$, $w=\ln x$.

5. $\varphi(x)=\dfrac{x+1}{x-1}$, $x>0$, $x\neq 1$.

6. $m=\begin{cases}ks, & 0<s\leqslant a,\\ ka+\dfrac{4}{5}k(s-a), & a<s.\end{cases}$

习　题　1.3

1. (1) 0;　(2) 0;　(3) 1;　(4) 没有极限.

2. $\lim\limits_{n\to\infty}x_n=0$, $N=999$.

3. 略.

4. 略.

5. 略, $x_n=(-1)^{n+1}$.

6. 略.

习　题　1.4

1. $X\geqslant\sqrt{29}$.

2. $\delta=0.0005$. 因为 $x\to1$, 不妨设 $0<x<1$.

3. 略.

4. 略.

5. 略.

6. 提示: $\lim\limits_{x\to0^-}f(x)=-1\neq\lim\limits_{x\to0^+}f(x)=1$.

习　题　1.5

1. (1) 不正确, 因为能够为无穷小的数只能是 0;

(2) 不正确, 因为 $\lim\limits_{x\to1}\dfrac{1}{x}=1$, $\dfrac{1}{x}$ 当 $x\to1$ 时不是无穷小;

(3) 不正确, 因为 $\lim\limits_{x\to 0}\dfrac{\sin x}{x}=1$, $\dfrac{\sin x}{x}$ 当 $x\to 0$ 时不是无穷小;

(4) 不正确; (5) 正确; (6) 正确.

2. (1) 是; (2) 不是.

3. (1); (3) 是无穷小; (2); (4) 是无穷大.

4. 不存在, 因为 $\lim\limits_{x\to 0^-}\mathrm{e}^{\frac{1}{x}}=0$, $\lim\limits_{x\to 0^+}\mathrm{e}^{\frac{1}{x}}=+\infty$.

5. 略.

习 题 1.6

1. (1)$\dfrac{1}{4}$; (2)0; (3)2; (4)1; (5)$\dfrac{3}{2}$; (6)1.

2. (1)$\dfrac{1}{2}$; (2)$\dfrac{1}{3}$; (3)∞; (4)$-\dfrac{1}{4}$; (5)-1; (6)$\dfrac{2}{3}$.

3. $\lim\limits_{x\to 0^+}f(x)=2$; $\lim\limits_{x\to 0^-}f(x)=1$; $\lim\limits_{x\to 0}f(x)$ 不存在.

4. $a=1,b=2$

习 题 1.7

1. 略.
2. 略.
3. 提示: 可证明数列 $\{x_n\}$ 为单调有界数列, $\lim\limits_{n\to\infty}x_n=1$.
4. (1)3/4; (2) 1; (3) -1; (4) 6; (5) e^{10}; (6) e^2; (7) e^2; (8) 1.
5. $\dfrac{9\sqrt{3}}{\pi}$.
6. $-\ln 5$.

习 题 1.8

1. (1) $\alpha(x)$ 是 $\beta(x)$ 的低阶无穷小;
(2) $\alpha(x)$ 是 $\beta(x)$ 的高阶无穷小;
(3) $\alpha(x)$ 与 $\beta(x)$ 是等价无穷小;
(4) $\alpha(x)$ 和 $\beta(x)$ 为同阶无穷小.

2. (1) 0; (2) $\dfrac{3}{2}$; (3) $-\dfrac{1}{6}$; (4) -2; (5) 0; (6) 32.

3. 证明略.

习　题　1.9

1. (1) 连续;　(2) 不连续;　(3) 连续;　(4) 不连续.

2. 不能补充, 因为 $\lim\limits_{x\to 0^-} f(x) = -\dfrac{\pi}{2}$, $\lim\limits_{x\to 0^+} f(x) = \dfrac{\pi}{2}$.

3. (1) $x=0$ 是 $f(x)$ 的第一类间断点 (跳跃间断点);

(2) $x=0$ 是 $f(x)$ 的第二类间断点 (振荡间断点);

(3) $x=0$ 是 $f(x)$ 的第一类间断点 (可去间断点); 补充定义 $f(0)=\dfrac{1}{2}$;

(4) $x=0$ 是 $f(x)$ 的第一类间断点 (可去间断点); 补充定义 $f(0)=0$;

(5) $x=1$ 是 $f(x)$ 的第二类间断点 (无穷间断点), $x=2$ 是 $f(x)$ 的第一类间断点 (可去间断点); 补充定义 $f(2)=\dfrac{4}{3}$;

(6) $x=0$ 是 $f(x)$ 的第二类间断点 (无穷间断点), $x=1$ 是 $f(x)$ 的第一类间断点 (可去间断点); 补充定义 $f(1)=2$;

(7) $x=0$ 是 $f(x)$ 的第一类间断点 (可去间断点); 补充定义 $f(0)=2$;

(8) $x=0$ 是 $f(x)$ 的第一类间断点 (跳跃间断点).

4. (1) $a=6$;　(2) $a=\dfrac{1}{\ln 3}$;　(3) $a=1$;　(4) $a=1$.

5. 略.

习　题　1.10

1. (1) 连续区间: $(-\infty,-3)$, $(-3,2)$, $(2,+\infty)$;

(2) 连续区间:$(-\infty,-\sqrt{e})$, $(-\sqrt{e},0)$, $(0,\sqrt{e})$, $(\sqrt{e},+\infty)$;

(3) 连续区间: $(-\infty,+\infty)$;　(4) 连续区间: $(-\infty,+\infty)$.

2. (1) $\dfrac{\pi}{4}$;　(2) $e^{\frac{\pi}{4}}$;　(3) $\dfrac{\pi}{2}$;　(4) $\sqrt{10}$;　(5) 0;　(6) e^{-1}(提示: 令 $t=x-e$);　(7) 1;　(8) $\dfrac{\pi}{6}$;　(9) 3;　(10) $\dfrac{1}{2}$.

3. 提示: 作 $f(x)=\sin x+x+1$, $f\left(-\dfrac{\pi}{2}\right)=-\dfrac{\pi}{2}<0$, $f\left(\dfrac{\pi}{2}\right)=2+\dfrac{\pi}{2}>0$.

4. 提示: 作 $f(x)=x^2\cos x-\sin x$, $f(\pi)=-\pi^2<0$, $f\left(\dfrac{3}{2}\pi\right)=1>0$.

5. 提示: 设 $f(x)$ 在 $[a,b]$ 上的最大值为 M, 最小值为 m, 则有 $c,d\in[a,b]$, 使得 $f(c)=M$,$f(d)=m$. 所以 $m\leqslant\dfrac{f(x_1)+f(x_2)+\cdots\cdots+f(x_n)}{n}\leqslant M$.
因为 $f(x)$ 在 $[a,b]$ 上连续, 由闭区间上的介值定理的推论可得, 必存在 $\xi\in(a,b)$, 使得

$$f(\xi)=\frac{f(x_1)+f(x_2)+\cdots\cdots+f(x_n)}{n}.$$

6. 略.

总 习 题 1

1. (1) $[-1,1]$; (2) $[-a,1-a]$; (3) $[2k\pi,(2k+1)\pi]$, $k\in\mathbf{Z}$; (4) 当$a\in\left(0,\dfrac{1}{2}\right]$时, $D=[a,1-a]$, 当 $a>\dfrac{1}{2}$ 时, $D=\varnothing$.

2. 略.

3. $f[f(x)]=f(x)$; $g[g(x)]=0$; $f[g(x)]=0$; $g[f(x)]=g(x)$.

4. 略.

5. 略.

6. (1) $\max\{a,b\}$; (2) $\dfrac{1}{2}$; (3) 1.

7. $\lim\limits_{n\to\infty}x_n=\dfrac{3}{2}$.

提示: 利用单调有界准则证明, 先证数列 $\{x_n\}$ 有界 $0\leqslant x_n\leqslant\dfrac{3}{2}$, 再 $x_{n+1}-x_n\geqslant 0$ 证数列 $\{x_n\}$ 单调递增.

8. (1) $3x^2$; (2) $\left(\dfrac{3}{2}\right)^{20}$; (3) 0; (4) $\mathrm{e}^{-\frac{1}{2}}$;

(5) $(abcde)^{\frac{1}{5}}$;

提示: $\left(\dfrac{a^x+b^x+c^x+d^x+e^x}{5}\right)^{\frac{1}{x}}=\mathrm{e}^{\frac{1}{x}\ln\left(\frac{a^x+b^x+c^x+d^x+e^x}{5}\right)}$,

当 $x\to 0$ 时, $\ln\left(\dfrac{a^x+b^x+c^x+d^x+e^x}{5}\right)\sim\dfrac{a^x+b^x+c^x+d^x+e^x}{5}-1$,

$$\begin{aligned}
&\lim_{x\to 0}\left(\frac{a^x+b^x+c^x+d^x+e^x}{5}\right)^{\frac{1}{x}}\\
&=\lim_{x\to 0}\mathrm{e}^{\frac{1}{x}\ln\left(\frac{a^x+b^x+c^x+d^x+e^x}{5}\right)}\\
&=\mathrm{e}^{\lim\limits_{x\to 0}\frac{1}{x}\cdot\frac{a^x-1+b^x-1+c^x-1+d^x-1+e^x-1}{5}}\\
&=\mathrm{e}^{\frac{1}{5}\lim\limits_{x\to 0}\frac{a^x-1}{x}+\frac{b^x-1}{x}+\frac{c^x-1}{x}+\frac{d^x-1}{x}+\frac{e^x-1}{x}}\\
&=\mathrm{e}^{\frac{1}{5}(\ln a+\ln b+\ln c+\ln d+\ln e)}=\mathrm{e}^{\frac{1}{5}(\ln abcde)}=(abcde)^{\frac{1}{5}};
\end{aligned}$$

(6) $\dfrac{1}{1-x}$;

提示: 令 $f(x)=(1+x)(1+x^2)\cdots(1+x^{2^n})$, 则

$(1-x)f(x)=(1-x)(1+x)(1+x^2)\cdots(1+x^{2^n})=1-x^{2^n+2}$, 即$f(x)=\dfrac{1-x^{2^{n+1}}}{1-x}$;

(7) $\mathrm{e}^{\frac{1}{2}}$; (8) -3.

9. $a=-4$.

10. $f(x)=x^3+2x^2+x$.

11. $\beta=\dfrac{1}{2015}, \alpha=-\dfrac{2014}{2015}$.

12. $f(x)=\begin{cases} x, & |x|<1, \\ 0, & |x|=1, \\ -x, & |x|>1, \end{cases}$ $x=1, x=-1$ 为第一类的跳跃间断点.

13. $a=0, b=1$. 提示: $f(x)=\begin{cases} ax^2+bx, & |x|<1, \\ \dfrac{1+a+b}{2}, & x=1, \\ \dfrac{-1+a-b}{2}, & x=-1, \\ \dfrac{1}{x}, & |x|>1. \end{cases}$

14. 略. 提示: 作辅助函数 $F(x)=f(x)-f(x+a)$, 考虑 $[0,a]$ 区间上的零点存在定理, 得 $\xi\in(0,a)$ 满足要求, 再考虑端点的情况.

15. 略. 提示: 由最值定理, 得 $f(x)$ 在上最大值和最小值分别为 M, m, 则

$(s+t)m\leqslant sf(c)+tf(d)\leqslant(s+t)M\Rightarrow m\leqslant\dfrac{sf(c)+tf(d)}{s+t}\leqslant M$, 利用 $[a,b]$ 上介值定理的推论可得结论.

习　题　2.1

1. 3.

2. (1) $f'(x_0)$;　(2) $2f'(x_0)$;　(3) $4f'(x_0)$;　(4) $f'(x_0)$.

3. 提示: $\lim\limits_{\Delta x\to0}\dfrac{a^{x+\Delta x}-a^x}{\Delta x}=\lim\limits_{\Delta x\to0}\dfrac{a^x(a^{\Delta x}-1)}{\Delta x}=\lim\limits_{\Delta x\to0}\dfrac{a^x\cdot\Delta x\ln a}{\Delta x}=a^x\ln a$.

4. 切线方程: $y=-x+2$; 法线方程: $y=x$.

5. 108 米/秒.

6. $\omega(t)=\lim\limits_{\Delta t\to0}\dfrac{\theta(t+\Delta t)-\theta(t)}{\Delta t}=\theta'(t)$.

7. 设膨胀系数为 k, 则 $k(t)=\dfrac{1}{L(t)}\cdot\lim\limits_{\Delta t\to0}\dfrac{L(t+\Delta t)-L(t)}{\Delta t}=\dfrac{1}{L(t)}L'(t)$.

8. 设比热容为 C, 则 $C(T)=\lim\limits_{\Delta T\to0}\dfrac{Q(T+\Delta T)-Q(T)}{\Delta T}=Q'(T)$.

9. 设细菌增长的速度为 s, 则 $s(t_0)=\lim\limits_{\Delta t\to0}\dfrac{N(t_0+\Delta t)-N(t_0)}{\Delta t}=N'(t_0)$.

10. $2f(x)f'(x)$.

11. $\varphi(a)$.

12. 不可导, 因 $f'_-(1)=\lim\limits_{x\to1^-}\dfrac{f(x)-f(1)}{x-1}=\lim\limits_{x\to1^-}\dfrac{x^2+1-2}{x-1}=2$,

$f'_+(1)=\lim\limits_{x\to 1^+}\dfrac{f(x)-f(1)}{x-1}=\lim\limits_{x\to 1^+}\dfrac{3x-1-2}{x-1}=3$, 则 $f'_-(1)\neq f'_+(1)$.

13. 连续且可导.

习 题 2.2

1. (1) $3+2.5x^{-\frac{1}{2}}$;　(2) $15x^2-2^x\ln 2+3\mathrm{e}^x$;

(3) $\dfrac{7}{8}x^{-\frac{1}{8}}$;　(4) $24x+31$;

(5) $\cos 2x$;　(6) $\dfrac{1-\ln x}{x^2}$;

(7) $nx^{n-1}\log_a x\cdot\tan x+\dfrac{1}{\ln a}x^{n-1}\cdot\tan x+x^n\log_a x\cdot\sec^2 x$;

(8) $3^{-x}(2x-\ln 3\cdot x^2)$;

(9) $2x\cdot\arctan x\cdot\operatorname{arccot} x+\operatorname{arccot} x-\arctan x$;

(10) $\dfrac{1}{3}x^{-\frac{2}{3}}\sin x+\sqrt[3]{x}\cos x+a^x\mathrm{e}^x(1+\ln a)$.

2. (1) $f(x)=\begin{cases}\cos x, & x<0,\\ 1, & x=0,\\ \mathrm{e}^x, & x>0;\end{cases}$　(2) $f(x)=\begin{cases}\dfrac{(2x^2-1)\mathrm{e}^{x^2}+1}{x^2}, & x\neq 0,\\ 1, & x=0.\end{cases}$

3. (1) v_0-gt; (2) $t=\dfrac{v_0}{g}$.

4. 略.

5. $a=0$, $b=2$.

6. (1) $3\sin(4-3x)$;　(2) $2x\sec^2 x^2$;

(3) $\dfrac{1}{\sqrt{x^4-x^2}}$;　(4) $\mathrm{e}^{-\frac{x}{2}}\left(-\dfrac{1}{2}\cos x-\sin x\right)$;

(5) $\dfrac{1}{x\ln x}$;　(6) $\dfrac{\ln x}{x\sqrt{1+\ln^2 x}}$;

(7) $10^{x\tan 2x}\ln 10\cdot(\tan 2x+2x\sec^2 2x)$;

(8) $12(3x+1)^3(5x+3)^7+35(3x+1)^4(5x+3)^6$;

(9) $n\sin^{n-1}x\cos x\cdot\cos nx-n\sin^n x\cdot\sin nx$;

(10) $2\sqrt{x^2+a^2}$;　(11) $\dfrac{1}{x\sqrt{1-x^2}}$;

(12) $\dfrac{-1}{|1+x|\sqrt{2x-2x^2}}$;　(13) $\dfrac{2}{a}\left(\sec^2\dfrac{x}{a}\tan\dfrac{x}{a}-\csc^2\dfrac{x}{a}\cot\dfrac{x}{a}\right)$;

(14) $\dfrac{1}{x\sqrt{x^2-1}}$;

(15) $-2x\cot e^{a^{-x^2}}\cdot e^{a^{-x^2}}\cdot a^{-x^2}$;

(16) $\sec x$.

7. (1) $f'(e^x)\cdot e^x\cdot e^{f(x)}+f(e^x)\cdot e^{f(x)}\cdot f'(x)$;

(2) $\sin 2x[f'(\sin^2 x)-f'(\cos^2 x)]$;

(3) $-f'(\arcsin\dfrac{1}{x})\dfrac{1}{\sqrt{x^4-x^2}}$;

(4) $\dfrac{f'(x)g(x)-f(x)g'(x)}{f^2(x)+g^2(x)}$;

8. $\dfrac{-1}{(1+x)^2}$.

9. (1) $\mathrm{sh}(\mathrm{sh}x)\cdot\mathrm{ch}x$;

(2) $\dfrac{1}{x\mathrm{ch}^2(\ln x)}$;

(3) $\mathrm{sh}x\cdot e^{\mathrm{sh}x}+\mathrm{ch}^2x\cdot e^{\mathrm{sh}x}$;

(4) $\mathrm{sh}x\mathrm{ch}x(2+3\mathrm{sh}x)$;

(5) $\dfrac{8x}{\sqrt{1+(4x^2+1)^2}}$;

(6) $\dfrac{4}{(x+1)^2}\mathrm{sh}\dfrac{x-1}{x+1}\mathrm{ch}\dfrac{x-1}{x+1}$.

习　题　2.3

1. (1) $\dfrac{2(1-x^2)}{(1+x^2)^2}$;

(2) $-2e^{-x}\cos x$;

(3) $\dfrac{6x^2-2}{(1+x^2)^3}$;

(4) $30x^4+36x^2+4$;

(5) $\dfrac{1}{2x}+\dfrac{2x}{(x^2+1)^2}$;

(6) $\dfrac{-x}{(x^2+1)^{3/2}}$.

2. $\dfrac{1}{3}(2e^{x-1}-e^{1-x})$.

3. -2.

4. 略.

5. (1) $2^{n-1}\sin\left[2x+(n-1)\dfrac{\pi}{2}\right]$;

(2) $\dfrac{(-1)^{n-1}(n-1)!}{(1+x)^n}$;

(3) $(-1)^n n!\left[\dfrac{2}{(x-2)^{n+1}}-\dfrac{1}{(x-1)^{n+1}}\right]$; 提示: $y=\dfrac{x}{x^2-3x+2}=\dfrac{2}{x-2}-\dfrac{1}{x-1}$

(4) $(-1)^n\dfrac{2n!}{(x+1)^{n+1}}$; 提示: $y=\dfrac{1-x}{1+x}=-1+\dfrac{2}{1+x}$

(5) $(-1)^n\dfrac{(n-2)!}{x^{n-1}}(n>2)$; 提示: $y'=1+\ln x, y''=\dfrac{1}{x}, y^{(n)}=(-1)^n\dfrac{(n-2)!}{x^{n-1}}\quad(n>2)$

(6) $(-1)^{n-1}e^{-x}(n-x)$.

习 题 2.4

1. (1) $y'=-\dfrac{y+\mathrm{e}^{x+y}}{x+\mathrm{e}^{x+y}}$; (2) $y'=\dfrac{x+y}{x-y}$;

(3) $y'=\dfrac{\sin(x-y)+y\cos y}{\sin x(x-y)-\sin x}$; (4) $y'=\dfrac{\pi y^2\cos(\pi xy^2)-y}{x-2\pi xy\cos(\pi xy^2)}$.

2. 切线方程为: $y=x-4$.

3. 切线方程为: $y=-x+\dfrac{\sqrt{2}}{2}a$; 法线方程为: $y=x$.

4. (1) $x\cdot\sqrt{\dfrac{1-x}{1+x}}\left(\dfrac{1}{x}-\dfrac{1}{1-x^2}\right)$;

(2) $\dfrac{x^2}{1-x}\cdot\sqrt[3]{\dfrac{3-x}{(3+x)^2}}\left(\dfrac{2}{x}+\dfrac{1}{1-x}+\dfrac{x-9}{3(9-x^2)}\right)$;

(3) $(\ln x)^x\left(\ln\ln x+\dfrac{1}{\ln x}\right)$;

(4) $(1+x)^x\cdot\left[\ln(1+x)+\dfrac{x}{1+x}\right]$.

5. (1) $y''=-\dfrac{\sin(x+y)}{[1-\cos(x+y)]^3}$;

(2) $y''=\dfrac{2(\mathrm{e}^{x+y}-x)(y-\mathrm{e}^{x+y})-\mathrm{e}^{x+y}(x-y)^2}{(\mathrm{e}^{x+y}-x)^3}$;

(3) $y''=\dfrac{(x+y)(\sin y-\cos^2 y)}{[(x+y)\cos y-1]^3}$;

(4) $y''=\dfrac{2\sec^2(x+y)\tan(x+y)}{[1-\sec^2(x+y)]^3}$.

6. (1) $y'=\dfrac{3bt}{2a}$; (2) $y'=\dfrac{\cos t-\sin t}{\sin t+\cos t}$;

(3) $y''=-\dfrac{3t^2+1}{4t^3}$; (4) $y''=\dfrac{1+t^2}{4t}$.

7. 切线方程为: $y=\dfrac{1}{2}x-\dfrac{1}{2}\ln 2+\dfrac{\pi}{4}$; 法线方程为: $y=-2x+2\ln 2+\dfrac{\pi}{4}$.

8. 0.375 米/秒.

9. 0.104 米/小时.

10. 200 千米/小时.

11. $\dfrac{800}{\pi}$ 米/分钟.

习　题　2.5

1. $\Delta y = 0.11$, 0.0101 , 0.001001, $\mathrm{d}y = 0.1$, 0.01 , 0.001; $(\Delta y - \mathrm{d}y)|_{x=2} = (\Delta x)^2$, 当 Δx 分别为 $0.1, 0.01, 0.001$ 时, $(\Delta y - \mathrm{d}y)|_{x=2}$ 依次为 $0.01, 0.0001, 0.000001$, 故 Δx 愈小则 $(\Delta y - \mathrm{d}y)|_{x=2}$ 愈小, 后者为前者的 2 阶无穷小.

2. (1) $\frac{5}{2}x^2 + C$;　(2) $-\frac{1}{a}\cos ax + C$;

(3) $2\sqrt{x} + C$;　(4) $-\frac{1}{b}\mathrm{e}^{-bx} + C$;

(5) $\ln|4+x| + C$;　(6) $\arcsin x + C$ 或 $-\arccos x + C$.

3. (1) $\frac{1+\sqrt{x}}{x}\mathrm{d}x$;　(2) $\mathrm{e}^x(\cos^2 3x - 3\sin 6x)\mathrm{d}x$;

(3) $6(\mathrm{e}^{2x} + \mathrm{e}^{-2x})^2(\mathrm{e}^{2x} - \mathrm{e}^{-2x})\mathrm{d}x$;　(4) $\frac{3x^2}{2(1+x^3)}\mathrm{d}x$;

(5) $\frac{1}{2\sqrt{x-\sqrt{x}}}\left(1 - \frac{1}{2\sqrt{x}}\right)\mathrm{d}x$;　(6) $-\frac{2x}{1+x^4}\mathrm{d}x$;

(7) $8x\tan(1+2x^2)\sec^2(1+2x^2)\mathrm{d}x$;　(8) $\frac{1}{\sqrt{x^2 \pm a^2}}\mathrm{d}x$.

4. (1) $\frac{2+\ln(x-y)}{3+\ln(x-y)}\mathrm{d}x$;　(2) $\frac{xy+y^2}{xy+x^2}\mathrm{d}x$;

(3) $-\left[\frac{y\sin(xy) + 3x^2y^5}{x\sin(xy) + 5x^3y^4}\right]\mathrm{d}x$;　(4) $\frac{ye^{xy} + y\sin(xy)}{xe^{xy} - e^y + x\sin(xy)}\mathrm{d}x$.

5. (1) 0.996;　(2) 0.01;　(3) 0.4887;　(4) 0.8.

6. 17.28s.

7. $0.03355g$.

8. $1'55''$.

总习题 2

1. 1000!.

2. 提示: 利用导数的定义证明, 且其中 $f(0+0) = f(0) + f(0) \Rightarrow f(0) = 0$.

3. (1) $\frac{\sqrt{1-x^2}}{\cos x\sqrt{1-x^2}+1}$; (2) $\frac{1}{4}$.

4. $y = 9x + 5$ 或 $y = 9x - 27$.

5. 可导, 因 $y = x|x| = \begin{cases} x^2, & x \geqslant 0, \\ -x^2, & x < 0, \end{cases}$ $y'_-(0) = y'_+(0) = 0$.

6. 0.

7. (1) $\dfrac{1-n\ln x}{x^{n+1}}$; (2) $ax^{a-1}+a^x\ln a+a^{a^x}\cdot a^x\cdot(\ln a)^2$;

(3) $\dfrac{\mathrm{e}^x}{\sqrt{1+\mathrm{e}^{2x}}}$; (4) 1;

(5) $\dfrac{1}{2}\sqrt{x\sin x\sqrt{1-\mathrm{e}^x}}\left[\dfrac{1}{x}+\cot x-\dfrac{\mathrm{e}^x}{2(1-\mathrm{e}^x)}\right]$;

(6) $(\tan x)^{\sin x}[\cos x\ln(\tan x)+\sec x]+x^x(1+\ln x)$.

8. $-\dfrac{1}{(x^3+2x)\sqrt{1+x^2}}$.

9. π.

10. 略.

11. (1) $(-1)^n\cdot\dfrac{n!}{2}\left[\dfrac{1}{(x-4)^{n+1}}-\dfrac{1}{(x-2)^{n+1}}\right]$;

(2) $(-1)^n n!\dfrac{3}{2}\left[\dfrac{1}{(x-1)^{n+1}}-\dfrac{1}{(x+1)^{n+1}}\right]$;

(3) $2^{50}\left(\dfrac{1225}{2}\sin 2x+50x\cos 2x-x^2\sin 2x\right)$;

(4) $f^{(2k)}(0)=0,\ f^{(2k+1)}(0)=(-1)^k(2k)!\quad(k=0,1,2,\cdots)$.

12. $\dfrac{f''(y)-[1-f'(y)]^2}{x^2[1-f'(y)]^3}$.

13. $\dfrac{y(1+\ln y)^2-x(1+\ln x)^2}{xy(1+\ln y)^3}$.

14. $5\omega,\ 5\omega^2$.

15. $\mathrm{e}^{f(x)}\left[\dfrac{1}{x}f'(\ln x)+f'(x)f(\ln x)\right]\mathrm{d}x$.

16. $\dfrac{\mathrm{d}y}{\mathrm{d}x}=2x\cos x^2,\ \dfrac{\mathrm{d}y}{\mathrm{d}x^2}=\cos x^2,\ \dfrac{\mathrm{d}y}{\mathrm{d}x^3}=\dfrac{2}{3}x^{-1}\cos x^2,\ \dfrac{\mathrm{d}^2y}{\mathrm{d}x^2}=2\cos x^2-4x^2\sin x^2$.

17. 要使飞机处于起飞状态需要耗时 10 秒, 且在此过程中滑行了 $\dfrac{1000}{9}$ 米.

习 题 3.1

1. 满足条件, 存在 $\xi=0\in[-1,1]$, 使得 $f'(0)=0$.

2. 满足条件, 存在 $\xi=-\dfrac{1}{2}\in[-1,0]$, 使得 $f'(\xi)=\dfrac{f(0)-f(-1)}{0-(-1)}$.

3. 满足条件, 存在 $\xi=\dfrac{38}{15}\in[2,3]$, 使得 $\dfrac{f'(\xi)}{g'(\xi)}=\dfrac{f(3)-f(2)}{g(3)-g(2)}$.

4. 方程 $f'(x)=0$ 有 3 个实根, 分别位于区间 $(1,2),(2,3),(3,4)$.

5. 提示: 作辅助函数 $f(x)=a_0x^4+a_1x^3+a_2x^2+a_3x$, 且证明 $f(x)$ 在区间 $[0,x_0]$ 上满足罗尔定理的条件, 故可得结论.

6. 提示: 作辅助函数 $F(x)=f(x)\mathrm{e}^{-x}$, 且证明 $F(x)$ 在区间 $[a,b]$ 上满足罗尔定理的条件, 故存在 $\xi\in(a,b)$, 使得 $F'(\xi)=f'(\xi)\mathrm{e}^{-\xi}-f(\xi)\mathrm{e}^{-\xi}=0$, 且因 $\mathrm{e}^{-\xi}\neq 0$, 则可得结论

$$f'(\xi)=f(\xi).$$

7. 提示: 反证法, 设 $f(x)=x^3-3x+7a$ 在 $[0,1]$ 上有两个零点 x_1,x_2, 且假设 $x_1<x_2$, 则由罗而定理可知存在 $\xi\in(x_1,x_2)$, 使得 $f'(\xi)=0$, 即 $3\xi^2-3=0\Rightarrow\xi=\pm1$, 这与 $\xi\in(x_1,x_2)\subset[0,1]$ 矛盾的, 则假设不真, 原命题真.

8. 提示存在 $x\in(0,1)$, 使得函数 $f(x)$ 在区间 $[0,x]$ 上满足拉格朗日中值定理的条件

9. 提示: 作辅助函数 $f(x)=\sin x$, 且证明 $f(x)$ 在区间 $[x_1,x_2]$ 或 $[x_2,x_1]\subset(-\infty,+\infty)$ 上满足拉格朗日定理的条件, 则存在 $\xi\in(x_1,x_2)$ 或 (x_2,x_1), 使得

$$f'(\xi)=\cos\xi=\frac{\sin x_2-\sin x_1}{x_2-x_1}\Rightarrow|\sin x_2-\sin x_1|=|\cos\xi|\cdot|x_2-x_1|\leqslant|x_2-x_1|.$$

10. 提示: 作辅助函数 $f(x)=x^n$, 且证明 $f(x)$ 在区间 $[b,a]\subset(0,+\infty)$ 上满足拉格朗日定理的条件, 故存在 $\xi\in(b,a)$, 使得 $f'(\xi)=n\xi^{n-1}=\dfrac{a^n-b^n}{a-b}$, 且 $nb^{n-1}<n\xi^{n-1}<na^{n-1}$, 可得结论.

11. 提示: 作辅助函数 $f(x)=\arcsin x+\arccos x$, 且因 $\forall x\in[-1,1]$ 恒有 $f'(x)=0$, 故由拉格朗日定理的推论可得结论.

12. 提示: 作辅助函数 $g(x)=x^2$, 证明 $f(x)$ 和 $g(x)$ 在区间 $[a,b]\subset(-\infty,+\infty)$ 上满足柯西中值定理的条件, 代入定理结论即可得证.

习　题　3.2

1. (1) 2;　(2) 1;　(3) 2;　(4) 0;　(5) 1;　(6) 1;　(7) 18;　(8) 0;　(9) $\dfrac{1}{2}$;　(10) $\dfrac{1}{2}$;　(11) 1;　(12) $+\infty$;　(13)e;　(14) $\mathrm{e}^{\frac{1}{3}}$;　(15) $-\dfrac{1}{2}$;　(16) 3.

2. $f(x)$ 在 $x=0$ 处连续, 因为 $\lim\limits_{x\to0^-}f(x)=\lim\limits_{x\to0^-}\mathrm{e}^{-\frac{1}{2}}=\mathrm{e}^{-\frac{1}{2}}=\lim\limits_{x\to0^+}\left(\dfrac{(1+x)^{\frac{1}{x}}}{\mathrm{e}}\right)^{\frac{1}{x}}=\lim\limits_{x\to0^+}f(x)$.

3. 因为 $\lim\limits_{x\to0}\dfrac{x^2\sin\frac{1}{x}}{\sin x}$ 分子分母分别求导后 $\lim\limits_{x\to0}\dfrac{2x\sin\frac{1}{x}+\cos\frac{1}{x}}{\cos x}$ 极限不存在且不为 ∞, 故不满足洛必达法则条件, 故此时洛必达法则失效.

正确解法为原式 $=\lim\limits_{x\to0}\dfrac{x^2\sin\frac{1}{x}}{\sin x}=\lim\limits_{x\to0}\dfrac{x^2\sin\frac{1}{x}}{x}=\lim\limits_{x\to0}x\sin\dfrac{1}{x}=0$

4. $a=-\dfrac{1}{3}$, $b=\dfrac{1}{6}$.

习　题　3.3

1. $f(x)=6+10(x-1)+6(x-1)^2+(x-1)^3$.

2. $f(x)=1+\frac{1}{2}(x-1)-\frac{1}{8}(x-1)^2+\frac{1}{16}(x-1)^3-\frac{5}{128}(x-1)^4+\frac{7}{256}\frac{1}{[1+\theta(x-1)]}(x-1)^5$, 其中 $0<\theta<1$.

3. $f(x)=\ln 4+\frac{1}{4}(x-4)-\frac{1}{32}(x-4)^2+\cdots+(-1)^{n-1}\frac{1}{n\cdot 4^n}(x-4)^n+o[(x-4)^n]$.

4. $f(x)=1+(x-1)+(x-1)^2+\cdots+(x-1)^n+o[(x-1)^n]$.

5. (1) $\frac{1}{6}$;　(2) $\frac{1}{2}$.

6. $R_3(x)=\frac{\mathrm{e}^{\theta x}}{4!}x^4$, $(0<\theta<1)$, 当 $0<x\leqslant\frac{1}{2}$ 时, 余项的误差

$|R_3(x)|=\left|\frac{\mathrm{e}^{\theta x}}{4!}x^4\right|\leqslant\frac{\mathrm{e}}{24}\left(\frac{1}{2}\right)^4<\frac{3}{24}\cdot\frac{1}{16}\approx 0.008$, 近似项仅三项, 每一项取精确到 0.001 进行计算, 三项的舍入误差 $\delta<3\times 0.5\times 0.001=0.0015$, 故用 e^x 的三阶麦克劳林多项式计算 e^x 的近似值, 总误差为 $\Delta=\delta+R_3<0.0015+0.008=0.0095<0.001$, 故

$$\sqrt[3]{\mathrm{e}}=\mathrm{e}^{\frac{1}{3}}\approx 1+\frac{1}{3}+\frac{1}{2}\left(\frac{1}{3}\right)^2+\frac{1}{6}\left(\frac{1}{3}\right)^3\approx 1+\frac{1}{3}+\frac{1}{18}+\frac{1}{162}\approx 1.395.$$

7. 0.2625, 0.001215.

提示: $\ln(1+x)=x-\frac{x^2}{2}+\frac{x^3}{3}-\frac{x^4}{4}+\frac{x^5}{5}-\frac{x^6}{6(1+\theta x)^6}$, 其中 $0<\theta<1$, 故 $\ln(1.3)=\ln(1+0.3)\approx 0.2625$, 误差 $|R_5(0.3)|=\left|\frac{(0.3)^6}{6(1+0.3\theta)}\right|\leqslant\frac{(0.3)^6}{6}=0.001215$.

习　题　3.4

1. 提示: $y'=\frac{(x+1)^2}{1+x^2}\geqslant 0$ 则函数 $y=x+\ln(1+x^2)$ 单调增加.

2. 提示: $y'=1-\sin x\geqslant 0$, 在 $x\in[0,\ 2\pi]$ 内除 $x=\frac{\pi}{2}$ 时 $y'\big|_{x=\pi/2}=0$, 其余点处 $y'>0$, 则函数 $y=x+\cos x$ 单调增加.

3. (1) 单调增区间为: $(-1,0)$、$(1,+\infty)$, 单调减区间为: $(-\infty,-1)$、$(0,1)$;

(2) 单调增区间为: $\left(-\frac{1}{2},0\right)$、$\left(\frac{1}{2},+\infty\right)$, 单调减区间为: $\left(-\infty,-\frac{1}{2}\right)$、$\left(0,\frac{1}{2}\right)$;

(3) 单调减区间为: $(-\infty,+\infty)$;

(4) 单调增区间为: $(-\infty,0)$、$(1,+\infty)$, 单调减区间为: $(0,1)$;

(5) 单调增区间为: $\left(-\infty,\frac{a}{2}\right)$、$\left(\frac{a}{2},\frac{2a}{3}\right)$、$(a,+\infty)$, 单调减区间为: $\left(\frac{2a}{3},a\right)$;

(6) 单调增区间为: $[0,n)$, 单调减区间为: $[n,+\infty)$.

4. (1) 提示: 作辅助函数 $f(x)=2\sqrt{x}-3+\dfrac{1}{x}$, 因 $f(1)=0$, 证明在 $(1,+\infty)$ 内函数单调递增;

(2) 提示: 因不等式两边均为正数, 则两边同时取对数, 作辅助函数 $f(x)=x\ln 2-2\ln x$, 因 $f(4)=0$, 证明在 $(4,+\infty)$ 内函数单调递增;

(3) 提示: 作辅助函数 $f(x)=(1+x)\ln(1+x)-\arctan x$, 因 $f(0)=0$, 证明当 $x>0$ 时, 在 $[0,+\infty)$ 内函数单调递增;

(4) 提示: 作辅助函数 $f(x)=\sin x-x+\dfrac{1}{3}x^3$, 因 $f(0)=0$, 证明当 $x>0$ 时, 在 $[0,+\infty)$ 内函数单调递增; 另作辅助函数 $g(x)=x-\sin x$, 因 $g(0)=0$, 证明当 $x>0$ 时, 在 $[0,+\infty)$ 内函数单调递增.

5. 提示: 作辅助函数 $f(x)=\ln x-\dfrac{x}{\mathrm{e}}+1$, 则 $f'(x)=\dfrac{1}{x}-\dfrac{1}{\mathrm{e}}=0\Rightarrow x=\mathrm{e}$, 因 $\lim\limits_{x\to 0^+}f(x)=-\infty$, $f(\mathrm{e})=1$, $\lim\limits_{x\to+\infty}f(x)=-\infty$, 则零点存在定理和单调性判定定理可知在 $(0,\mathrm{e})$ 和 $(\mathrm{e},+\infty)$ 函数均各存在一唯一零点.

6. $\left(\dfrac{3}{4}\pi,0\right)$ 和 $\left(\dfrac{7}{4}\pi,0\right)$.

7. (1) 拐点: $\left(\dfrac{\sqrt{2}}{2},\dfrac{1}{2}+\ln\dfrac{\sqrt{2}}{2}\right)$, 凹区间: $\left(\dfrac{\sqrt{2}}{2},+\infty\right)$, 凸区间 $\left(0,\dfrac{\sqrt{2}}{2}\right)$;

(2) 拐点: $(2+\sqrt{2},(4+4\sqrt{2}+2)\mathrm{e}^{-(2+\sqrt{2})})$ 和 $(2-\sqrt{2},(4-4\sqrt{2}+2)\mathrm{e}^{(\sqrt{2}-2)})$, 凹区间 $(-\infty,2-\sqrt{2})$ 和 $(2+\sqrt{2},+\infty)$, 凸区间 $(2-\sqrt{2},2+\sqrt{2})$;

(3) 当 $x>0$ 时, 无拐点, 凹区间 $(0,+\infty)$;

(4) 拐点: $(0,0)$, 凹区间 $(-1,0)$ 和 $(1,+\infty)$, 凸区间 $(-\infty,-1)$ 和 $(0,1)$;

(5) 拐点: $(1,-7)$, 凹区间 $(1,+\infty)$, 凸区间 $(0,1)$;

(6) 拐点: $\left(\dfrac{3}{2},\mathrm{e}^{3\arctan\left(\frac{3}{2}\right)}\right)$, 凹区间 $\left(-\infty,\dfrac{3}{2}\right)$, 凸区间 $\left(\dfrac{3}{2},+\infty\right)$;

(7) 拐点: $(0,0)$ 和 $\left(\dfrac{1}{4},-\dfrac{3}{32\sqrt[3]{2}}\right)$, 凹区间 $(-\infty,0)$ 和 $\left(\dfrac{1}{4},+\infty\right)$, 凸区间 $\left(0,\dfrac{1}{4}\right)$;

(8) 无拐点, 凹区间 $(-\infty,+\infty)$.

8. (1) 作辅助函数 $f(x)=\mathrm{e}^x$, $\forall x\in(-\infty,+\infty)$, 考虑 $f(x)$ 在区间 $(-\infty,+\infty)$ 上的凹凸性;

(2) 作辅助函数 $f(x)=x\ln x$, $\forall x\in(0,+\infty)$, 考虑 $f(x)$ 在区间 $(0,+\infty)$ 上的凹凸性;

(3) 作辅助函数 $f(x)=\cos x$, $\forall x\in\left(-\dfrac{\pi}{2},\dfrac{\pi}{2}\right)$, 考虑 $f(x)$ 在区间 $\left(-\dfrac{\pi}{2},\dfrac{\pi}{2}\right)$ 上的凹凸性;

9. $a=-\dfrac{1}{2}$, $b=3$.

10. $k=\pm\dfrac{\sqrt{2}}{8}$.

习　题　3.5

1. (1) $x=0$ 处有极大值 7, $x=2$ 处有极小值 3;

(2) $x=0$ 处有极小值 0, $x=2$ 处有极大值 $\frac{4}{\mathrm{e}^2}$;

(3) $x=-1$ 处有极小值 0, $x=\frac{1}{2}$ 处有极大值 $\frac{81}{8}\sqrt[3]{18}$, $x=5$ 处有极小值 0;

(4) $x=2$ 处有极大值 3;

(5) $x=-\frac{1}{2}\ln 2$ 处有极小值 $2\sqrt{2}$;

(6) 函数没有极值.

2. $a=-\frac{1}{2}$, $b=\frac{3}{2}$, $c=0$, $d=0$.

3. $a=0$, 当 $x=\frac{\pi}{3}$ 时, 函数取得极小值 $f\left(\frac{\pi}{3}\right)=-\frac{1}{3}$.

4. $a=-1$, $b=-1$, $x=1$ 处取得极小值 -1, $x=-\frac{1}{3}$ 取得极大值点 $\frac{5}{27}$, 拐点为 $\left(\frac{1}{3},-\frac{11}{27}\right)$.

5. 设 $f(x)$ 在 $U(x_0,\delta)(\delta>0)$ 内具有三阶连续导数,

$f''(x_0)=\lim\limits_{x\to x_0}\dfrac{f'(x)-f'(x_0)}{x-x_0}=\lim\limits_{x\to x_0}\dfrac{f'(x)}{x-x_0}=0$,则 $\lim\limits_{x\to x_0}f'(x)=f'(x_0)=0$, 则无法判定 x_0 的左右两边 $f'(x)$ 是否变号, 故点 $x=x_0$ 不是函数 $f(x)$ 的极值点; 已知 $f'''(x_0)\neq 0$, 不妨设 $f'''(x_0)>0$, 由高阶导数的定义可知, $f'''(x_0)=\lim\limits_{x\to x_0}\dfrac{f''(x)-f''(x_0)}{x-x_0}=\lim\limits_{x\to x_0}\dfrac{f''(x)}{x-x_0}$, 由 $f'''(x_0)$ 的存在性知, $f''(x)$ 在 x_0 的左右两边变号, 故点 $(x_0,f(x_0))$ 是曲线 $y=f(x)$ 的拐点.

6. (1) 最大值 13, 最小值 4;　(2) 最大值 $\ln 5$, 最小值 0;

(3) 最大值 $\sqrt{6}-5$, 最小值 1;

(4) 最大值 $\frac{\pi}{2}$, 最小值 $-\frac{\pi}{2}$.

7. 点 $\left(\frac{16}{3},\frac{256}{9}\right)$, 最大面积为 $S\left(\frac{16}{3}\right)=\frac{4096}{27}$.

提示: 三角形面积函数为 $S(x)=\frac{1}{2}\left(8-\frac{1}{2}x\right)(16x-x^2)\quad(0\leqslant x\leqslant 8)$.

8. 长 $\sqrt{2}a$, 宽 $\sqrt{2}b$, 最大矩形面积为 $2ab$.

提示: 设$M(x,y)$ 为椭圆上第一象限内任意一点, 则以该点为一顶点的内接矩形的面积为 $S(x)=2x\cdot 2y=\frac{4b}{a}x\sqrt{a^2-x^2},(0\leqslant x\leqslant a)$.

9. 高: 宽 $=\sqrt{2}$.

提示: 设梁的底宽为 x, 则高为 $h=\sqrt{d^2-x^2}$, 梁的抗弯强度为 $F(x)=kx(d^2-x^2),(0<x<d$, 其中 k 为比例常数).

10. 截去小正方形的边长为 $\dfrac{a}{6}$.

提示: 设截去小正方形的边长为 x, 则盒子的容积为 $V(x)=x(a-2x)^2$, $\left(x\in\left[0,\dfrac{a}{2}\right]\right)$.

11. $\left(2-\dfrac{2\sqrt{6}}{3}\right)\pi$.

提示: 设留下的扇形的中心角 φ, 漏斗容积为 V, 底面圆半径为 $\dfrac{R\varphi}{2\pi}$, 高为 h, 则 $V=\dfrac{\pi}{3}\left(\dfrac{R\varphi}{2\pi}\right)^2\sqrt{R^2-\left(\dfrac{R\varphi}{2\pi}\right)^2}=\dfrac{R^3\varphi^2}{24\pi^2}\sqrt{4\pi^2-\varphi^2},(0\leqslant\varphi\leqslant 2\pi)$.

习　题　3.6

1. (1) 水平渐近线: $y=1$, 垂直渐近线: $x=0$;

(2) 垂直渐近线: $x=-1$;

(3) 垂直渐近线: $x=0$, 斜渐近线: $y=x$;

(4) 垂直渐近线: $x=1$, 斜渐近线: $y=x+2$;

(5) 垂直渐近线: $x=1$, 斜渐近线: $y=2x+4$;

(6) 垂直渐近线: $x=-\dfrac{1}{\mathrm{e}}$, 斜渐近线: $y=x+\dfrac{1}{\mathrm{e}}$.

2. (1) 定义域为 $(-\infty,+\infty)$, 在 $(-\infty,-1)$、$(1,+\infty)$ 内单调递减, 在 $(-1,1)$ 内单调递增, 极小值为 $y(-1)=-2$, 极大值为 $y(1)=2$, 曲线在 $(-\infty,0)$ 下凸, 在 $(0,+\infty)$ 上凸, 拐点为 $(0,0)$;

(2) 定义域为 $(-\infty,+\infty)$, 在 $[1,+\infty)$ 内单调递减, 在 $(-\infty,1]$ 内单调递增, 极大值为 $y(1)=1$, 曲线在 $\left(-\infty,1-\dfrac{\sqrt{2}}{2}\right)$、$\left(1+\dfrac{\sqrt{2}}{2},+\infty\right)$ 下凸, 在 $\left(1-\dfrac{\sqrt{2}}{2},1+\dfrac{\sqrt{2}}{2}\right)$ 上凸, 拐点为 $\left(1-\dfrac{\sqrt{2}}{2},\dfrac{1}{\sqrt{\mathrm{e}}}\right)$、$\left(1+\dfrac{\sqrt{2}}{2},\dfrac{1}{\sqrt{\mathrm{e}}}\right)$, 渐近线为 $y=0$;

(3) 定义域为 $(-\infty,+\infty)$, 在 $(-\infty,0)$ 内单调递减, 在 $(0,+\infty)$ 内单调递增, 极小值为 $y(0)=0$, 曲线在 $(-1,1)$ 下凸, 在 $(-\infty,-1)$、$(1,+\infty)$ 上凸, 拐点为 $(-1,\ln 2)$、$(1,\ln 2)$;

(4) 定义域为 $(-\infty,-1)\cup(-1,+\infty)$, 在 $(-2,-1)$、$(-1,0)$ 内单调递减, 在 $(-\infty,-2)$、$(0,+\infty)$ 内单调递增, 极小值为 $y(0)=0$, 极大值为 $y(-2)=-4$, 曲线在 $(-1,+\infty)$ 下凸, 在 $(-\infty,-1)$ 上凸, 渐近线为 $x=-1$, $y=x-1$;

习　题　3.7

1. $K=\dfrac{2}{65\sqrt{65}}$, $\rho=\dfrac{65\sqrt{65}}{2}$.

2. $K=\dfrac{4\sqrt{5}}{25}$, $\rho=\dfrac{5\sqrt{5}}{4}$.

3. 当 $x=-\dfrac{b}{2a}$ 时, K 最大, 且最大值为 $|2a|$.

4. 当 $x=\dfrac{\pi}{2}$ 时, ρ 最小, 且最小值为 1.

5. 提示: 参数方程 $\begin{cases} x=\varphi(t), \\ y=\psi(t), \end{cases}$ $\mathrm{d}s=\sqrt{\varphi'^2(t)+\psi'^2(t)}\mathrm{d}t$,

$$\mathrm{d}\theta=\frac{y''}{1+y'^2}\mathrm{d}x=\frac{\dfrac{\psi''(t)\varphi'(t)-\psi'(t)\varphi''(t)}{\varphi'^3(t)}}{1+\left[\dfrac{\psi'(t)}{\varphi'(t)}\right]^2}\varphi'(t)\mathrm{d}t=\frac{\psi''(t)\varphi'(t)-\psi'(t)\varphi''(t)}{\varphi'^2(t)+\psi'^2(t)}\mathrm{d}t,$$

代入公式 $K=\left|\dfrac{\mathrm{d}\theta}{\mathrm{d}s}\right|$ 可得

$$K=\frac{|\varphi'(t)\psi''(t)-\varphi''(t)\psi'(t)|}{[\varphi'^2(t)+\psi'^2(t)]^{\frac{3}{2}}}.$$

6. $K=\dfrac{\sqrt{2}}{4a}$.

7. 选用砂轮的半径不得超过 1 个单位长, 即其直径不得超过 1 个单位长.

提示: 为了使工件与砂轮接触处附近的部分不被砂轮磨削太多, 显然砂轮的半径应小于或等于该抛物线上各点曲率半径的最小值, (原则上在抛物线顶点处的曲率最大, 从而曲率半径最小), 所以先求出 $y=0.5x^2$ 在顶点 $(0,0)$ 处的曲率半径. 可知 $K=1$, 从而求得该点的曲率半径 $\rho=1$.

总 习 题 3

1. 提示: 作辅助函数 $f(x)=a_1\sin x+\dfrac{1}{3}a_2\sin 3x+\cdots+\dfrac{1}{2n-1}a_n\sin(2n-1)x$, 且证明 $f(x)$ 在区间 $\left[0,\dfrac{\pi}{2}\right]$ 上满足罗尔中值定理的条件, 故可得结论.

2. 提示: 作辅助函数 $F(x)=f(x)\sin x$ 且证明 $f(x)$ 在区间 $[0,\pi]$ 上满足罗尔中值定理的条件, 故可得结论.

3. 提示: $f(x)$ 在区间 $[x_1,x_2]$ 和 $[x_2,x_3]$ 分别满足罗尔中值定理, 可得存在 $\xi_1\in(x_1,x_2)$, $\xi_2\in(x_2,x_3)$, 使得 $f'(\xi_1)=0, f'(\xi_2)=0$, 则 $f'(x)$ 在区间 $[\xi_1,\xi_2]$ 满足罗尔中值定理, 则存在 $\xi\in(\xi_1,\xi_2)\subset(x_1,x_3)$, 使得 $f''(\xi)=0$.

4. 提示: 当 $a=0$ 时, 根据已知条件命题成立; 当 $a>0$ 时, $f(x)$ 在区间 $[0,a]$ 满足拉格朗日中值定理, 则存在 $\xi_1\in(0,a)$, 使得 $f'(\xi_1)=\dfrac{f(a)-f(0)}{a-0}=\dfrac{f(a)}{a}$; 另一方面, $f(x)$ 在区间 $[b,a+b]$ 满足拉格朗日中值定理, 则存在 $\xi_2\in(b,a+b)$, 使得

$f'(\xi_2)=\dfrac{f(a+b)-f(b)}{a+b-b}=\dfrac{f(a+b)-f(b)}{a}$; 因为 $f'(x)$ 单调减少, 故 $f'(\xi_1)>f'(\xi_2)$, 则 $\dfrac{f(a)}{a}<\dfrac{f(a+b)-f(b)}{a}$, 又因为 $a>0$, 则 $f(a)<f(a+b)-f(b)$, 得证.

5. 提示: 因 $f(x)$ 在 $[0,1]$ 上连续, 且 $a,b>0$, 则 $0<\dfrac{a}{a+b}<1$, 即由介值定理可知, 至少存在 $\tau\in(0,1)$, 使得 $f(\tau)=\dfrac{a}{a+b}$.$f(x)$ 在区间 $[0,\tau]$ 和 $[\tau,1]$ 分别满足拉格朗日中值定理, 可得存在 $\xi\in(0,\tau)$, $\eta\in(\tau,1)$, 使得

$$f'(\xi)=\frac{f(\tau)-f(0)}{\tau}=\frac{f(\tau)}{\tau}\Rightarrow\tau=\frac{f(\tau)}{f'(\xi)}\Rightarrow\tau=\frac{\dfrac{a}{a+b}}{f'(\xi)}\Rightarrow\tau=\frac{a}{(a+b)f'(\xi)},$$

$$f'(\eta)=\frac{1-f(\tau)}{1-\tau}\Rightarrow1-\tau=\frac{1-f(\tau)}{f'(\eta)}\Rightarrow1-\tau=\frac{1-\dfrac{a}{a+b}}{f'(\eta)}\Rightarrow1-\tau=\frac{b}{(a+b)f'(\eta)},$$

两式相加得, $1=\dfrac{a}{(a+b)f'(\xi)}+\dfrac{b}{(a+b)f'(\eta)}$, 整理后即可得证.

6. 提示: $f(x)$ 在区间 $[a,b]$ 满足拉格朗日中值定理, 则存在 $\xi\in(a,\ b)$, 使得 $f'(\xi)=\dfrac{f(b)-f(a)}{b-a}\Rightarrow f(b)-f(a)=(b-a)f'(\xi)$; $f(x),x^2$ 在区间 $[a,b]$ 满足柯西中值定理, 则存在 $\eta\in(a,b)$, 使得 $\dfrac{f(b)-f(a)}{b^2-a^2}=\dfrac{f'(\eta)}{2\eta}$; 由这两式可得 $f'(\xi)=(a+b)\dfrac{f'(\eta)}{2\eta}$, 得证.

7. 提示: 作辅助函数 $g(x)=x^n$ 且在 $x=0$ 的某个邻域内具有 n 阶导数且任意的 $(0,x)$ 内 $g(x)=x^n$ 的任意阶导数都不等于 0, 则由柯西中值定理可得, 存在 $\xi_1\in(0,x)$, 使得 $\dfrac{f(x)}{x^n}=\dfrac{f(x)-f(0)}{g(x)-g(0)}=\dfrac{f'(\xi_1)}{n(\xi_1)^{n-1}}=\dfrac{f'(\xi_1)-f'(0)}{n(\xi_1)^{n-1}-ng'(0)}$

按上述方法在 $(0,x)$ 或 $(x,0)$ 内反复运用柯西中值定理 n 次可得结论, 存在 $\xi_2\in(0,\xi_1)\subset(0,x)$, 有

$$\begin{aligned}\frac{f(x)}{x^n}&=\frac{1}{n}\frac{f''(\xi_2)}{(n-1)(\xi_2)^{n-2}}=\frac{1}{n(n-1)}\frac{f''(\xi_2)-f''(0)}{(\xi_2)^{n-2}-g''(0)}\\&=\cdots\triangleq\frac{f^{(n)}(\theta x)}{n\,!}(0<\theta<1).\end{aligned}$$

8. (1) $-\dfrac{1}{8}$; (2) $\dfrac{1}{6}$; (3) 6; (4) $-\dfrac{1}{2}$; (5) $\dfrac{1}{\sqrt{\mathrm{e}}}$; (6) e^2; (7) 1;
(8) $\mathrm{e}^{-\frac{\pi}{2}}$; (9) $\dfrac{1}{4}$; (10) $-\dfrac{1}{6}$; (11) e^{-1}; (12) e^3; (13) $(ab)^{\frac{3}{2}}$.

9. $a=2,b=-1$.

10. $a=g'(0)$, $f'(x)=\begin{cases}\dfrac{1}{2}g''(0)+\dfrac{1}{2}, & x=0,\\ \dfrac{(g'(x)+\sin x)x-g(x)+\cos x}{x^2}, & x\neq0.\end{cases}$

11. 提示: $f(x)$ 在 $x=1$ 处的泰勒展式为:

$$f(x)=f(1)+f'(1)(x-1)+\frac{1}{2!}f''(\xi)(x-1)^2=2-3(x-1)+\frac{1}{2!}f''(\xi)(x-1)^2,$$

且 $f''(x)\leqslant 0$, 则 $\dfrac{1}{2!}f''(\xi)(x-1)^2\leqslant 0$, 则 $f(x)\leqslant 2-3(x-1)=5-3x$;

可知, 取 $x_0>\dfrac{5}{3}$ 时, $f(x_0)<0$, 又 $f(1)=2>0$, 由零点存在定理, 存在 $\eta\in\left(1,\dfrac{5}{3}\right)$, 使 $f(\eta)=0$, 即当 $x\geqslant 1$ 时, 方程 $f(x)=0$, 有实根. 又 $f''(x)<0$, 所以 $f'(x)$ 是单调递减, 则当 $x\geqslant 1$ 时 $f'(x)\leqslant f'(1)=-3$, 知当 $x\geqslant 1$ 时, $f(x)$ 是严格单调递减函数. 故得证

12. (1) $-\dfrac{1}{12}$; (2) $\dfrac{3}{2}$.

13. 提示: $\cos x=1-\dfrac{1}{2}x^2+\dfrac{1}{4!}x^4\cos(\theta x),\quad 0<\theta<1$, 则

$1-\cos x=x^2\left(\dfrac{1}{2}-\dfrac{1}{24}x^2\cos\theta x\right),\quad 0<\theta<1$, 又因为 $0<x<\dfrac{\pi}{2}$, 则

$\dfrac{1}{2}>\dfrac{1}{2}-\dfrac{1}{24}x^2\cos\theta x>\dfrac{1}{2}-\dfrac{1}{24}\left(\dfrac{\pi}{2}\right)^2=\dfrac{1}{2}-\dfrac{\pi^2}{96}>\dfrac{1}{3}>\dfrac{1}{\pi}$. 则 $\dfrac{x^2}{\pi}<1-\cos x<\dfrac{x^2}{2}$, $x\in\left(0,\dfrac{\pi}{2}\right)$.

14. 单调递增区间: $\left[\dfrac{k\pi}{2},\dfrac{k\pi}{2}+\dfrac{\pi}{6}\right]$, $(k=0,\pm1,\pm2,\cdots)$;

单调减少区间: $\left[\dfrac{k\pi}{2}+\dfrac{\pi}{6},\dfrac{k\pi}{2}+\dfrac{\pi}{2}\right]$, $(k=0\ ,\ \pm1,\pm2,\cdots)$.

提示: 先要将函数的绝对值符号去掉后在讨论单调区间, 则

$$y=\begin{cases}x+\sin 2x, & x\in\left[n\pi,n\pi+\dfrac{\pi}{2}\right]\\[2ex] x-\sin 2x, & x\in\left[n\pi+\dfrac{\pi}{2},(n+1)\pi\right]\end{cases}$$

15. (1) 提示: 作辅助函数 $f(x)=1+\dfrac{1}{2}x-\sqrt{1+x}$, $f(0)=0$, 则当 $x>0$ 时, 在 $[0,+\infty)$ 内函数单调递增;

(2) 提示: 作辅助函数 $f(x)=\tan x-x-\dfrac{x^3}{3}$, $f(0)=0$, 则当 $0<x<\dfrac{\pi}{2}$ 时, 函数单调递增;

(3) 提示: 作辅助函数 $f(x)=1+x\ln(x+\sqrt{1+x^2})-\sqrt{1+x^2}$, $f(0)=0$, 则当 $x>0$ 时, 在 $[0,+\infty)$ 内函数单调递增;

(4) 提示: 作辅助函数 $f(x)=(a+x)(\ln x-\ln a)-2(x-a)$, $f(a)=0$, 即证函数 $f(x)$ 在 $[a,+\infty)$ 内函数单调递增, 即 $f'(x)=\ln x-\ln a+\dfrac{a}{x}-1>0=f'(a)$, 即证函数在 $f'(x)$ 在 $[a,+\infty)$ 内内函数单调递增, 即证 $f''(x)=\dfrac{1}{x}-\dfrac{a}{x^2}>0$, 根据题意此不等式显然成立;

(5) 提示: 作辅助函数 $f(x)=\ln x-\ln a-\dfrac{x-a}{\sqrt{ax}}$, $(0<a<x)$, $f(a)=0$, 即证 $f(a)>f(b)$, 即在 $[a,+\infty)$ 内函数 $f(x)$ 单调递减得证; 欲证左边的不等式, 作辅助函数 $\varphi(x)=(x^2+a^2)(\ln x-\ln a)-2a(x-a)$, $(0<a<x)$, $\varphi(a)=0$, 即证 $\varphi(a)<\varphi(b)$, 即在 $[a,+\infty)$ 内

函数 $\varphi(x)$ 单调递增得证;

(6) 提示: 作辅助函数 $f(x)=\ln^2 x-\dfrac{4}{e^2}x$, 即证 $f(a)<f(b)$, 函数 $f(x)$ 在 (e,e^2) 内函数单调递增, 即证 $f'(x)=2\dfrac{\ln x}{x}-\dfrac{4}{e^2}>0=f'(e^2)$, $f'(x)$ 在 $[e,+\infty)$ 内内函数单调递减, 即证 $f''(x)=2\dfrac{1-\ln x}{x^2}<0$, 而此不等式在 (e,e^2) 内显然成立.

16. 作辅助函数 $f(x)=\sin\dfrac{x}{2}-\dfrac{x}{\pi}$, $\forall x\in(0,\pi)$, 又 $f(x)$ 在区间 $(0,\pi)$ 上的凸性且 $f(0)=f(\pi)=0$, 可知 $f(x)>0$.

17. 极小值点: $x=0$, 极小值 $f(0)=0$, 极大值点: $x=-1$, $x=1$ 极大值 $f(-1)=e^{-2}$, $f(1)=1$.

提示: 函数要去掉绝对值

$$f(x)=\begin{cases}-xe^{x-1}, & x\leqslant 0,\\ xe^{x-1}, & 0<x\leqslant 1,\\ xe^{1-x}, & x>1,\end{cases}\Rightarrow f'(x)=\begin{cases}-(x+1)e^{x-1}, & x\leqslant 0,\\ (x+1)e^{x-1}, & 0<x\leqslant 1,\\ (1-x)e^{1-x}, & x>1\end{cases}$$ 可得极值可疑点: $x=-1$(驻点), $x=0,x=1$(不可导点), 进而分别进行讨论.

18. 极小值 $f\left(\dfrac{5}{3}\right)=-\dfrac{1}{3}$, 极大值 $f(-1)=1$, 拐点: $\left(\dfrac{1}{3},\dfrac{1}{3}\right)$, 凹区间: $\left(\dfrac{1}{3},+\infty\right)$, 凸区间: $\left(-\infty,\dfrac{1}{3}\right)$.

提示: 令 $y'=\dfrac{dy}{dx}=\dfrac{t^2-1}{t^2+1}=0$ 可得驻点 $t=\pm1$(驻点), 讨论驻点处的二阶导数值, 可得极值; 令 $y''=\dfrac{dy'}{dx}=\dfrac{4t}{(t^2+1)^3}=0$, 可得 $t=0$, 讨论 $t=0$ 两边区间的二阶导数符号, 可得拐点和凹凸区间;

19. $f\left(\dfrac{a}{2}\right)=\dfrac{2+a}{1+a}$.

提示:

$$f(x)=\begin{cases}\dfrac{1}{1-x}+\dfrac{1}{1+a-x}, & x\leqslant 0,\\[2mm] \dfrac{1}{1+x}+\dfrac{1}{1+a-x}, & 0\leqslant x\leqslant a,\\[2mm] \dfrac{1}{1+x}+\dfrac{1}{1+x-a}, & x\geqslant a,\end{cases}$$

$$\Rightarrow f'(x)=\begin{cases}\dfrac{1}{(1-x)^2}+\dfrac{1}{(1+a-x)^2}, & x<0,\\[2mm] -\dfrac{1}{(1+x)^2}+\dfrac{1}{(1+a-x)^2}, & 0<x<a,\\[2mm] -\dfrac{1}{(1+x)^2}-\dfrac{1}{(1+x-a)^2}, & x>a,\end{cases}$$

$f(x)$ 在 $(-\infty,0)$ 内函数严格单调递增, 在 $(a,+\infty)$ 内函数严格单调递减, $f(x)$ 在 $(-\infty,+$

$\infty)$ 的最大值就应该落在 $[0,a]$ 上, 进而 $[0,a]$ 上所得极值即为最大值.

20.$e^{-\frac{2}{e}}$.

21. 提示: 建立如右图所示的坐标系:

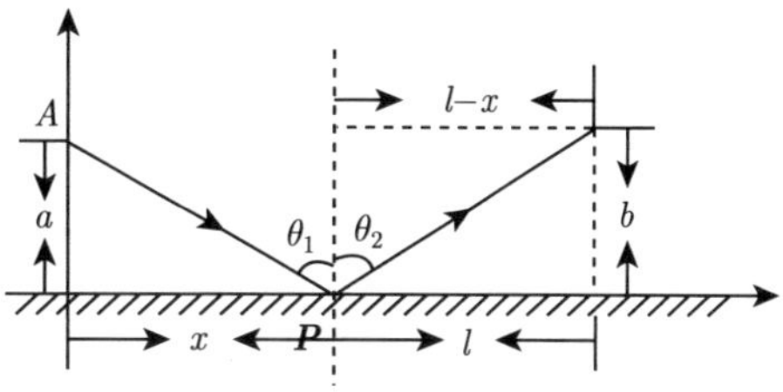

光线从点 A 到点 P 所需要的时间为:

$$t_1=\frac{AP}{c},$$

从点 P 到点 B 所需要的时间为:

$$t_2=\frac{PB}{c},$$

故, 光线从点 A 到点 B 所需要的时间 t(目标函数) 为

$$t(x)=t_1+t_2=\frac{\sqrt{a^2+x^2}}{c}+\frac{\sqrt{b^2+(l-x)^2}}{c},$$

其中 t 表示 x 的一个可微函数, 其定义域为 $[0,l]$.

欲证结论, 只需在闭区间 $[0,l]$ 上求出函数 t 的最小值即可.

22. (1) 水平渐近线: $y=0$, 垂直渐近线: $x=0$, 斜渐近线: $y=x$;

(2) 水平渐近线: $y=\frac{1}{5}$;

(3) 斜渐近线: $y=x+\frac{3}{2}$;

(4) 斜渐近线: $y=-x-k$.

提示: (4) 令 $y=tx$, 则可得曲线的参数方程 $\begin{cases} x=\dfrac{3kt}{1+t^3}, \\ y=\dfrac{3kt^2}{1+t^3}, \end{cases}$ 则当 $t\to-1$ 时, $x\to\infty$,

故 $a=\lim\limits_{x\to\infty}\frac{y}{x}=\lim\limits_{t\to-1}t=-1$, $b=\lim\limits_{x\to\infty}[y-ax]=\lim\limits_{t\to-1}\frac{3kt(t+1)}{(1+t)(t^2-t+1)}=-k$.

23. 提示: $y'=\mathrm{sh}\frac{x}{a}$, $y''=\frac{1}{a}\mathrm{ch}\frac{x}{a}$ 代入曲率半径公式可得.

24. $3|axy|^{\frac{1}{3}}$.

提示: $y'=-\left(\frac{y}{x}\right)^{\frac{1}{3}}$, $y''=\frac{1}{3}\cdot\frac{a^{\frac{2}{3}}}{x\cdot(xy)^{\frac{2}{3}}}$ 代入曲率半径公式可得.

习 题 4.1

1. (1) $-\frac{2}{3}x^{-\frac{3}{2}}+C$; (2) $\frac{3}{4}x^{\frac{4}{3}}-2x^{\frac{1}{2}}+C$; (3) $\frac{2^x}{\ln 2}+\frac{1}{3}x^3+C$; (4) $x^3+\arctan x+C$;

(5) $3\arctan x-2\arcsin x+C$; (6) $\frac{8}{15}x^{\frac{15}{8}}+C$; (7) $-\frac{1}{x}-\arctan x+C$;

(8) $-\cot x-\tan x+C$; (9) $-\cot x-x+C$; (10) $\dfrac{1}{2}\tan x+C$; (11) $\dfrac{\tan x+x}{2}+C$.

2. e^x-ex+C.

3. $f(x)=\ln|x|+1$.

4. (1) 16 米; (2) 5 秒.

习　题　4.2

1. (1) $-2\cos\sqrt{x}+C$; (2) $\dfrac{\arctan(\frac{2}{3})^x}{\ln 2-\ln 3}+C$; (3) $x-\ln(e^x+1)+C$; (4) $\arcsin(\ln x)+C$;

(5) $2e^{\arctan\sqrt{x}}+C$; (6) $-\dfrac{1}{9}\sqrt{4-9x^2}+C$; (7) $\dfrac{1}{2}(\arcsin x)^2+C$;

(8) $-\dfrac{1}{2}\arctan(\cos^2 x)+C$; (9) $\sin\sqrt{1+x^2}+C$; (10) $\dfrac{1}{2}x^2-3\ln(6+x^2)+C$;

(11) $e^{x-\frac{1}{x}}+C$; (12) $\dfrac{1}{2}\sin x-\dfrac{1}{10}\sin 5x+C$; (13) $-\cos x+\dfrac{1}{3}\cos^3 x+C$;

(14) $\dfrac{1}{3}\sin^3 x-\dfrac{2}{5}\sin^5 x+\dfrac{1}{7}\sin^7 x+C$; (15) $\sqrt{2x}-\ln(1+\sqrt{2x})+C$;

(16) $-\dfrac{\sqrt{2}}{2}\ln\left|\dfrac{\sqrt{1-x}+\sqrt{2}}{\sqrt{1-x}-\sqrt{2}}\right|+C$; (17) $\ln\left|\dfrac{\sqrt{1-x}-\sqrt{1+x}}{\sqrt{1-x}+\sqrt{1+x}}\right|+2\arctan\sqrt{\dfrac{1-x}{1+x}}+C$;

(18) $\ln\left|\sqrt{1+x^2}-1\right|-\ln|x|+C$; (19) $\ln\left|\dfrac{x}{3}+\dfrac{\sqrt{x^2-9}}{3}\right|-\dfrac{\sqrt{x^2-9}}{x}+C$;

(20) $\arcsin x-\dfrac{x}{1+\sqrt{1-x^2}}+C$(或 $=\arcsin x-\dfrac{1-\sqrt{1-x^2}}{x}+C$); (21) $\dfrac{x}{a^2\sqrt{a^2+x^2}}+C$;

(22) $\dfrac{1}{2}\ln\left|\dfrac{2-\sqrt{4-x^2}}{x}\right|+C$; (23) $\dfrac{1}{2}(\arcsin x+\ln\left|x+\sqrt{1-x^2}\right|)+C$;

(24) $\dfrac{1}{2}\ln\left|\sqrt{x^4+1}+x^2\right|+\dfrac{1}{2}\ln\left|\dfrac{\sqrt{x^4+1}-1}{x^2}\right|+C$; (25) $\dfrac{1}{24}\ln\left|\dfrac{x^3}{x^3+8}\right|+C$;

(26) $-\dfrac{1}{3x^3}+\dfrac{1}{x}-\arctan\dfrac{1}{x}+C$.

习　题　4.3

1. (1) xe^x+C; (2) $-x\cos x+\sin x+C$; (3) $x\tan x+\ln|\cos x|-\dfrac{x^2}{2}+C$;

(4) $-\dfrac{1}{x}(\ln^2 x+2\ln x+2)+C$; (5) $\dfrac{1}{2}x[\sin(\ln x)-\cos(\ln x)]+C$;

(6) $\sin^2 x\ln(\sin x)-\dfrac{\sin^2 x}{2}+C$; (7) $\tan x\ln\sin x-x+C$;

(8) $x(\arcsin x)^2+2\sqrt{1-x^2}\arcsin x-2x+C$;　(9) $\dfrac{xe^x}{e^x+1}-\ln(e^x+1)+C$;

(10) $e^{\sqrt[3]{x}}(\sqrt[3]{x^2}-2\sqrt[3]{x}+2)+C$;　(11) $2\sqrt{x+1}\sin\sqrt{x+1}+2\cos\sqrt{x+1}+C$.

2. $-\sin x-2\dfrac{\cos x}{x}+C$.

3. $(x+1)e^{-x}+C$.

4. $x(1+\arcsin x)+\sqrt{1-x^2}+C$

习　题　4.4

1. (1) $\dfrac{3}{4}\ln|x+3|+\dfrac{5}{4}\ln|x-1|+C$;　(2) $\ln|x|-\ln|x-1|-\dfrac{1}{x-1}+C$;

(3) $\dfrac{1}{4}\ln|1+2x|-\dfrac{1}{8}\ln(1+x^2)+\dfrac{1}{2}\arctan x+C$;

(4) $\dfrac{1}{3}x^3+\dfrac{1}{2}x^2+x+8\ln|x|-3\ln|x-1|-4\ln|x+1|+C$;

(5) $-\dfrac{1}{2}\ln|x+1|+2\ln|x+2|-\dfrac{3}{2}\ln|x+3|+C$;　(6) $\dfrac{1}{2}\left(\dfrac{2x+1}{x^2+1}\right)+C$;

(7) $\dfrac{\sqrt{2}}{4}\arctan\dfrac{x^2-1}{\sqrt{2}x}-\dfrac{\sqrt{2}}{8}\ln\left|\dfrac{x^2-\sqrt{2}x+1}{x^2+\sqrt{2}x+1}\right|+C$;　(8) $\dfrac{1}{32}\ln\left|\dfrac{2+x}{2-x}\right|+\dfrac{1}{16}\arctan\dfrac{x}{2}+C$;

(9) $\dfrac{1}{\sqrt{5}}\arctan\dfrac{3\tan\frac{x}{2}+1}{\sqrt{5}}+C$;　(10) $\dfrac{1}{\sqrt{2}}\arctan\left(\dfrac{1}{\sqrt{2}}\tan\dfrac{x}{2}\right)+C$;

(11) $\dfrac{2}{\sqrt{3}}\arctan\left(\dfrac{2\tan\frac{x}{2}+1}{\sqrt{3}}\right)+C$;　(12) $\dfrac{2}{5}x+\dfrac{1}{5}\ln|2\cos x+\sin x|+C$;

(13) $\dfrac{1}{13}x-\dfrac{5}{13}\ln|3\sin x+2\cos x|+C$.

总 习 题 4

1. (1) $\dfrac{1}{2}e^{2x}-e^x+x+C$;　(2) $\ln\left|\dfrac{x+\sqrt{x^2-1}}{x+\sqrt{x^2+1}}\right|+C$;　(3) $\tan\dfrac{x}{2}+C$;　(4) $\dfrac{1}{4}\arctan\dfrac{x^2}{2}+C$;

(5) $\cos\dfrac{1}{x}+C$;　(6) $-\ln(e^{-x}+\sqrt{1+e^{-2x}})+C$;　(7) $\dfrac{1}{11}\tan^{11}x+C$;　(8) $-\dfrac{1}{\arcsin x}+C$;

(9) $\dfrac{1}{8}\sqrt[3]{8x^3+27}+C$;　(10) $-\dfrac{1}{2}\arctan(\cos 2x)+C$;

(11) $\dfrac{1}{97(1-x)^{97}}-\dfrac{1}{49(1-x)^{98}}+\dfrac{1}{99(1-x)^{99}}+C$;　(12) $\dfrac{1}{4}\sin 2x-\dfrac{1}{16}\sin 8x+C$;

(13) $\dfrac{1}{\sqrt{2}}\arctan\left(\dfrac{\tan x}{\sqrt{2}}\right)+C$;　(14) $\dfrac{1}{2}\ln\dfrac{x^2+1}{x^2+2}+C$;　(15) $\dfrac{2}{3}(\ln x-2)\sqrt{1+\ln x}+C$;

(16) $-\dfrac{1}{x\ln x}+C$; (17) $\ln\dfrac{\sqrt{1+e^x}-1}{\sqrt{1+e^x}+1}+C$; (18) $\dfrac{x}{\sqrt{1-x^2}}+C$; (19) $\dfrac{x}{a^2\sqrt{a^2+x^2}}+C$;

(20) $-\dfrac{\sqrt{(1+x^2)^3}}{3x^3}+\dfrac{\sqrt{1+x^2}}{x}+C$; (21) $-\dfrac{1}{x}(\ln^2 x+2\ln x+2)+C$;

(22) $-\dfrac{1}{2}e^{-2x}\left(x^2+x+\dfrac{1}{2}\right)+C$;

(23) $x\left[\ln(x+\sqrt{1+x^2})\right]^2-2\sqrt{1+x^2}\cdot\ln(x+\sqrt{1+x^2})+2x+C$;

(24) $\dfrac{1}{3}x^3\arctan x-\dfrac{1}{6}x^2+\dfrac{1}{6}\ln(1+x^2)+C$;

(25) $2(6-x)\sqrt{x}\cos\sqrt{x}-6(2-x)\sin\sqrt{x}+C$; (26) $\dfrac{x-1}{2\sqrt{x^2+1}}e^{\arctan x}+C$;

(27) $\dfrac{x}{2}[\sin(\ln x)+\cos(\ln x)]+C$; (28) $\dfrac{e^x}{1+x}+C$; (29) $\dfrac{x\ln x}{\sqrt{1+x^2}}-\ln(x+\sqrt{1+x^2})+C$;

(30) $\ln\left|\dfrac{x}{1+x}\right|-\dfrac{2}{\sqrt{3}}\arctan\dfrac{2x+1}{\sqrt{3}}+C$; (31) $\dfrac{1}{10}\ln\dfrac{x^{10}}{x^{10}+1}+\dfrac{1}{10(x^{10}+1)}+C$;

(32) $-\dfrac{\sqrt{x^2+1}}{2x^2}+\dfrac{1}{2}\ln\dfrac{1+\sqrt{x^2+1}}{|x|}+C$; (33) $\dfrac{1}{ab}\arctan\left(\dfrac{a\tan x}{b}\right)+C$;

(34) $\dfrac{3}{34}x+\dfrac{5}{34}\ln|5\sin x+3\cos x|+C$; (35) $x+\dfrac{1}{6}\ln|x|+\dfrac{28}{3}\ln|x-3|-\dfrac{9}{2}\ln|x-2|+C$.

2. $f(x)=\begin{cases} x, & x\geqslant 0, \\ e^x-1, & x<0. \end{cases}$

3. 略

4. 略

5. $\cos x-\dfrac{2}{x}\sin x+C$.

6. $\dfrac{e^x(x-2)}{x}+C$.

7. $f^{-1}(x)-F(f^{-1}(x))+C$.

8. $\dfrac{\sin^2 2x}{\sqrt{x-\dfrac{1}{4}\sin 4x+1}}$.

9. $\dfrac{1}{2}\dfrac{f^2(x)}{f'^2(x)}+C$.

习 题 5.1

1. $\displaystyle\int_0^1\frac{1}{1+x^2}dx$.

2. $\frac{1}{3}(b^3 - a^3)$.

3. (1) $\geqslant$; (2) $\geqslant$; (3) $\leqslant$.

4. 略

5. (1) $\pi \leqslant \int_{\frac{\pi}{4}}^{\frac{5\pi}{4}} \sqrt{1+\sin^2 x}\mathrm{d}x \leqslant \sqrt{2}\pi$; (2) $\frac{\pi}{9} \leqslant \int_{\frac{1}{\sqrt{3}}}^{\sqrt{3}} x\arctan x\mathrm{d}x \leqslant \frac{2\pi}{3}$.

习 题 5.2

1. (1) $\sin x^2$; (2) $-\mathrm{e}^{-\cos x}\cdot\sin x - \mathrm{e}^{-\arctan x}\cdot\frac{1}{1+x^2}$.

2. $-t^2$.

3. $\frac{\mathrm{d}y}{\mathrm{d}x} = \frac{-2\sin x^2}{y^2}$.

4. (1) $4\sqrt{3} - \frac{10\sqrt{2}}{3}$; (2) $\frac{8}{3} - \ln 3$; (3) $\frac{3}{2}$; (4) $\frac{4-\pi}{4}$;

(5) $\frac{1}{10}$; (6) $\mathrm{e}^2 + \mathrm{e} - 2$; (7) 2; (8) $\arctan \mathrm{e} - \frac{\pi}{4}$.

5. (1) $\frac{1}{2\mathrm{e}}$; (2) 0; (3) $\frac{1}{2}$; (4) 0.

6. $\frac{5}{6}$.

7. $a = 4$, $b = 1$.

8. 略.

习 题 5.3

1. (1) $\frac{7}{6}$; (2) $\frac{1}{4}$; (3) $\frac{2}{3}$; (4) $\frac{2}{3}$; (5) $\frac{1}{2}(1 - e^{-1})$;

(6) $\frac{\pi^2}{16}$; (7) $\frac{3\sqrt{3}-2}{5}$; (8) $-\ln\sqrt{3} - \ln(\sqrt{2}-1)$; (9) $\frac{\sqrt{2}}{2}$; (10) $\frac{\pi}{12} - \frac{\sqrt{3}}{8}$;

(11) $\sqrt{3} - \frac{1}{2}\ln(2+\sqrt{3})$; (12) $\frac{1}{2}\ln 3 - \frac{2\pi}{3\sqrt{3}}$; (13) $\frac{3}{8}\pi$; (14) 0.

2. $\frac{3}{4}$.

3. 1 .

4. 略.

5. 略.

6. 略.

7. (1) $-\frac{3}{4}\mathrm{e}^{-2} + \frac{1}{4}$; (2) $\frac{1}{4}$; (3) $\frac{\pi}{4} - \frac{1}{2}$; (4) $\frac{\pi}{8} - \frac{\ln 2}{4}$;

(5) $8\ln 2 - 4$; (6) $2 - \frac{2}{\mathrm{e}}$; (7) $\frac{1}{2}\ln 2$.

8. $\frac{1}{3}+\mathrm{e}$.

习　题　5.4

1. 0.77782(0.71461), 0.74621.

2. 1.3809, 1.3506, 1.3506.

习　题　5.5

1. (1) 2;　(2) $\frac{\pi}{2}-1$;　(3) $\frac{\pi}{4}$;　(4) π;　(5) $\frac{\omega}{p^2+\omega^2}$;

(6) 1;　(7) $\frac{2}{3}\ln 2-\frac{1}{4}\ln 3$;　(8) $\frac{8}{3}$;　(9) $\frac{51}{7}$;　(10) $\frac{\pi}{2}$.

2. $n!$.

3. 略.

4. $k>1$ 时, 收敛于 $\frac{1}{k-1}(\ln 2)^{1-k}$; $k\leqslant 1$ 时, 发散; 当 $k=1-\frac{1}{\ln\ln 2}$ 时, 取得最小值.

习　题　5.6

1. (1) 收敛;　(2) 发散;　(3) 收敛;　(4) 发散;　(5) 发散;　(6) 发散;　(7) 收敛;　(8) 收敛.

2. $\frac{\mathrm{e}}{2}\left[\Gamma\left(\frac{1}{2}\right)+\Gamma(1)\right]=\frac{\mathrm{e}}{2}[\sqrt{\pi}+1]$.

3. 略.

总习题 5

1. (1)B;　(2)B;　(3)B;　(4)B;　(5)C;　(6)B;　(7)B;　(8)B.

2. (1) 充分不必要;　(2) $\frac{1}{2}[f(2x)-f(2a)]$;　(3) $\frac{\cos x}{2\sqrt{x}}-\cos x^2$;　(4) $\frac{3}{4}$;　(5) 单调减少区间为 $\left(0,\frac{1}{4}\right)$.

3. (1) $\frac{1}{2}$;　(2) $\frac{\pi^2}{4}$;　(3) -1.

4. $1-\frac{1}{2}(1-x)^2$.

5. 略.

6. 2.

7. e^x-1.

8. (1) $\frac{4}{3}$; (2) $1-\pi$; (3) $\frac{e^2+1}{4}$;

(4) $2\sqrt{1+\ln 2}-2$; (5) $\frac{4}{3}$; (6) $6(1+\frac{\pi}{4}-\arctan 2)$;

(7) $-\frac{1}{2}(\ln 2)^2+1-\ln 2$; (8) $\frac{\pi}{8}\ln 2$; (9) π;

(10) $\frac{\pi}{2\sqrt{2}}$; (11) $-\ln(\sqrt{2}-1)$; (12) -1;

(13) 0; (14) $\begin{cases} \frac{n-1}{n}\cdot\frac{n-3}{n-2}\cdots\frac{1}{2}\cdot\frac{\pi}{2} & (n\text{为偶数}), \\ \frac{n-1}{n}\cdot\frac{n-3}{n-2}\cdots\frac{2}{3}\cdot\frac{1}{2} & (n\text{为奇数}). \end{cases}$

9. $\frac{\pi}{2}$.

10. $\varphi'(x)=\begin{cases} \dfrac{xf(x)-\int_0^x f(u)\mathrm{d}u}{x^2}, & x\neq 0, \\ \dfrac{A}{2}, & x=0, \end{cases}$ 且在 $x=0$ 处连续.

11. 略.

习 题 6.2

1. (1) $\frac{4}{3}$; (2) $\frac{3}{2}-\ln 2$; (3) $2\pi+\frac{4}{3}, 6\pi-\frac{4}{3}$; (4) $e+e^{-1}-2$; (5) $b-a$.

2. (1) πa^2; (2) $\frac{\pi a^2}{4}$.

3. (1) $\frac{\pi^2}{2}$; (2) $\frac{4}{3}\pi ab^2$; (3) $\frac{3\pi}{10}$; (4) $V_x=5\pi^2a^3, V_y=6\pi^3a^3, V=7\pi^2a^3$.

4. 4.

5. $8a$.

6. $1-\sqrt{2}+\sqrt{1+e^2}-\ln\frac{1+\sqrt{1+e^2}}{1+\sqrt{2}}$.

7. $a\left[\pi\sqrt{1+4\pi^2}+\frac{1}{2}\ln(2\pi+\sqrt{1+4\pi^2})\right]$.

习 题 6.3

1. $\frac{1}{e}$.

2. $\frac{k(b-a)^2}{2a}$.

3. $\dfrac{2}{3}$ 吨.

4. $1.65N$.

5. 取 y 轴通过细棒, $F_y = Gm\mu\left(\dfrac{1}{a} - \dfrac{1}{\sqrt{a^2+l^2}}\right)$, $F_x = -\dfrac{Gm\mu l}{a\sqrt{a^2+l^2}}$.

6. $\dfrac{1}{3}Ma^2$.

总 习 题 6

1. $2\sqrt{2}$.

2. $\dfrac{9}{4}$.

3. $\dfrac{2\pi}{3} - \dfrac{\sqrt{3}}{2}$.

4. (1) 绕 x 轴旋转的旋转体的体积为 $5\pi^2a^2$; (2) 绕 y 轴旋转的旋转体体积为 $6\pi^3a^3$.

5. $4\pi^2$.

6. $\dfrac{44}{15}\pi$.

7. $\ln(1+\sqrt{2})$.

8. $1.25(J)$.

9. $kq\left(\dfrac{1}{a} - \dfrac{1}{b}\right)$.

10. $8.23 \times 10^5 N$.

11. $F_x = \dfrac{3}{5}Ga^2$, $F_y = \dfrac{3}{5}Ga^2$.

习 题 7.1

1. $s = 1$,

提示: $u_n = \dfrac{1}{\sqrt{n(n+1)}} \cdot \dfrac{\sqrt{n}-\sqrt{n+1}}{(\sqrt{n}+\sqrt{n+1})(\sqrt{n}-\sqrt{n+1})} = \dfrac{\sqrt{n+1}-\sqrt{n}}{\sqrt{n(n+1)}} = \dfrac{1}{\sqrt{n}} - \dfrac{1}{\sqrt{n+1}}$.

2. (1) 收敛; (2) 收敛, $s = 1 - \sqrt{2}$.

3. (1) 发散; (2) 发散; (3) 收敛, $s = \dfrac{1}{6}$; (4) 发散; (5) 发散, $\lim\limits_{n\to\infty} u_n = 1 \neq 0$; (6) 收敛, $s = \lim\limits_{n\to\infty}\sum\limits_{k=1}^{n} u_k = \lim\limits_{n\to\infty}\sum\limits_{k=1}^{n}\left(\dfrac{1}{k} - \dfrac{1}{k+2}\right) = \lim\limits_{n\to\infty}\left(1 + \dfrac{1}{2} - \dfrac{1}{n+1} - \dfrac{1}{n+2}\right) = \dfrac{3}{2}$.

4. (1) $\sum_{n=1}^{\infty}\frac{2}{10^n}=\frac{2}{9}$; (2) $\sum_{n=1}^{\infty}\frac{21}{100^n}=\frac{21}{99}$;

(3) $\sum_{n=1}^{\infty}\frac{13}{1000^n}=\frac{13}{999}$; (4) $0.36+\frac{71}{100}\sum_{n=1}^{\infty}\frac{1}{100^n}=\frac{727}{1980}$.

5. 总距离是

$$s=100+2\times100\times\frac{2}{3}+2\times100\times\left(\frac{2}{3}\right)^2+2\times100\times\left(\frac{2}{3}\right)^3+\cdots=100+\frac{2\times100\times\frac{2}{3}}{1-\frac{2}{3}}=500.$$

6. 证明略.

7. 证明略, 提示: 采用反证法.

8. 证明略,

提示: 由级数 $\sum_{n=1}^{\infty}(n+1)(u_{n+1}-u_n)$ 收敛, 可知其前 n 项部分和 δ_n 极限存在, 设 $\lim_{n\to\infty}\delta_n=A$,

$$\begin{aligned}\delta_n=&2(u_2-u_1)+3(u_3-u_2)+\cdots+(n+1)(u_{n+1}-u_n)\\=&-u_1+(n+1)u_{n+1}-(u_1+u_2+\cdots+u_n)\\=&-u_1+(n+1)u_{n+1}-s_n,\end{aligned}$$

即 $s_n=-u_1+(n+1)u_{n+1}-\delta_n$

当 $n\to\infty$ 时, 对 $s_n=-u_1+(n+1)u_{n+1}-\delta_n$ 两边同时取极限.

习 题 7.2

1. (1) 发散; (2) 收敛; (3) 收敛; (4) 收敛;

(5) 当 $a=1$ 时, 收敛, 当 $a>1$, 发散;

(6) 当 $a>1$ 时, 收敛, 当 $a\leqslant1$, 发散.

提示: 取 $v_n=\frac{1}{n^a}$, $\lim_{n\to\infty}\frac{u_n}{v_n}=\lim_{n\to\infty}\left(1+\frac{a}{n}\right)^n=\mathrm{e}^a\neq0$, 因此级数与 $\sum_{n=1}^{\infty}\frac{1}{n^a}$ 有相同的敛散性.

2. 证明略,

提示: $u_n=\int_0^{\frac{\pi}{4}}\tan^n x\mathrm{d}x<\int_0^{\frac{\pi}{4}}\tan^n x\sec^2 x\mathrm{d}x=\frac{1}{n+1}<\frac{1}{n}$, 得 $0<\frac{u_n}{n^\lambda}<\frac{1}{n^{1+\lambda}}$.

3. 证明略.

4. 证明略, 提示: 因为 $\frac{u_n}{n}\leqslant\frac{1}{2}\left(u_n^2+\frac{1}{n^2}\right)$, 由比较判别法可得.

5. 证明略, 提示: 采用比较判别法极限形式.

6. 证明略.

7. (1) 收敛; (2) 发散; (3) 收敛; (4) 发散;
(5) 收敛; (6) 收敛; (7) 收敛; (8) 收敛.

8. (1) 收敛; (2) 收敛; (3) 当 $0<a<b$ 时, 发散, 当 $a>b$, 收敛;
(4) 收敛; (5) 收敛; (6) 收敛; (7) 收敛.

9. 证明略.

10. (1) 收敛; (2) 当 $p>0$ 时, 收敛, 当 $p\leqslant 0$, 发散; (3) 收敛; (4) 收敛.

11. 证明略.

12. (1) 发散; (2) 条件收敛; (3) 条件收敛;
(4) 绝对收敛; (5) 绝对收敛; (6) 发散.

13. 证明略.

习　题　7.3

1. (1) $R=1$, 收敛域 $(-1,1]$; (2) $R=0$, 收敛域 $\{0\}$;
(3) $R=+\infty$, 收敛域 $(-\infty,+\infty]$; (4) $R=2$, 收敛域 $[-2,2)$;
(5) $R=0$, 收敛域 $\{0\}$; (6) $R=\dfrac{1}{2}$, 收敛域 $(0,1]$;
(7) $R=\sqrt{3}$, 收敛域 $(-\sqrt{3},\sqrt{3})$; (8) $R=\dfrac{1}{2}$, 收敛域 $\left(-\dfrac{1}{2},\dfrac{1}{2}\right)$.

2. (1) $s(x)=-\ln(1+x)$, $x\in(-1,1]$;

(2) $s(x)=\dfrac{x^3-3x^2+4x}{(1-x)^3}$, $x\in(-1,1)$;

(3) $s(x)=\begin{cases}-\dfrac{1}{x}\ln(1-x), & -1\leqslant x<0, 0<x<1,\\ 1, & x=0;\end{cases}$

(4) $s(x)=2x\arctan x-\ln(1+x^2)$, $x\in(-1,1)$;

(5) $s(x)=\mathrm{e}^x$, $x\in(-\infty,+\infty)$,

提示: 因 $s(x)=s'(x)$, 则 $\dfrac{s'(x)}{s(x)}=1$, 两边不定积分, 且因为 $s(0)=1$;

(6) $s(x)=\dfrac{1}{2}\ln\dfrac{1+x}{1-x}$, $x\in(-1,1)$.

习　题　7.4

1. (1) $f(x)=\sum\limits_{n=0}^{\infty}(-1)^n\dfrac{x^{n+1}}{n+1}$, $x\in(-1,1]$;

(2) $f(x)=\sum\limits_{n=0}^{\infty}x^{2n}$, $x\in(-1,1)$;

(3) $f(x)=\sum\limits_{n=1}^{\infty}\dfrac{(-1)^{n-1}2^n-1}{n}x^n$, $x\in\left(-\dfrac{1}{2},\dfrac{1}{2}\right]$,

提示: $f(x)=\ln(1+x-2x^2)=\ln(1-x)(1+2x)=\ln(1-x)+\ln(1+2x)$;

(4) $f(x)=\dfrac{1}{2}+\sum\limits_{n=0}^{\infty}(-1)^n\dfrac{(2x)^{2n}}{2(2n)\,!}$, $x\in(-\infty,+\infty)$,

提示: $f(x)=\cos^2 x=\dfrac{1+\cos 2x}{2}$;

(5) $f(x)=\sum\limits_{n=1}^{\infty}n^2x^{n-1}$, $x\in(-1,1)$,

提示: $f(x)=\dfrac{1+x}{(1-x)^3}=\dfrac{2}{(1-x)^3}-\dfrac{1}{(1-x)^2}=\left(\dfrac{1}{1-x}\right)''-\left(\dfrac{1}{1-x}\right)'$;

(6) $f(x)=\sum\limits_{n=1}^{\infty}(-1)^n\dfrac{x^{2n-1}}{(2n-1)\,!}$, $x\in(-\infty,+\infty)$,

提示: $f(x)=\mathrm{sh}x=\dfrac{\mathrm{e}^x-\mathrm{e}^{-x}}{2}$;

(7) $f(x)=x+\sum\limits_{n=1}^{\infty}(-1)^n\dfrac{2(2n)\,!}{(n\,!)^2}\left(\dfrac{x}{2}\right)^{2n+1}$, $[-1,1]$,

提示: $f(x)=\dfrac{x}{\sqrt{1+x^2}}=x(1+x^2)^{-\frac{1}{2}}$;

(8) $f(x)=\sum\limits_{n=0}^{\infty}(-1)^n\dfrac{1}{(2n+1)^2}x^{2n+1}$, $[-1,1]$,

提示: $\dfrac{\arctan x}{x}=\dfrac{\sum\limits_{n=0}^{\infty}(-1)^n\dfrac{x^{2n+1}}{2n+1}}{x}=\sum\limits_{n=0}^{\infty}(-1)^n\dfrac{x^{2n}}{2n+1}$;

(9) $f(x)=\sum\limits_{n=1}^{\infty}\dfrac{1}{4n+1}x^{4n+1}$, $(-1,1)$,

提示: $f'(x)=\dfrac{1}{1-x^4}-1=\sum\limits_{n=0}^{\infty}x^{4n}-1=\sum\limits_{n=1}^{\infty}x^{4n}$;

(10) $f(x)=\sqrt{5}\sum\limits_{n=0}^{\infty}\dfrac{1}{n\,!}\left(\dfrac{\ln 5}{2}\right)^n x^n$, $x\in(-\infty,+\infty)$,

提示: $f(x)=5^{\frac{x+1}{2}}=5^{\frac{1}{2}}\cdot 5^{\frac{x}{2}}=\sqrt{5}\mathrm{e}^{\frac{x}{2}\ln 5}$.

2. $f(x)=\frac{1}{\sqrt{2}}\left[1+\left(x-\frac{\pi}{4}\right)-\frac{\left(x-\frac{\pi}{4}\right)^2}{2\,!}-\frac{\left(x-\frac{\pi}{4}\right)^3}{3\,!}+\cdots\right]$, $x\in(-\infty,+\infty)$

提示: $\sin x=\sin\left[\frac{\pi}{4}+(x-\frac{\pi}{4}\right]=\sin\left(\frac{\pi}{4}\right)\cos\left(x-\frac{\pi}{4}\right)+\cos\left(\frac{\pi}{4}\right)\sin\left(x-\frac{\pi}{4}\right)$

$$=\frac{1}{\sqrt{2}}\left[\cos\left(x-\frac{\pi}{4}\right)+\sin\left(x-\frac{\pi}{4}\right)\right]$$

$$\cos\left(x-\frac{\pi}{4}\right)=\sum_{n=0}^{\infty}\frac{(-1)^n}{(2n)\,!}\left(x-\frac{\pi}{4}\right)^{2n},\quad x\in(-\infty,+\infty),$$

$$\sin\left(x-\frac{\pi}{4}\right)=\sum_{n=0}^{\infty}\frac{(-1)^n}{(2n+1)\,!}\left(x-\frac{\pi}{4}\right)^{2n+1},\quad x\in(-\infty,+\infty).$$

3. $f(x)=\sum_{n=1}^{\infty}(-1)^{n+1}n(x-1)^{n-1}$, $x\in(0,2)$,

提示: $\frac{1}{x}=\frac{1}{1+x-1}=\sum_{n=0}^{\infty}(-1)^n(x-1)^n$, 且 $\left(\frac{1}{x}\right)'=-\frac{1}{x^2}$.

4. $f(x)=\sum_{n=0}^{\infty}(-1)^n\left(\frac{1}{2^{n+2}}-\frac{1}{2^{2n+3}}\right)(x-1)^n$, $x\in(-1,3)$

提示: $f(x)=\frac{1}{x^2+4x+3}=\frac{1}{4}\cdot\frac{1}{1+\frac{x-1}{2}}-\frac{1}{8}\cdot\frac{1}{1+\frac{x-1}{4}}$.

5. $f(x)=\sum_{n=1}^{\infty}\frac{(x-1)^n}{3^n}$, $x\in(-2,4)$, $f^{(n)}(1)=\frac{n\,!}{3^n}$.

习　题　7.5

1. (1) $\frac{3}{4}\sqrt{\mathrm{e}}$, 提示: 构造幂级数 $f(x)=\sum_{n=1}^{\infty}\frac{n^2}{n!}x^n$;

(2) 3, 提示: 构造幂级数 $f(x)=\sum_{n=1}^{\infty}\frac{2n-1}{2^n}x^{2n-2}$;

(3) 3e, 提示: 构造幂级数 $f(x)=\sum_{n=0}^{\infty}\frac{1}{n!}x^{2n+1}$;

(4) $2\mathrm{e}^{\frac{1}{2}}$, 提示: 构造幂级数 $f(x)=\sum_{n=0}^{\infty}\frac{2n+1}{n!2^n}x^{2n}$.

2. (1) 0.156434,

提示: 利用幂级数 $\sin x=x-\frac{1}{3!}x^3+\frac{1}{5!}x^5-\cdots+(-1)^n\frac{x^{2n+1}}{(2n+1)!}+\cdots,\quad x\in(-\infty,+\infty)$;
即 $\sin 9^\circ=\sin\frac{\pi}{20}=\frac{\pi}{20}-\frac{1}{3!}\cdot\left(\frac{\pi}{20}\right)^3+\frac{1}{5!}\cdot\left(\frac{\pi}{20}\right)^5-\cdots$;

(2) 2.9926,

提示: 利用幂级数 $(1+x)^{\alpha}=1+\alpha x+\cdots+\dfrac{\alpha(\alpha-1)\cdots(\alpha-n+1)}{n!}x^{n}+\cdots, x\in(-1,1)$

即 $\sqrt[5]{240}=3\left(1-\dfrac{1}{3^4}\right)^{\frac{1}{5}}=1-\dfrac{1}{5}\cdot\dfrac{1}{3^4}-\dfrac{1\cdot 4}{5^2\cdot 2!}\cdot\dfrac{1}{3^8}-\dfrac{1\cdot 4\cdot 9}{5^3\cdot 3!}\cdot\dfrac{1}{3^{12}}-\cdots$;

(3) 1.648,

提示: 利用幂级数 $\mathrm{e}^{x}=1+x+\dfrac{x^2}{2!}+\cdots+\dfrac{x^n}{n!}+\cdots$, 即

$\sqrt{\mathrm{e}}=\mathrm{e}^{\frac{1}{2}}=1+\dfrac{1}{2}+\dfrac{1}{2!2^2}+\cdots+\dfrac{1}{2!2^n}+\cdots$.

3. (1) 0.9461,

提示: 由 $\sin x$ 的幂级数展开式, 有

$\dfrac{\sin x}{x}=1-\dfrac{1}{3!}x^2+\dfrac{1}{5!}x^4-\dfrac{1}{7!}x^6+\cdots, x\in(-\infty,+\infty)$;

(2) 0.5205.

(3) 0.487,

提示: 由幂级数展开式 $\dfrac{1}{1+x^2}=1-x^2+x^4-\cdots$, 有

$\arctan x=\displaystyle\int_0^x\dfrac{1}{1+x^2}\mathrm{d}x=x-\dfrac{x^3}{3}+\dfrac{x^5}{5}-\cdots, x\in(-1,1)$, 则

$\dfrac{\arctan x}{x}=1-\dfrac{x^2}{3}+\dfrac{x^4}{5}-\cdots, x\in(-1,1)$.

习 题 7.6

1. $f(x)=\dfrac{4}{\pi}\displaystyle\sum_{n=1}^{\infty}\dfrac{1}{2n-1}\sin(2n-1)x(-\infty<x<+\infty, x\neq 0,\pm\pi,\pm2\pi,\cdots)$, 和函数

$$s(x)=\begin{cases}f(x), & x\neq k\pi,\\ 0, & x=k\pi.\end{cases}$$

2. $f(x)=\displaystyle\sum_{n=1}^{\infty}\dfrac{1}{2n-1}\sin(2n-1)x(-\infty<x<+\infty, x\neq 0,\pm\pi,\pm2\pi,\cdots)$, 和函数 $s(x)=$

$$\begin{cases}f(x), & x\neq k\pi,\\ 0, & x=k\pi.\end{cases}$$

3. $f(x)=-\dfrac{\pi}{4}+\left(\dfrac{2}{\pi}\cos x+\sin x\right)-\dfrac{1}{2}\sin 2x+\left(\dfrac{2}{3^2\pi}\cos 3x+\dfrac{1}{3}\sin 3x\right)-\dfrac{1}{4}\sin 4x+$ $+\left(\dfrac{2}{5^2\pi}\cos 5x+\dfrac{1}{5}\sin 5x\right)-\dfrac{1}{6}\sin 6x+\cdots(-\infty<x<+\infty, x\neq 0,\pm\pi,\pm3\pi,\cdots)$, 和函数

$$s(x)=\begin{cases} f(x), & x\neq(2k+1)\pi, \\ -\dfrac{\pi}{2}, & x=(2k+1)\pi \end{cases} \quad (k=0,\pm1,\pm2,\cdots).$$

4. $f(x)=\dfrac{\pi}{2}-\dfrac{4}{\pi}\sum\limits_{n=1}^{\infty}\dfrac{1}{(2n-1)^2}\cos(2n-1)x(-\infty<x<+\infty)$.

5. 对函数 $f(x)=x^2(0\leqslant x<\pi)$ 进行奇延拓, 即补充定义 $f(x)=-x^2(-\pi<x<0)$, 再周期延拓展开成正弦级数, 函数 $f(x)=x^2$ 奇延拓后在 $(-\pi,\pi)$ 上连续, 由狄里克雷收敛定理可得 $s\left(-\dfrac{1}{2}\right)=f\left(-\dfrac{1}{2}\right)=-\dfrac{1}{4}$.

6. 正弦级数: $f(x)=\dfrac{1}{\pi}\left[\sin x+2\sum\limits_{n=1}^{\infty}\dfrac{1}{n^2-1}\left(n-\sin\dfrac{n\pi}{2}\right)\sin nx\right]$, $x\in(0,\pi]$, 当 $x=0$ 时, 右端级数收敛于算术平均值 0.

余弦级数: $f(x)=\dfrac{1}{\pi}+\dfrac{1}{2}\cos x+\dfrac{2}{\pi}\sum\limits_{k=1}^{\infty}\dfrac{(-1)^{k-1}}{4k^2-1}\cos 2kx$, $x\in[0,\pi]$.

7. $f(x)=\dfrac{8}{\pi^2}\sum\limits_{k=1}^{\infty}\dfrac{1}{(2k-1)^2}\cos\dfrac{(2k-1)\pi x}{2}$.

8. 正弦级数: $f(x)=\dfrac{2pl}{\pi^2}\sum\limits_{k=1}^{\infty}\dfrac{(-1)^{k-1}}{(2k-1)^2}\sin\dfrac{(2k-1)\pi}{l}x$, $0\leqslant x\leqslant l$;

余弦级数: $f(x)=\dfrac{pl}{8}-\dfrac{pl}{\pi^2}\sum\limits_{k=1}^{\infty}\dfrac{1}{(2k-1)^2}\cos\dfrac{2(2k-1)\pi x}{l}$, $0\leqslant x\leqslant l$;

提示: $f(x)$ 是定义在 $[0,l]$ 上的函数, 要展开为正弦级数须对 $f(x)$ 进行奇延拓, 要展开为余弦级数则需要对 $f(x)$ 进行偶延拓.

9. $f(x)=\dfrac{10}{\pi}\sum\limits_{n=1}^{\infty}\dfrac{(-1)^n}{n}\sin\dfrac{n\pi}{5}x$, $(5<x<15)$,

提示: 作变量代换 $z=x-10$, 则 $f(x)=f(z+10)=-z=F(z)(-5<z<5)$, 补充定义 $F(-5)=5$, 然后将 $F(z)$ 作周期延拓 $(T=10)$, 拓广后的函数满足收敛定理的条件, 且展开式在 $(-5,5)$ 内收敛于 $F(z)$.

10. $f(x)=\dfrac{5}{2}-\dfrac{4}{\pi^2}\sum\limits_{k=0}^{\infty}\dfrac{1}{(2k+1)^2}\cos(2k+1)\pi x$, $-1\leqslant x\leqslant 1$;

令 $x=0$ 得, $\sum\limits_{k=0}^{\infty}\dfrac{1}{(2k+1)^2}=\dfrac{\pi^2}{8}$,

$$\sum_{n=1}^{\infty}\frac{1}{n^2}=\sum_{k=0}^{\infty}\frac{1}{(2k+1)^2}+\sum_{k=1}^{\infty}\frac{1}{(2k)^2}=\sum_{k=0}^{\infty}\frac{1}{(2k+1)^2}+\frac{1}{4}\sum_{n=1}^{\infty}\frac{1}{n^2},\text{则}$$

$$\sum_{n=1}^{\infty}\frac{1}{n^2}=\frac{4}{3}\sum_{k=0}^{\infty}\frac{1}{(2k+1)^2}=\frac{\pi^2}{6}.$$

*11. $f(x)=\frac{h\tau}{T}+\frac{h}{\pi}\sum_{\substack{n=-\infty\\ n\neq 0}}^{\infty}\frac{1}{n}\sin\frac{n\pi\tau}{T}\mathrm{e}^{i\frac{2n\pi x}{T}}\ \left(-\infty<x<+\infty,x\neq\pm\frac{\tau}{2},\pm\frac{\tau}{2}\pm\frac{T}{2},\cdots\right)$;

提示: 一个周期 $\left[-\frac{T}{2},\frac{T}{2}\right]$, 内矩形波的函数表达式为 $f(x)=\begin{cases}0, & -\frac{T}{2}\leqslant x<\frac{\tau}{2},\\ h, & -\frac{\tau}{2}<x<\frac{\tau}{2},\\ 0, & -\frac{\tau}{2}\leqslant x<\frac{T}{2}.\end{cases}$

总 习 题 7

1. $u_n=\left(\frac{1}{8}\right)^{n-1}$, 提示: 利用 $u_n=s_n-s_{n-1}$ 计算出 $u_1, u_2,\cdots$.

2. (1) 收敛, $s=\frac{\mathrm{e}}{\mathrm{e}-1}$; (2) 发散; (3) 发散; (4) 发散;

(5) 收敛, $s=1$, 提示: $u_n=\frac{2n-1}{3^n}=\frac{n}{3^{n-1}}-\frac{n+1}{3^n}$;

(6) 发散.

3. (D)

4. (B)

5. 0.

6. (1) 发散; (2) 收敛; (3) 收敛; (4) 收敛; (5) 当 $a>1$ 时, 收敛, 当 $a\leqslant 1$ 时, 发散, 提示: $u_n=\frac{(n+a)^n}{n^{n+a}}=\frac{n^n\left(1+\frac{a}{n}\right)^n}{n^n n^a}=\frac{\left(1+\frac{a}{n}\right)^n}{n^a}$, 取 $v_n=\frac{1}{n^a}$; (6) 收敛; (7) 发散; (8) 收敛; (9) 发散; (10) 当 $0<a<\mathrm{e}$ 时, 收敛, 当 $a\geqslant\mathrm{e}$ 时, 发散; (11) 发散; (12) 收敛; (13) 收敛; (14) 收敛; (15) 收敛; (16) 发散.

7. 证明略, 提示: 在区间 $[0,1]$ 上使用零点存在定理, 另外根据单调性可证明方程有唯一实根, 则有 $0<x_n=\frac{1-x_n^n}{n}<\frac{1}{n}$.

8. (1) 条件收敛; (2) 绝对收敛; (3) 条件收敛;
(4) 条件收敛; (5) 条件收敛; (6) 绝对收敛.

9. (1) $R=3$, 收敛域 $[-3,3)$; (2) $R=\frac{1}{2}$, 收敛域 $\left(-\frac{1}{2},\frac{1}{2}\right)$;

(3) $R=1$, 收敛域 $(-1,1)$; (4) $R=1$, 收敛域 $[-1,1)$;

(5) $R=1$, 收敛域 $[-4,-2)$; (6) $R=1$, 收敛域 $[2,4]$;

(7) $R=+\infty$, 收敛域 $(-\infty,+\infty)$; (8) $R=\sqrt{3}$, 收敛域 $[-\sqrt{3},\sqrt{3}]$;

(9) $R=1$, 收敛域 $(-1,1)$; (10) $R=\sqrt{2}$, 收敛域 $(-\sqrt{2},\sqrt{2})$.

10. (1) $s(x)=-\ln(1-x^2),\ x\in(-1,1)$;

(2) $s(x)=\left(\dfrac{x^2}{4}+\dfrac{x}{2}+1\right)\mathrm{e}^{\frac{x}{2}},\ x\in(-\infty,+\infty)$,

$$\text{提示:}\sum_{n=0}^{\infty}\frac{n^2+1}{2^n\cdot n\,!}x^n=\sum_{n=0}^{\infty}\frac{n^2}{n\,!}\left(\frac{x}{2}\right)^n+\sum_{n=0}^{\infty}\frac{1}{n\,!}\left(\frac{x}{2}\right)^n$$

$$=\sum_{n=1}^{\infty}\frac{n-1+1}{(n-1)\,!}\left(\frac{x}{2}\right)^n+\sum_{n=0}^{\infty}\frac{1}{n\,!}\left(\frac{x}{2}\right)^n$$

$$=\sum_{n=2}^{\infty}\frac{1}{(n-2)\,!}\left(\frac{x}{2}\right)^n+\sum_{n=1}^{\infty}\frac{1}{(n-1)\,!}\left(\frac{x}{2}\right)^n+\sum_{n=0}^{\infty}\frac{1}{n\,!}\left(\frac{x}{2}\right)^n;$$

(3) $s(x)=\dfrac{3x^2-2x^3}{(1-x)^2},\quad x\in(-1,1)$;

(4) $s(x)=\mathrm{e}^{x^2}(1+2x^2),\quad x\in(-\infty,+\infty)$;

(5) $s(x)=-\dfrac{1}{2}\ln\left|\dfrac{2-x}{3}\right|,\quad x\in[-4,2)$;

(6) $s(x)=\dfrac{1}{2}(\mathrm{e}^x+\mathrm{e}^{-x})-1,\quad x\in(-\infty,+\infty)$;

(7) $s(x)=-x\arctan x,\quad x\in[-1,1]$;

(8) $s(x)=\dfrac{x^2}{1+x^2}+2x\arctan x-\ln(1+x^2),\quad x\in(-1,1)$,

$$\text{提示:}\sum_{n=1}^{\infty}(-1)^n\left(1+\frac{1}{n(2n-1)}\right)x^{2n}=\sum_{n=1}^{\infty}(!-1)^n x^{2n}+2\sum_{n=1}^{\infty}(-1)^{n-1}\left(\frac{1}{2n-1}+\frac{1}{2n}\right)x^{2n}$$

$$=\sum_{n=1}^{\infty}(-1)^n x^{2n}+2x\sum_{n=1}^{\infty}(-1)^{n-1}\frac{1}{2n-1}x^{2n-1}+\sum_{n=1}^{\infty}\frac{(-x^2)^n}{n}.$$

11. $\dfrac{22}{27}$,

提示: $\displaystyle\sum_{n=0}^{\infty}(-1)^n\frac{n^2-n+1}{2^n}=\left(-\frac{1}{2}\right)^2\sum_{n=2}^{\infty}n(n-1)\left(-\frac{1}{2}\right)^{n-2}+\sum_{n=0}^{\infty}\left(-\frac{1}{2}\right)^n$, 其中 $\displaystyle\sum_{n=2}^{\infty}n(n-1)\left(-\frac{1}{2}\right)^{n-2}$ 可考察幂级数 $\displaystyle\sum_{n=2}^{\infty}n(n-1)x^{n-2}$.

12. $\dfrac{a}{(1-a)^2}$, 提示: 可考察幂级数 $\displaystyle\sum_{n=1}^{\infty}nx^n$.

13. $-\dfrac{\pi^2}{12}$,

提示: 由幂级数展开式 $\frac{1}{1+x}=\sum\limits_{n=0}^{\infty}(-1)^n x^n$, 有

$$\begin{aligned}\int_0^1 \frac{\ln x}{1+x}dx &= \int_0^1 \ln x\left(\sum_{n=0}^{\infty}(-1)^n x^n\right)\mathrm{d}x\\ &=\sum_{n=0}^{\infty}\int_0^1(-1)^n x^n \ln x\mathrm{d}x=\sum_{n=0}^{\infty}(-1)^{n+1}\frac{1}{(n+1)^2}\\ &=-\sum_{n=1}^{\infty}\frac{1}{n^2}+2\sum_{n=1}^{\infty}\frac{1}{(2n)^2}.\end{aligned}$$

14. (1) $f(x)=\sum\limits_{n=0}^{\infty}\frac{2^n}{n\,!}x^n,\ x\in(-\infty,+\infty)$;

(2) $f(x)=\frac{1}{3}\sum\limits_{n=0}^{\infty}[(-1^n)-2^n]\,x^n,\quad x\in\left(-\frac{1}{2},\frac{1}{2}\right)$;

(3) $f(x)=\sum\limits_{n=0}^{\infty}(-1)^n\frac{2^{2n}}{(2n)\,!}x^{2n},\quad x\in(-\infty,+\infty)$;

(4) $f(x)=\ln 2-\sum\limits_{n=0}^{\infty}\frac{1}{(n+1)\cdot 2^{n+1}}x^{2n+2},\quad x\in(-\sqrt{2},\sqrt{2})$.

15. $f(x)=1+\sum\limits_{n=1}^{\infty}\frac{(-1)^n}{2n+1}x^{2n}+\sum\limits_{n=0}^{\infty}\frac{(-1)^n}{2n+1}x^{2n+2},\quad x\in[-1,1],\ \frac{\pi}{4}-\frac{1}{2}$.

16. $f(x)=\frac{\pi}{4}-2\sum\limits_{n=0}^{\infty}\frac{(-1)^n 4^n}{2n+1}x^{2n+1},\quad x\in\left(-\frac{1}{2},\frac{1}{2}\right),\ \frac{\pi}{4}$.

17. $f(x)=\ln 6+\sum\limits_{n=0}^{\infty}(-1)^n\frac{1}{(n+1)\cdot 6^{n+1}}(x-1)^{n+1},\quad x\in(-5,7]$.

18. $f(x)=1-x^2=1-\frac{\pi^2}{3}+\sum\limits_{n=1}^{\infty}(-1)^{n+1}\frac{4}{n^2}\cos nx,\ x\in[0,\pi],\quad \frac{\pi^2}{12}$.

19. $f(x)=\mathrm{sgn}x=\frac{4}{\pi}\sum\limits_{k=0}^{\infty}\frac{1}{2k+1}\sin(2k+1)x\ ,\quad x\in(-\pi,\pi),\ \frac{\pi}{4}$.

20. $f(x)=x^3=\frac{\pi^3}{4}+\left(\frac{24}{\pi\cdot 1^4}-\frac{6\pi}{1}\right)\cos x+\frac{6\pi}{2^2}\cos 2x+\left(\frac{24}{\pi\cdot 3^4}-\frac{6\pi}{3^2}\right)\cos 3x+\cdots$, $x\in[0,\pi],\ \frac{\pi^4}{90}$.

参 考 书 目

[1] 程贤锋, 金本清等. 高等数学. 北京: 科学出版社, 2014.

[2] 华东师范大学数学系. 数学分析 (第四版). 北京: 高等教育出版社, 2010.

[3] 朱永忠等. 高等数学. 北京: 科学出版社, 2008.

[4] 同济大学应用数学系. 高等数学 (第六版). 北京：高等教育出版社，2007.

[5] 南京邮电大学高等数学教研室. 高等数学. 北京: 清华大学出版社, 2006.

[6] 上海财经大学应用数学系. 高等数学. 上海：上海财经大学出版社，2003.

[7] 盛祥耀. 高等数学. 北京: 高等教育出版社, 2002.